"十二五"职业教育国家规划教材

经全国职业教育教材审定委员会审定

PUTAOJIU NIANGZAO
YU JIANCE JISHU

葡萄酒酿造与检测技术

2
THE SECOND EDITION
第二版

李 芳　孔令明　主 编

卞生珍　陈新军　副主编

化学工业出版社

·北京·

内容简介

本教材包括绪论和四个模块。绪论部分主要介绍了葡萄酒的历史与产业发展现状和趋势。模块一围绕葡萄酒生产各工序工作任务，将实践工作中的生产准备、葡萄汁的制备、菌种制备、酿造、贮酒、蒸馏、包装等工作内容形成不同的学习项目；为了对生产过程中工艺参数进行全程监控，生产合格产品，将葡萄酒质量标准相关项目中的葡萄酒感官检验、酒精度测定、总酸测定、挥发酸测定、柠檬酸测定、二氧化硫测定、还原糖和总糖测定、干浸出物测定及铁、铜、苯甲酸钠、山梨酸钾、甲醇的测定等检测知识和技能构成教材模块二的各项目；以葡萄酒企业主要产品为载体，将模块一中各项目的单项技能有机组合成一些典型产品的生产加工技术实训项目，包括干白葡萄酒酿造技术、干红葡萄酒酿造技术、桃红葡萄酒酿造技术、冰葡萄酒酿造技术、浓甜葡萄酒酿造技术、加香葡萄酒酿造技术、葡萄白兰地酿造技术及贵腐葡萄酒酿造技术，构成教材模块三的各类典型葡萄酒加工技术综合实训项目；为了充分利用葡萄皮、果梗、葡萄籽等组成的酿酒副产物，将葡萄酒酿造副产物的综合利用构成教材模块四的内容——拓展知识，从而形成教材的整体框架。

本书不仅可作为高等职业院校食品智能加工技术、食品检验检测技术、食品质量与安全、食品营养与健康、食品工程技术、食品生物技术、酿酒技术及农产品加工与质量检测等专业的教学用书，也可作为高职本科相关专业和园林园艺等相近专业的教材和教学参考书，还可作为食品加工企业、食品检测机构的培训教材。

图书在版编目（CIP）数据

葡萄酒酿造与检测技术/李芳，孔令明主编. —2
版. —北京：化学工业出版社，2024.4
ISBN 978-7-122-44802-6

I. ①葡… II. ①李… ②孔… III. ①葡萄酒-酿造
②葡萄酒-食品检验 IV. ①TS262.6

中国国家版本馆CIP数据核字（2024）第063051号

责任编辑：蔡洪伟　　　　　　　　文字编辑：白华霞
责任校对：李露洁　　　　　　　　装帧设计：王晓宇

出版发行：化学工业出版社
　　　　　（北京市东城区青年湖南街13号　邮政编码100011）
印　　装：河北延风印务有限公司
787mm×1092mm　1/16　印张17½　字数445千字
2024年8月北京第2版第1次印刷

购书咨询：010-64518888　　　　　售后服务：010-64518899
网　　址：http://www.cip.com.cn
凡购买本书，如有缺损质量问题，本社销售中心负责调换。

定　　价：49.00元　　　　　　　　　　　版权所有　违者必究

编审人员

第二版前言

　　本书根据高等学校食品及相关专业人才培养目标和规格要求，按照新形势下食品类专业教学理论与实践有机结合的原则，以提高课程教学质量为核心，通过葡萄酒相关企业调研，结合葡萄酒生产过程的特点和岗位分析，确定葡萄酒企业典型工作任务，校企合作开发，按照"项目导向"的设计思想构建课程框架。通过本书的学习可以提高学生对实际工作岗位的适应性。

　　本书主要特色有：第一，本教材是"葡萄酒酿造与检验"国家级精品课程的配套教材。教材的编写基于对新疆地方特色、区域经济发展及葡萄酒生产企业实际情况的分析，结合行业、企业专家的意见，以新疆葡萄酒企业典型产品为载体，针对具体生产任务，使学生全面掌握生产准备、葡萄汁的制备、酿造、贮酒、蒸馏、包装等各生产过程的相关知识、基本操作等，能根据葡萄酒产品检测结果进行生产工艺参数控制，通过实训操作重点掌握干红葡萄酒、干白葡萄酒、浓甜葡萄酒和白兰地等常见葡萄酒的生产过程和操作要点，并能进行葡萄酒酿造副产物的综合利用，为适应企业实际工作奠定基础。第二，教材内容是根据国家相关职业标准中对从事专业领域实际工作的知识要求和技能要求，按照岗位培训需要的原则编写的。教材的内容与人力资源和社会保障部门颁发的职业资格证书或技能鉴定标准有效衔接，校企合作制定理论知识考核和实践操作能力考核的方案，形成满足学生个性发展、符合教学需要的考核评价方式。在技能训练中设计了每一环节的考核内容及考核标准，以便于教师对学生操作技能的考核，使学生的课程学习与技能证书的获得紧密相连，相互融合。第三，教材适应葡萄酒企业典型产品项目化教学方式，以"项目引领、任务驱动"为理念，与葡萄酒企业技术专家合作，开展典型工作任务的教学化改造，将企业生产的工艺流程、岗位操作规程以及行业发展的新工艺、新技术、新标准融入教材，共同编写切合技术技能人才成长规律和学生认知特点，突出生产实际，注重"教、学、做"结合，让学生熟悉职业内容，在完成实践操作的过程中，学会葡萄酒酿造和工艺控制，提高职业技能。第四，教材对接信息技术发展和产业升级，服务产教融合、校企"双元"育人所做出的变革，邀请行业企业专家一起运用信息技术采集，开发教学资源，服务学生个性化需求，设计立体化的学习资源，将教材配套资源进行数字化改造，开发课件、视频、习题等数字化资源，实现资源的有效应用。本书将思政元素与专业内容有机融合，充分发挥教材育人功能，打造具有职业教育特色的高质量新形态教材，提高人才培养质量，以更好地满足学生个性化学习和企业员工培训需要。

本教材由李芳、孔令明主编，卞生珍、陈新军副主编，成池芳主审。编写分工如下：绪论由卞生珍编写；模块一的项目一至项目五、项目七由李芳、孔令明、陈新军、程伟、申玉飞、豆一玲、陶金华共同编写完成，项目六由卢丕超编写完成；模块二的项目一和项目二由孔令明编写，项目三至项目八、项目十三和项目十四由李芳编写，项目九至项目十二由卞生珍编写；模块三的项目一由李芳编写，项目二由卞生珍编写，项目三和项目五由孔令明编写，项目四由豆一玲、陈新军编写，项目六由程伟编写，项目七由豆一玲编写，项目八由申玉飞、卢丕超编写；模块四由李芳编写。各项目对应的教学课件、练习题及答案由孔令明完成；视频资源由陈新军、卞生珍和豆一玲录制。全书由李芳、孔令明统稿。

本教材在编写中得到了新疆尼雅葡萄酒有限公司的支持和帮助，在此表示诚挚的谢意。同时，在编写过程中参考了有关的文献资料，在此向有关专家及作者谨致以衷心的感谢。

限于编者的水平和经验，书中难免存在不妥之处，恳请广大读者批评指正。

编者

2024 年 3 月

目录

WINE

序号	二维码名称	资源类型	页码
1	绪论电子教案	PPT	1
2	葡萄酒酿造技术电子教案	PPT	21
3	葡萄酒（标准）	PDF	21
4	包装容器 葡萄酒瓶（标准）	PDF	21
5	葡萄酒企业良好生产规范（标准）	PDF	21
6	葡萄栽培和葡萄酒酿制设备 葡萄收获机 试验方法（标准）	PDF	21
7	葡萄栽培和葡萄酒酿制设备 果浆泵 试验方法（标准）	PDF	21
8	项目一 答案	DOC	34
9	葡萄酒酿造工艺与设备	视频	34
10	葡萄汁的改良 调糖	视频	34
11	项目二 答案	DOC	47
12	发酵原理 第1次课	视频	48
13	发酵原理 第2次课	视频	48
14	项目三 答案	DOC	62
15	项目四 答案	DOC	71
16	贮酒 陈酿（上）	视频	71
17	贮酒 陈酿（下）	视频	71
18	项目五 答案	DOC	98
19	项目六 答案	DOC	108
20	项目七 答案	DOC	114
21	葡萄酒检测技术电子教案	PPT	115
22	出口葡萄酒中细菌、霉菌及酵母的计数（标准）	PDF	115
23	项目一 答案	DOC	122
24	酒精度的测定	视频	122
25	项目二 答案	DOC	126
26	葡萄酒（汁）总酸度的测定	视频	126
27	项目三 答案	DOC	128
28	项目四 答案	DOC	130
29	项目五 答案	DOC	132
30	项目六 答案	DOC	136

序号	二维码名称	资源类型	页码
31	项目七 答案	DOC	138
32	项目八 答案	DOC	140
33	项目九 答案	DOC	143
34	项目十 答案	DOC	146
35	项目十一 答案	DOC	148
36	项目十二 答案	DOC	152
37	项目十三 答案	DOC	154
38	项目十四 答案	DOC	156
39	典型葡萄酒加工技能综合实训电子教案	PPT	160
40	冰葡萄酒（标准）	PDF	160
41	加香葡萄酒（标准）	PDF	160
42	葡萄酒生产追溯实施指南（标准）	PDF	160
43	白葡萄酒酿造	视频	161
44	项目一 答案	DOC	178
45	干红葡萄酒酿造（上）	视频	179
46	干红葡萄酒酿造（下）	视频	179
47	项目二 答案	DOC	187
48	桃红葡萄酒酿造	视频	188
49	项目三 答案	DOC	192
50	项目四 答案	DOC	197
51	项目五 答案	DOC	206
52	项目六 答案	DOC	212
53	项目七 答案	DOC	218
54	项目八 答案	DOC	223
55	拓展知识——葡萄酒酿造副产物的综合利用电子教案	PPT	225
56	项目一 答案	DOC	231
57	项目二 答案	DOC	237
58	项目三 答案	DOC	242
59	项目四 答案	DOC	248
60	项目五 答案	DOC	251
61	项目六 答案	DOC	255
62	项目七 答案	DOC	260
63	项目八 答案	DOC	263
64	习题	DOC	265
65	答案	DOC	265

绪 论

绪论电子教案

　　小时候，睡前妈妈都会给我读故事书，有的故事会读很多次，印象最深的是葛翠琳写的一篇中国童话《野葡萄》：传说深山中长着一种美丽得像珍珠的野葡萄，失明人吃了它，就可以重新见到光明；一个失明女孩，为了救自己和同样失明的小妹妹，独自冒险去寻找野葡萄，给很多失明的人带来光明……

　　葡萄，一种多么神奇的植物，代表了人们对美好、纯真和善良的向往和期待……

　　一串葡萄是美丽、静止与纯洁的，但它只是水果而已；一旦压榨发酵后，它就变成了一种美味饮品。

　　你也许品尝过红酒、白酒、白兰地，还有啤酒和充满浪漫气息的香槟，但红酒就是葡萄酒吗？许多人是这么认为的，其实不然。如果你想要了解葡萄酒的前世今生，那就开始学习葡萄酒历史和酿造技术吧！

0.1　葡萄酒的发展史与文化

0.1.1　葡萄酒的历史与发展

　　人类栽培葡萄、酿造葡萄酒和创造葡萄文化的历史悠久，葡萄的起源比人类的起源要早得多，葡萄酒经历了一个从自然酒过渡到人工酿造酒的过程。

　　最早的葡萄酒是自然发酵的产物。葡萄果粒成熟后落到地上，果皮破裂，渗出的果汁与空气中的野生酵母菌接触后不久葡萄酒就产生了。人类的远祖尝到这种自然产物，开始模仿大自然生物，从而开始酿酒。清末民初的《清稗类抄·粤西偶记》中记载了一位旅行家发现的一起有趣现象："粤西平乐等府，山中多猿，善采百花酿酒。樵子入山，得其巢穴者，其酒多至数石。饮之，香美异常，名曰猿酒。"古代的平乐府位于现在的广西壮族自治区东部，其树林里有大量的果树，生活在此的猿猴能够采摘到大量的果实充饥解渴，成熟的野葡萄汁多味美，酸甜可口，是猿猴采摘的野果之一。根据猿猴的生活习性，吃不完的野果会储存在山洞里，堆积得时间久了，野葡萄等果子破裂后流汁自然发酵成为葡萄酒。这个过程，在原始人之前，在类人猿时代就已经开始了。

　　据埃及古墓6000年前的浮雕，西方学者认为，葡萄酒业的历史已有6000年。1999～2004年中美科学家对河南舞阳县的贾湖遗址进行研究，从发掘的大量陶器残留物中分析研究发现：9000年前贾湖人已经掌握了目前世界上最古老的酿酒方法，其酒中含有稻米、山楂、蜂蜡等成分，在含有酒石酸的陶器中还发现有野生葡萄籽粒。酒石酸是葡萄和葡萄酒特有的酸，这不仅说明人类至少在9000年前就开始酿造葡萄酒，而且说明中国人可能是世界上最早酿造葡萄酒的。

　　有关葡萄酒酿造的科学研究，开始于1857年法国微生物学家巴斯德有关酒精发酵原理的发现，即知道了葡萄酒酿造的原理在于酵母将葡萄汁代谢转化为酒精。此外，巴斯德利用发明的巴氏杀菌法（酒液被加热到55～60℃）解决了葡萄酒液酸腐问题，使得葡萄酒能够长期存放并远距离销售。巴斯德还完成了许多与葡萄酒相关的研究，如葡萄酒的成分、葡萄酒老化以及酒石酸的化学结构，使得葡萄酒的酿造技术有了大幅度提高，并且成为一门学科。

0.1.2　中国葡萄酒发展历程

葡萄酒文化是中华民族文化的一个重要组成部分，早在 6000 多年前的周朝人们就开始种植葡萄。《周礼》记载，葡萄是一种珍贵水果；西汉时期，张骞出使西域（今新疆维吾尔自治区一带）曾至大宛国，引进了西域的葡萄在中原种植，并开始葡萄酒酿造，比法国早了七八百年。《史记·大宛列传》云："大宛在匈奴西南，在汉正西，去汉可万里。其俗土著，耕田，田稻麦，有蒲陶酒，多善马。"（蒲陶现称葡萄）。这说明西域在很久以前就已经掌握了葡萄种植和葡萄酒酿造的技术，盛产葡萄和葡萄酒。

到了东汉末年，由于战乱和国力衰微，葡萄种植业和葡萄酒业也极度困难，葡萄酒异常珍贵。到了魏晋南北朝时期，葡萄酒的消费和生产又有了恢复和发展。葡萄酒出现之初，成为皇亲国戚、达官贵人享用的珍品，当时葡萄酒是贵重的和有魅力的，此时期西北敦煌已见葡萄酒酿造的记载。三国时期，葡萄种植和葡萄酒酿造已传播到洛阳。南北朝时，西魏长安、河东地区魏都平城、河北地区东魏邺都开始种植葡萄。

唐朝是我国历史上葡萄酒酿造最辉煌的时期，酿造技术已经相当发达，风味色泽更佳。葡萄酒从宫廷走向民间，在街头酒肆盛行。唐朝葡萄种植和酿造已分布于西域、西北、北方、关中、河朔、江南、西南（包括南诏、吐蕃），尤其是西域、河西、河东的太原地区、河朔以及长安和洛阳两京之地，已是葡萄种植和酿造的重要地区。

著名诗人李白、杜甫、王翰等都有吟咏葡萄酒的传世诗篇。盛唐时期，葡萄美酒盛行，这就有了王翰著名的《凉州词》："葡萄美酒夜光杯，欲饮琵琶马上催。醉卧沙场君莫笑，古来征战几人回？"当时，文人学士相聚在一起，一边畅饮葡萄美酒，一边写诗作文、议论经史，成为一种时尚。李白在好几首诗词中，都吟诵了葡萄或者葡萄酒，如"蒲萄酒，金叵罗，吴姬十五细马驮"，说明了葡萄酒的珍贵，像金叵罗一样可以作为少女出嫁的陪嫁。另外，唐代的葡萄纹图案非常丰富，在锦缎、壁画、铜镜等载体上都经常能看到。

经过唐代的鼎盛，宋代、元代的葡萄栽培技术与葡萄酒酿造技术继续发展。元代成为中国古代历史上葡萄酿酒数量最多、栽培面积最大、种植地域最广的时期。元代还一度出现官方酿酒作坊。如今的宁夏、甘肃河西走廊地区、青海、新疆等地区，在当时已是葡萄及葡萄酒的主要产地，山西、河南等地也有大面积葡萄栽培。在元代，意大利旅行家马可·波罗来到中国，此后在其著作《马可·波罗游记》中记载："从太原府出发，一路南下，约三十里处，出现成片的葡萄园和酿酒作坊。"马可·波罗在书中记载了元代的葡萄种植场景，当时在河北、山东、山西等地种植葡萄非常常见，还提到元代皇帝饮葡萄酒使用金质酒具。

明朝李时珍在《本草纲目》中多处提到葡萄酒酿造的方法以及葡萄酒的药用价值。"葡萄酒，驻颜色，耐寒"，就是说葡萄酒能增进健康，养颜悦色。

在清朝，葡萄酒基本属于上流社会消费品。鸦片战争后我国已经慢慢打破故步自封的局面，很多有识之士力求发展我国的工业。1892 年爱国华侨张弼士在山东烟台建立了张裕葡萄酒公司，开创了中国葡萄酒工业化生产的先河。张裕葡萄酒在 1915 年巴拿马太平洋万国商品博览会上获得了 4 个金奖。

尽管中国的葡萄酒有着悠久的历史，在唐朝时也一度兴盛，然而由于中国工业化进展缓慢，葡萄酒业历经宋、元、明、清等朝代日见衰落。随着我国改革开放政策的推进，以中国文化为背景的葡萄酒得到迅猛发展，目前，我国是葡萄酒生产大国，还不是葡萄酒生产强国。愿未来，源远流长的中国葡萄酒文化能得以更好地传承、发扬光大，让越来越多的人爱上中国葡萄酒。

0.2 世界葡萄酒生产与发展现状

0.2.1 世界葡萄酒生产现状

在所有种植葡萄的国家中，生产出的葡萄用途不一，主要用于鲜食、酿酒和制造葡萄干。如中国就是鲜食葡萄的生产大国，而法国、德国、西班牙、阿根廷等葡萄酒生产大国，种植的主要是酿酒葡萄。在气候较为干爽、适宜制作葡萄干的地区，如土耳其、伊朗，这些国家出产的葡萄中有较大的比例用于制作葡萄干。

种植酿酒葡萄的黄金地带位于北纬 30°～50°、南纬 30°～40°之间。欧洲是世界葡萄主产地，葡萄栽培面积接近世界葡萄总面积的 60%，其中 90% 以上的葡萄用于酿酒。亚洲的葡萄栽培面积占世界总面积的 22%，但大部分不用于酿酒。剩余 18% 为其他几个洲的葡萄栽培面积，其中接近 12% 的面积分布在美洲。

2022 年 4 月 27 日国际葡萄与葡萄酒组织（OIV）公布了 2021 年全球葡萄酒行业最新数据报告。数据显示，全球葡萄酒消费从 2021 年开始复苏，网上葡萄酒销售蓬勃发展，国际葡萄酒贸易创出新高，全球产量连续三年略低于 10 年平均水平。

0.2.1.1 全球葡萄园面积

2021 年，全球葡萄园面积 730 万公顷。一方面，诸如意大利、法国等一些欧盟国家以及中国、伊朗这些国家的葡萄种植面积出现上涨趋势；另一方面，南半球主要葡萄种植国家（澳大利亚和新西兰除外）以及美国、土耳其、摩尔多瓦的葡萄种植面积出现显著下滑。2021 年，西班牙种植葡萄 96.4 万公顷，位列全球第 1 位；法国种植 79.8 万公顷，排在第 2 位；中国种植 78.3 万公顷，位列第 3 位。

在北半球，欧盟葡萄园面积连续 8 年稳定在 330 万公顷。西班牙、法国、中国及意大利是全球葡萄主要生产国。与 2020 年相比，其他欧盟国家的葡萄园面积大多数出现了下降，诸如葡萄牙、罗马尼亚、匈牙利。而德国的葡萄园面积保持稳定，在 10.3 万公顷。

在欧盟以外，摩尔多瓦的葡萄园面积持续呈下降趋势，2021 年的面积为 14 万公顷。这与摩尔多瓦政府 2010 年发起的葡萄酒行业重组计划相关。另外，俄罗斯的葡萄种植面积连续四年出现增长，2021 年达到了 9.6 万公顷。

土耳其的葡萄园面积已连续 8 年出现下降趋势，2021 年的葡萄园面积为 41.9 万公顷，较 2020 年下降了 2.7%，但仍位列全球第五位。

2000～2015 年期间，中国的葡萄园面积显著扩张，直到最近几年才有所放缓。美国的葡萄园面积自 2014 年一直持续下降，2021 年的面积为 40 万公顷。

除其他因素外，解决近年来葡萄供应过剩问题也可能是导致种植面积下降的原因。在南美洲，阿根廷的葡萄园面积自 2015 年以来一直下降，2021 年为 21.1 万公顷，较 2020 年下降了 1.7%。气候因素可能是导致面积减少的主要原因，如阿根廷的门多萨产区面临着缺水、升温及干旱情况。相反，2021 年智利的葡萄园面积较 2020 年增长了 1%，达到了 21 万公顷。

2021 年全球葡萄主要种植国家（地区）如表 0-1 所示。

表 0-1 2021 年全球葡萄主要种植国家（地区）

国家（地区）	2021 年面积 /万公顷	2021 年占全球的比重 /%	国家（地区）	2021 年面积 /万公顷	2021 年占全球的比重 /%
西班牙	96.4	13.2	葡萄牙	19.4	2.7

续表

国家（地区）	2021 年面积/万公顷	2021 年占全球的比重 /%	国家（地区）	2021 年面积/万公顷	2021 年占全球的比重 /%
法国	79.8	10.9	罗马尼亚	18.9	2.6
中国	78.3	10.7	伊朗	16.7	2.3
意大利	71.8	9.8	澳大利亚	14.6	2.0
土耳其	41.9	5.7	摩尔多瓦	14.0	1.9
美国	40.0	5.4	南非	12.2	1.7
阿根廷	21.1	2.9	德国	10.3	1.4
智利	21.0	2.9	俄罗斯	9.6	1.3

0.2.1.2　全球葡萄酒产量

2000 年来，全球葡萄酒产量由于生产原料供给及市场需求等因素影响而上下起伏波动，但年产量基本维持在 250 亿升以上。2021 年，全球生产葡萄酒约 260 亿升，较 2020 年下降了近 1%。长期以来，全球大半葡萄酒都产自欧洲地区，2021 年全球有 60% 以上的葡萄酒都产自欧洲，此外，约 20% 的葡萄酒产自美洲地区。与 2000 年相比，2021 年欧洲葡萄酒生产份额占比下降近 10 个百分点，美洲、大洋洲生产份额占比都有所增长。

2021 年，意大利（50.2 亿升）、法国（37.6 亿升）、西班牙（35.3 亿升），这三国的产量占全球葡萄酒产量的 47.4%，是全球葡萄酒主要生产国，分别占比 19.3%、14.5%、13.6%；美国、阿根廷及智利等美洲国家葡萄酒生产量占全球 20% 左右；澳大利亚是大洋洲葡萄酒主要生产国之一，其产量占全球葡萄酒生产量的 5% 左右；亚洲地区葡萄酒生产主要集中在中国，其 2021 年生产葡萄酒约 5.6 亿升，占全球葡萄酒产量仅 2% 左右。

2021 年全球主要国家葡萄酒产量如图 0-1 所示。

图 0-1　2021 年全球主要国家葡萄酒产量

0.2.1.3　国际葡萄酒贸易

全球葡萄酒主要出口国有西班牙、意大利及法国。2021 年，西班牙葡萄酒出口量为 23 亿升，出口金额为 29 亿欧元；意大利出口量为 22.2 亿升，出口金额为 71 亿欧元；法国出口量为 14.6 亿升，出口金额为 111 亿欧元。全球范围内，法国葡萄酒出口均价最高，约为 7.6

欧元/升；其次是新西兰，新西兰葡萄酒出口数量虽未在前十之列，但其出口金额却有 12 亿欧元，占全球葡萄酒出口总金额 3.5%。全球葡萄酒 80% 以上的出口贸易都集中在西班牙、意大利等十个国家。

德国、美国、英国等国是全球葡萄酒主要进口国。2021 年，德国进口葡萄酒 14.5 亿升，美国进口 13.9 亿升，英国进口 13.6 亿升，意大利进口 3 亿升。

2021 年全球葡萄酒进口数量排名前十的国家如图 0-2 所示。

图 0-2　2021 年全球葡萄酒进口排名前十的国家

结合产量、消耗及进出口情况来看，美国、法国、意大利是全球葡萄酒生产、贸易、消费的主要参与国。此外，由于本国葡萄酒产量不高，但市场消费量较高，因此，德国、俄罗斯、中国的葡萄酒市场都对进口依赖度较高。

0.2.1.4　全球葡萄酒消费

2021 年全球葡萄酒消费 236 亿升，较 2020 年增长了 0.7%。2021 年，欧盟的葡萄酒消费量 114 亿升，占全球葡萄酒消费的 48%。其中，法国 25.2 亿升，意大利 24.2 亿升，德国 19.8 亿升，西班牙 10.5 亿升。此外，罗马尼亚（4 亿升）、荷兰（3.8 亿升）、奥地利（2.4 亿升）、捷克（2.3 亿升），这些国家 2021 年的葡萄酒消费量都出现上涨。然而葡萄牙（4.6 亿升）、比利时（2.5 亿升）、希腊（2.2 亿升）、瑞典（2.1 亿升）等国家的葡萄酒消费量出现下降。

欧盟以外，2021 年英国的葡萄酒消费量 13.4 亿升，俄罗斯 10.5 亿升，较 2020 年增长 2%，已连续 4 年增长。瑞士的葡萄酒消费连续 3 年呈下降趋势，2021 年至 2.6 亿升。

美国仍然是全球最大的葡萄酒消费国，2021 年的消费量 33.1 亿升，占全球葡萄酒消费量的 14%。法国、意大利、德国等其他欧洲国家也是全球葡萄酒消费量较高的国家，消费总量占比近 50%。

亚洲市场，中国 2021 年的葡萄酒消费量估算在 10.5 亿升，占比 4% 左右，较 2020 年下降 15%。在经历了 2017 年的消费高峰期后，中国的葡萄酒消费显著下滑，这也影响到了全球葡萄酒消费状况。2021 年，日本的葡萄酒消费量 3.3 亿升，较 2020 年下降 5.4%。

在南美，2021 年阿根廷的消费量 8.4 亿升，较 2020 年下降了 11%，这主要是由于消费者购买力的下降。巴西的消费量 4.1 亿升，较 2020 年增长了 1.2%，创自 2000 年以来最高水平。

2021 年，南非的葡萄酒消费量 4 亿升，较 2020 年增长 27%，仍然比过去 5 年平均水平低 5.3%。2021 年，澳大利亚葡萄酒消费量 5.9 亿升，较 2020 年增长 0.3%，是有史以来最高的消费量。

0.2.2 葡萄酒的"新旧世界"

一款葡萄酒属于"旧世界"还是"新世界"，取决于这款酒来自哪个国家。在1971年英国葡萄酒作家 Huge Johnson 的著作 "*The World Atlas of Wine*" 第一版中，首次将世界上所有的葡萄酒生产国家一分为二，那就是"旧世界"（Old World）与"新世界"（New World）。从此以后，"新世界""旧世界"就代表了整个葡萄酒行业的两大阵营和风格。根据《葡萄酒百科全书》的划分，"旧世界"是指欧洲的传统葡萄酒生产国，还包括北非和中东的一些古老国家，包括法国、意大利、西班牙、德国等。"新世界"是指欧洲之外的新兴葡萄酒生产国，包括美国、南非、澳大利亚、新西兰、智利和阿根廷等。

"旧世界"国家的葡萄种植和葡萄酒酿造历史比世界上其他的新兴国家要久远得多，"旧世界"葡萄酒往往被赋予了很多贵族文化和情调。"新世界"国家一般都是在16世纪之后才开始酿酒的，其葡萄种植和酿造技术都源于"旧世界"国家。"新世界"产酒国就像是"旧世界"产酒国的"年轻后辈"。"新世界"的崛起令葡萄酒的世界变得更加美丽及多元化。"旧世界"葡萄酒至今已有千年历史，"新世界"葡萄酒大约有200～300年的历史。

尽管我们习惯于这样区分葡萄酒的"新世界"与"旧世界"，但是更多时候，我们很难将二者完全区分开来。当葡萄酒作为一个话题的时候，消费者都期望葡萄酒的内涵更为丰富。这也是"新旧世界"葡萄酒并存的价值所在。近年来，"新旧世界"的界限开始模糊了，"旧世界"国家的许多人开始尝试新口味和新配方。葡萄酒专家 Chris Boersma 指出：不要让"旧世界"和"新世界"互相打架，重要的是品酒人的心情，无论是新的还是旧的，每个人都能找到适合自己的葡萄酒。

"新旧世界"的葡萄酒比较见表0-2。

表0-2 "新旧世界"的葡萄酒比较

项目	"新世界"葡萄酒	"旧世界"葡萄酒
主要生产国	美国、澳大利亚、新西兰、南非、智利、阿根廷等	法国、意大利、西班牙、德国等
葡萄酒命名	以酿酒葡萄命名，如阿根廷门多萨的马尔贝克葡萄酒以其酿酒葡萄品种命名	以葡萄产区命名，如产自法国卡奥尔的马尔贝克葡萄酒以其产区卡奥尔命名
口感	果味丰富浓郁，口感饱满圆润	酸度和单宁含量较高，口感清瘦
等级及产区制度	相对宽松	严格的等级制度和产区制度

0.3 中国葡萄酒发展历史和现状

0.3.1 中国葡萄酒产业的发展

0.3.1.1 近代葡萄酒工业的建立

我国葡萄酒虽然有悠久的历史，但古代葡萄和葡萄酒生产始终产量不大，未受到足够重视。1892年华侨张弼士在山东烟台建立了葡萄园，并建立了张裕葡萄酿酒公司，从西方引入了优良的葡萄品种，并引入了机械化的生产方式，储酒容器从瓮改为橡木桶，标志着我国葡萄酒业进入近代意义上的工厂化生产新阶段。之后，青岛、北京、清徐、吉林长白山地区和通化相继建立了葡萄酒厂，标志着我国葡萄酒工业的雏形已经形成。由于当时军阀连年混战、帝国主义的摧残和官僚资本的掠夺，作为民族工业的葡萄酒厂在新中国成立前一直处在奄奄一息的境地。

0.3.1.2　新中国成立后葡萄酒产业的发展

中华人民共和国成立后，我国的葡萄酒工业经历了新中国成立初期的恢复、中期的大规模建设以及改革开放以来取得丰硕成果的曲折发展。新中国成立后在东北通化、辽宁、大连等地建立了以山葡萄为原料的酒厂，葡萄酒工业有较快的发展，到 1977 年年产达 2.8 万吨。

20 世纪 70 年代以后，又相继改建或新建了一批葡萄酒厂，全国县以上的葡萄酒厂增加到 100 多家，葡萄酒的产量由 1949 年的不足 200 吨发展到 1978 年的 6.4 万吨。同时在新疆与甘肃的干旱地区、渤海沿岸平原、黄河故道、黄土高原干旱地区及淮河流域、吉林长白山地区建立了葡萄园和葡萄生产基地。十一届三中全会以后，葡萄酒行业发生了巨大的变化。1987 年的全国酿酒工作会议提出了饮料酒发展的四个转变，为葡萄酒的发展创造了机遇。1980 年中法合营王朝葡萄酿酒有限公司成立，1983 年长城葡萄酿酒有限公司成立并飞速发展，再加上张裕葡萄酒公司，在我国葡萄酒行业形成了三足鼎立的局面。三家企业不仅占领了全国 50% 以上的葡萄酒市场，也使中国的葡萄酒工业在国际舞台上占有了一席之地。

进入 20 世纪 90 年代，我国葡萄酒业进入飞速发展时期，葡萄酒企业的数量快速增加，葡萄种植面积也由原来的约 1 万公顷发展到 2021 年的 78.3 万公顷。

从 1996～2005 年，中国葡萄酒的产量从 17 万吨增长到 43 万吨。从葡萄酒的行业结构看，企业小、生产分散是最突出的特点。全国葡萄酒企业的平均年生产能力还不足 2000 吨，年产量在 1000 吨以下的占 70% 左右，年产量在 1000～5000 吨的企业约占 20%，年产量在 5000 吨以上的企业只有 10%。

2012 年底，中国酿酒产业全面调整。从 2013 年开始，中国葡萄酒与国外葡萄酒进入了一个激烈的全面竞争时期，一直持续至今。

根据国家统计局发布的数据，2012 年全国规模以上葡萄酒生产企业的产量达到 138 亿升，创出历史新高，之后逐渐走向下滑趋势。2013～2016 年，年产量稳定在 110 亿升左右。2016～2020 年，呈现出连续的快速下滑态势，2020 年的年产量进一步下降到 41 亿升，且与 2005 年基本持平（图 0-3）。

图 0-3　2001～2020 年中国葡萄酒行业年产量
（注：数据来源于国家统计局和中国酒业协会）

0.3.1.3　中国葡萄酒行业面临的调整和转型压力

中国葡萄酒行业正面临调整和转型的压力，进口酒与国产酒的市场争夺战短期内还会继续。国内葡萄酒企业的发展使得国产葡萄酒市场份额有所提升，但进口葡萄酒仍占据近一半的葡萄酒市场。根据海关进出口数据库和OIV（国际葡萄与葡萄酒组织）数据测算，2020年我国葡萄酒进口量为47.14万千升，同比下降28.8%。2016～2019年，进口葡萄酒占国内葡萄酒消费市场的比重均呈不断增长趋势，一直在稳步提升，在2019年占比达到44.1%。2020年进口葡萄酒占比有所降低，但市场份额仍然达到37.9%。因此，短期内进口葡萄酒仍对国产葡萄酒带来一定的威胁。

就中国进口葡萄酒来源国来看，长期以来以法国、意大利和西班牙为首的欧盟葡萄酒生产国占据主导地位。2019年，我国从澳大利亚进口5.67亿升，首次超越由法国进口的量，澳大利亚成为中国市场进口葡萄酒产品的最大来源国。

0.3.1.4　葡萄酒行业的发展前景

（1）产业政策渐趋宽松，企业税费负担减轻

2017年，国家质量监督检验检疫总局等部门联合发布公告，将多项强制性国家标准转化为推荐性国家标准。其中，自2008年1月1日起实施的强制性国家标准《葡萄酒》（GB 15037—2006）被转化为推荐性国家标准《葡萄酒》（GB/T 15037—2006）。2020年，工业和信息化部发布公告，废止了自2012年7月1日起开始施行的《葡萄酒行业准入条件》。2018～2019年，政府将包括葡萄酒生产企业在内的制造业增值税税率从原先的17%先后分两次分别降低至16%和13%，养老保险单位缴费比例从20%降至16%。

（2）地理标志产品保护范围逐步扩大

2003～2008年，烟台葡萄酒、沙城葡萄酒、昌黎葡萄酒、贺兰山东麓葡萄酒、通化山葡萄酒、户县户太冰葡萄酒和桓仁冰酒陆续成为地理标志保护产品。2012～2020年，河西走廊葡萄酒、吐鲁番葡萄酒、和硕葡萄酒、戎子酒庄葡萄酒、都安野生山葡萄酒先后以地方标准或者国家标准的形式被纳入地理标志产品保护范畴。2020年，中国和欧盟签署《中欧地理标志协定》，自2021年3月1日起正式生效。

（3）多项标准陆续推出，指引行业发展

2017年，人社部对外发布国家职业资格目录，品酒师、酿酒师等酒类7个职业资格证书均被收入。2018年，中国酒业协会、中国食品工业协会和中国园艺学会联合发布"中国葡萄酒感官评价体系"。建立该体系有两大目标：帮助消费者更好、更全面地认识葡萄酒产品；帮助葡萄酒运营商更好地理解中国市场及其消费者。2019年，中国酒业协会发布团体标准《酿酒葡萄》（T/CBJ 4101—2019）、《橡木桶》（T/CBJ 4102—2019）。目前，中国《葡萄酒产区》团体标准起草工作已经启动。

根据中国酒业协会发布的《中国酒业"十四五"发展指导意见》，预计2025年我国葡萄酒行业产量达70亿升，销售收入和利润分别达200亿元、30亿元。

（4）中国人对国产品牌的接受度不断提高

居民家庭可支配收入的持续提升为葡萄酒消费升级提供了坚实的基础。同时，以长城、张裕为代表的国产酒领头企业正在通过自身影响力和产品力重构中国葡萄酒市场生态。国货崛起，中国人国产品牌的接受度空前高涨，进口酒与国产酒的竞争格局正在发生微妙变化，据艾媒咨询（iiMedia Research）数据显示，2021年中国67.9%的白领群体偏好国内葡萄酒品牌，进口酒正在被国产大品牌葡萄酒替代。最近，"中国人喝中国酒，让中国葡萄酒流行起来"的活动正在如火如荼地开展，并得到业内人士广泛参与，这将对加快国产葡萄酒的推广具有重要作用。

另外，中国葡萄酒的人均消费量还远低于国外，中国葡萄酒消费仍处于普及阶段，加上人们健康意识进一步提升，因此该市场存在着巨大的增量空间和发展前景。

0.3.2 我国葡萄酒消费情况

从 2014 ～ 2018 年，中国的葡萄酒人均消费量从 1.17 升上涨至 1.5 升，增长了 28.2%，显示出中国市场葡萄酒消费的强劲增长态势。

根据 OIV 2021 年发布的数据，葡萄牙人均葡萄酒消费达 51.9 升，排名第一，但是较 2018 年人均消费 62.1 升大幅降低。法国人均葡萄酒消费量为 46.9 升，排名第二。意大利排名第三，人均葡萄酒消费量为 46.0 升。中国人均消费量 0.9 升，全球排名第二十四。比较来看，中国人均消费与世界平均水平相差还很大，未来潜在的消费空间巨大。

我国消费者购买葡萄酒在品类选择上，红葡萄酒所占比例为 54.6%，是消费者的首选，远高于白葡萄酒的 31.2% 和桃红葡萄酒的 14.2%。从葡萄酒消费量来看，近年来我国葡萄酒消费量波动下降，但整体消费量高于我国葡萄酒产量，我国葡萄酒市场对于进口依赖程度较高。

此外，与白酒、啤酒相比，我国葡萄酒消费基数低，人均葡萄酒消费量仅为白酒的 1/5，啤酒的 1/28。根据大型进口酒商 ASC 的预测，受益于消费升级和健康饮酒的大潮流，从目前到 2025 年，中国葡萄酒市场复合增速可以达到 8% ～ 10%。

0.3.3 我国葡萄酒的产区分布概况

0.3.3.1 我国葡萄酒产区的形成

葡萄酒产区的形成是一个动态发展过程。从世界葡萄酒产区的形成与发展历史看，大多数产区是经历了数百年乃至上千年而逐渐形成的，产区形成的同时也造就了优良的葡萄品种、合理的栽培与酿造技术以及独特的葡萄酒种，从而形成了相对稳定的葡萄酒产区。葡萄酒产区构成的核心是优质酿酒葡萄。然而葡萄酒产区的格局并非一成不变，例如李巍提出产区划分的 7 个条件，并将中国葡萄酒产业的分布划分为 13 个；段长青则将中国葡萄酒产业分布归纳为 11 个产区。目前中国酒业协会、葡萄酒行业知名专家学者和张裕、长城、王朝、中信国安等国内主要葡萄酒企业代表正在制定中国《葡萄酒产区》标准。

李华等按照全国 623 个气象台站 30 年的平均资料，以无霜期为区划的一级指标，以生长季的干燥度为区划的二级指标，以埋土防寒线为三级指标，进行酿酒葡萄的气候区划，将中国的酿酒葡萄种植分为 12 个区。

中国有着广阔的适合生产酿酒葡萄的区域，气候条件也较为合适，即使在新疆吐鲁番高至 45℃或吉林通化低至 −40℃的地区，也能种植出绝佳的葡萄。同时地形的多样性也有利于葡萄的种植，云南高原上有弥勒产区，还有坐落在沙漠边缘的甘肃武威产区，更有周边靠山的银川产区。

内陆产区多是大陆性气候，需要深秋季进行埋土来避免冬天的低温伤害，这使得栽培成本增加。中国东部的山东半岛属于海洋性气候，葡萄藤不需要特殊的保护措施即可过冬，适合欧洲葡萄的生长，其他大部分沿海产区（如中、南部地区）长期受季风影响，不利于葡萄种植。

1978 年，我国的葡萄酒产区分布在华北区（北京、天津、河北）、山东区（烟台、青岛、鲁西南）、黄河故道（河南、江苏、安徽）、东北区（黑龙江、吉林、辽宁）、晋陕新（山西、陕西、新疆）、南方区（上海、湖北、广西），葡萄主栽品种为北醇、佳丽酿、法国兰、晚红蜜、公酿一号、白羽、白雅、粉红玫瑰等。此时，人们对产区、品种及原料对葡萄酒质量影响的认识比较肤浅。

20 世纪 80 年代中期到 90 年代，胶东半岛、沙城、昌黎产区受到人们的重视，酿酒葡萄与葡萄酒发展较快。进入 20 世纪，宁夏产区、甘肃产区、新疆产区得到了较快发展，由于其独特的气候条件与优良的葡萄质量而受到葡萄酒行业的推崇。

2007 年，酿酒葡萄产区划分进一步明确，葡萄种植与葡萄酒生产进一步向优良产区集中。目前，已经形成了东北产区、渤海湾产区、怀涿产区、新疆产区、甘肃河西走廊产区、宁夏贺兰山东麓产区、黄土高原产区、黄河故道产区、云南高原产区等 9 个主要的酿酒葡萄产区。

0.3.3.2　我国主要葡萄酒产区

（1）东北产区

东北产区包括北纬 45°以南的长白山麓和东北平原，冬天温度极低，全境冬季平均极端低温在 -26℃，部分地区最低可达 -40℃。因此，欧亚种葡萄在这里难以生存，种植的品种以抗寒的山葡萄或山葡萄的杂交品种为主，集中在吉林通化、集安、长白山，辽宁的朝阳、桓仁等。主要葡萄品种包括：山葡萄系列的双红、双优、北冰红、公酿一号、北玫、北红、北醇等，以及赤霞珠、霞多丽、雷司令、品丽珠等。主要生产山葡萄甜型酒、冰葡萄酒。

（2）渤海湾产区

渤海湾产区包括华北北半部的昌黎、蓟州丘陵产地、天津滨海区、山东半岛北部丘陵和大泽山。主要品种分布：昌黎主栽品种为赤霞珠，品丽珠、美乐、龙眼、霞多丽等品种也有少量栽培；天津产区的葡萄品种多为赤霞珠、梅鹿辄、品丽珠、贵人香、霞多丽、白玉霓、玫瑰香等；胶东半岛主要品种分别为赤霞珠、蛇龙珠、霞多丽、美乐、烟 73、贵人香等。这一产区主要生产干红、干白、桃红、起泡酒、白兰地等产品。

（3）怀涿产区

怀涿盆地被学者们称为"沙城地区"，包括怀来、涿鹿、宣化等，是我国历史悠久且规模最大的葡萄及葡萄酒产区之一。其中酿酒专用品种有赤霞珠、蛇龙珠、美乐、雷司令、霞多丽等，产品有干红、干白、起泡酒、白兰地等。

（4）新疆产区

新疆是中国最大的葡萄产区，具有"葡萄故乡"的美誉。新疆产区主要为吐鲁番盆地、天山北麓和焉耆、和硕地区。这里远离海洋，深居内陆，以温带大陆性气候为主，而天山成功阻隔了北方吹来的寒冷空气，由此以天山为界，北疆属于中温带，南疆属于暖温带。主要葡萄品种有赤霞珠、梅鹿辄、西拉、佳美、黑比诺、霞多丽、白皮诺、雷司令等，酒种有干红、干白、甜酒等。

目前，新疆酿酒葡萄种植面积 70 余万亩（1 亩 =666.7m²），约占全国种植面积的三分之一，葡萄原酒年产能力达 40 万吨。在天山北麓吸引了中信国安、张裕、驼铃等大中型葡萄酒企业在此聚集。中信国安是新疆第一大葡萄酒企业。新疆还具有西域沙地、尼雅、新雅、楼兰、乡都、伊珠等国内外知名品牌。

（5）甘肃河西走廊产区

此产区是指甘肃黄河以西的武威、张掖、酒泉，位于腾格里沙漠边沿，这里生产的葡萄成熟充分、糖酸适中、无病虫害，特色突出，可称为我国最佳的优质酿酒葡萄生态区之一。主要栽培品种是梅鹿辄、黑比诺、霞多丽等，主要生产干红、干白、甜酒、冰酒等产品。此产区"莫高"已经成为全国知名品牌，"当然""苏武山""皇台"等葡萄酒品牌在全国也已崭露头角。

（6）贺兰山东麓产区

宁夏贺兰山东麓地处银川平原的西部，系黄河冲积平原与贺兰山冲积扇之间的洪积平原地带，西靠巍峨的贺兰山脉，东临黄河上游，是世界葡萄种植的"黄金地带"，是近年来发展较快的一个葡萄酒产区。目前，产区酿酒葡萄种植面积达 52.5 万亩，葡萄酒产量达 1.3 亿瓶，主要葡萄品种有赤霞珠、蛇龙珠、梅鹿辄、霞多丽等，生产的酒种有干白、干红。

（7）黄土高原产区

黄土高原产区包括陕西泾阳、铜川，山西西南的清徐、夏县、太谷等地，其中陕西较山西种植面积更多一些。此区土壤有机物和矿物质含量丰富，非常有利于葡萄风味物质的形成，因此这里出产的葡萄酒口味纯正、酒香醇和。品种主要以从法国引进的欧亚品种为主，也种有一些本土品种，主要品种为赤霞珠、美乐、贵人香等。

（8）黄河故道产区

此产区包括黄河故道的安徽萧县、河南民权、兰考及苏北的部分地区。酿酒葡萄品种有品丽珠、赤霞珠、梅鹿辄、白羽、红玫瑰等。20 世纪 80 年代，该地区的葡萄酒一度兴盛，但近年来逐渐衰落。

（9）云南高原产区

此产区包括云南的弥勒、蒙自、东川和呈贡等县及四川的攀枝花等，主栽品种有玫瑰蜜、梅鹿辄、赤霞珠、毛葡萄等。该地区葡萄酒已经形成独特的产地特色，"云南红"已经成为这个产区的葡萄酒著名品牌。

0.3.4　葡萄酒庄园

0.3.4.1　定义

葡萄酒庄园这一概念源于法国，指一个独立的葡萄酒生产单位。葡萄酒庄园是以可控、稳定的葡萄园种植的葡萄为原料，就地加工灌装葡萄酒，拥有标志性的主体建筑，具有良好观赏价值的综合园区。葡萄酒庄园也称为葡萄酒酒庄。

庄园一般设有地下酒窖、品酒室、酒廊、会员餐厅、园区休闲区、葡萄酒种植展示区等，通过葡萄酒投资服务、葡萄酒品尝培训、葡萄酒与艺术相结合、葡萄酒与餐食搭配，形成独具特色的葡萄酒庄经营模式。葡萄酒庄园通过相关艺术化展示、葡萄酒收藏、销售、品评，举办与文化、艺术、金融、管理等相关的活动，向消费者提供以葡萄酒为主题的高品质服务。

0.3.4.2　选址

葡萄酒庄园应建在适宜于种植酿酒葡萄的区域内，周围应无有害气体、沙尘、烟雾、不良气味等污染源，建筑周围应有良好的视野，远离居民生活区、养殖场等易产生污染的场所，葡萄酒加工区应靠近葡萄园，主体建筑和葡萄园应在同一视野。

葡萄酒庄园应有可控、稳定的葡萄园，其面积应与葡萄酒年产量相符。葡萄园中所种植的葡萄应为适应当地生态条件、宜于酿造葡萄酒的优良品种，葡萄产量应控制在每公顷不超过 12000kg，酿造白葡萄酒的葡萄含糖量不宜低于 180g/L，酿造红葡萄酒的葡萄含糖量不宜低于 210g/L；采收的葡萄中污染物限量应符合 GB 2762 的规定，农药最大残留限量应符合 GB 2763 的规定。

0.3.4.3　庄园葡萄酒

庄园葡萄酒是以葡萄酒庄园种植的优质葡萄为原料，在同一庄园内加工灌装成的优质葡萄酒，也称酒庄葡萄酒。酿造庄园葡萄酒的葡萄应 85% 以上产自本庄园，工艺要求按葡萄酒企业生产规范 GB/T 23543 及其他相关的规定执行。GB/T 15037 确立的产品分类适用于酒庄葡萄酒。

红酒之乡法国的八大酒庄赫赫有名，它们分别是拉斐庄、拉图庄、奥比安庄、玛高庄、武当庄、白马庄、奥松庄和翠柏庄，法国顶级的红酒都产自其中。通常酒庄名字之前会冠上Chateau一词，而Chateau的意思是"古堡"，因为法国酒庄大多有一座美丽的古堡。

中国著名的酒庄有：王朝御苑酒堡、长城桑干酒庄、中粮君顶酒庄、张裕·卡斯特酒庄、张裕爱斐堡酒庄、库尔勒乡都酒庄、山西怡园酒庄、武威莫高葡萄酒庄等。

0.4　葡萄酒的定义与分类

0.4.1　葡萄酒的定义

按照国际葡萄与葡萄酒组织（OIV）的规定，葡萄酒只能是破碎或未破碎的新鲜葡萄果实或汁经完全或部分酒精发酵后获得的饮料，其酒精度一般在8.5°～16.2°之间。

按照我国葡萄酒标准GB/T 15037—2006规定，葡萄酒是以鲜葡萄或葡萄汁为原料，经全部或部分发酵酿制而成的，含有一定酒精度的发酵酒。

但是，根据气候、土壤条件、葡萄品种和一些葡萄产区特殊的质量因素或传统，在一些特定的地区，葡萄酒的最低总酒度可以降低到7.0%（体积分数）。

0.4.2　葡萄酒的分类

葡萄酒的品种很多，因葡萄的栽培、葡萄酒生产工艺条件的不同，产品风格各不相同。

0.4.2.1　按酒中二氧化碳含量（以压力表示）和加工工艺分类

按酒中二氧化碳含量（以压力表示）和加工工艺可将葡萄酒分为：平静葡萄酒、起泡葡萄酒、特种葡萄酒。

（1）平静葡萄酒

平静葡萄酒指在20℃时，二氧化碳压力小于0.05MPa的葡萄酒。

按酒中的含糖量和总酸可将平静葡萄酒分为以下几种。

① 干葡萄酒　含糖量≤4g/L，品尝不出甜味，具有洁净、幽雅、香气和谐的果香和酒香。

② 半干葡萄酒　含糖量在4～12g/L，酒的口味洁净、幽雅、圆润，具有和谐愉悦的果香和酒香。

③ 半甜葡萄酒　含糖量在12～45g/L，口感微甜，具有爽顺、舒愉的果香和酒香。

④ 甜葡萄酒　含糖量大于45g/L，口感甘甜、醇厚、舒适、爽顺，具有和谐的果香和酒香，酒精含量一般在15%左右。

（2）起泡葡萄酒

在20℃时，二氧化碳压力大于0.05MPa的葡萄酒称为起泡葡萄酒。

起泡葡萄酒又可以分为低泡葡萄酒、高泡葡萄酒两类。

① 低泡葡萄酒　是指在20℃时，全部自然发酵产生的CO_2压力在0.05～0.34MPa的起泡葡萄酒。

② 高泡葡萄酒　是指在20℃时，全部自然发酵产生的CO_2压力≥0.35MPa（对于容量小于250mL的瓶子，CO_2压力≥0.3MPa）的起泡葡萄酒。

需要注意的是：只有当二氧化碳全部来源于葡萄原酒经密闭（于瓶中或发酵罐中）自然发酵产生时，才将其称为起泡葡萄酒。当二氧化碳是由人工加入时，则将其称为加气起泡葡萄酒（或汽酒）。

在法国香槟产区生产的起泡葡萄酒称为香槟酒，在世界上享有盛名。其他地区生产的同类型产品按国际惯例不得称为香槟酒，一般称为起泡酒。

（3）特种葡萄酒

特种葡萄酒的原料为鲜葡萄、葡萄汁或葡萄酒，是按特种工艺加工制作的葡萄酒。

特种葡萄酒分类如下。

① 利口葡萄酒　也称加强葡萄酒，是指在葡萄生成的总酒度为12%（体积分数）以上的葡萄酒中，加入葡萄白兰地、食用酒精或葡萄酒精以及葡萄汁、浓缩葡萄汁、含焦糖葡萄汁、白砂糖等，使其终产品酒精度为15.0%～22.0%（体积分数）的葡萄酒。中国浓甜葡萄酒多采用此法生产。

② 加香葡萄酒　以葡萄酒为酒基，经浸泡芳香植物或加入芳香植物的浸出液（或馏出液）而制成的葡萄酒，属于开胃型葡萄酒，如味美思、丁香葡萄酒、桂花陈酒。也可添加药材精心调配而成，属于滋补型葡萄酒，如人参葡萄酒。

③ 冰葡萄酒　将葡萄推迟采收，当气温低于−7℃时使葡萄在树枝上保持一定时间，使其结冰再采收，然后在结冰状态下压榨、发酵、酿制成葡萄酒（在生产过程中不允许外加糖源），即为冰葡萄酒。

④ 贵腐葡萄酒　在葡萄成熟后期，葡萄果实感染了灰绿葡萄孢，使果实成分发生了明显的变化，用这种葡萄酿制而成的葡萄酒即为贵腐葡萄酒。

⑤ 葡萄汽酒　是指酒中所含二氧化碳部分或全部由人工添加，具有同起泡葡萄酒类似物理特性的葡萄酒。

⑥ 低醇葡萄酒　是指采用鲜葡萄或葡萄汁经全部或部分发酵，采用特种工艺加工而成的、酒精度为1.0%～7.0%（体积分数）的葡萄酒。

⑦ 无醇葡萄酒　是指采用鲜葡萄或葡萄汁经全部或部分发酵，采用特种工艺加工而成的、酒精度为0.5%～1.0%（体积分数）的葡萄酒。

⑧ 山葡萄酒　是指采用新鲜山葡萄（包括毛葡萄、刺葡萄、秋葡萄等野生葡萄）或山葡萄汁经过全部或部分发酵酿制而成的葡萄酒。

⑨ 年份葡萄酒　所标注的年份是指葡萄采摘的年份，其中年份葡萄酒所占比例不低于酒含量的80%（体积分数）。

⑩ 品种葡萄酒　用所标注的葡萄品种酿制的酒所占比例不低于酒含量的75%（体积分数）。

⑪ 产地葡萄酒　用所标注的产地葡萄酿制的酒所占比例不低于酒含量的80%（体积分数）。

所有葡萄酒产品中均不得添加合成着色剂、甜味剂、香精、增稠剂。

0.4.2.2　按酒色分类

① 白葡萄酒　由白葡萄、皮红肉白的葡萄分离发酵制成，颜色微黄带绿，近似无色或浅黄、禾秆黄、金黄，凡颜色过深者，均不符合白葡萄酒的色泽要求。这类酒要求果香突出，可用不同品种葡萄酿制，在风味上要求有典型性。

② 红葡萄酒　由皮红肉白或皮肉皆红的葡萄经葡萄皮和汁混合发酵而成，呈自然深红、宝石红、紫红、鲜红或红中微带棕色。酒色应来自葡萄，不允许人工着色。

③ 桃红葡萄酒　用带色的红葡萄带皮发酵或分离发酵制成。酒色为浅红、桃红或玫瑰红，在风味上有新鲜感，果香与酒香兼备。凡色泽过深或过浅均不符合桃红葡萄酒的要求。

0.4.2.3　按饮用方式分类

（1）餐前葡萄酒

餐前葡萄酒也称为开胃酒，是为了增进食欲、营造气氛而在正餐前饮用的葡萄酒，主要是一些加香葡萄酒，其酒精度一般在 18% 以上。

餐前葡萄酒一般都会选择酒体轻盈、酸度较高的葡萄酒，例如香槟、鸡尾酒、起泡酒或干桃红等。因为这一类葡萄酒不会给味蕾造成太大负担，甜度也不会过高，适合开胃。

（2）佐餐葡萄酒

佐餐葡萄酒是同正餐一起饮用的葡萄酒，主要是一些干型葡萄酒，如干红葡萄酒、干白葡萄酒等。

佐餐葡萄酒，是在进食过程中用于搭配菜肴的葡萄酒。而佐餐葡萄酒的种类往往会根据所享用的菜肴特点来决定，最常见的搭配原则即是"红酒配红肉，白酒配白肉"。例如，进食牛、羊、猪肉时，就会选用干红葡萄酒，因为干红的单宁可以解除这些肉类的油腻感；如果进食海鲜，则选用干白葡萄酒，干白的高酸能够缓解海鲜的腥味。不过，在餐酒搭配时也无须太过刻板，在尝试进食不同肉类的同时品尝一些不同的佐餐酒，打破传统的创新搭配或许能带来意外的惊喜。

（3）餐后葡萄酒

餐后葡萄酒是在餐后饮用，主要是一些烈酒和与甜食一起饮用的甜葡萄酒。

餐后葡萄酒，主要是为了帮助饭后消化；但其还有一个不可忽视的作用，就是增进感情，放松心情。饭后，与亲人朋友一起谈谈心，品品酒，可以让氛围变得更温暖、自在！

餐后葡萄酒的选择范围很广，可以是酒精度高的，例如白兰地、威士忌；也可以是甜型的，例如冰酒、贵腐酒。

0.5　葡萄酒与健康

葡萄酒是新鲜葡萄或葡萄汁经发酵获得的含酒精饮品，其成分复杂，既有来自葡萄果粒的，又有来自发酵和陈酿过程中的。在葡萄酒中，水完全来自葡萄，是其他物质的载体，约占总体积的 70% ～ 90%；其次是乙醇，根据葡萄酒种类的不同，含量为 7% ～ 17%。此外葡萄酒中还存在着许多其他成分，如有机酸、酚类物质、芳香物质以及氨基酸、维生素和矿物质元素等。这些成分不仅塑造了葡萄酒的独特风味，还为其增添了一定的营养价值。

0.5.1　葡萄酒在人体内的转化

葡萄酒和大多数食物不一样，它不需经过消化就可以被人体吸收，特别是空腹饮用葡萄酒时。如果在进餐时饮用葡萄酒，葡萄酒与其他食物一起进入消化阶段。葡萄酒的吸收速度较慢，常需要 1 ～ 3h，4h 以后血液中酒精的含量很快减少，约在 7h 后消失。在饮用后的开始几小时内，吸收的葡萄酒在肝脏中被氧化而产生热能。根据饮用量和同时摄入的其他物质（特别是葡萄糖），肝脏能固定少量酒精，从而逐渐净化血液。被吸收的葡萄酒中的酒精少部分可通过唾液、尿和汗等排出体外。

0.5.2　葡萄酒的成分与营养价值

葡萄酒中通常含有 7% ～ 17% 的乙醇，其主要来源于葡萄的发酵过程。目前，葡萄酒中已分析出 250 多种化学组分，葡萄酒主要由以下几方面组成。

① 热值　葡萄酒主要以酒精的形式带给人体热量，在甜葡萄酒中糖也能为人体提供能源。1L 10° 的葡萄酒的热值约为 560 cal（1cal=4.1868J）。以酒精的形式带给人体的热值不能超过人体所需热值的 20%。根据身高、体重和工作强度的不同，成年人每昼夜所需热值为 1200 ～ 2400cal。

② 碳水化合物（即糖类）　葡萄酒中葡萄糖、麦芽糖、果糖和蔗糖等的比例都较高，是

人体生长发育不可缺少的能量来源。

③ 有机酸　葡萄酒中酒石酸、苹果酸、琥珀酸含量丰富，它们对维持体内酸碱平衡起到重要作用，对人体的消化和吸收功能有益。

④ 矿物质元素　葡萄酒中氧化钾与氧化镁的比值，与人类肌肉中的比值相当接近。葡萄酒中还含有磷、钙、钠、铝、硫、氯、铁、硅、锌、铜及硒等元素。钾具有利尿和防止水肿等作用；镁是参与蛋白质和能量代谢的各种酶的辅助因子；钙是人体骨骼的构成元素。葡萄酒中还富含微量的铜，由于铜与铁的吸收率和运输密切相关，所以喝葡萄酒还能够提高身体对铁质的吸收率，有助于防治贫血。

⑤ 含氮物质　葡萄酒的氮含量一般在 0.050% ～ 0.027%，其蛋白质浓度约为 1g/L，且含有多种游离氨基酸，而且必需氨基酸的含量与人体血液中这些氨基酸的含量非常接近，可以保持人体的氮素平衡，促进人体生长，调节机体代谢。

⑥ 维生素和类维生素物质　葡萄酒中富含多种 B 族维生素，能够提高机体新陈代谢，从而促使三种产能营养素转化为人体所需热量；核黄素可以防治口角炎和舌炎；烟酸可以保护皮肤，防治糙皮病。葡萄酒中的维生素 C 可以提高机体免疫力，防治坏血病。另外，葡萄酒中还富含多种类维生素物质，如肌醇、对氨基苯甲酸和生物黄酮类化合物，对调节人体的正常生理机能十分重要。肌醇的功能主要是提高肝和其他组织中的脂质新陈代谢，可有效防治脂肪肝，降低血液中的葡萄糖和胆固醇，促进脾胃消化和吸收，增强食欲。

⑦ 醇类　葡萄酒中酒精含量在 70 ～ 180mg/L。另外，葡萄酒中的杂醇油、苯乙醇、二醇类、多元醇、酯类及缩醛等含量丰富，其也是葡萄酒香气的重要成分。

⑧ 单宁和色素　单宁是造成葡萄酒苦涩的主要原因，对葡萄酒的口味起着至关重要的作用，它主要来自葡萄皮。红葡萄酒一般颜色深红，高雅瑰丽，含有色素 0.11 ～ 0.40g/L。

⑨ 酚类物质　酚类物质是影响葡萄酒色泽和口感的重要因素，并且具有强大的生理活性功能，一直是消费者、科研人员关注的焦点。研究表明，红葡萄酒酚类物质含量约为 1531 ～ 3192mg/L（以没食子酸计），白葡萄酒酚类物质含量在 210 ～ 402 mg/L 之间。多酚拥有优异的抗氧化特点，可消除人体中过多的自由基，可以减轻身体组织过氧化破坏，从而可有效地减少慢性病变的出现，如心脏病和白内障等。

0.5.3　科学饮用葡萄酒

饮用葡萄酒是否有利于健康一直是一个存在争议的问题，一方面葡萄酒中的酚类物质具有多种生理活性，赋予了葡萄酒一定的保健功效；另一方面酒精作为葡萄酒中的主要成分被证实对健康有不利影响。消费者需要更加理性地认识葡萄酒，合理地饮用葡萄酒。

部分研究显示，低或中程度的酒精摄入对缺血性心脏病、糖尿病和全因死亡率产生积极作用。随着研究的改进，越来越多的证据表明饮酒对全因死亡率或心血管疾病没有显著或无保护作用。

在 15 ～ 49 岁人群中，饮酒是过早死亡和残疾的主要风险因素，尤其对于该年龄组的男性，因饮酒致死的情况在全部致死情况中占比高达 12.2%。在饮酒与癌症的关系方面，世界卫生组织国际癌症研究机构早在 2007 年就已将酒精列为I类致癌物，已有足够的证据表明，饮酒与头颈部癌、食道癌、肝癌、结直肠癌和乳腺癌的发生存在直接联系。

尽管葡萄酒中有多种营养物质，但这并不是鼓励人们不加限量地饮用葡萄酒。过量饮用葡萄酒会影响人体健康，影响智力、记忆力，严重时会导致肥胖症、肝硬化和肝癌等。那么怎样饮用葡萄酒才有利于健康呢？

首先，经常饮用葡萄酒的人，也要多喝水。其次，葡萄酒应搭配其他食物一起食用，最好在进餐时饮用，避免空腹饮酒。这样，葡萄酒不仅能增加食欲、帮助消化，而且能更好地为人体所利用。最后，应控制饮用量。《中国居民膳食指南（2022）》对饮酒建议为：儿童、青少年、孕妇、乳母以及慢性病患者不应饮酒，成年人限制酒精摄入。成年人如饮酒，一天饮用的酒精量不超过15g。葡萄酒若以酒精含量10%计算，则一天饮用的量不宜超过150g。

但酒是自然和文化的产物，饮酒是一个结合了生理学、心理学和社会学的综合事件。在不可避免需要饮酒的情况下，相较于其他常见酒种，红葡萄酒或许是最佳选择。经常饮用烈酒、啤酒的人比饮用等量葡萄酒的人有更高的死亡风险，这可能与葡萄酒中的酚类物质有关。此外，将酗酒（1～2d/周）或频繁饮酒（6～7d/周）改为3～4d/周适量饮酒，会降低全因死亡率以及患心血管疾病和肝硬化的风险。

0.6 酿酒葡萄品种

0.6.1 葡萄概述

对葡萄酒而言，葡萄品种、自然条件、酿造技术是决定葡萄酒品质的三大要素。葡萄酒的香味及特征由采用的品种所决定，优良的品种能够将葡萄中潜在的成分最大限度地在葡萄酒中表现出来。

从植物分类学的角度，葡萄属于葡萄科葡萄属。葡萄属有70多个种，分布在世界上北纬52°到南纬43°的广大地区。

葡萄常根据用途分为酿酒品种、鲜食品种、制干品种、兼用品种等。

酿酒葡萄果粒小、皮厚、果肉少、汁多、有葡萄籽，吃起来味道有些苦涩，基本不适合食用。而鲜食葡萄粒大、皮薄、甜，有籽或无籽。

目前全世界有8000多个葡萄品种，被酿酒采用的只有100多种。

酿酒葡萄品种根据酿酒类型分为红葡萄酒品种、白葡萄酒品种、起泡葡萄酒品种、白兰地品种。

红葡萄表皮呈黑色、墨蓝色、紫红色或深红色，大多数果肉呈白色，只有极少数红葡萄的果肉有色，因此，红葡萄不但能酿造红葡萄酒、桃红葡萄酒，榨汁去皮后还可酿造白葡萄酒和起泡葡萄酒。红葡萄表皮含有丰富的色素、酚类物质和呈香物质，因此，酿造的酒口感较浓郁复杂。

白葡萄的表皮颜色并非白色，而呈淡绿色或淡黄色，果肉呈苍白色、淡黄色或禾黄色，是酿制白葡萄酒和白起泡葡萄酒的主要原料。白葡萄表皮含有丰富的酸类物质和少量的酚类物质，但酿造前会去皮，因此，多数白葡萄酒以简单易饮、清新活泼著称。

0.6.2 我国酿酒葡萄引种简介

1892年华侨张弼士在烟台建立了第一个工业化生产的葡萄酒厂，从欧洲引进了120多种酿酒葡萄品种。20世纪50～60年代我国建立了北京葡萄酒厂、通化葡萄酒厂等，引进了如赤霞珠、品丽珠、佳利酿、玫瑰香、白羽、白雅、晚红蜜、红玫瑰、黑白比诺等几百个欧洲的酿酒品种；20世纪70～80年代酿酒葡萄又有了一个较大的发展，全国各地大大小小的葡萄酒厂纷纷成立，长城葡萄酒公司从欧洲引进了16个优良酿酒品种试种；20世纪90年代中期多家葡萄酒企业和科技单位又陆续引进了欧亚常规品种。

0.6.3　葡萄酒酿造用葡萄品种

0.6.3.1　红葡萄品种

红葡萄成熟后果粒色泽较深，呈红色、深红色、紫红色、紫黑色等，色素主要集中在皮上。

（1）赤霞珠

赤霞珠（Cabernet Sauvignon）为欧亚种，原产法国，由中国长城葡萄酒公司于 1980 年从美国引入。赤霞珠别名解百纳、索维浓、苏味浓，是有"君王之尊"的红色葡萄品种。

赤霞珠是世界上种植最广泛的红葡萄酒原料品种，也是适应性比较好的品种，也是我国各个酿酒葡萄产区的主要红色品种。这个品种成熟期晚，果粒小，皮厚，含酸量高，品种特征也很鲜明，成熟不充分或者是在冷凉气候条件下会有明显使人不愉快的生青气味。果穗长圆锥形，果穗平均重约 250g，果蓝黑色，近圆形。单果重 1.3g，出汁率 73%～75%，可溶性固形物含量 16.3%～22%。该品种适应性较强，抗病力中等。

用赤霞珠酿造的红葡萄酒颜色深，年轻时常带有蓝色；酒体口感严密紧涩，典型的香味十分强烈，单宁结构感强，骨架结实凝重，香气浓郁复杂，具有极强的陈放能力。通常很少单独使用，酿酒师们常用品丽珠、梅鹿辄与其调配，以改善其酒体的典型性和风格。

（2）蛇龙珠

蛇龙珠（Cabernet Gernischt）属欧亚种，原产法国，为法国的古老品种之一，与赤霞珠、品丽珠是姊妹品种。1892 年引入中国，山东烟台地区有较多栽培。蛇龙珠是酿制红葡萄酒的世界名种，宜在山东、东北南部、华北、西北地区栽培。果粒呈紫黑色，果皮厚，果肉多汁，由它酿成的酒呈宝石红色，澄清发亮，滋味醇厚，柔和爽口，具解百纳的典型性，酒质上等。

（3）品丽珠

品丽珠（Cabernet Franc）别名卡门耐特，原种解百纳，为法国古老的酿酒品种，世界各地均有栽培，是赤霞珠、蛇龙珠的姊妹品种。该品种是世界著名的、古老的酿红酒品种。我国最早于 1892 年由西欧引入山东烟台，目前各主要产区均有栽培。

酿酒特性：特有的个性是浓烈的青草味，混合可口的黑加仑和桑椹的果味；深宝石红色，单宁结构感较赤霞珠弱而柔和，风味纯正，酒体完美，低酸、低单宁，酒质极优，充满了优雅、和谐的果香，口感细腻，香气复杂。

赤霞珠、品丽珠、蛇龙珠混在一起酿造，就是解百纳干红葡萄酒。解百纳其实就是 Cabernet 的音译。20 世纪 30 年代，兼任张裕酿酒公司经理的徐望之先生，为公司新研制的一款葡萄酒定名，最后决定秉承张裕创始人张弼士倡导的"中西融合"理念，取"携海纳百川"之意，将这款葡萄酒命名为"解百纳干红"。"解"的意思就是"能够""会"。从那时开始，"解百纳干红"就成了张裕的核心品牌。现在，张裕"解百纳"已成为国内外畅销的中高档葡萄酒品牌。

（4）佳丽酿

佳丽酿（Carignan）别名法国红、康百耐，原产西班牙，世界各地均有栽培。中国最早于 1892 年由西欧引入山东烟台。该品种是世界古老酿红酒的品种之一，所酿之酒呈宝石红色，味正，香气好，宜与其他品种调配，去皮可酿成白或桃红葡萄酒。可用于红酒调配酒与制造白兰地，因此生产上有一定的推广意义和发展前景。

特色：葡萄酸度高，单宁结构感强，颜色深，果香浓，有苦味。虽然佳丽酿葡萄的产量高，可是它也需要极细心的照料，因为它很容易感染病毒，沾染霉菌，招致病虫害。

（5）黑品乐

黑品乐（Pinot Noir）别名黑比诺，属欧亚种，原产法国勃艮第，栽培历史悠久。在欧洲种植比较广泛，法国栽培面积最大，其次为美国、瑞士。中国于 20 世纪 80 年代开始引进，分布在甘肃、山东、新疆、云南等地区。属早熟型，产量小且不稳定，适合较寒冷气候。其品种特性不强，易随环境而变，在良好的条件下黑比诺虽然颜色不深，却有严谨的结构和丰富的口感，适合陈酿。由黑比诺酿成的葡萄酒通常精致优雅，口感极为细腻迷人，充满樱桃、草莓和覆盆子等红色水果风味，品质佳的酒款还会展现出玫瑰花以及陈酿带来的泥土味、野味和蘑菇香味。它是酿造法国香槟酒的基础品种，还可用于酿造白葡萄酒、桃红葡萄酒和红葡萄酒。

（6）梅鹿辄

梅鹿辄（Merlot）别名梅洛、美乐，属欧亚种，原产法国。在法国波尔多与其他名种（如赤霞珠等）配合可生产出极佳的干红葡萄酒。我国最早于 1892 年由西欧引入山东烟台，目前各主要产区均有栽培。用它酿制的葡萄酒色深、果香浓郁，具有香料和黑加仑气味，口感柔和舒顺，酒精含量高，酸度也较低，适合久存陈酿。

0.6.3.2　白葡萄品种

这类葡萄成熟后，果粒呈麦秆黄色、稻黄色、浅绿色、碧绿色。为了使酿成的白葡萄酒达到理想色泽，酿造时需要把皮汁分离，用葡萄汁单独发酵。

（1）霞多丽（Chardonnay）

霞多丽别名查当尼、莎当妮、夏多内，属欧亚种，原产法国勃艮第，是目前全世界最受欢迎的酿酒葡萄之一，属早熟型品种。霞多丽由于适合各类型气候，耐冷，抗病性强，产量高且稳定，容易栽培，几乎已在全球各产酒区普遍种植。我国最早于 1979 年从法国引入河北沙城，目前各产区均有栽培。霞多丽果粒小，近圆形，绿黄色，果皮薄，果肉多汁，味清香复杂，含糖量 18% ～ 20%，含酸量大约 0.75%，出汁率在 72% 左右。

酿酒特性：霞多丽是酿造高档干白葡萄酒和香槟酒的世界名种，用其酿制的葡萄酒酒色金黄，香气清新优雅，其香气以椴树花和炒杏仁的香气为主，而且根据产地和陈酿方式不同，其香气会发生很大的变化。

（2）雷司令（Riesling）

雷司令也称薏丝琳，原产德国，亦是德国种植面积最广的葡萄品种；1892 年从欧洲引入我国，目前在各主要葡萄酒产区均有栽培。雷司令是世界上最优秀的白葡萄品种之一，高酸，具有精致感、复杂度、风格多样性、陈年潜力以及对风土的表现力。该品种适应性强，较易栽培，但抗病性较差。该品种是法国阿尔萨斯白葡萄酒的主要品种。所酿酒品种特色鲜明，香气柔和，以洋槐花和柑橘花香为主，带有桃花和葡萄花香，经合理的陈酿后，还会出现优雅的矿物质香气。主要用于酿造干白葡萄酒、甜白葡萄酒及香槟酒。

（3）长相思（Sauvignon Blanc）

长相思别名白苏维翁、白苏维浓，原产自法国波尔多区，适合温和的气候。长相思是白葡萄酒界种植最广的葡萄品种之一。白苏维翁葡萄酒比霞多丽葡萄酒的酸度要高一些，酒体清淡，一般都呈干性。长相思属芳香型白品种，其果皮呈绿色，果实较小且果串紧凑。由于具有早熟的特征，所以凉爽气候下生长的长相思最能展现出本身的特色，它们往往会带有浓郁、复杂的绿色草本芳香，如青草、芦笋、青苹果和接骨木花等的香气。

（4）白比诺（Pinot Blanc）

白比诺属欧亚种，原产法国。酿制的酒为浅黄色，清香爽口，回味绵延，具典型性。该品种为黑比诺的变种，适宜酿造干白葡萄酒与香槟酒。

白比诺香气淡雅，酿成的葡萄酒酸度适中，酒体中等至饱满，会因产区和酿酒工艺的差异而展现出不同风格，与霞多丽有几分相似之处。而与黑比诺和灰比诺相比，用白比诺酿成的葡萄酒口感更加圆润，酸度较低。在法国阿尔萨斯，白比诺酿造的葡萄酒具有比较明显的杏仁香气和香料气息，口感上具有苹果、矿物质的风味。

（5）白诗南（Chenin Blanc）

白诗南源自法国卢瓦尔河谷，但却是南非种植最广的葡萄品种，1980 年引入中国。白诗南拥有天然的高酸，被认为是最能反映风土的葡萄品种之一。在较为凉爽的气候下，白诗南葡萄酒一般果香奔放，拥有令人口舌生津的酸度；而在温暖的气候下，白诗南葡萄酒则以多汁的核果风味为主导。品质最好的白诗南酸度高、质地圆润、非同寻常，经陈酿色泽呈深深的金黄色，可存放 50 年甚至更长的时间，其酒香特别容易让人联想起鲜桃的香味。白诗南适合酿造干白葡萄酒和起泡葡萄酒，其随和的秉性可与许多典型性强的品种"联姻"，既协调一致，又不失其他品种的特性。

0.6.4　我国自主选育的酿酒葡萄品种及主要特性

从 20 世纪 50 年代开始，全国有多家科研单位开展酿酒葡萄的选育和杂交育种工作，我国葡萄科技工作者为此付出了极大努力，中国农科院特产研究所、北京植物园等单位陆续选育出一批优良的山葡萄品种及品系和抗寒抗病性强的山欧杂交种，并在生产中大面积推广种植。进入 21 世纪，先后培育了"左优红""北冰红"等多亲多代的山葡萄杂交后代，酿酒品质明显有所提升。同时刺葡萄、毛葡萄和蘡薁葡萄的选育和杂交工作也有序开展，如"紫秋""金枝刺葡萄"等刺葡萄品种，"凌优""凌丰"等毛葡萄杂交种，"北紫"和"北丰"等蘡薁葡萄杂交种，均有一定面积的生产和推广。目前葡萄新品种选育工作已取得较大的进展，共育出 50 多个酿酒葡萄品种，填补了不同地域的适宜品种空白。

（1）北醇葡萄

1956 年由中国科学院植物研究所北京植物园以玫瑰香与山葡萄杂交培育而成。晚熟，果穗中等大，果肉味酸甜，出汁率 75%，植株生长势强，芽眼萌发率高，结实能力强，适应性极强，酿制的葡萄酒具有山葡萄风味。

（2）北玫葡萄

欧山杂种，北醇姊妹系，由中国科学院植物研究所北京植物园以玫瑰香与山葡萄杂交培育而成，2008 年通过品种审定。晚熟，果穗中等，果肉味酸甜，出汁率 77.7%，植株生长势强，芽眼萌发率高，抗寒性较强，抗白腐病、炭疽病能力较强，可酿制白葡萄酒。

（3）北冰红葡萄

北冰红葡萄是以左优红作为母本、山-欧 F_2 作为父本杂交，由中国农科院特产研究所于 2008 年育成的葡萄新品种。中熟，抗寒力近似贝达葡萄，抗霜霉病，果实可溶性固形物含量 19%～26%，总酸含量 1.3%～1.5%，出汁率约 67%，可酿造冰红葡萄酒。

我国 2017 年酿酒葡萄种植面积约为 16.32 万公顷，其中红葡萄品种占市场 80%，而其中约有一半以上是赤霞珠，其次是美乐和蛇龙珠；白葡萄品种约占 20%，以霞多丽最为广泛。干红成为市场主流品类，占据 70% 以上的份额，这导致大多数企业以干红品类为主，产区企业除了少数品类丰富、齐全外，大多以干红为主，干白为辅，对甜白、桃红、冰酒、起泡酒等品类开发较少。

0.7　思考题

① 我国有哪些葡萄酒主产区？

② 什么是庄园葡萄酒？什么是葡萄酒庄？试把自己游览过的葡萄酒庄给大家介绍一下。

③ 按含糖量葡萄酒是如何分类的？

④ 葡萄酒的成分有哪些？

⑤ 葡萄酒酿造常用的红葡萄品种有哪些？白葡萄品种有哪些？

⑥ 说说全球和中国葡萄酒消费情况。

⑦ 中国著名葡萄酒有哪些品牌？法国被称为"葡萄酒王国"，你知道法国葡萄酒产地中最有名的是哪些吗？

模块一

葡萄酒
酿造技术

能力（技能）目标：

① 能够完成葡萄汁的制备、酿造、贮酒、蒸馏、包装等任务；
② 能够规范操作企业典型岗位的设备，正确控制工艺参数；
③ 能够分析葡萄汁的制备、酿造、贮酒、蒸馏、包装等工序中常见问题，并提出解决方案。

知识目标：

① 知道葡萄酒行业发展现状、葡萄酒酿造的新技术和发展趋势；
② 掌握葡萄酒酿造的基本理论知识，熟悉葡萄酒企业岗位要求；
③ 熟悉葡萄酒酿造常用设备的结构、基本原理和设备操作规程。

素质目标：

① 具有正确的世界观、人生观、价值观；
② 坚决拥护中国共产党领导，树立中国特色社会主义共同理想，践行社会主义核心价值观，具有深厚的爱国情感、国家认同感、中华民族自豪感；
③ 崇尚宪法，遵守法律，遵规守纪；
④ 具有社会责任感和参与意识；
⑤ 具有良好的职业道德和职业素养，崇德向善、诚实守信、爱岗敬业，具有精益求精、追求卓越的工匠精神；
⑥ 尊重劳动、热爱劳动，具有较强的实践能力；
⑦ 严格遵守安全操作规范，产品质量意识强。

WINE

葡萄酒酿造技术
电子教案

葡萄酒（标准）

包装容器
葡萄酒瓶（标准）

葡萄酒企业良好
生产规范（标准）

葡萄栽培和葡萄
酒酿制设备 葡
萄收获机 试验
方法（标准）

葡萄栽培和葡萄
酒酿制设备 果
浆泵 试验方法
（标准）

项目一

生产准备

职业岗位：原料采收与生产准备技术员

岗位要求：① 能对葡萄的采收和运输进行现场技术指导；

② 能按生产要求准备辅料。

1.1 基础知识

1.1.1 酿酒前的准备

（1）葡萄园建园

葡萄园的选址：周围环境适宜（无空气、水质及其他污染源，远离生活区及交通干线等），地理气候条件（包括光照、热量、土质、水等资源）适宜。

品种的选择：包括品种的适应性、抗病性、典型性、生长周期和成熟期、栽培管理方式、产量及其经济效益等方面的选择。应根据所需酿造葡萄酒的类型和特点，结合本地区气候特点选择适宜的葡萄品种，以表现葡萄和葡萄酒的特性。

还应注意园区田间走向，以便葡萄行间通风和最大限度地接受光照，并保持行/株距的合理设置和树形修剪，为机械操作留有余地等。

（2）工厂选址和建立

选址原则：工厂应尽可能靠近葡萄园，选择常年风向的上风口，周围无污染源。

工厂建立：综合考虑地势地形、目标产品的类型和产量规划、各项生产设施（办公室设置、检验室、研发中心、生产车间布局和走向、库房位置和面积、水电及通信设施、生产设备类型和生产能力、建筑风格等）以及绿化和厂区道路规划等。

（3）生产准备

葡萄酒酿造季节开始之前，必须做好一些准备工作，为葡萄接收、除梗破碎和发酵奠定基础。为确保产品质量，通常从"人、机、物、法、环"五个方面的因素进行考虑，充分做好酿酒前的准备。

① 人 指生产现场操作人员及管理人员。操作者应对产品质量和要求具有清楚的认识，对生产过程关键控制点、技术要点及设备操作熟练掌握，具有安全生产意识并经过消防安全知识相关培训，熟悉基本救助常识，具有健康的身体。

② 机 指生产所需的机器设备、工具器具及配件等。生产前应确保发酵罐、酿酒设备（如电动机、除梗破碎机、压榨机、过滤机、输送泵、制冷设备等）、管道（包括阀门、软管）等完好并经过维护保养和彻底清洗消毒，各种工具器具完好、摆放整齐，配备一定数量的易损配件。

③ 物 指物料，包括原料、辅料及生产所需其他物资。葡萄原料要求成熟度适宜，无病害霉烂果和生青果；辅料指酿造所需添加的物料，包括酵母、果胶酶、二氧化硫等；同时应配备安全生产必要的器材，如防护面罩、安全带、橡胶手套等。

④ 法 指生产制度、工艺指导书（包括工艺参数、操作方法、质量技术要求等）、产品检测方法和要求、各种记录表格等。

⑤ 环 指环境要求，包括温度、湿度、照明、现场卫生条件等。

1.1.2 葡萄成熟与采收

优良的葡萄品种和质量状况及适宜的成熟度是酿造优质葡萄酒的前提，无论酿造何种类型的葡萄酒，都需要优质的葡萄浆果。影响葡萄浆果质量的因素很多，如葡萄品种、砧木类型、气候和土质、葡萄树龄和产量、葡萄浆果的成熟度、栽培技术和种植管理以及病害和自然灾害等，这些因素也同时影响着葡萄酒的种类和质量。一旦选定葡萄园的位置，上述因素中品种、砧木、气候和土质等固定的因素就无法改变，而温度、光照和降水量等气候条件的变化及栽培管理的状况则是影响葡萄和葡萄酒年份的主要因素。原料的采收期是根据葡萄园中葡萄的成熟度和健康程度确定的，因此对于酿酒师来说了解葡萄园的情况是必需的。

对于同一品种的葡萄，生长在温暖的葡萄园区比生长在较冷凉的地区成熟期要早。气候条件会影响葡萄糖分的积累和酸代谢，同时也会影响葡萄果实中对葡萄酒质量有重要影响的成分及其含量。葡萄浆果的成熟度决定着葡萄酒的质量和种类，是影响葡萄酒生产的主要因素之一，通常只有用成熟度适宜的葡萄果实才能生产出品质优良的葡萄酒。经验丰富的酿酒师会综合各种因素选择最佳的收获时间，以便在最大程度上补偿地区、品种和气候等差异造成的影响。实际生产中要做到这一点具有较大的难度。

1.1.2.1 葡萄浆果的成熟

本小节着重讨论葡萄果实在成熟过程中所经历的不同时期，果实中各成分的变化，以及葡萄采收时间的确定。

（1）葡萄浆果成熟的不同阶段

葡萄浆果在成熟过程中的不同时期如图 1-1 所示。

图 1-1 葡萄浆果在成熟过程中的不同时期

① 幼果期 幼果期从坐果开始，到转色期结束。幼果保持绿色并迅速膨大，质地坚硬。糖分（主要是葡萄糖）开始形成，但其含量较少，而酸含量迅速增加，并在接近转色期时达最大值。

② 转色期 转色期就是葡萄浆果着色的时期。转色期浆果大小几乎不变。果皮叶绿素大量分解，白葡萄品种果色变浅，丧失绿色，呈微透明状；有色品种果皮开始积累色素，由绿

色逐渐转为红色、深蓝色等。浆果含糖量直线上升，达到 100g/L 左右，含酸量则开始下降。

③ 成熟期　从转色期结束到浆果成熟，需 35 ～ 50d。在此期间，浆果再次膨大，逐渐达到品种固有大小和色泽，果汁含酸量迅速降低，含糖量增加速度可达每天 4 ～ 5g/L。通常浆果的成熟度可分为生理成熟度和技术成熟度。所谓生理成熟度是指浆果含糖量和果粒直径均达到最大值时的成熟度；而技术成熟度是根据需要生产的葡萄酒种类以及工艺要求确定浆果必须采收时的成熟度。这两种成熟的时间往往并不一致。

④ 过熟期　浆果成熟后，果实与植株其他部分的物质交换基本停止。果实的含糖量由于水分蒸发而提高，浆果进入过熟期。过熟作用可提高葡萄及果汁的含糖量，这对于酿造高酒度、高糖度的葡萄酒是必需的。

（2）葡萄浆果中主要成分的变化

① 糖的积累　在幼果期葡萄浆果的含糖量很低，只有 10 ～ 20g/L，但在成熟过程中不断增加，平均每月增加 20 倍。浆果含糖量的增加主要通过以下途径：转色期中，植株主干、主枝等部分的积累物质向果实运输，使浆果糖含量迅速增加；在成熟期，叶和果梗等绿色器官或组织中的积累物质开始分解并向其他部位转移，成为浆果中糖增加的主要来源。

此外，果实本身也可将苹果酸转化为糖（葡萄糖）。在成熟过程中，果糖含量不断增加，在浆果成熟时这两种单糖的含量趋于相等。

② 含酸量降低　葡萄浆果的酸度主要来自酒石酸和苹果酸这两种有机酸。在葡萄成熟过程中，不同的有机酸，其变化的程度亦不相同。在接近转色期时，浆果中酸的含量最高，约为 10.5g/L（以酒石酸计），以后由于葡萄的呼吸代谢作用含酸量迅速降低，在成熟时趋于稳定。葡萄浆果酸度的降低主要是由于土壤中存在的无机盐使得苹果酸和酒石酸中和以及细胞的氧化呼吸作用。葡萄果实的呼吸作用主要以有机酸为基质，呼吸强度受温度的影响，温度高于 30℃时呼吸强度会迅速增加。

苹果酸在浆果成熟过程中变化很大。在幼果中其含量很高，但在成熟时，其含量很低，只占总酸量的 10% ～ 30%，影响苹果酸含量的因素主要是气候条件和品种。由于其对呼吸作用没有抗性，在 30℃的条件下就很容易被呼吸作用所消耗并可转化为糖，因此对于给定的品种在温暖的地区酒石酸与苹果酸的比例随成熟度的升高而增大。而酒石酸由于对葡萄呼吸代谢作用有抗性，只有在温度达到 35℃时，才开始被呼吸消耗。因此在成熟过程中，其含量较苹果酸相对稳定而成为葡萄中的主要酸。一般情况下浆果中苹果酸的含量在南方气候条件下比在北方要低，但若调整葡萄采摘期可减少或消除这种差别。

葡萄浆果中柠檬酸和其他各种酸的含量始终很低，约占 10%。

③ 其他物质的变化　含氮物质、酚类、脂质、类萜烯类物质、挥发性芳香化合物以及其他化合物和维生素等随着浆果的不断成熟也发生着很大的变化，其含量虽然微小但对发酵过程及葡萄酒的品质有着很大的作用。

（3）原料成熟度的控制

原料成熟度的控制就是在葡萄浆果的成熟过程中，根据葡萄品种、生态条件的不同以及所需生产的葡萄酒种类的要求，选择适宜的采收期，使葡萄浆果的各主要成分尽可能地达到其最佳的平衡状态。

① 成熟系数　为了较为科学地确定葡萄浆果的成熟时间，人们经过大量研究提出了不同的确定方法，其中最简单、最常用的是成熟系数，即葡萄浆果中的糖、酸比，它建立在葡萄成熟过程中含糖量增加、含酸量降低这一现象的基础之上，与葡萄酒的质量密切相关。

若用 M 表示成熟系数，S 表示含糖量（以葡萄糖计，g/L），A 表示含酸量（以酒石酸计，g/L），则：

$$M=S/A$$

虽然不同品种的 M 不同，但一般认为要获得优质葡萄酒 M 必须 $\geqslant 20$。各地应根据品种和气候条件，通过成熟过程中浆果含酸量、含糖量和 M 的变化规律来确定当地的最佳采收时间。

② 布氏系数　其原理是葡萄浆果最大含糖量和果实最大质量在同一时期出现，而且对于同一品种其比值相对稳定，因此布氏成熟系数 = 果实含糖量 / 果实质量。

此外，因葡萄浆果的百粒重在接近成熟时达到最大值，监控此数据也非常有益。

此外，还有其他成熟系数可用于检测葡萄的成熟度，如葡萄糖与果糖的比值、酒石酸的含量与有机酸总量的比值等，但这些系数和方法在实际生产中不便于操作而很少采用。

1.1.2.2　葡萄的采收

决定葡萄采收的适当日期，对成品酒的质量有着极其重要的影响。过早收获尚未成熟的葡萄，其含糖量低，酸度过高，酿成的酒酒精含量低，不易保存，口感清淡，酒体薄弱，有一股生青味，整体质量相对较低。晚收则易感染杂菌，酸度变低，影响葡萄酒的整体协调性。一般在生产实践中，通过观察葡萄的外观成熟度（葡萄形状、颗粒大小、颜色及风味），并对葡萄汁的糖度和酸度进行分析，就可以确定出适宜的采摘日期。

（1）影响采收期确定的因素

科学地确定采收期能够有效地提高葡萄酒的质量，最大限度地减少品种和地区差异。在通过原料成熟度的控制确定采收期时，必须考虑以下几个因素。

① 历年采摘期　通过对该地区往年的采摘日期气候情况的比较，积累各品种成熟度的数据，对当年的葡萄收获期具有一定的参考和指导作用。

② 葡萄产量　在一年中，浆果的产量在某一时期达到最大值，而且最高产量与浆果的最大含糖量出现的时间一致。

③ 葡萄质量　主要指浆果的糖、酸以及含氮物质、多酚、芳香物质等含量。葡萄酒的质量取决于浆果中各种成分的含量及其比例，是一年中葡萄生长气候、管理、水肥、土壤等因素的集中反映。所酿造的葡萄酒类型不同，对葡萄质量的要求也有差异。一般对于果香浓郁的干白葡萄酒和起泡葡萄酒，应在葡萄完全成熟以前即芳香物质含量最高时采收；对于红葡萄酒，应在葡萄完全成熟时，即色素物质含量最高但酸度、糖度符合酿造要求时采收；对于加强葡萄酒，则应在过熟期或经一定程度的风干浓缩后采收。

④ 病害和自然灾害　在有病害或自然灾害危险的地区或年份，为防止造成较大的危害和避免更大的损失，为确保葡萄酒产量和质量，可适当提早采收。

⑤ 其他因素　葡萄园的面积、葡萄采摘人员安排、运输方式和距离、生产厂发酵罐容积及发酵期限等，以及天气状况的不确定等都对采收期的确定有着直接影响。

（2）确定采收期的方法

① 外观检查与品尝　成熟葡萄果粒变软，有弹性，表面果粉明显，果皮变薄，皮、肉、籽易分开，果梗变为棕色，有色品种葡萄果粒完全着色，表现出品种特有的香味；品尝时应将果肉品尝与皮、籽的品尝分开，品尝果肉时从糖酸平衡、有无生青味等确定果肉成熟度，果皮品尝可了解香气、单宁质量及有无生青味，种子感官分析时应注意颜色、硬度、单宁味感，在品尝所有样品时应注意咀嚼次数及在口中停留时间应一致。

② M 值法　即成熟系数，主要通过检测葡萄的含糖量与含酸量确定。取样一般从采收前3 周开始，间隔 3 ～ 4d 一次。样品取样应有代表性。检测时必须采集足够的葡萄样品，挤出葡萄汁，经纱布过滤后测定。糖度采用折射仪检测出白利糖度，并根据糖度 / 密度换算表查询获得含糖量，酸度采用滴定法获得滴定酸度，经计算得 M 值。生产中不能仅依据含糖量

来鉴别葡萄是否成熟，可利用数据进行分析做出曲线并结合工艺要求确定最佳采收期。一般干白葡萄酒需要葡萄含糖量为 18 ～ 22.5°Bx，干红葡萄酒需要含糖量为 18 ～ 25.2°Bx，含酸量为 6.5 ～ 8.5g/L。

白葡萄品种成熟期一般早于红葡萄，为了获得具有新鲜感和较为清爽的干白葡萄酒，应当在葡萄含酸量稍高、含糖量适宜时进行采收，生产的葡萄酒不易发生氧化，对保证干白葡萄酒特有的气味和色泽非常重要。酿制佐餐葡萄酒的葡萄采摘期早于餐后葡萄酒生产所用葡萄的采摘期，酿制干白葡萄酒的葡萄采摘期早于干红葡萄酒的葡萄采摘期。若需酿造甜型葡萄酒或酒精含量高而且味甜的葡萄酒时，则要求在完全成熟甚至在过熟期时进行采摘，如"雪利酒"等，则不仅要过熟并且推迟采收期，还要将葡萄的果梗根部扭断挂在树上，使葡萄风干浓缩后再进行采摘。

（3）葡萄采摘条件的选择

当确定了采收期后，采摘时的气候对酿成酒的质量也有很大的影响。葡萄如果在采摘期前染上病害，当采摘时气候条件正常，这些质量较差的葡萄也可以酿成合格的葡萄酒；当气候条件不良时，健康成熟的葡萄也可能酿不出优质酒。

① 葡萄园条件　选择成熟度较为一致的葡萄园，一般至少采收前一周应停止灌溉。

② 采收时间　在正常天气情况下，一般选择晴好无雨的天气，在气温凉爽的时段，应尽量避免在午间高温、早上露水较多或高湿（阴、雨、雾）条件下采收。

如果遇到雨天，则应在雨后 1 ～ 2d 浆果糖分恢复至之前糖分时采收；天气炎热有风时，需注意在酸度过低和缩水干化成为问题之前收获；如果天气晴朗而较冷，可适当延后几天采收；如果临近雨天或浓雾天气，可选择较低的成熟度尽快采收。

③ 为保证果实的新鲜度及酒的果香，采收后应尽快送到加工厂进行破碎加工，避免葡萄浆果污染和变质。

（4）葡萄的采摘与运输

葡萄的采收不仅包括葡萄的采摘，还包括运输和工厂接收的环节，在整个过程中，必须尽量保证葡萄浆果完好状态，防止破损、污染和氧化变质。因此建厂选址时就应考虑接近原料基地，同时避免长途运输、等待进厂（尤其是高温天气时）、装运过多挤压葡萄浆果以及中途倒转等不利情况的发生。

对运输到加工厂的葡萄原料尽可能在采摘后 24h 内加工完毕。若因设备和加工能力等原因不能及时完成葡萄浆果的加工处理时，应及时减少采摘数量。

① 采摘方法

a. 人工采摘　在我国几乎全部用传统的人工采摘，一般采用采果剪或修枝剪自果穗梗的基部剪下，采摘时应轻拿轻放以不伤果为宜。对生青果应随时剔除，病烂果采摘后单独存放，成熟度不够的可暂时留在树上分次采摘。

人工采摘的优点：人工采摘有更大的选择性和彻底性，对葡萄植株的损伤较小，对葡萄果实的损伤也很小，更符合酿造优质酒的采摘要求。适用于地形起伏不平和其他不适应机械采摘的场合。

人工采摘的缺点：劳动强度大，工作效率较低，并且不宜夜间操作。

b. 机械采摘　优点是降低了劳动强度且速度较快，成本较低，易于在夜间操作（夜间采摘的葡萄温度较低，有利于酿酒厂的操作）。缺点是不能剔出病烂果、生青果，严重影响了酒的品质，而且对葡萄园地形、树形修剪管理要求较高。

自 1969 年以来，不论是酿酒葡萄还是榨汁葡萄，机械采摘的比例一直在不断上升。

② 葡萄的运输　一般采用塑料筐盛载中转或采用不锈钢料斗车拉运。

当葡萄园离工厂较近时，可使用卡车输送。装车要适当满载，以免行进中因车身震动使葡萄出现破碎。运输途中车速要稳，遇到颠簸路面时车速应缓。

当工厂距离葡萄种植地距离很远时，应考虑在葡萄园附近设置临时的葡萄加工生产设施，葡萄经加工及防发酵处理后立即用密封的罐车或木桶装运回工厂。若条件不允许设置临时加工设施时，可在葡萄采摘装车后表面喷洒二氧化硫或皂土，以减轻葡萄运输过程中破裂后的氧化生霉、腐败变质。

(5) 葡萄前处理加工设备

葡萄浆果的加工设备主要有除梗破碎机、果浆泵、压榨机、发酵罐、离心泵/柱塞泵等。

① 除梗破碎机　用途：去除果梗，将果粒按要求的破碎程度予以破碎。

技术要求：将葡萄串去除果梗后一般要求每粒果实都要破碎（有特殊工艺要求的可以降低破碎率或者不破碎），但应注意不能压破葡萄籽。

设备类型：一般有卧式除梗破碎机和立式除梗破碎机，常用的为卧式，一般是先除梗后破碎，工作能力一般为 5 ~ 50t/h。

组成部件：一般除梗破碎机都由输送螺旋、筛筒、除梗器、破碎装置（包括破碎辊轴和破碎辊）、机体、电机和传动装置组成。一般常用的配套设备有果浆泵和传送带。

工作原理：葡萄果穗从受料斗中进入，依靠输送螺旋将果穗输入除梗装置内，经除梗器将果粒打碎或打落，果粒从筛筒上的孔眼落入破碎辊中，葡萄梗从设备尾部排出，葡萄从破碎辊中落入果浆泵进入压榨机或者发酵罐中，而果梗经输送带运送至指定位置收集。

使用方法：根据工艺要求可实现只破碎不除梗或者除梗不破碎，也可通过调整破碎辊和破碎辊轴的间距来实现不同破碎率的要求。应注意设备必须由不锈钢材料制成，以避免葡萄和葡萄汁因接触铁、铜等金属发生金属破败病。

② 果浆泵　用途：将去梗破碎后的果粒输送至压榨机或发酵罐。

技术要求：果浆泵的工作应与除梗破碎机的工作能力相适应，加工能力应大于除梗破碎机的效率。对于破碎的果粒加工能力一般为 12 ~ 60t/h。

组成部件：果浆泵也叫转子泵，一般由转子、外壳和变速电机组成，结构较简单。

工作原理：依靠变速电机带动转子的运动将果粒由出口排出。

使用方法：采用变速电机可根据除梗破碎机的工作情况调整输送量，在工料充足的情况下可保证输送量和输送比例的均衡，同时也不会压破葡萄籽。

③ 压榨机　用途：将去梗破碎后的白葡萄果粒压榨出汁，分离果汁与皮、籽，或在红葡萄发酵后用于分离果汁与皮、籽。

设备类型：一般分为连续式压榨机和间歇式压榨机，根据葡萄酒的产品类型和工艺要求，目前这两种应用都较为普遍。间歇式多为气囊压榨机，又分为气囊在一侧和气囊在中间两种；连续式多为螺旋压榨机。

a. 间歇式压榨　机组成部件：一般由机身、传动系统、转动罐（内部有气囊）、控制台、贮气罐等部件组成。机身由机座、接汁盘和出渣挡板组成。

工作原理：根据设备能力装填物料，连续填料达到进料量时停止进料，气泵给气囊充气加压，靠压力将经破碎后的果粒中的葡萄汁挤出，反复充气、泄气，逐渐加大压力对葡萄进行挤压。由于进料为一次进够即停止，直至压榨完出渣后开始新一轮的进料和压榨程序，因此根据进料的间歇性称为间歇式压榨机。

使用方法：经除梗破碎的浆果进入压榨机，达到进料量后气泵给气囊充气加压对葡萄进行挤压以压出葡萄汁，然后泄压并旋转罐体使果渣疏松，再重复加压、泄压的程序并不断增大压力直至达到规定的压榨程度即可排渣。使用过程中应注意压力的控制，不可将籽实压碎，也不可压榨得太干，否则都会使单宁过多地进入葡萄汁和葡萄酒中，影响最终葡萄酒产品的质量。

设备特点：气囊式压榨机一般造价较高；压榨各程序间隔分明，可制取不同档次的葡萄汁和葡萄酒。

b. 连续式压榨机　组成部件：输料螺旋、滤板、筛筒、机体、传动系统、集汁槽、排渣锥底及电机等。

工作原理：电机带动输料螺旋不断对原料进行挤压，由于螺旋不停运动使得进料是连续的，不断进料的同时也不断排渣。

设备特点：设备压榨速度快，工作效率高；原料接触空气，不适于白葡萄的压榨。

④ 发酵罐　用途：用于葡萄或葡萄汁的发酵，一般有控温设施。

技术要求：通过热传导而使得发酵过程中产生的大量热量散失，从而降低葡萄或葡萄汁的温度，使其在适宜的温度下完成发酵，有利于有益物质的生成和积累，得到更符合要求的产品。

设备类型：过去常用发酵池，现多用不锈钢材质制作的控温发酵罐，有装有立式冷却板（米勒板）的，其利用制冷设备通过载冷剂在米勒板内循环使发酵液降温；也有罐体外设有保温层的，其通过在夹层内输送冰水或制冷介质达到降温的目的；还有在罐体内部安装蛇形管或冷却管的，其通过管内输送冰水或冷水进行降温；最简单的是在金属罐外壁自上而下喷淋冷水进行降温，但这种方法用水量大而且制冷效率较低。

组成部件：不锈钢罐体、底部和顶部入孔、阀门及呼吸阀等。

工作原理：利用热交换的原理实现对葡萄和葡萄汁温度的控制。

使用方法：按照工艺要求将葡萄或葡萄汁的温度控制在合适的范围内，通过控制发酵温度实现对发酵时间的控制，确保在适宜的温度下发酵，以最大限度地保留葡萄中挥发性化合物及芳香物质，此外适宜的温度有利于不同品种的葡萄发酵过程中风味物质的产生和积累。

⑤ 离心泵　用途：用于输送葡萄汁/葡萄酒/水等液体或含有少量悬浮固体的液体，也可用于发酵中添加生产辅料以及根据工艺要求对葡萄汁或葡萄酒进行循环操作。

技术指标：离心泵输送液体的工作能力较强，一般 5～60t/h。

设备类型（根据扬程分）：扬程小于20m的称为低压泵，扬程在20～50m的称为中压泵，扬程大于50m的称为高压泵。

组成部件：离心泵由电机、外壳和工作部分组成，工作部分由安装在轴上的工作轮、圆盘和叶片、侧孔、入口和出口等组成。

工作原理：在入口处泵体内形成真空的环境，电机带动工作轮飞快转动，液体经工作轮被抛向泵身，经出口排出。应遵循低进高出的原则，即出口高于入口。

使用方法：在入口处注入液体，经侧孔排除空气形成泵体内的真空，电机带动安装在轴上的工作轮高速转动，液体经入口进入工作轮，被工作轮抛向泵身，经出口排出。应注意启动电机时先确认入口阀门开启，管路通畅，否则将会造成一定危险并损坏设备。

设备特点：工作效率高，流量连续；可通过出口阀门的开启程度控制流量的大小；只有一个活动部位，利于采用耐腐蚀的材料制造，适于葡萄酒生产。

1.1.3　葡萄酒生产的辅料

葡萄酒生产中常要使用一些辅助材料，包括食品添加剂（如二氧化硫、酿酒酵母、果胶酶、单宁等）及一些加工助剂（如皂土、硅藻土、片碱和柠檬酸等），在生产过程中主要用于防氧化、促进发酵、增强风味、澄清、助滤及清洗消毒等。所使用的辅助材料首先应符合下列基本要求。

① 药品必须经过食品安全性毒理学评价程序，证明在使用范围内对人体无害。

② 加入葡萄汁或酒中的辅助材料应符合《食品安全国家标准　食品添加剂使用标准》（GB 2760—2014）。

1.1.3.1　SO_2（二氧化硫）

在现代葡萄酒生产过程中，SO_2是不可缺少的一种辅料，对保证葡萄酒生产的顺利进行有着极其重要的作用。在酿酒工艺处理中无论在葡萄汁保存、葡萄酒酿造和贮存的各环节中，常常需要添加SO_2或能产生SO_2的化学添加物。一般常用的有液态的浓度6%左右的二氧化硫水溶液（亚硫酸）和固体粉状的偏重亚硫酸钾。

（1）SO_2的物理性质

二氧化硫正常状态下为气体，相对分子质量为64.06，易挥发并伴有刺激性气味，溶液对皮肤有腐蚀性。

（2）SO_2在葡萄酒生产中的作用

SO_2在葡萄酒生产中的作用是多方面的，既可杀菌又可抗氧化，既利于澄清又有溶解作用，还能够增酸和保持口感，正是由于其具有多种作用，才使其成为葡萄酒发酵过程中不可或缺的重要生产辅料。

① 杀菌作用　SO_2是一种杀菌剂，能控制各种发酵微生物的活动（包括繁殖、呼吸、发酵）。在足够浓度时可杀死各种微生物。微生物抵抗SO_2的能力不同，细菌对其最为敏感，加入后最先被杀死；其次为柠檬型克勒克酵母；酿酒酵母抵抗力最强，可耐受25mg/L的SO_2。所以加入葡萄汁中其杀菌作用具有选择性，被抑制生长的微生物多数是对葡萄酒酿造起不良影响的微生物，如果皮上的一些野生酵母、霉菌及其他一些杂菌；能够保持繁殖的微生物大多属于酵母类，特别是用于葡萄酒酿制的纯粹培养的酵母。这样，根据葡萄的质量、外界的温度，可使用适量的SO_2净化发酵浆，使优良酵母获得良好的生长条件，保证葡萄浆的正常发酵。

② 抗氧化作用　破损及病变葡萄原料氧化主要由酪氨酸酶和漆酶催化导致，而SO_2可抑制氧化酶的活性，阻碍氧化酶的作用，从而防止原料的氧化。发酵后的葡萄酒经过SO_2处理后形成的亚硫酸盐较其他成分更易被葡萄汁或葡萄酒中的溶解氧氧化，从而抑制了其他物质（芳香物质、色素、单宁等）的氧化，对于防止葡萄酒的氧化浑浊、破败、变味、变色，抑制病害的发展，保持葡萄酒的香气都具有重要作用。

③ 增酸作用　在葡萄汁中添加SO_2，可一定程度地抑制分解酒石酸、苹果酸的细菌特别是乳酸菌，同时又可杀死植物细胞并与其中的苹果酸及酒石酸的钾、钙等有机盐作用，使它们的酸游离，从而可增加不挥发酸的含量。同时，亚硫酸溶于葡萄汁或葡萄酒中氧化为硫酸，也可使酸度增高。

④ 澄清作用　在葡萄汁中添加适量的SO_2，通过抑制微生物的活动可延缓葡萄汁的发酵启动时间，使葡萄汁中悬浮物沉淀而澄清。这种澄清作用对制造白葡萄酒、淡红葡萄酒以及葡萄汁的杀菌都有很大益处。

⑤ 溶解作用　将浓度较高的SO_2添加到葡萄汁中，与水化合会立刻生成亚硫酸（H_2SO_3），能够促进果皮中色素成分的溶解，提高浸提效果，但在正常浓度下这一作用并不明显。

⑥ 改善口感　适量使用二氧化硫可起到改善葡萄酒的风味、保护芳香物质的作用。与乙醛结合可使过氧化味减弱或消失，消除葡萄酒的平淡味，起到改善风味、缓和泥土味及氧化味等异味的作用。

（3）SO_2 在葡萄汁和葡萄酒中的存在形式

发酵基质或葡萄酒中的 SO_2，以游离态 SO_2 和结合态 SO_2 两种形式存在。

① 游离态 SO_2 SO_2 加入发酵基质或葡萄酒之后，在葡萄酒的 pH 下亚硫酸的第二个氢离子不会解离出来，存在以下平衡：

$$SO_2+H_2O \Longleftrightarrow H_2SO_3 \Longleftrightarrow H^++HSO_3^-$$

其中只有水合二氧化硫即分子态 SO_2 具有挥发性和气味，且具有杀菌作用。亚硫酸的杀菌作用和与过氧化氢结合主要由分子态 SO_2 引起，其浓度随温度和酒度的升高而升高，杀菌作用也越强。在葡萄酒的 pH 范围内以分子态 SO_2 形式存在的游离态 SO_2 很少，并且其含量变化相差一个数量级，pH3.0 时为 6.0%，pH4.0 时为 0.6%。

游离态 SO_2 还包含亚硫酸氢根离子与亚硫酸根离子，在葡萄酒 pH 范围内（pH3.0～4.0），亚硫酸氢根离子形式的游离二氧化硫占 94%～99%，pH4.5 时达到最大值；亚硫酸根离子形式的二氧化硫具有抗氧化作用，但其浓度非常低，一般为 1～3μmol/L，所以其在葡萄酒中消耗溶解氧的能力有限。

② 结合态 SO_2 在发酵基质或葡萄酒中亚硫酸氢根离子含量最大，参与了与乙醛的羰基氧原子的结合，与酮酸、葡萄糖、醌类含羰基的化合物结合，以及与红葡萄酒花色素单体上四个碳结合使它们变成无色。生成的产物代表了总二氧化硫中结合态二氧化硫。这类亚硫酸氢盐加成物通常指羟基磺酸盐。

果汁中或者葡萄酒中的亚硫酸，部分蒸发消失，少部分被氧氧化为硫酸。

$$2SO_2+2H_2O+O_2 \longrightarrow 2H_2SO_4$$

亚硫酸与糖、色素、醛等化合生成不稳定的化合物。亚硫酸在酒中与乙醛化合生成相对稳定的乙醛化亚硫酸加成物，从而可除去由过多乙醛产生的过氧化味。

$$CH_3CHO+H_2SO_3 \longrightarrow CH_3CH(OH)SO_3H$$

乙醛化亚硫酸是一种对空气中的氧很稳定的化合物，但在酸或碱的作用下很容易分解。

亚硫酸最易与乙醛化合反应，剩余的亚硫酸和糖（醛糖）发生化合反应。亚硫酸和糖反应的速率比与醛反应的速率要慢得多，其反应可逆且平衡状态很快就能达到。

在葡萄酒中游离态二氧化硫与结合态二氧化硫存在一定的平衡关系，一定条件下可相互转换。

（4）二氧化硫相关作用的解释

亚硫酸在葡萄汁或葡萄酒中的化合反应开始时速率很快，以后就很快慢下来。如葡萄汁在亚硫酸中处理 5min 后，几乎有一半的亚硫酸变为化合状态。2 昼夜以后，化合亚硫酸占 60%～70%。经过 10d，化合亚硫酸约有 90%。亚硫酸变成化合亚硫酸，防腐性明显降低。但当平衡稍有破坏时，如游离的亚硫酸被氧化为硫酸，化合亚硫酸就会部分分解，补充游离亚硫酸，达到新的平衡。因此可将化合亚硫酸看作是亚硫酸的贮备物，通过调节这种平衡（如调节氧化过程控制葡萄汁的成分、温度以及控制 SO_2 的添加量等），来保持葡萄汁或葡萄酒中一定的游离亚硫酸含量。

在葡萄汁或葡萄酒中添加 SO_2 有增酸作用，可从两个方面理解：一是游离亚硫酸被氧化为硫酸，生成的硫酸不是以游离态存在，而是从有机酸盐中置换出有机酸，从而提高了有效酸度；二是由于亚硫酸部分与乙醛化合生成乙醛化亚硫酸，而乙醛化亚硫酸具有较强的酸性，因此，乙醛化亚硫酸的存在也提高了酒中的有效酸度。

SO_2 作为一种能逐渐吸收溶解氧的物质，在葡萄酒或葡萄汁中能够被强烈氧化，减少了浆液中溶解氧的含量，降低了氧化还原电位。二氧化硫首先接受氧化，使其他物质（芳香物质、色素等）不可能立即迅速氧化，阻碍了氧化酶的活力，使葡萄汁或葡萄酒的氧化停滞或延缓，即起到了还原作用。在一定的封闭和贮存条件下，还原程度取决于葡萄酒或葡萄汁中SO_2的含量。红葡萄酒中单宁含量高，单宁也起一定的阻碍氧化的作用，所以SO_2的添加量一般少于白葡萄酒。

（5）SO_2的来源

① 燃烧硫黄生成SO_2气体　在燃烧硫黄时，会生成无色、令人窒息的SO_2气体，它易溶于水，是一种有毒的气体。生产中多使用硫黄绳、硫黄纸或硫黄块对设备、生产场地和辅助工具进行杀菌。

② SO_2液体　气体SO_2在一定的压力（30MPa，常温）或冷冻（-15℃，常压）条件下可成为液体。液体SO_2的相对密度为1.43368，贮藏在高压钢瓶内，使用时，通过调节阀释放出液体或气体的SO_2。液体SO_2可用于各种需要SO_2的环节。在大型发酵容器中，加入SO_2液体最简单、最方便。在良好的控制下，通过测量仪器，可将SO_2液体定量、准确地注入葡萄汁或葡萄酒中，但此法易造成二氧化硫的挥发损耗且不易与基质混合均匀。

③ 亚硫酸水溶液　将SO_2通入水中，溶解于水中即成亚硫酸。在制备时，水温最好在5℃以下，这样可制得浓度在6%以上的亚硫酸水溶液。其在生产中常用但成本较高。

④ 偏重亚硫酸钾　偏重亚硫酸钾（$K_2S_2O_5$）是一种白色、具有亚硫酸味的结晶，理论上含$SO_2$57%（实际使用中按50%计），只有在葡萄汁或葡萄酒这样的酸性条件下才能释放出二氧化硫，必须在干燥、密闭的条件下保存。制备方法较为简单，将偏重亚硫酸钾于水中完全溶解后化验浓度使用，一般在生产中采用100L水中溶入20kg，浓度约为10%。

（6）SO_2在葡萄汁或葡萄酒中的添加量

SO_2在葡萄汁或葡萄酒中用量要视添加SO_2的目的而定，同时也要考虑葡萄品种及质量、葡萄汁及酒的成分（如糖分、酸度或pH等）、品温以及发酵菌种的活力等因素。一般而言洁净葡萄生产的良好葡萄汁，酸度在8g/L以上，酿酒品温较低时，SO_2的用量少；洁净、完全成熟的葡萄生产的良好葡萄汁，酸度在6～8g/L或以上时，酿酒品温较低时，SO_2的用量适中；生霉、破裂的葡萄生产的葡萄汁，SO_2的用量一般应为良好葡萄汁发酵时用量的2倍以上。

SO_2用量不可过大，在有把握的条件下能够少用或不用更好。使用SO_2量过多时，可与其他SO_2含量较低的进行调配；或将葡萄汁或酒在通风的情况下，进行过滤或者适量通入氧或双氧水，均可排除或降低SO_2的含量，但对葡萄酒质量有一定的风险。在葡萄酒生产中SO_2的存留量不得超过国家标准颁布的最大允许量。

1.1.3.2　其他酿造辅料

为了保证葡萄酒品质和风味的稳定，生产中常添加一些酿酒辅料。这些辅料的添加必须符合相关标准的规定，用于出口的葡萄酒必须符合进口国的要求。

（1）主要添加剂及加工助剂

① 酿酒酵母　酵母菌制剂，用于加速发酵或使中断的发酵重新恢复，将葡萄和葡萄汁中的糖转化为酒精，也有助于清除还原糖。常用的有经选育制成的真空包装的活性干酵母。

② 果胶酶　酶制剂，用于分解果胶和植物纤维，不同品种和型号的果胶酶可用于加速果汁澄清或促进色素和芳香物质浸提。

③ 酒石酸　用于调整葡萄汁或原酒的酸度，可在发酵过程中或发酵后进行添加。葡萄酒生产用的酒石酸制品应至少含有99%的酒石酸干物。

④ 单宁　用于增强葡萄酒骨架，可抵御微生物入侵，可抑制氧化酶、漆酶的活性；可有效控制氧化反应，减少二氧化硫的使用；能够和花色素结合起到固色作用。

⑤ 硅藻土　助滤剂。通过过滤去除葡萄酒或葡萄汁中较大颗粒的杂质物质。

⑥ 皂土　澄清剂，防止蛋白质和铜元素的破败，加快白葡萄酒的澄清。皂土也称膨润

土，为天然硅酸铝，主要由微晶高岭土组成，通过水的固定使表面体积增大，并在电解液作用下吸收蛋白质而絮凝形成沉淀，从而达到澄清的目的。

⑦ 明胶　澄清剂，一般溶解于热水，也有水解更为彻底的明胶粉末可溶于冷水，生产中更方便使用，但是不能与单宁溶液同时使用，否则会产生沉淀。

⑧ 乳酸菌　启动苹果酸－乳酸发酵，将葡萄酒中的苹果酸转化为乳酸，改善酒体的协调性，特别是对于干红葡萄酒可改善风味、降酸、提高生物稳定性。

（2）其他允许使用的物质

① 白砂糖　用于调整葡萄汁和葡萄酒的糖度，也可在发酵时添加用于提高葡萄酒的酒精度，加量不得超过产生酒精 2%（体积分数）的量。

② 不溶性聚乙烯吡咯烷酮（PVP）　是一种网状聚合物，不溶于水和有机溶剂。可用于减少葡萄酒中单宁和其他多酚的含量，降低涩感，改正颜色不正的白葡萄酒的颜色。

1.1.3.3　清洗消毒剂

在设备使用前需要根据不同的情况配制一些清洗消毒剂进行清洗消毒。

① 氢氧化钠　溶解有机物能力好，皂化能力强，杀菌效果好。使用浓度通常为 3%～5%。

② 柠檬酸　用于洗涤设备、容器、管道。使用浓度为 2%～5%。

1.2　任务一　确定葡萄的成熟度

1.2.1　目的和要求

了解葡萄成熟阶段糖、酸的变化规律；掌握各类葡萄酒用葡萄采收时间的确定方法与标准；强化紫外分光光度计的使用技能。

1.2.2　材料和设备

费林试剂，酒精，盐酸，pH 计，手持糖量计，保温桶，托盘天平，量筒，水浴锅，电炉，分光光度计等。

1.2.3　操作方法与步骤

① 采样　转色期开始隔 5～7d 采样一次。大面积栽培，采用 250 株取样法：每株随机取 1～2 粒果实，共取 300～400 粒；面积较小的品种，可随机选取几株葡萄树取果实。装入塑料袋，然后置于冰壶中，迅速带回实验室分析。

② 百粒重与百粒体积　随机取 100 粒果实，称重，然后将 100 粒果实放入 500mL 量筒中，定量加水至完全淹没果实，读取量筒中水和葡萄的体积。量筒体积读数减去加入水的体积数，即为葡萄百粒体积。

③ 出汁率测定　取果粒 500g，放入小压榨机中压碎，然后自然滴出葡萄汁，称汁得自流汁质量，计算。

④ 可溶性固形物　用手持糖量计测定葡萄汁的可溶性固形物的量。

⑤ pH 与总酸　取汁 20mL 用 pH 计测定 pH；用碱滴定法测定总酸。

⑥ 还原糖　用费林试剂法测定还原糖。

⑦ 果皮色价测定　选取被测葡萄不同色泽的果实 20 粒，洗干净，取下果皮并用吸水纸擦净皮上所带的果肉及果汁，然后剪碎，称取 0.2g 果皮用盐酸酒精液浸泡，然后在 540nm 下测吸光度，计算果皮色价。

1.2.4　注意事项

① 不同葡萄的采收时间与标准。

② 操作过程中，防止被测物向外散落而影响数据的准确性。

1.3　任务二　准备葡萄酒酿造用的辅料

1.3.1　目的和要求

了解葡萄酒酿造用的各种辅料；掌握各种辅料的用量及使用方法。

1.3.2　材料和设备

果胶酶，偏重亚硫酸钾，磷酸氢二铵，维生素 C，食用酒精，砂糖，柠檬酸，乳酸，碳酸钙，二氧化碳，二氧化硫，明胶，皂土，活性炭等。

1.3.3　辅料的使用

（1）添加剂

① 果胶酶：用于葡萄汁澄清，在较低温度下贮存。

② 亚硫酸或偏重亚硫酸钾：具有对葡萄浆、葡萄汁、葡萄酒杀菌、澄清、抗氧、溶解、增酸及改善口味的作用。贮存于玻璃瓶或食用塑料包装袋中，注意密封、防潮。

③ 磷酸氢二铵：酵母营养剂，须密封保存。

④ 维生素 C：为葡萄汁及发酵酒的抗氧剂、防氧剂和酵母营养源。

⑤ 食用酒精：用于原酒贮器的封口、调整酒度。

⑥ 砂糖：发酵时添加或用于调酒。

⑦ 柠檬酸：调整原酒酸度，防止铁破败病。

⑧ 乳酸：调整原酒酸度。

⑨ 碳酸钙：用于葡萄汁和原酒的降酸。

⑩ 酒石酸钾：用于原酒降酸。

（2）气体

氮气或二氧化碳：用于葡萄汁及原酒的隔氧，贮存于耐压钢瓶。

二氧化硫：用于葡萄汁及原酒的防氧、抗氧化，贮存于耐压钢瓶。

无菌压缩空气：用于酵母培养。

（3）助滤剂及吸附剂

明胶、鱼胶、蛋清、单宁等：用于葡萄酒的下胶，应密封、贮存于干燥处，启封后不能久放。

皂土：用于去除葡萄汁及原酒的蛋白质。

硅藻土：用于葡萄汁或原酒的过滤。

活性炭：用于去除白葡萄酒过重的苦味，葡萄酒的脱色，用于颜色变褐或粉红色的白葡萄酒的脱色。

聚乙烯吡咯烷酮：用于吸附酒中的酚类化合物。

1.3.4　注意事项

掌握各种辅料的用量及使用方法。

1.4　练习与思考题

练习题

① [填空题] 确定原料的采收期是根据葡萄园中葡萄的（　　）和（　　）。

② [填空题] 葡萄浆果的酸度主要来自（　　）和（　　）这两种有机酸。

③ [单选题] 一般干白葡萄酒需要葡萄含糖量为（　　）。

A. 15 ～ 22.5° Bx　　　　B. 18 ～ 22.5° Bx　　　　C. 18 ～ 25.2° Bx　　　　D. 20 ～ 25.5° Bx

④ [单选题] 为了保证葡萄酒品质和风味的稳定，添加白砂糖的量不得超过产生酒精（　　）（体积分数）的量。

A. 10%　　　　　　　　B. 5%　　　　　　　　　C. 2%　　　　　　　　　D. 20%

⑤ [多选题] 葡萄浆果成熟包括哪些阶段（　　）。

A. 幼果期　　　　　　　B. 转色期　　　　　　　C. 成熟期　　　　　　　D. 过熟期

⑥ [判断题] 在接近成熟期时，浆果中酸的含量最高。（　　）

⑦ [判断题] 白葡萄酒中单宁含量高，单宁也起一定的阻碍氧化的作用，所以 SO_2 的添加量一般少于红葡萄酒。（　　）

⑧ [判断题] 一般情况下浆果中苹果酸的含量在南方气候条件下比在北方要低，但若调整葡萄采摘期可减少或消除这种差别。（　　）

思考题

① 分组讨论，分析一下影响采收期确定的因素有哪些，谈谈如何确定葡萄的采收期。

② 分组讨论，说说葡萄酒酿造过程中 SO_2 的作用是什么。

③ 常用的清洗消毒液有哪些？该如何使用？

④ 举出五种葡萄酒中允许使用的添加剂，并说明有哪些作用。

⑤ 欧盟和我国在葡萄酒中添加 SO_2 的具体要求是什么？

⑥ 结合你的实际操作经验，说说葡萄酒酿造季节开始之前应该做好哪些准备工作。

⑦ 结合你的实践经验，谈谈如何通过葡萄外观检查判断葡萄的成熟度。

⑧ 查阅资料，试分析一下葡萄酒与其他果酒相比较有哪些特有的营养价值。

⑨ 分组讨论，说说葡萄浆果成熟的不同阶段及各阶段的糖酸变化。

项目二

葡萄汁的制备

职业岗位：原料处理技术员

岗位要求：① 能进行葡萄取汁、果汁改良的操作和相关技术指导；

　　　　　② 能操作葡萄汁制备的相关设备。

葡萄酒酿造工艺与设备

葡萄汁的改良　调糖

2.1　基础知识

主要介绍葡萄原料的处理工艺，包括葡萄的分选、除梗破碎、压榨，以及葡萄汁（醪）的酸度调节、加糖等工艺。对葡萄醪的处理是获得优质葡萄酒不可缺少的工艺过程，也是决定葡萄酒质量的关键工艺之一。

2.1.1　葡萄的结构和成分

葡萄包括果梗与果实两个不同的部分，其中果梗占 4% ～ 6%，果实占 94% ～ 96%。葡萄品种不同，两者的比例有较大出入，收获季节多雨或干燥亦影响两者比例。

（1）果梗

果梗是果实的支持体，由木质素构成，含维管束，使营养流通，并将糖分输送到果实。果梗含大量水分、木质素、树脂、无机盐、单宁，只含少量糖和有机酸。

酿造葡萄酒都是不带果梗发酵。果梗富含单宁和苦味树脂等物质，常常使酒产生过重的涩味，故一般在葡萄破碎时除去。

（2）果实

葡萄果实包括三个部分，其中果皮占 6% ～ 12%，果核（籽）占 2% ～ 5%，果肉占83% ～ 92%。

① 果皮　果实外面有一层果皮，果实发育成长时，果皮的重量几乎很少增加，果实长大后，果皮成为有弹性的薄膜。葡萄完全成熟时，果皮变得非常薄，使空气能够渗入，保持果实的呼吸。果皮由好几层细胞组成，表面有一层蜡质保护层，可阻止空气中的微生物侵入细胞，尤其是附在果皮上的酵母菌。

果皮中含有单宁和色素，对酿制红葡萄酒很重要。大多数葡萄色素只存在于果皮中，往往因品种不同而形成各种色调。

② 果核　一般葡萄含有 4 个果核，每一个子房有 2 个核，有些做葡萄干的品种，核已完全退化，如新疆无核白葡萄。果核中含有不利于葡萄酒风味的物质，如脂肪、树脂、挥发酸等。这些物质如带入醪液中，会严重影响葡萄酒品质，所以，在葡萄破碎时，须尽量避免将核压破。发酵结束后，酒糟中的葡萄核可以用来榨油。

③ 果肉和汁（葡萄浆）　果肉和果汁是葡萄的主要成分（占 83% ～ 92%）。不同品种，其组成很不一样，浆果中不同部位所含成分也有所差异。浆果中主要含有糖分、酸、果胶质、含氮物及无机盐等物质。

2.1.2　葡萄的分选

分选就是为了把不同品种、不同质量的葡萄分别存放，剔除病果、烂果、青果、异物等，减轻或消除葡萄汁的异味，增加酒的香味，减少杂菌，保证发酵与贮酒的正常进行，以降低葡萄酒病害的发生。感染了灰霉菌的葡萄中漆酶的含量高，果汁容易被氧化，酿造的葡萄酒易患破败病。

① 葡萄的分选工作最好是在田间采收时进行。
② 分选前后放葡萄的容器要及时清洗。
③ 选出的不合格葡萄及时运到指定地点，以免污染收购现场。
④ 分选后应立即破碎，避免交叉感染。
⑤ 每日分选工作结束后，应彻底清扫分选场地，隔 3d 熏一次硫黄杀菌。

2.1.3　除梗破碎

除梗的目的是全部或部分去除果梗，减少果汁与果梗的接触，防止果梗中不利成分的浸出，降低酒中劣质单宁的含量，避免酒中产生青梗味。也有少数特殊工艺会保留部分果梗。

生产优质柔和的葡萄酒，应全部除梗。

破碎的目的是使葡萄果皮破裂释放出果汁，葡萄果实自身很完整，具有表皮或果皮层，由油脂酸组成的蜡质包被，要释放果实的内含物，提高出汁率，必须通过不均匀的挤压破坏果实的完整性。

破碎的要求主要为：皮破、汁流、籽不碎，并且葡萄汁不得与铁、铜等金属材料接触。

葡萄果实的破碎程度要根据工艺要求调整。通过破碎有利于葡萄的压榨，便于果汁流出，提高出汁率；有利于葡萄果汁果浆的充分接触，便于芳香物质、多酚物质的浸提；有利于果皮上的酵母菌进入发酵基质，使酒精发酵顺利触发。

除梗破碎的方式主要以卧式除梗破碎机、立式除梗破碎机等机械处理为主。

（1）卧式除梗破碎机

卧式除梗破碎机是先除梗后破碎，葡萄穗从受料斗落入，整穗葡萄由螺旋输送器输送至筛筒内，在筛筒内通过高速旋转，由除梗器将葡萄颗粒打落，筛筒壁上有许多大小不一的孔眼，葡萄颗粒从孔眼中落入破碎辊，破碎辊可以调节辊间距离，以满足不压碎种子或轻微破碎等工艺要求。葡萄经破碎后，落入果浆泵输送至车间，葡萄梗从筛筒的尾部排出，可以用鼓风机或传送带输送到指定地点（图1-2）。

（2）立式除梗破碎机

立式除梗破碎机机身为立式圆筒形，装有固定的圆筛板和除梗推进器。葡萄浆由筛孔流出，未击碎的葡萄颗粒落入下部的破碎辊中进行破碎，葡萄果梗从上部排出（图1-3）。

图1-2　卧式除梗破碎机
1—电动机；2—筛筒；3—搅拌器；4—输送螺旋；
5—破碎辊轴；6，7，8，9，10，11—轴承；12—旋片；
13，14，15—轴承；16—减速器；17，18，19，21—皮带传动；
20—输送轴；22—联轴器

图1-3　立式除梗破碎机
1—螺旋输送机；2—机体；3—除梗器；
4—传动装置；5—筛筒；6—破碎装置

立式除梗破碎机不适合用于酿造优质葡萄酒，因为它将葡萄组织粉碎得过细，导致葡萄醪中含有大量的空气，葡萄醪被氧化。

果浆泵是破碎机组件的一部分，可以与除梗破碎机合为一体，也可以单独分开使用。当合为一体时果浆泵会根据接汁槽葡萄醪的多少自动启动。

当葡萄破碎后，果汁从葡萄果实中慢慢流出来，流出的速度取决于出汁的时间、压力、是否添加果胶酶以及温度等。葡萄汁的质量以及出汁率，在一定程度上受到二氧化硫、氧气、抗氧化剂（抗坏血酸和异抗坏血酸）的影响，此时应及时添加二氧化硫，以保证葡萄醪新鲜，防止氧化和微生物感染。

2.1.4 压榨

压榨是将葡萄醪中的葡萄汁或酒精发酵结束后的酒充分制取出来，达到与葡萄皮籽分离的作用。在白葡萄酒酿造过程中压榨是分离葡萄汁，在除梗破碎后进行；在红葡萄酒酿造过程中，压榨在酒精发酵结束后进行，用于分离葡萄酒与皮籽。压榨过程应避免将葡萄籽挤破。

2.1.4.1 白葡萄醪的压榨

白葡萄酒生产中，葡萄破碎后进行压榨，将果汁与皮渣分离。果汁分离可缩短葡萄汁与皮渣接触时间，减轻氧化程度，减少果皮中大量野生微生物进入果汁，使葡萄皮中的色素、单宁等物质溶出量少。酿造果香浓郁、品种特征明显的高档白葡萄酒，需要澄清的果汁，压榨使果肉、果皮、种子与果汁快速分离，可提高果汁澄清速度。

2.1.4.2 红葡萄醪的压榨

当红葡萄醪酒精发酵结束后，根据理化指标和品尝结果，对皮渣和酒进行压榨分离。分离压榨的时间由发酵天数、发酵温度以及所做酒的类型决定，当酒精发酵刚开始时，葡萄皮中的芳香物质、单宁、花色素苷被不断浸提出来，但当酒的颜色达到一定程度时，酒中的花色素含量不再上升，颜色不再加深，如果继续浸渍，葡萄皮渣会吸附一部分酒中的色素，使葡萄酒颜色变浅，而酒中单宁的含量随着浸渍时间延长逐渐上升。如果酿造陈酿型葡萄酒，应延长浸渍时间，发酵温度控制在 26 ～ 30℃，使酒中单宁含量较多，酒体具有较强的结构感。如果酿造新鲜型葡萄酒，发酵温度应控制在 24 ～ 26℃，当酒精发酵启动后 5 ～ 6d，密度在 1000g/L 以下时进行压榨分离，所酿造的酒颜色较深，果香浓郁，入口柔和协调，适合短期内饮用。

压榨的方式：葡萄酒酿造工业中应用的压榨机按工作状态可分为间歇式压榨机和连续式压榨机。

压榨过程中会产生一些有利成分，它们包括对品种特征和香味有贡献的成分和某些成熟组分的前体物质；但也会产生一些不利成分，例如 pH 较高，压滞汁中含有许多的单宁和胶体物质，造成生产过程中沉降或过滤困难，易感染微生物。压榨汁中这些组分的含量取决于水果的自身条件、压榨加压方式、所用筛网的性质及皮渣相对于筛网的运动情况。间歇压榨对果皮的剪切作用相对较小，从而可以减少酚类和单宁的释放量。

（1）间歇式压榨机

间歇式压榨机以周期循环方式进行压榨。一个压榨循环包括进料、加压、回转、保压和卸渣。进料时间由输送泵（或输送机）的速度和压榨机的容量确定。压榨机一般要在 1 ～ 2h 内逐渐将压力升高至最大压力 0.4 ～ 0.6MPa。多数间歇式压榨机（筐式除外）在加压的同时可以回转，因此可以形成较为规则的滤饼。现今多数压榨机装备有程序控制装置，可以对操作循环中的加压、维持时间等条件进行编程控制，以达到更好的压榨效果。常用的间歇式压榨机有筐式压榨机和气囊式压榨机。

筐式压榨机是最简单的木筐压榨机，有一只垂直的滑板限定滤饼表面，一只活动压榨头提供水平方向的压力，因此也被称为活动头压榨机。筐式压榨机有生产能力小、压力不均衡、在高压时会喷射出果汁、劳动强度大等缺点。

气囊式压榨机主要由圆筒形罐、气囊和控制面板等组成，气囊内的压力由压缩空气提供。气囊一般沿径向装在圆筒形罐的一端或中心轴上。当气囊抽真空时，气囊收缩到罐壁上或中心轴上，皮渣通过侧壁上的门或罐的一端进入。出汁筛网沿长度方向安装，可以将皮渣拦截在罐内，葡萄汁或酒液通过筛网流出压榨机罐。气囊由压缩空气提供压力，向物料加压，并保持足够的时间。压力分阶段增加，有加压、回转、保压，继续加压、回转、保压，直至达到设定的最高压力。气囊式压榨机压榨汁的成分相对较好，此种压榨方式得到广泛应用。这类设备在加压操作过程中，果皮与筛网表面相对运动最少，从而使果皮和种子受到的剪切和摩擦作用小，皮渣中释放出的单宁和细微固体物大大减少，压榨汁中的固体和聚合酚类含量较低。

（2）连续式压榨机

连续式压榨机具有压榨速度快、压榨效率高、压榨出酒率高等特点。但在皮糟压榨过程中，由于螺旋挤压作用，会使一部分葡萄皮糟破碎，压榨出的葡萄酒液比较浑浊，酒中的成分也因溶入较多皮糟中的物质而发生变化，使葡萄酒苦涩味较重。螺旋压榨机是最常见的连续式压榨机。

螺旋压榨机通过螺杆对筛笼内原料施加压力，迫使皮渣在端板的背压下向另一端移动。端板一般是由液压控制而部分封闭的。多数螺旋压榨机的处理能力在 50 ～ 100t/h。这种设备的处理能力是由螺杆直径和旋转速度确定的。

螺旋压榨机有两个缺点：一是皮渣沿圆筒形筛笼运动，使果皮受到强烈的剪切和摩擦作用，导致榨出的果汁中无机物质、单宁和胶体的含量较高；二是榨出的果汁中悬浮固体的含量也很高。对于白葡萄汁来说，必须采用附加设备加以解决。

2.1.4.3　自流汁与压榨汁

压榨出的果汁成分在几个方面与自流汁明显不同。其有利的方面包括含有希望的香味成分；不利的方面包括含有较高水平的固体、较多的酚类和单宁、较低的酸度和较高的 pH，以及含有较高浓度的多糖和胶体成分。压榨汁中还含有较高水平的氧化酶，这是因为其固体含量较高，由于酚类底物的浓度较高，因此也较容易褐变。

压榨汁与自流汁成分差别的程度首先取决于榨汁机的类型和操作方式，其次是葡萄的品质。白葡萄汁的粗涩感和易褐变性，主要是由总酚和聚合酚类含量决定的，而固形物含量则决定了是否需要进行进一步澄清处理。

红葡萄酒在酒精发酵结束后，先将自流酒抽出，皮渣与酒的混合物进入压榨机压榨。生产中多数会将压榨酒与自流酒分开存放。压榨酒中单宁、干物质以及风味物质含量较高，口感粗涩，结构感强。

2.1.5　葡萄汁与葡萄醪的处理

各葡萄品种受到气候条件、栽培模式、酿造工艺的影响，有时葡萄浆果没有完全达到其成熟度，有时浆果受病虫害危害或者营养物质缺乏等，使酿酒原料的各种成分不符合要求。葡萄汁与葡萄醪的处理包括添加营养物质、添加二氧化硫、加糖、调酸、添加酶制剂等方法，也可以同时采用几种方法来改善葡萄汁与葡萄醪的质量。葡萄汁与葡萄醪处理的主要目的是使葡萄汁与葡萄醪保持果实原有的新鲜度，各项理化指标符合工艺要求，使酿制成的葡萄酒成分基本一致，保证葡萄酒风格和质量的稳定，保证发酵过程正常进行。葡萄汁与葡萄醪的处理不能完全抵消浆果自身缺点带给葡萄酒的缺陷，要获得优质葡萄酒，必须保证有成熟度良好、无病虫害污染的葡萄原料。

2.1.5.1　无病虫害污染的葡萄原料

（1）添加营养物质

酵母菌生长重要的营养物质包括氮源和维生素。在营养缺乏的果汁中添加营养物质一般会有正的响应，但在营养物质充足的果汁中添加同样的物质一般观察不到什么效果。对于澄清后的白葡萄汁来说，其营养状态尤为重要，沉降处理后固体含量在 3% ～ 4%（体积分数）的白葡萄汁，很少出现营养缺乏的现象。但在葡萄汁用沉降、离心或过滤等方法进一步澄清，使固体含量降至1%（体积分数）以下时，就很有可能显示营养缺乏的现象，出现发酵速率低于正常速率，甚至发酵不能进行完全，产生异常高水平的副产物，如醋酸、丙酸和硫化氢等。这些发酵异常程度在较小规模的生产中往往更为严重，其作为原料的葡萄从各自葡萄园中收获，并单独进行发酵。在不同批次的葡萄或不同葡萄园中的葡萄混合发酵的情况下，上述缺陷就较为少见，这主要是因为不同营养物质有互补作用。红葡萄醪发酵过程是带皮和果肉的，它会给酵母菌带来丰富的营养物质，因此红葡萄醪发酵很少出现营养缺乏现象。

果汁氮源的补充形式以磷酸氢铵和磷酸氢二铵为主，也有采用其他形式铵盐的。不同土质、不同气候的葡萄园对氮源的需求不同，可以对果汁中铵离子含量进行常规分析，以作为添加铵盐的根据，铵盐的添加量一般在 $100 \sim 300\text{mg/L}$。

葡萄汁中的维生素，主要指生物素、泛酸和硫胺素。缺乏泛酸时，生成较高水平的醋酸和甘油；缺乏硫胺素的葡萄汁中，2,3-丁二醇生成的水平下降；低浓度的生物素、吡哆醛或肌醇会导致琥珀酸的生成量增加。对于霉菌感染的葡萄穗，霉菌的生长可能会使某些氨基酸及多数有价值的维生素耗尽，并且给发酵带来困难。通过添加营养剂可以增加果汁中的氮源、维生素和氨基酸，给酵母提供必要的生长因子，使酒精发酵顺利完成。

（2）添加二氧化硫

二氧化硫的使用在葡萄酒酿造过程中无处不在，它是一种特殊的物质，既有抗氧化作用又有杀菌作用，在葡萄酒中的含量容易检测，如果使用超量可以通过嗅觉发现，是一种相对无毒的辅料，我国最大允许使用量为 250mg/L，各国的限制用量各不相同。

葡萄汁与葡萄醪中的氧化酶主要是酪氨酸酶和漆酶，能将酚氧化成醌，形成有色化合物，使色泽加深，二氧化硫可抑制氧化酶的活性从而防止原料的氧化。为了防止果汁的褐变，需要添加 SO_2 的量为：葡萄醪 $75 \sim 100\text{mg/L}$，澄清葡萄汁 $30 \sim 50\text{mg/L}$。

抗坏血酸可以用作抗氧化剂，与 SO_2 结合使用。它影响酶活性是因为它能更快地消耗果汁中的氧，延缓褐变作用的启动。抗坏血酸的添加范围在 $50 \sim 200\text{mg/L}$ 之间，具体用量取决于体系的 pH。

在葡萄汁与葡萄醪中添加二氧化硫还可以抑制和杀死野生酵母和细菌，使优良酵母获得良好的生长条件，保证酒精发酵正常进行。

（3）添加果胶酶

葡萄本身含有果胶酶，会使果胶降解，但葡萄汁和葡萄醪的环境条件（pH、离子强度、SO_2、乙醇和酚类等）不是这些酶的最适作用条件，人工合成酶能适应葡萄汁和葡萄醪的环境条件，它是一种复合型酶制剂，包括聚半乳糖醛缩酶、果胶甲酯酶、原果胶酶、半纤维素酶和纤维素酶等。半纤维素酶和纤维素酶水解以果胶质为依托的纤维素及半纤维素，有效切裂并降解葡萄果肉和果胶的复杂分子链结构，使果汁中其他胶体失去果胶的保护作用，将带正电的蛋白微粒暴露，并与带负电的胶体微粒相互吸引，迅速絮凝沉淀，可有效降低葡萄汁的浑浊状况，增强澄清效果，同时使致密紧固的植物细胞破坏，释放出包裹其中的色素、香味物质及糖分等，为改善酒的色泽、增加酒质提供物质基础；果胶甲酯酶可以将果胶质分解成半乳糖醛酸和果胶酸；原果胶酶可以将不溶性的果胶转变成可溶性的果胶，形成果胶酸和果胶酯酸，使原来存在于葡萄汁中的固形物大量减少，加速过滤速度，提高出汁率，它是其他果胶酶作用的基础。某些酶制剂中可能还含有显著的 β-葡聚糖酶活性，这种酶可以用于葡萄汁和葡萄酒中水解糖苷形式的萜烯和花青素，而释放出挥发性的萜烯和花青素。

在 pH3.0 $\sim$ 3.5 和 25℃条件下，典型的果胶酶活性在其最大活性的 40% $\sim$ 60% 水平。果胶酶可以在果汁中添加或不添加 SO_2 的情况下使用，因为果胶酶不会被 400mg/L 以下的二氧化硫所抑制。果胶酶的作用对葡萄酒的理化指标影响不大，对肉囊较多的品种作用较大。

发酵过程中，由于果胶酶的作用，原果胶被分解为可溶性果胶酸和果胶酯酸，加上发酵过程中的代谢产酸，导致 pH 的降低。果胶酶也增加多酚物质的浸提和聚集。果胶酶的正确使用可以有效地帮助酿酒师酿造色度更深和更稳定、香味更复杂、口感更饱满、结构感更强的高档红葡萄酒和果香清新的白葡萄酒。

添加果胶酶的主要优点如下。

① 明显增强葡萄酒的颜色，破坏细胞壁，促进酚类物质的溶出。

② 在发酵 3 ～ 4d 时色度达到最大值，随着时间的延长，色度趋于 7 ～ 8 之间。

③ 对出汁率的影响：白葡萄汁中添加果胶酶制剂一般是为了在筛滤时释放较多的果汁，而相对减少在压榨时释放果汁的比率；红葡萄酒中添加则是为了得到更多的品质绝佳的自流酒和皮渣便于压榨。

④ 下胶剂用量减少。

⑤ 对过滤的影响：在过滤压力、过滤速度、助滤剂的消耗量、过滤量、清度方面有一定优势。

果胶酶应用时注意事项如下。

① 酶的作用时间和加量应视不同厂家产品做小样试验而定。

② 乙醇浓度在 14%（体积分数）以下时对酶制剂无消极作用。

③ 酶的作用温度范围：10 ～ 55℃。

④ pH ＜ 3.2 时，应提高酶用量。

⑤ 二氧化硫浓度超过 400mg/L 时酶活性降低。

⑥ 高浓度的单宁和色素能减少酶活性。

⑦ 酶本身是蛋白质，可被皂土吸收，因而在酶反应后可加入皂土。

（4）加糖

在气候冷凉的产区和不好的年份，葡萄浆果成熟度不够，含糖量低，含酸量高（主要是苹果酸含量），可以通过添加蔗糖（白砂糖）或浓缩汁提高含糖量，确保产品质量稳定。

不同的国家对加糖的规定各不相同，在一些地区并不是每年都允许加糖，而要看当年的气候条件。在新西兰加糖是合法的，在澳大利亚加糖是不允许的，只有最为冷凉的内陆地区在不好的年份少数被允许。

在欧洲，欧盟根据纬度不同将葡萄酒产区分为 5 类。规定了每类地区对应不同葡萄酒类型应来自葡萄醪天然糖分的最低酒精含量，糖化后总的最高酒精含量，以及对加糖的限制量。在最北最为冷凉的地区，加糖正常；在中部地区只有在不好的年份才允许加入，合法的加入量也较低；而在最暖和的地区则不允许加糖。在德国优质葡萄酒级别（QmP）的产品不允许加糖。

在葡萄酒中，加糖的量取决于所希望的最终酒精含量，因此取决于葡萄醪的状态。根据每 1.7g 葡萄糖完全发酵产 1% 酒精度的原理，要使葡萄酒中的酒精含量提高 1 度，每升葡萄醪中就需要添加 2.4g 的蔗糖。这是因为酵母中的转化酶在将蔗糖转化成葡萄糖和果糖的过程中会吸收一分子水，使转化糖的总量比蔗糖总量要多 5%。在白葡萄酒中，为了增加 1% 体积的酒精含量，每升需添加 17g 的糖；而在红葡萄酒中，由于较高的发酵温度和循环喷淋所造成的酒精损失，每升需加入 18g 的糖（表 1-1）。

表 1-1　增加 1% 酒精需添加蔗糖量

葡萄酒类型	蔗糖添加量 / (g/L)
白葡萄酒、桃红葡萄酒	17.0
红葡萄酒	18.0

对于白葡萄酒，通常对澄清汁而不是葡萄醪进行加糖处理；而在红葡萄酒中是对葡萄醪进行加糖。在法国加糖是通过两步来完成的，第一次加糖是在发酵开始时，以促进发酵，提高温度，有利于色素的提取；第二次加糖是在发酵的末期，以最大限度地进行浸提。在欧洲如果不进行加糖，将会产生成千上万升口感单薄的劣质葡萄酒。但是，加糖过多会使葡萄酒酒体单薄、瘦弱、不协调，影响酒质。

在加糖之前要先将糖进行溶解，这是因为如果直接将糖加入葡萄醪或葡萄汁，糖会沉到底部，随着糖慢慢溶解形成一个高糖层。对发酵罐进行加糖时，要先将需要加入的糖慢慢倒入一个小容器，让发酵罐中的葡萄醪或葡萄汁不断地流过并进行搅拌，溶解了糖的葡萄醪和葡萄汁被不断泵回发酵罐中。加糖最好一步完成，在发酵前或发酵开始时进行，这时的酵母最为活跃，酵母菌正处于繁殖阶段，能很快将糖转化为酒精。如果加糖时间太晚，酵母所需其他营养物质已部分消耗，发酵能力降低，常常发酵不彻底。必须记住，加糖会使温度进一步升高，在计算制冷需要时必须加以考虑。在红葡萄酒进行苹果酸－乳酸发酵之前或进行时加糖是很危险的，因为可能会出现乳酸发酵，导致葡萄酒风味和质量的降低，挥发酸含量升高。

实例分析1：有20kL含糖量为175g/L的白葡萄汁，需生产酒度为11.5%的葡萄酒，计算蔗糖的添加量。

葡萄汁的潜在酒度　$175 \div 17 = 10.294$（%）

需要增加的酒度　$11.5 - 10.294 = 1.206$（%）

需要添加的蔗糖量　$1.206 \times 17.0g/L \times 20kL = 410.04kg$

实例分析2：有20kL葡萄汁的潜在酒度为10.3%，浓缩葡萄汁的潜在酒度为45%，需生产酒度为11.5%的葡萄酒，计算浓缩葡萄汁的添加量。

浓缩汁　　　45　　　　　1.2L

　　　　　　　　＼　　／

要求酒度　　　　11.5

　　　　　　　　／　　＼

葡萄汁　　　10.3　　　　33.5L

在33.5L的葡萄汁中加入1.2L浓缩汁才能使葡萄酒达到11.5%的酒度。因此，在20kL发酵用葡萄汁中应加入浓缩葡萄汁的量为$1.2 \times 20000 \div 33.5 = 716.42$（L）。

以上两种方法，都能提高葡萄酒的酒度，但添加蔗糖时，葡萄酒的含酸量和干物质含量略有降低，加糖过多会使葡萄酒酒体单薄，酒体不协调。添加浓缩葡萄汁则可提高葡萄酒的含酸量和干物质含量，对葡萄酒自身香气和口感影响较小，是较理想的提高酒度的方法（表1-2）。

表1-2　添加蔗糖和添加浓缩葡萄汁对葡萄酒成分的影响

葡萄酒成分	对照	蔗糖	浓缩葡萄汁
酒度/%	10.3	12.3	12.4
总酸/（g/L）	6.14	5.82	6.68
干物质/（g/L）	20.4	18.6	21.6

（5）酸度调整

中国的葡萄酒产区，葡萄的天然酸度总体较低，需要提高可滴定酸度，或更为关键的是降低pH。适当的酸度，对于生产平衡协调的葡萄酒是必需的。在气候较冷的地区，如中国的东部及山葡萄产区，欧洲北部，美国东部和加拿大，调整酸度一般意味着降低滴定酸度，使成品葡萄酒口感清爽、协调、圆润，酸度适中，又保持良好的骨架。低 pH（pH3.1 ~ 3.5）高酸度对于生产过程以及提高产品质量有如下重要作用：增强二氧化硫抗微生物和抗氧化的作用；促进发酵所需的微生物的生长；有利于抑制微生物破败；促进葡萄汁和葡萄酒的澄清；使葡萄酒保持新鲜的果香，有协调平衡的口感。

一般认为，调节酸度在葡萄汁（或葡萄醪）中比在葡萄酒中好，特别是在用碳酸盐降酸时。酸度调节的目标是增加或降低可滴定酸度和 pH，而不是感官评价，因为果汁中糖含量较高会掩盖酸味。酸度调节的目标值一般可根据经验进行估算，酒精发酵酸度降低约 1g/L，苹果酸 - 乳酸发酵酸度降低 1 ~ 1.5g/L，果汁中典型的可滴定酸度的范围在 6 ~ 9g/L（以酒石酸计），pH 在 3.4 ~ 3.9。对酿造干红葡萄酒的葡萄来说，推荐通过调节酸度使葡萄醪的 pH 值在 3.2 ~ 3.4；对于白葡萄来说，需要使葡萄醪或葡萄汁的 pH 值处于 3.1 ~ 3.3 之间。

果汁在调酸过程中，其酸度水平受其自身缓冲能力的影响非常大。果汁的缓冲能力基本与其中的酒石酸和苹果酸浓度成正比，这两种酸水平降低时，其缓冲能力就会下降。缓冲能力还与 pH 有关。另外果汁中的多数氨基酸，以及酒中的乳酸、琥珀酸和脯氨酸也有缓冲能力。

调节酸度至少有三种方法：添加允许使用的酸、用允许使用的盐进行化学脱酸和进行离子交换（用阳离子、阴离子交换剂，或两种配合使用）。各国允许使用的调酸方法差别很大。

① 增加酸度

a. 直接增酸　国际葡萄与葡萄酒组织规定，对葡萄汁的直接增酸只能用酒石酸，其用量最多不能超过 1.50g/L，但各国实际添加量各不相同。很难确定在什么情况下直接增酸，但一般认为，当葡萄酒含酸量低于 4g H_2SO_4/L 和 pH 大于 3.6 时，可以直接增酸。在实践中，一般每 1000L 葡萄汁中添加酒石酸 1 ~ 3kg。果汁酸度的变化程度取决于酒石酸氢钾的沉淀量和果汁的缓冲能力。在葡萄汁发酵前加入酒石酸，将称量好的酒石酸溶于尽可能少的冷水中，在破碎处理前加到葡萄中，或在葡萄破碎后立即加入。酒石酸是较好的调酸剂，因为它在葡萄酒的 pH 条件下不被微生物代谢，而苹果酸和柠檬酸能被一些乳酸菌代谢。如果酒的 pH 在 4.0 以下，酒石酸是存在于酒中主要的酸，酒石酸能以钾盐的形式从多数葡萄酒中沉淀出来，这种作用可以降低酒的 pH，上述作用的净效果是酒石酸解离而释放出 H^+，并从果汁中置换出 K^+，滴定酸度的增加量是加酸量与酒石酸氢盐沉淀量之差。相应的 pH 变化也与果汁的缓冲能力密切相关。

在葡萄酒中，还可以加入柠檬酸以提高酸度，但其添加量一般不超过 0.5g/L。柠檬酸主要用于稳定葡萄酒。在经过苹果酸 - 乳酸发酵的葡萄酒中，柠檬酸容易被乳酸菌分解，导致挥发酸含量升高，应避免使用。

在直接增酸时，先用少量水将酸溶解，然后均匀地将其加进发酵汁，并充分搅拌。应在不锈钢容器中溶解，不能用铁制金属容器。

b. 间接增酸　通过向葡萄汁中加生葡萄浆果达到增酸的目的，未成熟（特别是未转色）的葡萄浆果中有机酸含量很高（以 H_2SO_4 计，20 ~ 25g/L），其有机酸盐可在 SO_2 的作用下溶解，进一步提高酸度。一般每 1000L 葡萄汁中加入 40kg 酸葡萄，才能使酸度提高 0.5g/L（以 H_2SO_4 计）。

② 降低酸度　降低葡萄汁或葡萄酒含酸量的方法主要有化学降酸法、物理降酸法和生物降酸法。

a. 化学降酸　化学降酸就是用盐中和葡萄汁中过多的有机酸，从而降低葡萄汁和葡萄酒的酸度。常用的盐有酒石酸钾、碳酸钙、碳酸氢钾，它们统称为降酸剂。其中以碳酸钙最有效，而且最便宜。在欧洲流行的脱酸处理是向葡萄醪或葡萄酒中加入碳酸钙或碳酸－苹果酸钙双盐，从而产生酒石酸钙的沉淀，如果加入的是双盐就产生酒石酸钙和酒石酸苹果酸钙的混合沉淀，并降低酸度。

碳酸钙脱酸的原理是 1g/L 的碳酸钙能沉淀 1.7g/L 的酒石酸。首先将碳酸钙粉末与少量葡萄醪混合，再缓慢加入到大量的葡萄醪中，并不断搅拌，酒石酸钙开始缓慢沉淀。处理后的葡萄酒可能会不稳定一段时间，时间的长短取决于酒石酸钙沉淀下来所需要的时间。

双盐脱酸法可以同时除去葡萄醪中的部分酒石酸和苹果酸（两种主要酸），是对传统方法的改进，传统的添加碳酸钙的方法只能通过形成不溶性的酒石酸钙去除酒石酸。在这两种过程中都会有二氧化碳的释放。在这之前，苹果酸的含量只能在葡萄酒中通过生物的方法进行降低，比如通过苹果酸－乳酸发酵或使用能分解苹果酸的裂殖酵母。上述这两种方法对酸度很高的葡萄酒来说都不是可靠的方法。

可以通过加入碳酸氢钾或碳酸钾达到降低酸度的目的，前者是作用更加温和的脱酸剂，因而更推荐使用。钾离子和酒石酸阴离子结合形成酒石酸钾沉淀，而碳酸氢根以二氧化碳的形式散失。可以在发酵前或发酵后进行，加入 1g/L 即可使可滴定酸度降低 0.75g/L（以酒石酸计）。与钙盐处理相比，这种方法的优点在于不涉及钙的加入（酒石酸钙的沉淀速度很慢）；pH 值不会升高到超过 pH3.6，酒石酸氢钾的沉淀产生快，因此，此方法更为常用。

葡萄汁酸度过高，主要是由于苹果酸含量过高。但化学降酸的作用主要是除去酒石酸氢盐。此外，由于化学降酸提高 pH，有利于苹果酸－乳酸发酵，可能会使葡萄酒中最后的含酸量过低。因此，必须慎重使用化学降酸。

多数情况下化学降酸仅仅是提高发酵汁 pH 的手段，以有利于苹果酸－乳酸发酵的顺利进行，这就必须根据所需 pH 和葡萄汁中酒石酸的含量计算使用的碳酸钙量。一般在葡萄汁中添加 0.5g/L 碳酸钙，可使 pH 提高 0.15，这一添加量足够达到启动苹果酸－乳酸发酵的目的。

如果葡萄汁的含酸量很高，并且不希望进行苹果酸－乳酸发酵，可用碳酸氢钾进行降酸，其用量最好不要超过 2g/L。与碳酸钙比较，碳酸氢钾不增加 Ca^{2+} 的含量，而后者是葡萄酒不稳定的因素之一。如果要使用碳酸钙，其用量不要超过 1.5g/L。

化学降酸最好在酒精发酵结束时进行。对于红葡萄酒，可结合倒罐添加降酸盐。对于白葡萄酒，可先在部分葡萄汁中溶解降酸剂，待起泡结束后，注入发酵罐，并进行一次封闭式倒罐，以使降酸盐分布均匀。

b. 生物降酸　生物降酸是利用微生物分解苹果酸，从而达到降酸的目的。可用于生物降酸的微生物是能进行苹果酸－乳酸发酵的乳酸菌和能将苹果酸分解为酒精和 CO_2 的裂殖酵母。苹果酸－乳酸发酵：在适宜的条件下，乳酸菌可以通过苹果酸－乳酸发酵将苹果酸分解为酒精和 CO_2。这一发酵过程通常在酒精发酵结束后进行，导致酸度降低，pH 增高，并使葡萄酒口味柔和。对于所有的干红葡萄酒，苹果酸－乳酸发酵是必需的发酵过程，而在大多数的干白葡萄酒和其他已含有较高残糖的葡萄酒中，则应避免这一发酵。

c. 物理降酸　物理降酸方法包括冷处理降酸和离子交换降酸。

冷处理降酸：化学降酸产生的酒石，其析出量与酒精含量、温度、贮存时间有关。酒精含量高、温度低，酒石的溶解度降低。当温度降到 0℃ 以下时，酒石析出加快，采用冷处理可使酒石充分析出，从而达到降酸的目的。目前，葡萄酒的降酸已广泛采用冷处理技术。

离子交换降酸：采用阴离子交换树脂（强碱性）可以直接除去酒中过高的酸。其方法包括单独使用阳离子置换（H^+ 交换 K^+），或阴离子（OH^- 型用于交换各种阴离子）与阳离子交换法相结合。

目前，离子交换中使用最普遍的是用 H^+ 型阳离子树脂增加葡萄汁（或葡萄酒）的滴定酸度和除去其中的 K^+。也可结合使用阳离子交换和阴离子（OH^-）交换的方法处理果汁，以降低果汁的 pH，但其滴定酸度基本维持不变。这种方法在保持 pH 较低的情况下，使得有机阴离子浓度降低，以避免由于 pH 临时升高至 6.0 以上时可能发生的不利变化。

多数阳离子交换树脂除了 K^+ 之外，可以从果汁中除去很大范围的含氮化合物，并且还能除去钙、镁等金属离子。在果汁的 pH 条件下，多数氨基酸和几种维生素呈阳离子状态。针对这种情况，如果果汁不补充足量的铵盐，则可能导致诱发性的营养缺陷，并且在一般情况下，还需要补充硫胺素和生物素。

构成多数商品离子交换树脂支持介质的对苯二乙烯聚合物也能与一些非离子成分发生反应（Peterson 和 Caputi，1967）。虽然这种反应对于敏感性来说还无显著的影响，但它对离子交换树脂寿命的影响还是相当大的。非离子化的酚基部分常常被吸附，随着阴离子树脂被再生为 OH^- 型后，这些酚基将被氧化而使树脂堵塞和脱色。因此，再生树脂的交换能力会逐渐下降，因为树脂再生过程中不能除去所有吸附的物质。

典型的离子交换设备是含有树脂层的立式圆柱体。离子交换柱需要按周期循环方式操作，当树脂上可交换离子耗尽时，需要进行再生操作。对于阳离子交换树脂，再生液一般是一种无机强酸；而对于阴离子交换树脂，再生液常常是一种强碱。离子交换树脂在果汁中蛋白质和胶体物质的作用下可能会较快失效，这时需要进行附加的清洗操作。

对于需要达到一定滴定酸度的果汁，离子交换柱内树脂层的体积可以根据树脂的交换容量和被处理果汁的量进行计算。

常规离子交换处理方法带来的问题是再生时会产生废水。根据所用的再生剂的不同，废水中含有不同的无机离子，其中包括 Cl^-、SO_4^{2-}、Na^+、K^+。一些地方性法规越来越重视排放废水中的卫生指标和离子浓度，因此有必要发展水循环利用技术。

2.1.5.2 变质的葡萄原料

这类葡萄果实包括所有由于病虫害、冰雹以及其他因素而腐烂、变质、破损的葡萄果实。其特点如下。

① 由于病害和自然灾害的影响，这类葡萄与正常葡萄原料比较，果穗非酿造部分不正常地提高。

② 浆果病虫害严重。

对于这类葡萄原料，应尽量避免以上缺点带来的后果。

（1）受病害葡萄原料

危害果实并引起严重后果的真菌病害主要有灰霉病、白腐病、黑腐病和白粉病等。这类葡萄果实一般有以下几方面的缺点：产量低，固体部分含量高；果皮破损，色素物质被部分破坏，且果汁中含有较多的果胶物质；含有众多的有害细菌（如醋酸菌、乳酸菌等）和引起棕色破败病的氧化酶，特别是漆酶等。

为了尽量减少这些危害的不良影响，生产质量相对较好的葡萄酒，必须对这类原料进行如下处理。

① 除梗，以除去过多的固体部分。

② 尽早添加二氧化硫（100～150mg/L）杀菌并抑制氧化作用，然后将葡萄汁进行热处理，或者进行离心处理，或在澄清后用膨润土处理，再用澄清葡萄汁进行酒精发酵。

③ 对于红色品种，如果由于氧化作用色素破坏太重并且溶解度降低，应用它酿造桃红葡萄酒或白葡萄酒。在这种情况下，应尽快进行第一次处理，并用 SO_2 处理，分离时应进行封闭式分离，获得的葡萄酒不能与正常葡萄酒混合。

④ 在发酵过程中，应进行一次果胶酶处理和一次酪蛋白处理，以避免葡萄酒浑浊和具有不良味道。

对于这类葡萄原料，热处理能取得良好效果。所以必须将所有的原料在 70℃ 条件下热处理 30min。

（2）含泥沙的葡萄原料

由于暴雨或其他原因，这类葡萄果实中含有较大比例的泥沙。如果土壤为钙质土、果实含酸量低，这些泥沙可中和果汁中的部分酸，会造成严重后果。在这种情况下应尽量去除果实中的泥沙。可以先将葡萄汁用浓度较高的 SO_2 处理后进行澄清，然后进行开放式分离。如果发酵开始时再进行一次膨润土处理，效果会更好。经以上处理后，如果酸度降低，应进行增酸处理。

在我国，由于多方面的原因，葡萄原料在采收时存在的主要问题通常是成熟度不够，即含酸量过高，含糖量过低。为了提高原料的含糖量，使葡萄酒达到所要求的酒度，常采用添加结晶白砂糖的办法。但是，在添加糖时必须注意如下问题。

① 转化率　17 ~ 18g/L 糖可转化 1%（体积分数）的酒精。

② 添加时间　应在酒精发酵刚刚开始时加入，并应使所添加的糖充分溶解，与葡萄汁混合均匀。

反渗透法、选择性冷冻提取法、添加浓缩汁都能提高原料含糖量，提高酒的品质，但需相应的设备投资。

降低含酸量主要采用生物降酸法和化学降酸法。在生物降酸法中，苹果酸－乳酸发酵主要用于干红葡萄酒；而裂殖酵母在白葡萄酒酿造中的应用正在研究中，并取得了令人鼓舞的效果。化学降酸法所采用的降酸剂主要是碳酸钙，在使用时必须注意如下问题。

① 降酸率　1g/L 碳酸钙可降酸约 1g/L（H_2SO_4）。

② 添加时间　最好在发酵前降酸，并且使碳酸钙充分溶解，与葡萄汁混合均匀。

对于含酸量很高的葡萄汁，复盐法降酸可以取得良好的效果。对于霉变葡萄原料，则最好采用热浸法酿造葡萄酒。

2.2　任务一　制取葡萄汁

2.2.1　目的和要求

了解并掌握葡萄原料处理工艺过程，包括分选、除梗、破碎、压榨等工艺操作要点；通过手工制取葡萄汁，加深对红葡萄酒酿造过程的认识。

2.2.2　材料和设备

新鲜酿酒红葡萄、小型发酵罐、手持糖度仪、酸度计等。

2.2.3　操作方法与步骤

① 分选　分选前将放葡萄汁的容器盖好，防止蜂、果蝇等侵入。将劣质和腐坏葡萄选出并及时去除，以免造成杂菌污染。

② 除梗　手工将葡萄梗部全部去除，防止给酒带来过重的苦涩感，影响酒质。

③ 破碎　每粒葡萄都要破碎，破碎过程中葡萄汁不得与铁、铜金属材料接触。最好采用不锈钢材料盛放葡萄汁。

④ 压榨　压榨过程中籽实不能压破。同时在破碎、压榨前将用具洗刷干净，发酵及贮酒

容器用 2% 的亚硫酸溶液冲洗，或用硫黄烟熏进行消毒。

⑤ 化验　分别对混合后的葡萄汁进行糖度、酸度的化验，并记录。

2.2.4　注意事项

① 葡萄破碎除梗过程中要保证皮破、汁流和籽不碎。
② 葡萄汁容器、发酵罐在使用前都必须杀菌消毒。
③ 做好原始数据记录。

2.3　任务二　改良葡萄汁

2.3.1　目的和要求

了解并掌握葡萄汁改良的方法；知道浆果成熟度和葡萄汁成分调整的工艺要求。

2.3.2　材料和设备

新鲜葡萄汁、小型发酵罐、白砂糖、浓缩葡萄汁、酒石酸和柠檬酸等。

2.3.3　操作方法与步骤

2.3.3.1　糖分的调整
（1）添加白砂糖
① 加糖前应量出较准确的葡萄汁体积，一般每 200L 加一次糖。
② 加糖前先将糖用葡萄汁溶解制成糖浆。
③ 用冷汁溶解，不要加热，更不要先用水将糖溶解成糖浆。
④ 加糖后要充分搅拌，使其完全溶解。
⑤ 溶解后的体积要有记录，作为发酵开始的体积。
⑥ 加糖的时间最好在酒精发酵刚开始的时候。
（2）添加浓缩葡萄汁
浓缩葡萄汁可采用真空浓缩法制得，使果汁保持原来的风味，有利于提高葡萄酒的质量。
浓缩葡萄汁添加量的计算，首先对浓缩汁的含糖量进行分析，然后用交叉法求出浓缩汁的添加量。

2.3.3.2　酸度的调整
（1）添加酒石酸和柠檬酸
一般情况下酒石酸加到葡萄汁中，且最好在酒精发酵开始时进行。因为葡萄酒酸度过低，pH 值就高，则游离二氧化硫的比例较低，葡萄易受细菌侵害和被氧化。
在葡萄酒中，可用加入柠檬酸的方式防止铁破败病。由于葡萄酒中柠檬酸的总量不得超过 1.0g/L，所以添加柠檬酸量不得超过 0.5g/L。
（2）添加未成熟的葡萄压榨汁来提高酸度
加酸时，先用少量葡萄汁与酸混合，再缓慢均匀地加入葡萄汁中，搅拌均匀，操作过程中不可使用铁质容器。
一般情况下不需要降低酸度，因为酸度稍高对发酵有好处。

2.3.4　注意事项

① 用于提高潜在酒精含量的糖必须是蔗糖，常用 98% ～ 99.5% 的结晶白砂糖。

② 采用浓缩葡萄汁来提高糖分的方法，一般不在主发酵前期加入，因葡萄汁含糖太高易造成发酵困难。一般都在主发酵后期添加。添加时要注意浓缩汁的酸度，因葡萄汁浓缩后酸度也同时提高。

③ 葡萄汁在发酵前一般将酸度调整到 6g/L，pH 调至 3.3 ～ 3.5。

2.4 练习与思考题

练习题

① ［填空题］葡萄果实由（　　）、（　　）和（　　）三个部分组成。

② ［填空题］降低葡萄汁或葡萄酒含酸量的方法主要有（　　）降酸法、（　　）降酸法和（　　）降酸法。

③ ［单选题］在我国，葡萄酒中二氧化硫的最大允许使用量为（　　）。

A. 200mg/L　　　　　　B. 250mg/L　　　　　　C. 300mg/L　　　　　　D. 150mg/L

④ ［单选题］在白葡萄酒中，为了增加 1% 体积的酒精含量，每升需添加（　　）g 的蔗糖，而在红葡萄酒中，每升需加入（　　）g 的蔗糖。

A. 18，17　　　　　　B. 17，17　　　　　　C. 17，18　　　　　　D. 18，18

⑤ ［多选题］下列属于化学降酸法中常用的降酸剂的是（　　）。

A. 酒石酸钾　　　　　　B. 碳酸钙　　　　　　C. 碳酸氢钾　　　　　　D. 二氧化硫

⑥ ［多选题］危害果实并引起严重后果的真菌病害有（　　）。

A. 灰霉病　　　　　　B. 白腐病　　　　　　C. 黑腐病　　　　　　D. 白粉病

⑦ ［判断题］葡萄汁可以盛装在铁、铜等容器中。（　　）

⑧ ［判断题］立式除梗破碎机不适合用于酿造优质葡萄酒，因为它将葡萄组织粉碎得过细，导致葡萄醪中含有大量的空气，葡萄醪被氧化。（　　）

思考题

① 葡萄分选的目的和要求是什么？

② 根据你在葡萄分选时的经验，说说分选的操作要点。

③ 葡萄除梗破碎的目的是什么？

④ 根据你在葡萄破碎操作时的体会，说说葡萄破碎的要求。

⑤ 现在如果要求你取得高质量的自流葡萄汁，那么操作上要注意哪些方面？

⑥ 气囊式压榨机的原理是什么？连续压榨的缺点有哪些？

⑦ 葡萄汁与葡萄醪的处理包括哪些方面？主要目的是什么？

⑧ 使用果胶酶的主要优点和注意事项有哪些？

⑨ 查阅资料，分析一下葡萄浆果成熟有哪些不同阶段及各阶段的糖酸是怎样变化的。

⑩ 调整酸度的作用有哪些？调整范围如何控制？

⑪ 什么是生物降酸？

⑫ 病害葡萄原料如何处理？

项目二　答案

项目三

菌种制备

职业岗位: 菌种制备技术员

岗位要求: ① 能进行葡萄酒酵母的选育、培养及酒母制备的操作和相关技术指导；

② 会编制菌种制备的相关技术方案。

发酵原理
第 1 次课

发酵原理
第 2 次课

3.1　基础知识

3.1.1　葡萄酒酵母

酵母菌广泛存在于自然界中，特别喜欢聚集于植物的分泌液中，在成熟的葡萄上附着有大量的酵母细胞。在利用自然发酵酿造葡萄酒时，这部分附着在葡萄上的酵母在酿酒过程中起主要的发酵作用。目前，从葡萄、葡萄酒中分离出的酵母，分布于 25 个属约 150 个种内。人们将葡萄汁中分离出来的酵母菌分为如下三类。

① 在发酵过程中起主要发酵作用的酵母，这类酵母发酵力强，耐酒精性好，产酒精能力强，生成有益的副产物多，习惯上称为葡萄酒酵母。

② 在成熟葡萄上或葡萄汁中数量较多，但发酵能力弱的酵母，这类酵母的数量与第一类酵母的数量比可以高达 1000∶1，假丝酵母、克勒酵母、梅氏酵母和圆酵母等都属于此类酵母。

③ 产膜酵母。产膜酵母是一种好氧酵母菌，当发酵容器未灌满葡萄汁时，产膜酵母便会在葡萄汁液面上生长繁殖，使葡萄酒变质。因此，在生产上这类酵母可认为是葡萄酒酿造中的不良酵母菌。

在现代葡萄酒的生产过程中，越来越广泛地采用纯粹培养的优良酿酒酵母代替野生酵母发酵。优良的葡萄酒酵母应满足以下几个基本条件。

① 具有很强的发酵能力和适宜的发酵速度，耐酒精性好，产酒精能力强。

② 抗二氧化硫能力强。

③ 发酵度高，能满足干葡萄酒生产的要求。

④ 能协助产生良好的果香和酒香，并能协助产生悦人的滋味。

⑤ 生长、繁殖速度快，不易变异，凝聚性好。

⑥ 不产生或极少产生有损葡萄酒质量的副产物。

⑦ 发酵温度范围宽，低温发酵能力好。

3.1.1.1　葡萄酒酵母的来源

葡萄酒酿造需要的酵母菌主要来源于三个方面：一是成熟葡萄皮和果梗上附着的野生酵母菌在压榨时被带入到葡萄汁里；二是添加纯粹培养的葡萄酒酵母到葡萄汁中；三是发酵设备、场地和环境中的酵母，在葡萄汁生产和发酵过程中混入。

据研究，成熟的葡萄皮上每 $1cm^2$ 约有 5 万个酵母细胞。在葡萄收获的季节，黄蜂和果蝇是酵母菌传播的重要媒介。昆虫吸吮果汁时，在虫嘴、脚及肢体上残留的果汁，恰好给酵母菌提供了良好的繁殖条件。这些"携带有酵母菌"的昆虫由破损的葡萄上爬到没有破损的葡萄上，酵母菌侵染的范围也随之扩大。当黄蜂在葡萄上钻孔时，酵母菌便会从小孔钻入果实内部，致使有些葡萄还在葡萄架上就已开始发酵了。常年栽培葡萄的地区，酵母年年增长，逐渐适应了果园气候与葡萄特性，起到了天然筛选作用。新辟葡萄园或栽种少量葡萄的地区，土壤中酵母数量少，质量差，采用天然发酵时，效果不佳。

葡萄破碎和压榨过程中，果皮和果梗不断与葡萄汁相互接触，附着的酵母菌也随之落入葡萄汁中。在发酵过程中，酵母菌吸收葡萄汁中的各种营养物质，不断增殖，并开始发酵。当酵母菌增殖到一定程度时，葡萄汁中的溶解氧消耗殆尽，酵母菌的繁殖基本停止，发酵作用占据重要地位。一些发酵能力弱的酵母菌由于其耐酒精性差随着酒精浓度的不断增加而死亡，发酵能力强的葡萄酒酵母的比例相应不断增加，到发酵结束时已占绝对优势；葡萄汁内的柠檬形酵母对亚硫酸十分敏感，添加亚硫酸后几乎被消灭殆尽。

另外，葡萄酒酿造设备也是酵母菌繁殖的场所，发酵桶、盛酒容器以及管路都有大量酵母菌存在。当然，这部分酵母菌的存在对葡萄酒酿造所起的作用不大。

3.1.1.2 葡萄酒酵母的形态

葡萄酒酵母与啤酒酵母在细胞形态和发酵能力上有差别，生物学上将葡萄酒酵母称为啤酒酵母葡萄酒酵母变种。葡萄酒酵母在葡萄汁中会产生葡萄香或葡萄酒香，即使在麦芽汁中也会产生以上香气。在含糖的溶液中繁殖，液体先呈现薄雾状，继而形成灰白色沉淀。葡萄酒酵母能分泌转化酶，可发酵蔗糖；葡萄酒酵母可用于葡萄酒、果酒、醋和酒精等的生产。

葡萄酒酵母为单细胞真核生物，细胞形态呈圆形、椭圆形、卵形、圆柱形或柠檬形。由于生长阶段、环境的不同，细胞大小会有较大差异。直接参与葡萄酒发酵的酵母通常为$7\mu m \times 12\mu m$。发酵葡萄浆时，葡萄酒酵母以多端出芽的无性繁殖为主。

葡萄酒酵母在葡萄汁固体培养基上，菌落呈乳白色，不透明，但有光泽，菌落表面光滑、湿润，边缘较整齐。随着葡萄酒酵母培养时间的延长，菌落光泽逐渐变暗。菌落一般较厚，容易被接种针挑起。

葡萄酒酵母细胞在对数生长期呈淡黄色，进入发酵旺盛期后呈黄色或褐色，细胞体积开始逐渐缩小，死细胞的细胞壁常会弯曲萎缩，形成一些不规则的小球体。

3.1.1.3 葡萄酒酵母的选育和纯培养

在自然条件下，葡萄汁中发酵能力强的葡萄酒酵母只占少数，这样就使得发酵周期延长，发酵过程也不易控制。为加快发酵速度，保证葡萄酒的质量和风味，需要从野生酵母中选育出优良的葡萄酒酵母菌株，经纯粹培养后接入葡萄汁中进行发酵。

（1）葡萄酒酵母的选育

从葡萄园土壤、发酵场地与设备、葡萄汁和自然发酵的酒醪中采样，以葡萄汁琼脂培养基为筛选培养基筛选酵母菌。对筛选出的数株葡萄酒酵母进行理化分析测定，测定内容包括：发酵力与酒精得率、热死温度、对乙醇和二氧化硫的抵抗能力等。经过分析比较，最后选出优良的葡萄酒酵母菌株。

（2）葡萄酒酵母的纯培养

葡萄酒酵母的纯培养采用平板划线分离法。取1mL发酵液用无菌水稀释，在无菌条件下，用接种针挑取适当稀释的菌液，在培养皿中划线接种，然后倒置，在25℃左右的温度下培养，3～4d后出现白色菌落，再移植到无菌葡萄汁中培养。选取呈葡萄酒酵母形态、繁殖速度快的数株酵母，进行一系列鉴定工作后，可能获得较为理想的纯粹葡萄酒酵母菌种。

3.1.1.4 酵母扩大培养和天然酒母的制备

（1）扩大培养流程

葡萄酒酵母纯培养一般在葡萄酒发酵开始10～15d进行。由菌种活化到生产酵母，需经过数次扩大培养，其工艺流程如下：原种→麦芽汁斜面试管菌种→液体试管菌种→锥形瓶菌种→大玻璃瓶（卡氏罐）菌种→酒母罐菌种。

（2）酵母扩大培养过程

① 液体试管培养　采选熟透的好葡萄数穗，制得新鲜的葡萄汁，装入数支灭过菌的试管，装入量为试管的1/4。在58.8kPa的蒸汽压力下，灭菌20min，冷至28℃左右，接入葡萄酒酵母菌，在25～28℃温度下培养1～2d，发酵旺盛时转入锥形瓶培养。

② 锥形瓶培养　在500mL的锥形瓶中加入100mL葡萄汁，在58.8kPa压力下灭菌，于25～28℃接入250mL液体试管酵母液，培养1～2d。

③ 大玻璃瓶培养　取10L左右的大玻璃瓶，用150mg/L的二氧化硫杀菌后，装入6L葡萄汁，用58.8kPa的蒸汽灭菌（加热或冷却时要缓慢，否则玻璃瓶易破碎），冷却至室温，接入7%的锥形瓶菌种，于20℃左右培养2～3d。

④ 酒母罐培养　在葡萄汁杀菌罐中，通入蒸汽加热到葡萄汁温度为70～75℃，保持20min后，在夹套中通冷却水使其降到25℃以下，将葡萄汁打入已空罐杀菌后的酒母培养罐中，加入二氧化硫80～100mg/L，用亚硫酸或偏重亚硫酸的钾盐对酵母菌进行亚硫酸驯养。接入2%的大玻璃瓶菌种，通入适量无菌空气，培养2～3d，当发酵达到旺盛时，葡萄酒酵母扩大培养即告结束，此时可接入到生产葡萄汁中。

（3）扩大培养条件

扩大培养条件见表1-3。

表1-3　葡萄酒酵母扩大培养条件

扩培过程 项目	液体试管	液体锥形瓶	卡氏罐	酒母培养罐
容器容量	20mL	500mL	10L	200～300L
葡萄汁装量	10mL	250mL	6L	160～200L
葡萄汁浓度/°Bx	≥16	≥16	≥16	≥16
杀菌条件	0.06MPa，20min	0.06MPa，20min	0.06MPa，20min	70～75℃，20min
添加SO$_2$	—	—	冷却后加80mg/L	冷却后加80～100mg/L
培养温度/℃	25～28	25～28	20	18～20
培养时间/d	1～2	1～2	2～3	2～3
通入空气	定时摇动	定时摇动	定时摇动	通空气或搅拌
扩大倍数	—	12.5	12	14～25

3.1.1.5　酒母用量

酒母的加量与采用的发酵方法有直接关系，绝对纯粹发酵的酒母用量较相对纯粹发酵高。一般在初榨期，绝对纯粹发酵的酒母用量为2%～4%，若葡萄已破裂、长霉或有病害，则接种量要加大；相对纯粹发酵酒母用量为1%～3%。经过几批发酵以后，发酵容器上附着有大量的葡萄酒酵母，酒母用量可减到1%。添加酒母必须在葡萄汁加二氧化硫后4～8h，以避免游离二氧化硫影响酒母正常的发酵作用。

目前，仍然有不少厂家采用自然发酵工艺来生产葡萄酒。取完全成熟的清洁优质葡萄，加0.05%二氧化硫或0.12%酸性亚硫酸钾，混合均匀后，置于温暖处，任其自然发酵。经过一段时间发酵，当酒精含量达到10%时，即可用作酒母。若酒精含量低于10%，则发酵力弱的柠檬形酵母占多数。只有当酒精含量达到10%时，发酵力强的葡萄酒酵母才能占到绝对优势，此时其他发酵力弱、耐酒精性差的酵母菌大多失去活力，得到的天然酒母可以看成是葡萄酒酵母的扩大培养液。在葡萄酒的生产过程中，也可以接入一部分处于旺盛期的发酵液代替酒母，省掉天然酒母的培养过程。

3.1.2 葡萄酒发酵机理

3.1.2.1 酒精发酵机制

酵母菌的酒精发酵过程为厌氧发酵，所以葡萄酒的发酵要在密闭无氧的条件下进行。如果有空气存在，酵母菌就不能完全进行酒精发酵作用，部分会进行呼吸作用，把糖转化为二氧化碳和水，使酒精产量减少。这种现象首先被法国生物学家巴斯德发现，称为巴斯德效应。酒精发酵可以分成如下四个阶段。

① 葡萄糖磷酸化生成活泼的 1,6- 二磷酸果糖。

② 1 分子 1,6- 二磷酸果糖分解为 2 分子磷酸丙糖。

③ 3- 磷酸甘油醛转变成丙酮酸。

④ 丙酮酸脱羧生成乙醛，乙醛在乙醇脱氢酶的催化下，还原成乙醇。

葡萄糖发酵生成乙醇的总反应式为：

$$C_6H_{12}O_6+2ADP+2H_3PO_4 \longrightarrow 2CH_3CH_2OH+2CO_2+2ATP$$

3.1.2.2 副产物的形成

在葡萄酒的酿造过程中，除酒精和 CO_2 外，还有一些微量物质。这些微量物质对葡萄酒的质量和风味起着决定性的作用，习惯上把它们统称为葡萄酒发酵副产物。这些副产物按代谢途径可分为初级副产物和次生副产物。

① 初级副产物 初级副产物即指酒精发酵过程中积累的中间产物，或者是由简单的生物化学反应（如氧化还原反应）生成的副产物，如乙醛、丙酮酸、乙酸乙酯等。三羧酸循环过程的中间产物，如柠檬酸、延胡索酸、苹果酸等也包括在初级副产物中。

② 次生副产物 次生副产物为经次级代谢过程形成的物质，如高级醇、高级脂肪酸等。还包括其他来源产生的物质，如葡萄汁中含有的果胶类物质的分解物等。

葡萄酒发酵过程中形成的副产物很多，这里只介绍最主要的一些副产物。

（1）甘油

甘油是一种三元醇。纯甘油无色、无臭，味微甜，是一种黏稠的液体，对葡萄酒的酒体和风味形成具有重要作用。研究表明，甘油是决定葡萄酒质量的重要成分之一，适量甘油的存在能改善葡萄酒的质量，能形成良好的口感和增加酒的醇厚感。甘油在较高浓度时呈甜味，并可增加酒的黏度。因此，甘油是一种很重要的葡萄酒内容物。

甘油是由磷酸二羟基丙酮酸转化而来的。甘油的生成量随着发酵葡萄汁中糖含量的增加而增加；发酵醪中甘油与酒精的比例，随着葡萄汁中糖浓度的增加而增加；另外，染有葡萄孢霉的葡萄酒，由于在发酵过程中受杂菌影响产酒精量略低，其甘油含量较一般葡萄酒含量高。因此，精制葡萄酒中的甘油有两个主要来源：一是酵母发酵过程中产生的甘油；二是葡萄孢霉代谢产生的甘油。

（2）有机酸

葡萄酒在发酵过程中还会产生许多有机酸，重要的有醋酸、乳酸、琥珀酸、苹果酸、酒石酸和柠檬酸等。

① 乳酸 乳酸是由糖酵解过程中的中间产物加氢生成的，主要是由丙酮酸加氢形成的。酵母正常发酵时产生的乳酸量比较少，为 $100 \sim 200mg/L$，其中大部分是 D- 乳酸，另有一小部分是 L- 乳酸。乳酸在葡萄酒的外加酸中，是添加效果最好的单一酸。等量的乳酸和柠

檬酸是混合酸中添加效果最好的。

②醋酸　醋酸是葡萄酒中含量较高的一种有机酸，由乙醛脱氢酶将乙醛直接氧化而成。醋酸有一定的酸味，含量高时，具有不利的感官效应。醋酸的产生往往与醋酸菌的污染有关。酵母菌繁殖和开始发酵时，葡萄汁中含有一定量的溶解氧，也会产生一些醋酸。美国法规对于葡萄酒中醋酸的限量为：白葡萄酒 1.2g/L，红葡萄酒 1.4g/L。

③柠檬酸　葡萄酒中柠檬酸的含量大约为 0.5g/L。葡萄酒中的柠檬酸只有一部分是由酵母菌代谢产生的，柠檬酸也是三羧酸循环中的一个有机酸，属于糖代谢的中间产物，还有相当一部分柠檬酸来自葡萄汁中。

葡萄酒中还含有较多琥珀酸、苹果酸和酒石酸，同柠檬酸一样也是来自三羧酸循环和葡萄汁中。但这些有机酸在葡萄酒酿造中作用不大。

（3）高级醇

在发酵生产中，高级醇习惯上称为杂醇油，主要成分为异戊醇、活性戊醇、异丁醇和正丙醇等。高级醇在酒精生产中被看作杂质，而在酒的生产中它是不可替代的风味物质。高级醇可以是氨基酸代谢的副产物，也可以利用合成相应氨基酸的糖代谢途径产生。通过发酵生产的葡萄酒中，高级醇主要是由葡萄汁中的糖代谢产生的，如3-甲基丁醇以及很有代表性的异丁醇，就是由发酵的中间产物丙酮酸或乙醛生成的。由于高级醇主要是由糖代谢生成的，一般葡萄汁的质量越好，其含糖量越高，高级醇的浓度就越高。

在葡萄酒中数量很少的己醇，是由不饱和的长链脂肪酸亚油酸和亚麻酸分解生成的，小部分是由酵母菌代谢生成的。己醇有木头味和青草气味。

（4）甲醇

甲醇是一种一元醇，主要在酶分解果胶类物质时产生。在发酵过程中，果胶被果胶甲基酯酶分解，释放出甲醇。红葡萄酒生产中，皮渣与果汁接触时间长，果胶溶出多，因此红葡萄酒中甲醇含量一般都高于白葡萄酒。一些特种白葡萄酒也由于浸泡或浸渍香料或药材，而使酒中甲醇含量增加。在通常情况下，微量的甲醇不会对人的健康造成不良影响，而对酒的风味有所帮助。

（5）酯

酯主要是在发酵或陈酿过程中由有机酸和乙醇形成的，如乙酸和乙醇形成乙酸乙酯。

$$CH_3COOH+CH_3CH_2OH \longrightarrow CH_3COOCH_2CH_3+H_2O$$

在酸和醇化合形成酯的过程中，有些有机酸比较容易与乙醇化合形成酯，有些比较困难。葡萄酒中各种有机酸的酯化都是单独进行的，各有其特性，对改良葡萄酒的风味质量也有不同的效果。一般来讲，乳酸与乙醇形成乳酸乙酯的速度比较快，而一些相对分子质量大的有机酸形成酯的速度则较慢。

葡萄酒中的酯可分为两类：中性酯和酸性酯。中性酯大部分是由生化反应生成的，如由酒石酸、苹果酸和柠檬酸所生成的中性酯。1mol 的酒石酸和 2mol 的乙醇通过化学反应可以生成酒石酸乙酯。

$$2CH_3CH_2OH+HOOC(CHOH)_2COOH \longrightarrow$$
$$CH_3CH_2OOC(CHOH)_2COOCH_2CH_3+2H_2O$$

酸性酯多是在陈酿过程中，由醇和酸直接化合而生成的，例如乙醇与酒石酸在陈酿中直接化合生成酸性酒石酸乙酯。

$$HOOC(CHOH)_2COOH+CH_3CH_2OH \longrightarrow HOOC(CHOH)_2COOCH_2CH_3+H_2O$$

通常葡萄酒中所含有的中性酯和酸性酯约各占 1/2。葡萄酒中酯的含量除了受葡萄汁的质量与酿造工艺的影响外，葡萄酒的贮存期也是重要的影响因素。新葡萄酒一般酯含量为 176～264mg/L，陈年老酒的酯含量可达 792～880mg/L。酯在葡萄酒贮存的前两年生成最快，以后速度逐渐变慢。酯属于芳香物质，在葡萄酒中所占比例虽然不高，但对酒的口味、质量有明显的影响，通常葡萄酒的酯含量高，酒的口感好，酒质也高。

(6) 醛和酮

许多羰基化合物和酯类一样，对葡萄酒的气味和口味有显著影响。游离的醛和酮都可看作芳香物质。醛类中最重要的是乙醛。乙醛是发酵生成酒精的中间产物，发酵旺盛期的葡萄发酵醪中乙醛的含量是最高的，以后随着发酵和贮存时间的延长，乙醛浓度逐渐降低。当乙醛浓度超过阈值时，会使葡萄酒出现氧化味；当乙醛浓度略低于阈值时，则可以增进葡萄酒的香气。以前，人们认为陈葡萄酒的氧化味与乙醛有关，经过大量实验表明，葡萄酒的氧化味主要是由其他氧化物引起的。葡萄酒中还可以检测出其他的醛、酮类物质，如异丁醛、正丙醛、正丁醛、异戊醛、己醛以及丙酮等。

3.1.3　影响酵母菌繁殖和发酵的因素

葡萄酒的酿造是依赖于葡萄酒酵母的发酵作用进行的。与一切生物一样，酵母的生长、代谢也受周围环境的影响。在葡萄酒的酿造过程中，发酵温度、发酵醪酸度、渗透压、二氧化硫浓度、压力、酒精浓度等因素都能够直接影响发酵进行的程度和成品葡萄酒的质量。充分了解各种因素对葡萄酒发酵的影响，是掌握和控制最适当的葡萄酒酿造条件、生产优质葡萄酒的基础。

3.1.3.1　温度

葡萄酒酵母繁殖和发酵的适宜温度为 26～28℃，不论发酵温度高于或低于此温度，都会妨碍酵母菌的正常代谢活动。

(1) 高温发酵

当发酵温度不超过 34～35℃时，葡萄酒的发酵速度随温度的升高而加快，发酵周期缩短，酵母活力高，发酵彻底，最终生成的酒精浓度高；超过这个温度范围，酵母菌的繁殖能力和代谢持久力就受到影响；当温度达到 37～39℃时，酵母菌的活力已明显减弱；温度达到或超过 40℃时，酵母菌停止发芽。

葡萄酒生产中，如发酵温度过高，酵母的代谢作用就会受到很大影响，甚至引起发酵中断，使发酵失败，这主要是由于在高温下，酒精抑制代谢活动的强度剧增使酵母菌窒息。另外，高温时酿成的酒风味差、口感不佳、稳定性不好。因此，在葡萄酒生产尤其是优质葡萄酒的生产过程中，不能采用过高的发酵温度。

(2) 低温发酵

现代化的葡萄酒厂大多将葡萄汁的发酵温度保持在 20～22℃以下，一般不会超过 25℃。在这样的发酵温度下，接入纯粹培养的酵母菌，酵母菌适应新环境的时间短，发酵速度较快，发酵进行得比较彻底；同时，低温有利于水果香酯的形成和保留，如 15℃有利于辛酸乙酯和癸酸乙酯的生成，20℃有利于乙酸苯乙酯的生成；低温还利于色素的溶解，能减少葡萄酒的氧化。在葡萄酒的发酵过程中，为了使生产的葡萄酒获得良好的风味，常采用 6～10℃或 10～15℃的低温进行发酵。低温发酵的葡萄酒具有以下一些特点。

① 新酒口味纯正　醋酸菌、乳酸菌和野生酵母均喜欢高温，在低温下其繁殖速度慢，代谢速度显著减缓。

② 酒精含量较高　在低温下酵母活力保持持久，发酵速度适宜，酵母菌呼吸和合成细胞

内容物消耗的可发酵性糖也较少，而且低温时酒精也不易挥发。

③ 二氧化碳含量高　在低温下二氧化碳的溶解度高，且易溶于葡萄酒中，使得新葡萄酒中的二氧化碳含量较多，从而使葡萄酒清爽适口，老化速度减慢。

④ 低温利于酯类物质的形成　低温酿制的葡萄酒口味丰满，芳香浓郁。

⑤ 低温下微生物活动少　便于分离酒石，使葡萄酒澄清。

总之，葡萄汁低温发酵，能够酿造出优雅、果香浓郁的优质葡萄酒，并含有较多的二氧化碳。用酸含量少的果汁酿制果酒，也应选择较低的发酵温度。

3.1.3.2　pH

发酵醪的 pH 或真正酸度，对各种微生物的繁殖和代谢活动都有不同的影响，pH 也影响各种酶的活力。由于酵母菌比细菌的耐酸性强，为了保证葡萄酒发酵的正常进行，保持酵母菌在数量上的绝对优势，葡萄酒发酵时，最好把 pH 控制在 3.3 ～ 3.5，在这个酸度条件下，SO_2 的杀菌能力强，杂菌的代谢活动受到了抑制，而葡萄酒酵母能够正常发酵，也有利于甘油和高级醇的形成。当 pH 为 3.0 或更低时，酵母菌的代谢活动也会受到一定程度的抑制，发酵速度减慢，并会引起酯的降解。

一般发酵要求葡萄汁酸度为 4 ～ 5g/L（以硫酸计），炎热地区生产的葡萄汁常常糖度高而酸度不足（pH > 3.5，酸度 < 4g/L），需进行调酸处理，使其达到发酵所需的酸度。

3.1.3.3　糖和渗透压

葡萄糖和果糖是酵母的主要碳源和能源，酵母利用葡萄糖的速度比果糖快。蔗糖先被位于细胞膜和细胞壁之间的转化酶在膜外水解成葡萄糖和果糖，然后再进入细胞，参与代谢活动。当没有糖存在时，酵母菌的生长和繁殖几乎停止；糖浓度适宜时，酵母菌的繁殖和代谢速度都较快；当糖浓度继续增加时，酵母菌的繁殖和代谢速度会变慢。

葡萄汁中的糖浓度在 1% ～ 2% 时，酵母菌的发酵速度最快；在正常情况下，葡萄汁中的糖浓度为 16% 左右时，可以得到最大的酒精收得率；当葡萄汁的糖浓度超过 25% 时，葡萄汁的酒精收得率则明显下降。糖浓度高时影响发酵的正常进行，主要是由于葡萄汁渗透压的增大引起的。糖浓度为 25% 的蔗糖溶液里，酵母菌的渗透压为 2300kPa；而糖浓度为 25% 的葡萄糖溶液里，酵母菌的渗透压为 5800kPa。这就是说，酵母菌渗透压的大小取决于溶液里溶解的溶质分子数。随着溶液中糖浓度的增加，发酵逐渐受到抑制。

有些甜葡萄酒中酒精含量达 16% ～ 18%，为了达到这样高的酒精含量，葡萄汁需要有很高的糖度，更需要筛选出能够耐高糖度、高酒精度的菌种。在糖浓度为 50% 的情况下，虽然发酵速度和最终酒精浓度低，但依然可以发酵。当使用葡萄汁进行自然发酵时，耐渗透压的酵母菌起着引导发酵的作用。耐高渗透压酵母菌的发酵力较一般葡萄酒酵母的发酵力弱得多，发酵所需时间也长得多。

当生产含酒精浓度高的甜葡萄酒时，为了缩短发酵时间，可采取分若干次向葡萄汁中加糖的方法，使葡萄汁保持较低的糖度和渗透压，发酵速度快。若糖一次全部加入，则发酵开始酵母菌就在高渗透压下，生长和代谢活动受到阻碍，发酵就需要漫长的时间。

3.1.3.4　二氧化碳及压力

CO_2 为正常发酵副产物，每 1g 葡萄糖约产 260mL CO_2，发酵期间 CO_2 的溢出带走约 20% 的热量。挥发性物质也随 CO_2 一起释出，乙醇的挥发损失为其产量的 1% ～ 2%，芳香物质损失 25%，损失量与葡萄品种和发酵温度有关。发酵产生的 CO_2 大部分逸到空气中，只有很少量溶解于葡萄汁内，与水反应生成碳酸。碳酸在水中电离度很小，属于弱酸。CO_2 是酵母糖代谢的终产物之一，它对酵母菌的代谢活动有明显的影响。当 CO_2 达到一定浓度时，就会产生反馈抑制，影响发酵的正常进行，使发酵速度减慢。如果及时排出产生的 CO_2，保

持较低的 CO_2 浓度，就会使发酵速度加快。CO_2 对酵母菌繁殖以及葡萄酒发酵的影响，可归纳为以下几点。

① CO_2 含量达到 15g/L（相当于 720kPa）时，所有酵母菌的繁殖都会停止，但酵母菌仍然可以进行缓慢的发酵活动。

② 当 CO_2 压力为 1400kPa 时，酒精的生成即告结束。当 CO_2 压力为 3000kPa 时，酵母菌就会死亡。

在葡萄酒生产过程中，可以利用 CO_2 对酵母菌发酵的抑制作用来调节发酵进行的速度。例如，当使用发酵罐生产时，在发酵初期，关闭排气阀，罐内二氧化碳压力不断升高，抑制了酵母菌的繁殖，而此时的 CO_2 对酵母菌的代谢活动抑制很弱，发酵过程进行迅速，糖的损耗降低，单位糖产酒精多。这种生产方法，较适合于半干葡萄酒或甜葡萄酒的生产。德国、南非、澳大利亚等国就采用加压发酵生产半干葡萄酒。

3.1.3.5　单宁

葡萄汁里含有一定量的单宁，单宁的量因葡萄成熟程度、葡萄品种和加工方法等不同有较大差异。单宁能使蛋白质凝固沉淀和变性。葡萄酒酵母耐单宁的能力很强，据测定，加入单宁量超过 4g/L 时，发酵才开始受阻；达到 10g/L 时，酵母菌的发酵作用被严重抑制，酵母菌迅速死亡。这是由于过多的单宁在发酵过程中吸附在酵母细胞的表面，妨碍原生质的正常代谢，阻碍细胞膜透析的顺利进行，使发酵作用和酶的作用停止。

多羟基酚和单宁在葡萄酒发酵过程中不断减少，多羟基酚部分被酵母细胞吸收。红葡萄酒中的花色素为多羟基酚葡萄糖苷，即花色素苷。各种酵母菌对花色素苷都有不同程度的分解，将酚类物质的糖苷释放出来为酵母菌吸收，或在葡萄汁内继续进行变化。在有色葡萄及红葡萄的压榨醪中，单宁以及色素类物质含量高时，会使发酵作用迟缓以致发酵进行不完全。这种现象常出现在葡萄酒主发酵过程即将完毕的时候，通过捣池、醪液循环或换桶、通氧等措施，可使酵母恢复发酵活力，使发酵得以继续进行。

3.1.3.6　氮

酵母菌只能利用化合态氮，不能利用空气中的氮气。在葡萄汁和其他果汁内，氮主要以氨基酸或蛋白质的形式存在。不同的果汁中各种氨基酸的比例也不尽相同。例如葡萄汁中的精氨酸含量比较高，梨汁中含量较高的则是脯氨酸。

发酵过程中大部分的氨基酸和其他可溶性含氮化合物（如维生素）被酵母菌吸收，还有一部分蛋白质则被酵母菌分解掉。

一般来讲，葡萄汁中的含氮物质，可以满足酵母菌的生长、繁殖和积累各种酶的需要。而有些果汁中，由于含氮物质过低，不能满足酵母生长、繁殖的需要，如草莓汁、苹果汁和梨汁等含氮量较少。因此，以苹果汁和梨汁等为原料生产果酒时，发酵比较困难，尤其是梨汁，所含的氮大部分是酵母菌难以利用的脯氨酸，如果不添加含氮类物质，这些果汁的天然含氮量只能勉强使少数可发酵性糖发酵，产生 5% ～ 6% 的酒精。若要把这类果汁酿造成酒精含量 13% 左右的甜酒，必须要经过二次发酵，当然还必须添加一部分氮，以繁殖足够量的酵母菌和产生足够的酶。在果酒酿造过程中，允许添加磷酸铵、硫酸铵和氯化铵等无机氮源，加入量不超过 40g/L。

3.1.3.7　酒精

一般发酵产物对催化反应的酶活力都有阻碍作用，酒精对酵母菌发酵过程也存在抑制。酒精对酵母菌发酵的阻碍作用，因菌株、酵母状态及温度而异。葡萄酒酵母对酒精有一定的耐受力。虽然多数葡萄酒酵母都可发酵产生 13% ～ 15% 以上的酒精，但影响葡萄酒酵母繁殖的酒精临界浓度只有 2%。酒精浓度在 6% ～ 8% 时，能够使酵母菌芽殖全部受到抑制。随着发酵液中酒精含量的不断增加，酵母菌的发酵作用逐渐减弱，并趋于停止。含糖多的葡萄汁在适宜的条件下经过完全发酵，产生的酒精含量高达 17% ～ 18%。

酒精对发酵活动的抑制作用与酵母菌的生长状态有很大的关系，酵母越健壮，酒精对酵母菌的抑制能力越低。酒精抑制酵母菌活性的能力随着发酵温度的提高而得以加强。

发酵过程中，酒精的积累对酚类物质的浸出有重要意义。红葡萄酒典型的滋味与颜色就是酒精浸提出黄酮和花色素苷的结果。加入 SO_2 使得酒精的浸提作用明显加强。

3.1.3.8 二氧化硫

只有游离 SO_2 才具有杀菌作用，葡萄汁 pH 低，SO_2 杀菌活性高。一般溶液中 SO_2 的浓度与亚硫酸的浓度成正比。葡萄酒酵母对其不敏感，处于旺盛生长期的酵母甚至比休眠细胞更耐 SO_2。葡萄汁内 SO_2 过多时，会延迟开始发酵的时间。加入 SO_2 的葡萄汁虽然使发酵延缓进行，但发酵强度和终了的发酵度并没有受到影响。SO_2 在发酵过程中对酵母菌及其代谢没有什么损害，只是在开始发酵时起作用。原因是 SO_2 是一种强还原剂，在过量加入 SO_2 的葡萄汁中，蛋白质中的二硫键被亚硫酸还原成巯基（—SH）。蛋白质中二硫键的溶解，引起其分子的巨大变化。SO_2 的这种还原作用，可以作用于任一蛋白质。因此，发酵初期酵母菌中酶的作用会受到抑制。

葡萄酒酵母一般都耐 SO_2，葡萄汁中的其他酵母则不耐 SO_2。例如柠檬形酵母对亚硫酸很敏感，适量的 SO_2 就可以使其活力受到很大的抑制。

3.1.4 苹果酸－乳酸发酵

3.1.4.1 苹果酸－乳酸发酵概述

（1）MLF 的简史和定义

苹果酸－乳酸发酵（MLF）就是在乳酸细菌的作用下将苹果酸分解为乳酸和 CO_2 的过程，可使酸涩、粗糙的酒变得柔软肥硕，从而提高酒的质量。

18 世纪 70 年代，巴斯德首先发现此发酵作用。1914 年，瑞士 Muller-Thurgau 等将此发酵作用定名为苹果酸－乳酸发酵。

现代葡萄酒学的研究得出现代葡萄酒酿造的基本原理——要获得优质的干红葡萄酒，首先应该使糖和苹果酸分别只被酵母菌和苹果酸－乳酸细菌（MLB）分解；其次应尽快完成这一分解过程；最后，当葡萄酒中不再含有糖和苹果酸（而且仅仅在这个时候）时，葡萄酒才算真正生成，应尽快除去微生物。

（2）MLF 对葡萄酒质量的影响

苹果酸－乳酸发酵对酒质的影响受乳酸菌发酵特性、生态条件、葡萄品种、葡萄酒类型以及工艺条件等多种因素的制约。如果苹果酸－乳酸发酵进行得纯正，对提高酒质有重要意义，但乳酸菌也可能引起葡萄酒病害，使之败坏。

① 对葡萄酒的作用

a. 降酸作用 在较寒冷地区，葡萄酒的总酸尤其是苹果酸的含量可能很高，苹果酸－乳酸发酵就成为理想的降酸方法。苹果酸－乳酸发酵是乳酸菌以 L- 苹果酸为底物，在苹果酸－乳酸酶催化下转变成 L- 乳酸和 CO_2 的过程。二元酸向一元酸的转化使葡萄酒总酸下降，酸涩感降低。酸降幅度取决于葡萄酒中苹果酸的含量及其与酒石酸的比例。通常，苹果酸－乳酸发酵可使总酸下降 1 ～ 3g/L。

b. 增加细菌学稳定性 苹果酸和酒石酸是葡萄酒中两大固定酸。与酒石酸相比，苹果酸为生理代谢活跃物质，易被微生物分解利用，在葡萄酒酿造学上，被认为是一种起关键作用的酸。通常的化学降酸只能除去酒石酸，较大幅度的化学降酸对葡萄酒口感的影响非常显著，甚至超过了总酸本身对葡萄酒质量的影响。而葡萄酒进行苹果酸－乳酸发酵可使苹果酸分解，苹果酸－乳酸发酵完成后，经过抑菌、除菌处理，葡萄酒细菌学稳定性增加，从而可以避免在贮存过程中和装瓶后可能发生的二次发酵。

c. 风味修饰　苹果酸－乳酸发酵另一个重要作用就是对葡萄酒风味的影响。例如乳酸菌能分解酒中的柠檬酸生成乙酸、双乙酰及其衍生物（乙偶姻、2,3－丁二醇）等风味物质。乳酸菌的代谢活动改变了葡萄酒中醛类、酯类、氨基酸、其他有机酸和维生素等微量成分的浓度及呈香物质的含量。这些物质的含量如果在阈值内，对酒的风味有修饰作用，并有利于葡萄酒风味复杂性的形成；但超过了阈值，就可能使葡萄酒产生泡菜味、奶油味、奶酪味、干果味等异味。其中，双乙酰对葡萄酒的风味影响很大，当其含量小于 4mg/L 时对风味有修饰作用，而高浓度的双乙酰则表现出明显的奶油味。苹果酸－乳酸发酵后有些脂肪酸和酯的含量也发生变化，其中乙酸乙酯和丁二酸二乙酯的含量增加。

d. 降低色度　在苹果酸－乳酸发酵过程中，由于葡萄酒总酸下降（$1 \sim 3g/L$），引起葡萄酒的 pH 上升（约 0.3 个单位），这导致葡萄酒的色密度由紫红向蓝色色调转变。此外，乳酸菌利用了与 SO_2 结合的物质（α- 酮戊二酸、丙酮酸等酮酸），释放出游离 SO_2，后者与花色素苷结合，也能降低酒的色密度，在有些情况下苹果酸－乳酸发酵后，色密度能下降30%左右。因此，苹果酸－乳酸发酵可以使葡萄酒的颜色变得老熟。

e. 细菌可能引起的葡萄酒病害　在含糖量很低的干红和一些干白葡萄酒中，苹果酸是最易被乳酸菌降解的物质，尤其是在 pH 较高（$pH3.5 \sim 3.8$）、温度较高（$> 16℃$）、SO_2 浓度过低或苹果酸－乳酸发酵完成后不立即采取终止措施时，几乎所有的乳酸菌都可变为病原菌，从而引起葡萄酒病害。根据底物来源可将乳酸菌病害分为：酒石酸发酵病（或泛浑病）；甘油发酵（可能生成丙烯醛）病（或苦败病）；葡萄酒中糖的乳酸发酵（或乳酸性酸败）。

② MLF 的影响因素

a. MLF 依赖于：良好的酵母发酵；MLB 的种类，MLF 后微生物群落的活动；MLF 的环境条件；酒厂的卫生，SO_2 的使用，过滤；可能与酵母代谢相互作用，接种时间影响风味。

b. MLF 适用的酒种：对于干红很重要；对于酒体丰满的霞多丽（木桶）、赛美容、灰比诺、缩味浓、沙斯拉干白，从 MLF 中获益匪浅；适于高酸果香型酒、起泡葡萄酒基酒。

MLF 逐渐成为改善酒体，使香气、风味物质平衡的必需程序，而且在严格工艺控制的条件下可以实现降酸至酿酒者需要的任意酸度，并得到良好的风味和口感。

3.1.4.2　苹果酸－乳酸发酵机理

（1）MLF 的机理

发酵一般是厌氧获得能量的反应，而 MLF 的能量来自少量糖的分解，MLF 的目的或许是改善自身的生存环境，目前还不清楚。

由苹果酸转化为乳酸，有 3 条可能的途径：苹果酸→草酰乙酸→丙酮酸→乳酸；苹果酸→丙酮酸→乳酸；苹果酸→乳酸。如果有丙酮酸环节，MLB 又具有两种脱氢酶，葡萄酒中就应该有 L 和 D 型两种乳酸，而实际上 MLF 只是将酒中 L- 苹果酸转化为 L- 乳酸，所以只能是第三条途径，将催化该反应的酶命名为苹果酸－乳酸酶（MLE）。

苹果酸－乳酸酶的性质：①为诱导酶，即只有当基质中含有苹果酸时，乳酸菌才能合成此酶，其活性需要 NAD^+ 为辅酶，故其具有与苹果酸脱氢酶和苹果酸酶相似的性质；②它只能将 L- 苹果酸转化为 L- 乳酸；③其分子量很大，为 230000 左右；④最佳活动 pH 值为 5.75，需要 Mn^{2+} 的激活；⑤L- 乳酸和其他有机酸都对 MLE 有抑制作用，更有研究表明，有机酸对细菌的抑制作用比对 MLE 更为强烈。

作用机理的假说：MLE 是多个蛋白酶构成的复合体，其中一部分像苹果酸酶一样催化

L-苹果酸转化为丙酮酸，另一部分则像 L-乳酸脱氢酶一样将丙酮酸转化为 L-乳酸，但是，丙酮酸和 NAD^+ 并不被复合体释放。

(2) 苹果酸-乳酸细菌（MLB）的种类和特性

① MLB 的种类　引起 MLF 的乳酸细菌分属于明串珠菌属、乳杆菌属、片球菌属和链球菌属。葡萄酒中的 MLB 多为异型乳酸发酵细菌。明串珠菌属的酒明串珠菌能耐较低的 pH、较高的 SO_2 和酒精，是 MLF 的主要启动者和完成者。后经深入研究发现，该种与同属的其他种在表型和遗传型上有明显差异，1995 年 Dicks 将其重新命名为酒球菌属、酒类酒球菌。

按照乳酸菌对糖代谢途径和产物种类的差异，将其分为同型和异型乳酸发酵细菌。异型乳酸发酵指葡萄糖经发酵后产生乳酸、乙醇（或乙酸）和 CO_2 等多种产物的发酵；同型乳酸发酵指产物中只有乳酸和 CO_2 的发酵。

② 影响 MLB 的因素

a. 影响 MLB 的因素之一。

(a) 酒精。2%～4% 轻微促进，12% 对一般乳酸菌的前期增长有强烈抑制作用。对酒精的耐受力：酒类酒球菌 12%，片球菌 14%，乳杆菌 15%，温度高、pH 低时耐力下降。

(b) SO_2。对 MLB 有强烈抑制作用。10～25mg/L 对 MLB 群体生长影响不大，大于 50mg/L 则明显推迟或不能进行 MLF。低 pH 同 SO_2 有协同作用。当总 SO_2 > 100mg/L 或结合 SO_2 > 50mg/L 或游离 SO_2 > 10mg/L 就可抑制 MLB 繁殖，使之不能达到 MLF 需要的菌数。当 MLF 结束，用 10～25mg/L SO_2 阻碍 MLB 的活动。

(c) pH。pH ≤ 3.0 几乎所有 MLB 受抑制；pH3～5 时，随 pH 升高，MLF 速度加快。一般乳酸菌最适 pH 为 4.8，低于 3.5，MLF 难发生。酒类酒球菌能耐低 pH。

(d) 温度。最适生长温度因菌种而异，< 10℃抑制生长，< 15℃生长缓慢，15～30℃随温度升高，MLF 加快，结束也早，温度高会带来一些缺陷，18～20℃最佳。致死温度 60℃（1～2min）。

(e) CO_2 和 O_2。CO_2 对 MLF 有促进作用。MLB 为兼性厌氧菌，生存需要低浓度的氧，太多的氧则受抑制。

(f) 品种。红葡萄中含有比白葡萄多的促进 MLB 生长的物质，红葡萄酒比白葡萄酒易发生 MLF。品种间也不同。

(g) 工艺。影响 MLB 数量、活性、营养物质的处理都影响 MLF，如果皮上有营养物质（浸渍强度），酵母自溶，冷、热处理，过滤、离心等。

(h) 发酵罐的大小、高度，使用木桶或钢罐也产生影响。

b. 影响 MLB 的因素之二。

(a) 抑菌剂。SO_2、山梨酸、多酚、氯霉素、溶菌酶、脂肪酸等都为抑菌剂。

(b) 其他微生物。酿酒酵母的某些菌株对生长有拮抗，污染了膜璞毕赤酵母、路德类酵母的葡萄酿造的酒对 MLB 生长有抑制，能分泌核苷酸等营养物质的某些酵母促进 MLB 生长，污染过灰葡萄孢和醋酸菌的葡萄酿造的酒能促进 MLB 生长。

(c) 菌种间相互影响，噬菌体能侵染 MLB，使 MLF 延缓或停止。

③ 乳酸菌的生长周期　在葡萄酒酿造过程中，MLB 的生长周期分为如下阶段。

a. 潜伏阶段。AF 过程，选择保留了最适应葡萄酒环境的 MLB 群体。

b. 繁殖阶段。AF 结束后，MLB 大量繁殖，群体数量达到最大值。分解苹果酸，几乎不生成醋酸。

c. 平衡阶段。群体数量几乎处于平衡稳定状态，条件适宜可持续很长时间。分解葡萄酒几乎其他所有的成分，造成挥发酸的升高，引起葡萄酒各种病害。

实验证明：苹果酸在繁殖阶段被分解；不管基质中是否有苹果酸，繁殖阶段生成的醋酸都很少；醋酸主要在平衡阶段生成，与基质的含糖量成正比。

因此，一旦苹果酸消失，应立即杀死或去掉 MLB。

（3）如何进行 MLF

全过程包括：酒样、菌种、接种（菌种活化、量、时间）、监控管理、判断终点、中止。

① 酒样　AF 前 $SO_2 \leq 70mg/L$，若 $\leq 50mg/L$ 更佳，AF 后不使用 SO_2，酒度 $\leq 12\%$，$S \leq 4g/L$，$pH \geq 3.2$，温度 $18 \sim 20℃$，密闭满罐，必要时带酒脚，加酵母菌皮（吸附脂肪酸）。

② 菌种　对环境的适应性（pH、温度、酒度、SO_2），抗噬菌体，不同菌系、不同菌类混合培养，酒质（色香味）。

③ 接种　以接种纯种 MLB 为好，也有自然促发 MLF 的（组胺高）。有少数菌种直接用于酒中，多数需预先水化复活，介质有水、汁－水、酒－水－汁，甚至可以扩培。

④ 接种量　接种后 MLB 群体数量达到 10^6 个/mL。接种量与 MLF 速度（可控性）有很大关系，与挥发酸有关，太小的接种量挥发酸含量高。

⑤ 接种时间　最好在 AF 后；若同时进行 AF 和 MLF，即在 AF 前接种 MLB，需要解决微生物间的拮抗和对底物的专一性（单一发酵性），而且某一发酵出现问题时，所采取的措施可能影响到另一发酵，需要强的抗 SO_2 能力。据报道有能用于葡萄汁或正在 AF 的葡萄醪的乳酸菌，效果好。

⑥ 监控管理　纸色谱、高效液相色谱法（HPLC）、酶法测 D－乳酸、观察气体的溢出、监测感官变化、监测挥发酸，很少数用镜检方法。

⑦ 终点判断　纸色谱苹果酸消失，有时不能灵敏地指示 MLF 是否完成，因琥珀酸和乳酸、柠檬酸和苹果酸的斑点很近，有时难以区分；苹果酸 $< 200mg/L$，D－乳酸 $> 200mg/L$，认为 MLF 结束。

⑧ 中止　立即分离转罐并使用 $20 \sim 50mg/LSO_2$ 处理。

（4）MLF 的新技术

固定 MLB 可使苹果酸转化率达 51.2% ～ 53.9%，也进行了固定 MLE 的工作，但操作要求较高，而前者效果不错，使得固定 MLE 的研究减少。1985 年转 MLE 基因酵母，只是表达差，一直 $< 20\%$；现在认为表达差的原因是缺少通透酶，裂殖酵母中有苹果酸通透酶，希望将 MLE 和通透酶基因都转到酵母中，以期解决表达差的问题。另外，研究者从各个葡萄酒产区分离、纯化、筛选乳酸菌，研究了我国的乳酸菌资源，利用其中活性好、发酵酒质好的菌株研制其干粉，进行了乳酸菌固定化技术的研究。

3.1.5　瓶装葡萄酒酵母菌检查

葡萄酒在瓶装时，必须认真考虑葡萄酒是否已经达到了除菌、灭菌的目的。为了准确达到这个目的，就要对瓶装的葡萄酒进行快速而可靠的检验。

3.1.5.1　格森海姆（Geisenheimer）检定法

将被检验的葡萄酒在无菌的条件下，接入与其等量的葡萄汁，以为酵母提供良好的繁殖条件，酵母开始快速繁殖和发酵。酵母繁殖的速度和发酵的强度用于衡量被检样品染菌的程度。

具体操作如下：取标准试管 3 支，分别注入 10mL 葡萄汁，并加棉塞封口，置于高压灭菌锅中灭菌；将吸管用纸包好，并在 160℃下灭菌，然后小心拔除葡萄酒瓶的软木塞，立即用火焰将瓶口附着的微生物灭除，再用无菌吸管从瓶底吸出 10mL 被检葡萄酒，移入已灭菌葡萄汁的试管内，每份样品做平行样 3 支。

若被检的样品活酵母较多，在 3 ～ 5d 内即可检定其发酵度；若酵母较少，发酵需要两倍于此的时间，由此可断定生产线是否处于受控状态，判断瓶装酒出厂后是否会发生浑浊等质量事故。

这个方法十分简便，不需要特别的仪器，对小型葡萄酒厂十分适用，这是其优点。缺点是只能检定出葡萄酒中是否存在酵母菌，无法进行定量分析。

3.1.5.2　薄膜过滤法

借助于不同孔径的过滤片（孔径一般为 2μm 以下），在无菌条件下过滤被检葡萄酒，分离出酵母及其他微生物，然后对滤片上的微生物进行生长培养，计算出现的菌落数，并进行其他各项必要的检查。

操作方法如下：将所有参与过滤的仪器、器皿进行彻底消毒，在无菌的条件下进行过滤等操作。在每次分析之前，将过滤器及过滤片置于高压锅内灭菌，用经火焰烧过的镊子取已灭菌的过滤片放入过滤器中。

被检瓶装酒在开启前，必须仔细用 75% 酒精擦拭瓶口，小心地拔除软木塞，勿使开瓶刀穿通软木塞。

开始时先将软木塞拔出 3/4，然后用手轻轻取下软木塞，瓶口在倒酒前先用火焰烧一下，再将葡萄酒一点一点地倒入过滤漏斗中。

过滤结束后，用火焰烧过的镊子在漏斗内取出滤片，置于培养皿中，并摆放平整，倒入适量的酵母培养基（约 3mL），然后标明日期和试样编号，置于生物培养箱内，在 25℃下培养 3 ～ 5d。为避免凝结水影响菌落生长，将培养皿反扣于培养箱内。若过滤片上的酵母菌是活的，酵母即进行繁殖，在培养基上会出现菌落。如果未发现菌落生长，说明被检的葡萄酒是稳定的，不会出现酵母菌引起的浑浊；如果每瓶样有 5 个以上的菌落出现，说明葡萄酒的除菌或杀菌操作不彻底，葡萄酒有不稳定的因素，应该严格检查生产过程中的每个环节，直到查出原因为止。

这一方法能对瓶装酒内各种微生物进行定量检定，但需要选择适当孔径的滤片和培养基，并由掌握基本微生物学的熟练人员操作。

3.1.5.3　快速检定法

薄膜过滤法可以用显微镜对滤片做仔细检查，迅速检出活酵母；快速检定法则可将死的和活的微生物区别开来，但要求瓶装酒内必须不含其他悬浮物。

在适宜的温度下，于 8 ～ 14h 内，具有繁殖能力的菌体生长成为微小的菌落，用显微镜观察，可将死的、没有繁殖能力的菌落区别开来。活菌体在培养时会形成小的菌落，死菌体只有单个的存在。

3.2　任务一　葡萄酒酵母的选育和纯培养

3.2.1　目的和要求

了解葡萄酒酵母的选育方法；掌握酵母纯培养的工序过程，能独立完成葡萄酒酵母的纯培养。

3.2.2　材料和设备

恒温培养箱，新鲜葡萄汁，琼脂，乙醇，培养皿，接种环，无菌工作间，超净工作台，葡萄酒干酵母等。

3.2.3　操作方法与步骤

（1）葡萄酒酵母的选育
① 在葡萄汁和自然发酵的酒醪中采样。
② 用葡萄汁琼脂培养基为筛选培养基。
③ 放入培养箱，28℃，培养48h。
④ 选出酵母菌落。
⑤ 对选出的数株葡萄酒酵母进行理化分析测定。
⑥ 测定发酵力与酒精得率、热死温度、对乙醇和二氧化硫的抵抗能力。
⑦ 经分析比较，选出优良的葡萄酒酵母菌株。
（2）葡萄酒酵母的纯培养
葡萄酒酵母的纯培养采用平板划线分离法。取1mL发酵液用无菌水稀释，在无菌条件下，用接种针挑取适当稀释的菌液，在培养皿中划线接种，然后倒置，在25℃左右的温度下培养，3～4d后出现白色菌落，再移植到无菌葡萄汁中培养。选取呈葡萄酒酵母形态、繁殖速度快的数株酵母，进行一系列鉴定工作后，可能获得较为理想的纯粹葡萄酒酵母菌种。

3.2.4　注意事项

① 在划线接种过程中，注意接种量要适中。
② 操作过程中，按照要求保证器具的无菌化处理。
③ 实验中废弃的材料（如葡萄汁、酵母污染物），灭菌后处理，防止对空间及实验器具造成污染。

3.3　任务二　酵母扩大培养和天然酒母的制备

3.3.1　目的和要求

掌握葡萄酒酵母扩大培养的工艺流程及操作要点，能独立完成葡萄酒酵母的扩大培养；知道自然发酵的天然酒母制备方法。

3.3.2　材料和设备

新鲜葡萄汁，高压灭菌锅，恒温培养箱，试管，锥形瓶，大玻璃瓶，酒母罐，酸性亚硫酸，二氧化硫等。

3.3.3　操作方法与步骤

（1）酵母扩大培养
① 液体试管培养　采选熟透的好葡萄数穗，制得新鲜的葡萄汁，装入数支灭过菌的试管中，装入量为试管的1/4。在58.8kPa的蒸汽压力下，灭菌20min左右，接入葡萄酒酵母菌，在25～28℃温度下培养1～2d，发酵旺盛时转入锥形瓶培养。
② 锥形瓶培养　在500mL的锥形瓶中加入100mL葡萄汁，在58.8kPa的压力下灭菌，于25～28℃接入250mL液体试管酵母液，培养1～2d。
③ 大玻璃瓶培养　取10L左右的大玻璃瓶，用150mg/L的二氧化硫杀菌后，装入6L葡萄汁，用58.8kPa的蒸汽灭菌，冷却至室温，接入7%的锥形瓶菌种，于20℃左右培养2～3d。

④ 酒母罐培养　在葡萄汁杀菌罐中，通入蒸汽加热到葡萄汁温度为 70 ～ 75℃，保持 20min 后，在夹套中通冷却水使其降到 25℃以下，将葡萄汁打入已空罐杀菌的酒母培养罐中，加入二氧化硫 80 ～ 100mg/L，用酸性亚硫酸或偏重亚硫酸的钾盐对酵母菌进行亚硫酸驯化。接入 2% 的大玻璃瓶菌种，通入适量无菌空气，培养 2 ～ 3d，当发酵达到旺盛时，葡萄酒酵母扩大培养就结束，此时可接入到生产葡萄汁中。

（2）天然酒母的制备

现在仍然有不少厂家采用自然发酵工艺来生产葡萄酒。其制备方法为：取完全成熟的清洁优质葡萄，加 0.05% 二氧化硫或 0.12% 酸性亚硫酸钾，混合均匀后，置于温暖处，任其自然发酵。经过一段时间发酵，当酒精含量达到 10% 时，即可用作酒母。若酒精含量低于 10%，则发酵力弱的柠檬形酵母占多数。只有当酒精含量达到 10% 时，发酵力强的葡萄酒酵母才能占到绝对优势，此时其他发酵力弱、耐酒精性差的酵母菌大多失去活力，得到的天然酒母可以看成是葡萄酒酵母的扩大培养液。

3.3.4　注意事项

① 在现在葡萄酒企业中已很少使用天然酒母，大多数采用活性干酵母进行葡萄酒的酿造生产。

② 在葡萄酒实际生产过程中，也可以接入一部分处于旺盛期的发酵液代替酒母。

③ 在扩大培养过程中，要注意容器容量、葡萄汁装量、浓度、通入空气量等参数条件对葡萄酒酒质的影响。

3.4　练习与思考题

练习题

项目三　答案

① [填空题] MLF 是指在乳酸细菌的作用下将（　　）分解为（　　）和（　　）的过程。

② [填空题] 在葡萄酒的酿造过程中，产生的副产物按代谢途径可分为（　　）副产物和（　　）副产物。

③ [填空题] 在葡萄酒酿造过程中，苹果酸－乳酸细菌（MLB）的生长周期分为（　　）阶段、（　　）阶段和（　　）阶段。

④ [单选题] 葡萄酒酵母繁殖和发酵的适宜温度为（　　）。

A. 18 ～ 25℃　　　　　　B. 26 ～ 28℃　　　　　　C. 36 ～ 38℃　　　　　　D. 30 ～ 38℃

⑤ [多选题] 对瓶装葡萄酒进行检验的方法有（　　）。

A. 快速检定法　　　　　　B. 薄膜过滤法

C. 离子交换色谱法　　　　D. 格森海姆（Geisenheimer）检定法

⑥ [多选题] 同型乳酸发酵和异型乳酸发酵的共同产物为（　　）。

A. 乙醇　　　　　　B. 乳酸　　　　　　C. 酒石酸　　　　　　D. CO_2

⑦ [判断题] 与葡萄糖相比，酵母利用果糖的速度比葡萄糖快。（　　）

⑧ [判断题] 酵母菌只能利用化合态氮，不能利用空气中的氮气。（　　）

思考题

① 通过小组讨论，分析一下葡萄酒酵母主要来源于哪些方面。

② 根据你在菌种选育时的经验，说说优良的葡萄酒酵母应满足哪些基本条件。

③ 结合你的生产实践经验，说说苹果酸－乳酸发酵对葡萄酒有哪些作用。

④ 根据你在菌种培养时的经验，说出葡萄酒酵母的培养过程。

项目四

酿造

职业岗位：葡萄酒酿造技术员

岗位要求：①能对葡萄酒酿造进行技术指导；②能操作葡萄酒酿造的相关设备；③会编制葡萄酒酿造技术方案。

4.1 基础知识

4.1.1 酿造的历史

4.1.1.1 葡萄酒的起源与传播

据考古资料，最早栽培葡萄的地区是小亚细亚里海和黑海之间及其南岸地区。大约在7000年以前，南高加索、中亚细亚、叙利亚、伊拉克等地区也开始了葡萄的栽培。在这些地区，葡萄栽培经历了三个阶段，即采集野生葡萄果实阶段，野生葡萄的驯化阶段，以及葡萄栽培随着旅行者和移民传入埃及等其他地区阶段。

关于葡萄的起源，众说纷纭。但可以确切地说，至少在7000多年前，人类就已经饮用葡萄酒了。多数历史学家认为波斯（即今日伊朗）是最早酿造葡萄酒的国家。最近的考古发现有力地支持了这一观点。新华社1996年6月6日报道：考古学家在伊朗北部扎格罗斯山脉的一个石器时代晚期的村庄里，挖掘出的一个罐子证明，人类在距今7000多年前就已饮用葡萄酒，比以前的考古发现提前了两千年。美国宾夕法尼亚州立大学的麦戈文在给英国的《自然》杂志的文章中说，这个罐子产于公元前5415年，其中有残余的葡萄和防止葡萄变成醋的树脂。

在埃及的古墓中所发现的大量珍贵文物清楚地描绘了当时古埃及人栽培、采收葡萄和酿造葡萄酒的情景。最著名的是Phtah-Hotep墓址，距今已有6000年的历史。西方学者认为，这是葡萄业的开始。

欧洲最早开始种植葡萄并进行葡萄酒酿造的国家是希腊。一些旅行者和新的疆土征服者把葡萄栽培和酿造技术从小亚细亚和埃及带到希腊的克里特岛，逐渐遍及希腊及其诸海岛。3000年前，希腊的葡萄种植已极为兴盛。

公元前6世纪，葡萄在希腊、法国、意大利、西班牙、德国等地区逐渐传播。15～16世纪，葡萄栽培及葡萄酒酿造技术传入南非、澳大利亚、美洲、亚洲。

4.1.1.2 欧洲葡萄酒的发展

据考证，古希腊爱琴海盆地有十分发达的农业，人们以种植小麦、大麦、油橄榄和葡萄为主。大部分葡萄果实用于做酒，剩余的制干。几乎每个希腊人都有饮用葡萄酒的习惯。在美锡人时期（公元前1600～1100年），希腊的葡萄种植已经很兴盛，葡萄酒的贸易到达埃及、叙利亚、黑海地区、西西里和意大利南部地区。

葡萄酒是罗马文化中不可分割的一部分，曾为罗马帝国的经济做出了巨大的贡献。17世纪、18世纪前后，法国便开始雄霸整个葡萄酒王国，波尔多和勃艮第两大产区的葡萄酒始终是两大梁柱，代表了两个主要不同类型的高级葡萄酒。波尔多的厚实和勃艮第的优雅，成为酿制葡萄酒的基本准绳。然而这两大产区，产量有限，并不能满足全世界所需。于是在第二次世界大战后的六七十年代开始，一些酒厂和酿酒师便开始在全世界找寻适合的土壤、相似的气候来种植优质的葡萄品种，通过研发及改进酿造技术，使整个世界葡萄酒事业兴旺起来。

4.1.2　酿造的工艺

葡萄酒生产工艺的宗旨在于：在原料质量好的情况下尽可能地把存在于葡萄原料中的所有的潜在质量，在葡萄酒中经济、完美地表现出来；在原料质量较差的情况下，则应尽量掩盖和除去其缺陷，生产出质量相对良好的葡萄酒。好的葡萄酒香气协调，酒体丰满，滋味纯正，风格独特。但任何单一品种的葡萄都很难使酒达到预期的风味。因为纵使是优质的葡萄，其优点再突出，也有欠缺的一面。酿酒工艺师为了弥补葡萄的某些缺陷，在新品葡萄开发之初就对拟用葡萄品种做了精心的研究，将不同品种的葡萄进行最合理的搭配，五味调和，才有品格高雅的葡萄酒奉献给世人。

葡萄酒的生产工艺总的来说分为三个过程：原酒的发酵工艺、贮藏管理工艺、灌装生产工艺。

4.2　任务一　桃红葡萄酒的酿造

4.2.1　桃红葡萄酒基本知识

桃红葡萄酒的色泽与风味介于干红葡萄酒与干白葡萄酒之间，略带红色，果香突出，酒体清新爽口。主要以红色酿酒葡萄为原料，经提色、取汁、澄清、纯汁低温发酵酿造而成。桃红葡萄酒的颜色因葡萄品种、酿造工艺不同而有很大的差别，最常见的颜色有：黄玫瑰红、橙玫瑰红、玫瑰红、橙红、洋葱皮红、紫玫瑰红等。在葡萄酒"新世界"也有用白葡萄酒与红葡萄酒直接调配制成桃红葡萄酒的工艺。

4.2.1.1　桃红葡萄酒的特点

桃红葡萄酒的颜色介于白葡萄酒与红葡萄酒之间，其感官特性更接近于白葡萄酒。但优质桃红葡萄酒也具有自己独特的风格和个性，一款品质优良的桃红葡萄酒必须具有以下特点。

① 色泽：具有鲜亮诱人的红色色彩，清亮透明，晶莹剔透，有光泽。

② 果香：具有丰富的新鲜水果或花的香气。

③ 酒体：具备恰当的酸度，酒体清爽、协调。

4.2.1.2　桃红葡萄酒的原料品种

桃红葡萄酒为佐餐型葡萄酒，酒体应具有良好的新鲜感，清新的果香。从理论上讲所有红色酿酒葡萄都可以作为酿造桃红葡萄酒的原料。但是，某些品种酿造的桃红葡萄酒品质存在明显缺陷，如红皮红肉的葡萄，葡萄酒的颜色及口感不易控制；易氧化的葡萄品种，如"麝香类葡萄（玫瑰香）"，两年后就会出现特有的"煮红薯味"。最常用的优良桃红葡萄酒的葡萄品种有：歌海娜、佳美、西拉、玛尔拜克、赤霞珠、梅尔诺、佳丽酿、品丽珠等。不同品种酿造的桃红葡萄酒各有特点：歌海娜，成熟度良好，酒度高，圆润，柔和，但颜色易氧化变为橙红色，香气一般，而且短，酒度易过高，酸低；佳丽酿，产量高，酸高，生产的桃红葡萄酒粗、硬，多数年份不易成熟。不仅不同品种各有特点，而且同一品种优良特性的表现也随不同年份的气象条件的变化而变化。因此，很难用单一品种葡萄酿造出品质极佳的桃红葡萄酒。另外，要生产优质桃红葡萄酒，还需要根据各地的生态条件，选择相应的葡萄品种或品种结构。

4.2.1.3 桃红葡萄酒的主要发酵设备

酿造桃红葡萄酒的设备及浸提发酵罐种类很多，但都应满足以下特点。

① 能实现快速大量地对葡萄进行浸提，以获得适量的葡萄色素及有益的香味物质。

② 浸提过程中，能最大限度地减少果皮及果核的破损，尤其是果核的破损，以减少酒中的杂质和异味。

为了实现浸提，目前采用的方法主要有：①用泵循环喷淋泡帽；②压泡帽。但因桃红葡萄酒的工艺与红葡萄酒发酵有所区别，目前国内较理想的设备，列出两例供参考。

（1）旋转式发酵罐

与静态的发酵容器比较，由于从立式变为卧式，使皮渣帽减薄（由原来的2m以上减薄到50cm以下），加大了与果汁的接触面积，从而使浸渍达到完美，可有选择地将葡萄本身的高贵物质发掘出来。使用转动式浸渍法一个重要的观念是浸渍而不是带皮发酵。这种工艺和设备的特点是：设备是密闭的，能很好地防止氧化；浸提彻底，能很快地浸提出单宁和含量较高而稳定的花色素及高贵的香味物质。这些特点对桃红葡萄酒的生产是十分有利的。如需在罐内发酵，可以控制发酵温度，发酵均一、快速、彻底，使葡萄酒有更好的颜色、澄清度、果香和稳定性，而且还大大地减轻了劳动强度。

（2）"佳拟美得"自喷淋式发酵罐

它依靠一个简单、有效的旁通，可借助发酵产生的二氧化碳气翻动泡帽，而避免使用泵的方式，也可以使用外来的气体（空气、O_2、N_2、CO_2）对果浆进行搅拌混匀。因为这个系统以柔和的搅拌方式和通用的工艺，自然地完成浸渍和发酵过程，比较适合酿造桃红葡萄酒。其优点如下。

① 循环压帽不使用电力而是自动进行，节约能源和劳动力。

② 泡帽的搅拌无需用泵和其他机械辅助设备，结构简单。

③ 优化皮渣的滤取和其他提取物提取，速度快且质量好。

④ 不需要做任何调整即可用来做贮酒罐，设备得到充分利用。

4.2.2 目的和要求

① 目的 熟悉桃红葡萄酒的特点，掌握桃红葡萄酒的酿造过程和关键工艺。

② 要求 在进入实训室后必须严格遵守实训室相关规则，实训过程中的每一步操作都要在指导老师的指导下完成，禁止独自进行操作和处理。尽量记录实训过程中的所有信息，在实训结束时每人上交一份实训报告。

4.2.3 材料和设备

① 材料 红色酿酒葡萄或者红色且色深的鲜食葡萄；根据葡萄选择合适的葡萄酿酒酵母；亚硫酸溶液或偏重亚硫酸钾；澄清剂：皂土或PVPP。

② 设备 可控温的发酵容器；过滤装置；葡萄酒成分分析所需仪器设备。

4.2.4 工艺流程和操作要点

红葡萄经轻度破碎后，在较低温度下（16℃以下），用人工加气的方法进行二氧化碳浸渍及搅拌，达到所需色度及单宁含量后分离果汁，将分离后的果汁按白葡萄酒工艺进行酒精发酵，皮渣另行处理；或是在果浆入罐后即接种酵母，启动发酵，达到要求的色度和酚类物质含量后分离果汁，作为桃红葡萄酒继续发酵，留在罐内的皮渣及部分果汁按红葡萄酒发酵工艺继续进行发酵。

4.2.4.1 桃红葡萄酒的工艺要求

① 做桃红葡萄酒的葡萄不能过熟，这是为了保证香气和它的清爽感，因此和干白葡萄酒相似，高质量的桃红葡萄酒原料生长在较冷的小气候和疏松的沙土地。

② 葡萄原料完好无损地到达酒厂，尽量减少对原料不必要的机械处理。

③ 应该避免高温和空气的氧化作用，注重惰性气体的使用，防止葡萄酒在贮藏和装瓶过程中的氧化；不宜采用热浸法来提取果皮中的色素。

④ 控温发酵，一般为 15～18℃，以得到最大香气。

⑤ 葡萄酒澄清稳定。

⑥ 不能陈酿，一般都需要在它年轻时饮用，以鉴赏其纯正的外观和香气质量。陈酿会使酒色变黄、香气消失、酸度下降，这时的酒有氧化味，变得柔弱。

4.2.4.2 桃红葡萄酒的工艺流程

（1）直接压榨工艺流程

$$二氧化硫、果胶酶$$
$$\downarrow$$

葡萄→分选→除梗破碎→葡萄浆入罐→低温浸提→皮渣分离→低温澄清→

酵母　　二氧化硫
$\downarrow$　　　　$\downarrow$

→酒精发酵→倒罐→澄清处理→稳定性处理→装瓶→成品

如果原料的色素含量高，则可采用白葡萄酒的酿造方法酿造桃红葡萄酒，但用这种方法酿成的桃红葡萄酒，往往颜色过浅。因此，使用这种方法必须满足以下两方面的条件。

① 采用色素含量高的葡萄品种。

② 能在破碎以后立即进行均匀的 SO_2 处理，以防止氧化。

在原料成熟良好的情况下，使用这种方法酿成的桃红葡萄酒，如佳丽酿葡萄酿造的酒色泽最深。

（2）短期浸渍分离工艺流程

葡萄→除梗破碎→ SO_2 处理→装罐→浸渍 2～24h（发酵开始前分离出 20%～25% 的葡萄汁，剩余部分酿造红葡萄酒）→发酵→分离澄清处理→稳定性处理→装瓶→成品

这种方法适用于具有红葡萄酒设备的葡萄酒厂。在葡萄原料装罐浸渍数小时后，在酒精发酵开始以前，分离出 20%～25% 的葡萄汁，然后用白葡萄酒的酿造方法酿造桃红葡萄酒。剩余的部分则用于酿造红葡萄酒，但要用新的原料添足被分离的部分，而且由于固体部分体积增加，应适当缩短浸渍时间，防止所酿成的红葡萄酒过于粗硬。

短期浸渍分离法酿成的桃红葡萄酒，颜色纯正，香气浓郁。质量最好的桃红葡萄酒，通常是用这种方法酿成的。但唯一的缺点是桃红葡萄酒的产量受到限制。

需要指出的是，如果在酒精发酵开始后不久进行分离，所酿成的酒会失去传统桃红葡萄酒的芳香特征，而成为所谓"咖啡葡萄酒"或"一夜葡萄酒"。

（3）二氧化碳浸渍法

二氧化碳浸渍法是指把整穗葡萄放在充满 CO_2 的容器中发酵的方法。二氧化碳浸渍发酵的实质是葡萄浆果及葡萄汁在密闭环境下的一个厌氧代谢过程，它包括完整浆果在 CO_2（或 N_2 等惰性气体）中的厌氧代谢、果汁的厌氧发酵、浸于果汁中浆果的浸渍等。通过二氧化碳浸渍发酵后的葡萄酒具有独特的口味和香气特征，口感柔和、香气浓郁，成熟较快。

（4）混合工艺

此工艺将酿造好的干白葡萄酒加入适量的干红葡萄酒，调配成桃红葡萄酒，此方法在一

些国家是不允许的。有酿酒师认为，所加入的红葡萄酒最好是用二氧化碳浸渍酿造法获得的，其优点是：①花色素苷的比例更高，从而可保证良好的色调；②儿茶酸和无色花青素的含量更低，因而红色／黄色色调更为稳定，实际上，较高的花色素苷含量和较低的无色花青素及儿茶酸含量可以减缓酚类物质的氧化性聚合反应，从而减缓桃红向橙红的转变；③为获得所需的色调提供了可能性。

4.2.5　注意事项

① 所选葡萄原料尽量新鲜。
② 葡萄取汁过程时间越短越好。
③ 注意加入二氧化硫的量要合适。
④ 发酵过程温度控制在 18℃ 以下。
⑤ 整个酿造过程注意卫生，避免杂菌污染。

4.3　任务二　起泡葡萄酒的酿造

4.3.1　起泡葡萄酒基本知识

4.3.1.1　起泡葡萄酒定义

起泡葡萄酒富含二氧化碳，具有起泡性和清凉感。根据欧盟的规定，起泡葡萄酒有以下 4 类。

① 起泡葡萄酒　是由葡萄酒加工获得的酒精产品，其特征是在开瓶时具有完全由发酵形成的二氧化碳的释放，且在密封容器中，在 20℃ 的条件下，其二氧化碳的气压不能低于 0.35MPa；起泡葡萄酒的酒度不能低于 8.5%（体积分数）。

② 加气起泡葡萄酒　是由葡萄酒加工获得的酒精产品，其特征是在开瓶时具有全部或部分人为添加的二氧化碳的释放，且在密封容器中，在 20℃ 的条件下，其二氧化碳的气压不能低于 0.3MPa；加气起泡葡萄酒的酒度不能低于 8.5%（体积分数）。欧盟内的该酒的原酒必须是原产于欧盟内部的葡萄酒。

③ 葡萄汽酒　是由总酒度不低于 9%（体积分数）的葡萄酒或适于生产总酒度不低于 9%（体积分数）的葡萄酒的产品加工获得的酒精产品；其酒度不能低于 7%（体积分数）；其完全由发酵形成的二氧化碳气压在 20℃ 条件下不能低于 0.1MPa，亦不能高于 0.25MPa；其容器的最大容量为 60L。

④ 加气葡萄汽酒　是由葡萄酒或适于生产葡萄酒的产品加工获得的酒精产品；其酒度不能低于 7%（体积分数），总酒度不能低于 9%（体积分数）；其完全或部分由人为添加的二氧化碳气压在 20℃ 条件下不能低于 0.1MPa，亦不能高于 0.25MPa；其容器的最大容量为 60L。

4.3.1.2　起泡葡萄酒的原料要求

为了保证起泡葡萄酒的质量，原料的成熟度应满足如下要求。

① 含糖量不能过高（161.5 ～ 187g/L 为宜），自然酒度 9.5% ～ 11%。
② 含酸量相对较高，酸是构成起泡葡萄酒"清爽"的主要因素。
③ 严格控制成熟度，避免过熟。冷凉地区葡萄成熟缓慢，适合生产起泡葡萄酒。
④ 瓶内发酵法的适宜品种：黑比诺、霞多丽、白山坡、白比诺、灰比诺等。
⑤ 密封罐法的适宜品种：雷司令、缩味浓等。
⑥ 芳香型甜起泡葡萄酒主要用玫瑰香型品种。

最好的起泡葡萄酒（包括瓶内发酵法和密封罐法）常常是用不同品种的原酒勾兑后再进

行二次发酵获得的，但也不排除用单品种酿造起泡葡萄酒的可能。香槟主要以白色的霞多丽与红色的黑比诺等两种酿酒葡萄精心混合酿制调配而成。一般而言，霞多丽比例越高，风味越是清新爽口，带有香浓的果香与蜂蜜香；黑比诺则为香槟注入严谨厚实的结构，口感倾向于强劲醇郁。葡萄汽酒对原料品种几乎无特殊要求。

4.3.2　目的和要求

① 目的　熟悉起泡葡萄酒的特点，掌握起泡葡萄酒的酿造过程和主要酿造工艺，能够单独进行少量起泡葡萄酒的酿造操作。

② 要求　在进入实训室后必须严格遵守实训室相关规则，实训过程中的每一步操作都要在指导老师的指导下完成，禁止独自进行操作和处理。尽量记录实训过程中的所有信息，在实训结束时每人上交一份实训报告。

4.3.3　材料和设备

① 材料　酿酒白葡萄或者白色鲜食葡萄，也可以用红皮白肉的葡萄，以皮薄色浅为好；白葡萄酒酿酒酵母，也可以用普通酵母代替；亚硫酸溶液或偏重亚硫酸钾；澄清剂：皂土、PVPP。

② 设备　可控温的发酵容器；过滤装置；葡萄酒成分分析所需仪器设备。

4.3.4　工艺流程和操作要点

起泡葡萄酒的酿造分两个阶段：第一阶段是葡萄原酒的酿造；第二阶段是产生起泡性的二次发酵，即葡萄原酒在密闭容器中的酒精发酵，以产生所需要的 CO_2 气体。很显然，在葡萄原酒酿造过程中出现的任何错误，都会增加第二阶段的困难，并最终降低产品的质量。保证葡萄原料的最佳品种和成熟度是获得高质量起泡葡萄酒的第一步。

原酒的酿造：葡萄→分选→除梗破碎→压榨→低温澄清→酒精发酵→倒罐→澄清处理。

二次发酵：可以在瓶内，也可以在密封罐内进行。在瓶内进行又分为传统法和转移法；在密封罐内进行也称为夏尔曼法。

4.3.4.1　除梗破碎与压榨

将葡萄加工成美味的起泡酒，除梗破碎、榨汁都非常重要，也是决定起泡酒质量的关键工序之一。起泡酒的果汁需要高糖、高酸、含有少量多酚化合物，因此机械设备的挤压程度、氧化程度、出汁率非常重要，而以上因素主要由设备本身的性能决定。除梗应彻底，减少果梗进入葡萄汁，使多酚化合物增加；破碎可以只做轻微破碎或不破碎，减少葡萄汁的氧化。一般的压榨机属于开放式操作，果汁直接与空气接触，同时在挤压过程中容易压出一些多余且氧化的固形物，所酿酒质果香淡薄、抗性差，贮存过程中易滋生微生物和产生浑浊现象。真空气囊压榨机通过自身的轴向管口与破碎机直接连接到供料罐中，在密封状态下抽真空以不同的压力进行和缓逐级取汁，降低了固形物的含量，防止了果汁的氧化。在除梗破碎与压榨过程都应添加一定浓度的二氧化硫，确保果汁的新鲜。

在加工过程中应根据葡萄的不同品种、不同成熟度，选择不同程序进行压榨。压榨程序由六个阶段组成，每一阶段所规定的抽汁时间、旋转圈数和循环周期不同，所以得到的葡萄汁质量不同。气囊压榨机所得葡萄汁果香清新、口味纯正，能充分显示出葡萄品种的典型性，是较理想的压榨设备。

4.3.4.2　葡萄汁的澄清处理

葡萄汁的澄清处理，一方面能避免悬浮状态的大颗粒物质使葡萄酒具有不良风味；另一方面能除去氧化酶，降低氧化。所以，葡萄汁的澄清处理能提高葡萄酒的质量。

针对不同质量的葡萄汁应采用对应的澄清处理方法。对于葡萄汁中悬浮物含量较少的葡萄汁，可将葡萄汁于 6 ～ 8℃静置澄清 48h，然后抽取清汁；对于葡萄汁中悬浮物含量较多的葡萄汁，可在葡萄汁中加入皂土处理，并于 6 ～ 8℃静置澄清 24 ～ 48h，抽取清汁后用硅藻土过滤机过滤下部浑浊汁。

4.3.4.3　酒精发酵

以干型葡萄原酒的发酵为例进行介绍。

① 酿造葡萄原酒所添加的酵母要求耐低温，发酵迅速、彻底，品种香气突出，而且发酵不良副产物（如醋酸、硫化物等）较少。

② 发酵温度的选择直接决定葡萄品种香气的良好发展。葡萄汁的糖度控制在使发酵酒度达 10.5%，在发酵过程中将温度控制在 12 ～ 15℃，发酵时间一般为 10 ～ 20d。

③ 对含酸量较高（总酸 9g/L）的葡萄原酒，一般都进行苹果酸－乳酸发酵，以避免在瓶内再发生这一发酵过程。苹果酸－乳酸发酵结束后，应立即进行倒灌，并添加适量的 SO_2（60 ～ 80mg/L）。

4.3.4.4　原酒陈酿

原酒的陈酿过程是葡萄酒的一个成熟过程，在此期间，葡萄酒的香气、口感以及内涵成分都在不断变化、发展，其陈酿目的是使葡萄酒整体协调、均衡。陈酿过程一般在低温状态（5 ～ 10℃）下进行，陈酿时间根据不同年份、不同品种、不同的陈酿条件而异，应根据品评结果而定。为防止葡萄酒的氧化，在陈酿过程中用 CO_2 或氮气对葡萄酒进行充气贮存。

4.3.4.5　起泡葡萄原酒的二次发酵（气泡产生）

一般可将起泡葡萄原酒的二次发酵技术分为两大类。

一是葡萄原酒的含糖量很低，只能加入足够量的糖浆才能保证第二次发酵的顺利进行，以产生 CO_2 气体。

二是葡萄原酒的含糖量很高，实际上是发酵不完全的葡萄汁，因此第二次发酵，除特殊情况外，不需要加入糖浆，利用葡萄原酒本身的含糖量就能顺利进行。

起泡葡萄原酒的二次发酵方式，有瓶内发酵（包括"传统法"和"转移法"）和密封罐内发酵两大类。

（1）瓶内发酵——传统法

① 装瓶　葡萄原酒在装瓶以前通过过滤不仅酵母的含量很少，而且含糖量也很低，一般不超过 1g/L，所以在装瓶以前还必须加入糖、酵母以及其他辅助物，以利于瓶内发酵和去除沉淀。

a. 添加糖浆。葡萄原酒过滤后加入蔗糖，加量以每升原酒中含糖量 24g/L 计算，全部加入的蔗糖用少量酒完全溶解后再加入到酒中，然后过滤。

糖浆是将蔗糖溶解于葡萄酒中而获得的，其含糖量为 500 ～ 625g/L。一般情况下，4g/L 糖经发酵可产生 1bar❶的气压。因此，在装瓶时，一般加入 24g/L 糖，以使起泡葡萄酒在去塞以前达到 6bar 气压。但这一比例只适用于酒度为 10% 的葡萄酒。

b. 添加酵母。选择耐低温、再发酵能力强、发酵彻底、含硫代谢物较低、对摇动适应的菌种，酵母用量 0.1g/L。

c. 添加辅助物。为使酒质具有足够的果香，加磷酸盐 10mg/L。

为有利于葡萄酒澄清和去除聚集在瓶口的沉淀物，加皂土液，加量 10g/100L，搅拌使酵

---

❶ $1bar=10^5Pa$。

母、皂土与酒混合均匀，并在均匀状态下装瓶，目的是使每瓶的成分一致。装瓶空隙为 5cm，封口后即进行摇瓶，之后将装瓶的葡萄酒水平地堆放在横木条上，进行瓶内发酵。窖内的温度为 15 ～ 17℃。待发酵至 0.2bar 压力后（约两周后）及时转入地下酒窖，在 10 ～ 12℃条件下进行平放缓慢发酵，这期间要经常观察瓶内压力变化情况，当压力达到标准，检验残糖指标，发酵期一般持续 9 个月以上。发酵结束后，死酵母会沉淀至瓶底，贮藏一年以上，以利于葡萄酒的成熟。

② 瓶口倒放和摇动及上架　上架前进行摇瓶，摇瓶时上下左右来回用力摇动，直到将瓶内的酵母泥摇起，瓶壁不得有酵母泥黏附痕迹，方可上架斜放，瓶口向下插在倾斜、带孔的木架上，以一定的角度转瓶，并隔一定时间再转动酒瓶，进行摇动处理。木架上的孔从上至下，使酒瓶越来越接近垂直倒立状态，这样逐渐使瓶内的沉淀集中到瓶颈，此时即可开瓶去除沉淀。

③ 开瓶去沉淀　待沉淀全部集中到瓶颈部位（约一个月时间），酒澄清透明，即可下架进行速冻，将瓶颈倒放于 −20℃的冰液中，使瓶口处的沉淀结成冰块。开瓶利用瓶中的压力将冰块推出瓶外。立即按要求补加利口酒和同批次起泡酒，封口，扎网包装。

④ 补酒　去沉淀的过程会损失一小部分气泡酒，必须再补充，同时还要以不同甜度的起泡酒加入不同含量的糖，以达到所需要的产品标准。起泡葡萄酒一般按甜度划分为五级：天然起泡葡萄酒 ≤ 12.0g/L；绝干起泡葡萄酒 12.1 ～ 20.0g/L；干起泡葡萄酒 20.1 ～ 35.0g/L；半干起泡葡萄酒 35.1 ～ 50.0g/L；甜起泡葡萄酒 ≥ 50.1g/L。

⑤ 压塞、扎网　补酒后应迅速用专用软木塞封口，并用金属网将软木塞固定扎紧，以免软木塞受压冲出瓶口。

⑥ 包装　在法国，一般在瓶贴上标明年份的，说明它是在葡萄采摘 3 年后出售的。不标明年份的，则说明它是装瓶 12 个月后出售的。人们可以根据产品的特定情况选择。

（2）罐内二次发酵起泡葡萄酒的生产

瓶式发酵起泡葡萄酒造价高，生产周期长，而采用罐内二次发酵生产起泡葡萄酒，有节省人工、减轻劳动强度、产量大、周期短、成本低、生产连续化及机械化的优点。目前罐式发酵的方法被广泛应用。

① 酿造原酒　同瓶内发酵起泡葡萄酒。

② 罐内二次发酵起泡葡萄酒生产工艺流程　葡萄→分选→除梗破碎→压榨→低温澄清→酒精发酵→倒罐→稳定性处理→不锈钢发酵罐（加糖和酵母）→低温带压过滤→压力罐贮存。

③ 装罐　打开发酵罐顶部的阀门，原酒及其他配料从发酵罐底部进入，排出空气，装入量为容器体积的 95%。在 15 ～ 17℃进行发酵，发酵启动后 36h 关闭顶部阀门。密闭发酵 15 ～ 30d，压力达到 0.6MPa，当发酵液各项理化指标达到要求时，加皂土或明胶进行澄清处理。将温度冷却到 −6℃进行冷处理，保持 10 ～ 15d，趁冷过滤后加入糖浆调整所要求的糖度，补充二氧化硫，然后经膜过滤后送入不锈钢封闭式压力缓冲罐中，在等压条件下装瓶。装瓶温度 −5 ～ 0℃，压力 0.3MPa 以上。

（3）充气法葡萄酒的生产

充气法葡萄酒的生产是将二氧化碳气直接充入到葡萄酒中，生产方法是将葡萄酒经稳定性处理后，将葡萄酒冷却至 −3 ～ 4℃，送入气酒混合机与通入的二氧化碳气体进行气酒混合至混合机压力为 0.5MPa，然后在低温下静置 48h，使二氧化碳气充分溶解于葡萄酒中，在低温和加压条件下进行过滤灌装。

4.3.5 注意事项

① 所选葡萄原料尽量新鲜。
② 尽可能选用干白葡萄酿酒酵母。
③ 葡萄取汁过程时间越短越好。
④ 注意加入二氧化硫的量要合适。
⑤ 整个酿造过程注意卫生，避免杂菌污染。

4.4 练习与思考题

项目四 答案

练习题
① ［填空题］葡萄酒的生产工艺总的来说可分为三个过程：（　　）、（　　）、（　　）。
② ［填空题］根据欧盟的规定，起泡葡萄酒可分为（　　）、（　　）、（　　）和（　　）4 类。
③ ［填空题］起泡葡萄原酒的二次发酵方式有（　　）和（　　）两大类。
④ ［单选题］起泡葡萄酒的酒度不能低于（　　）（体积分数）。
A. 6.0%　　　　　　B. 7.0%　　　　　　C. 8.5%　　　　　　D. 9.0%
⑤ ［判断题］最好的起泡葡萄酒常常是用不同品种的原酒勾兑后再进行二次发酵获得的，但也不排除用单品种酿造起泡葡萄酒的可能。（　　）
⑥ ［判断题］桃红葡萄酒的发酵过程温度控制在 15℃以下。（　　）
⑦ ［判断题］在法国，一般在葡萄酒瓶贴上标明年份的，说明它是在葡萄采摘 3 年后出售的。不标明年份的，则说明它是装瓶 12 个月后出售的。（　　）

思考题
① 分组讨论，说说桃红葡萄酒的工艺要求有哪些。
② 结合你的实践经验，谈谈桃红葡萄酒酿造的工艺流程，并对主要操作要点加以说明。
③ 说说起泡葡萄酒的酿造对原料有哪些方面的要求。
④ 分析一下瓶内发酵生产起泡葡萄酒要注意哪些工艺要点。
⑤ 试写出罐内二次发酵生产起泡葡萄酒的工艺流程。

项目五

贮酒

职业岗位：	贮酒技术员、库管员
岗位要求：	①能进行葡萄酒的贮酒操作和相关技术指导；②能操作葡萄酒贮存、净化等工序的相关设备。

5.1 基础知识

主要介绍葡萄酒的贮存方法和管理，葡萄酒澄清的基本方法及操作要点，葡萄酒的生物病害和非生物病害产生的原

贮酒 陈酿（上）

贮酒 陈酿（下）

因及防治方法，以及葡萄酒的包装材料的准备和包装的操作要点。

5.1.1　葡萄酒的贮存与陈酿

5.1.1.1　贮酒过程

发酵结束后刚获得的葡萄酒，酒体粗糙、酸涩，饮用质量较差，通常称为生葡萄酒。生葡萄酒放在贮酒罐里，经过一定时期的存放，发生一系列物理、化学和生物学变化，以保持产品的果香味和酒体的醇厚完整，酒的质量能够得到改善，达到最佳饮用质量，这个过程称为葡萄酒的老熟或陈酿。

葡萄酒是有生命的，有其自己的成熟和衰老过程。葡萄酒在贮存过程中主要经过如下几个阶段。

（1）成熟阶段

发酵结束之后的葡萄酒，含有一些非葡萄酒的构成成分，带有明显的新酒味。在微量溶解氧或氧化剂存在的情况下，经过氧化反应及酯化反应，以及聚合沉淀等物理化学作用，葡萄酒中的不良风味物质减少，芳香物质得到增加和突出，蛋白质、聚合度大的单宁、果胶质、酒石等沉淀析出，表现出酒的澄清透明和醇正口味，使葡萄酒的口感更为柔和、协调，香气更为优雅。微氧技术在葡萄酒陈酿和成熟过程中起着重要的作用，尤其对干红葡萄酒的成熟作用更加明显。

（2）老化阶段

酒的老化阶段即葡萄酒在无氧条件下，酒中芳香物质和酒精与水形成氢键使得酒醇香浓厚、滋味柔和的过程。成熟后的葡萄酒，在隔氧条件下贮存，随着酒中含氧量的减少，氧化还原电位降低，在还原作用下，酒中的醇与酸等相互化合形成芳香物质，并随着贮存时间的延长不断积累。

（3）衰老阶段

葡萄酒贮存期间，因贮酒时间过长或贮酒方法不当，葡萄酒品质会下降，随着贮酒时间的延长，会使酒体越来越瘦弱，口味无力。

由于葡萄酒在贮存过程中发生着复杂而又缓慢的化学和物理变化，陈酿机理极为复杂，所以，贮酒控制主要靠经验把握。

5.1.1.2　贮酒控制

葡萄酒不同，其成熟期、所需老化的时间也不同，也可以说每种葡萄酒都有自己的"生命史"。贮酒管理工作必须根据各种酒的特性，采用不同方法加速酒的成熟，提高老化质量，延长酒的"壮年"时代。贮酒管理过程要兼顾两个方面，即葡萄在葡萄酒中"生态"特征的保持和葡萄酒酒香的积累。贮酒设备主要有发酵罐、贮酒罐和玻璃瓶。

（1）贮酒的基本条件

① 温度　酒窖温度一般选择 10～15℃，恒温效果最好。贮酒温度的变化会影响葡萄酒的成熟速度和口感，在较低的温度下成熟慢，较高的温度能加快酒的成熟，但可能减少细腻丰富的风味。高温利于微生物的繁殖，却不利于贮酒的安全。

② 湿度　贮酒场所的空气湿度为 75%～85%（相对湿度）。太干会使软木塞变干失去弹性，葡萄酒蒸发损失大；太湿会使空气中的水蒸气透过容器（木桶）进入酒中，造成酒度的降低，使酒味淡薄，同时由于容器和墙壁上的霉菌繁殖，产生的不良气味也会影响酒的质量。因此，湿度过高可采取通风排潮，过低可在地面洒水。

③ 通风　葡萄酒会像海绵般吸收周围的味道，贮酒场所的空气应当保持新鲜，不应有不良的气味，也不应过多积存 CO_2。因此，酒窖或室内要常通风，以防霉味太重。通风最好在

清晨进行，此时不但空气新鲜，而且温度较低。但通风不宜太强，尤其是用木桶贮酒时，强烈的通风能使木桶干裂，造成渗漏。

④ 卫生　贮酒室内要经常保持卫生整洁，不得存放与贮酒无关的物件，酒桶要按时擦抹干净，地面要有一定的坡度，便于排水，水沟要随时清理，地面卫生随时维护。

⑤ 光线　酒窖中最好不要留任何光线，因为光线易使酒变质，尤其是日光灯、卤素灯和霓虹灯最易使酒产生还原变化，发出浓重且难闻的气味。香槟酒和白葡萄酒以及用无色玻璃瓶装的葡萄酒对光线最敏感，需特别小心，最好放在底层光线较少的地方。

(2) 贮酒中的管理工作

① 转罐（换桶）　在发酵结束后，葡萄酒中含有一些悬浮物，包括果胶、果皮、种子的残屑、酵母和一些溶解度变化很大的盐类，这些物质使得葡萄酒仍较浑浊。经过静置以后，这些物质逐渐沉淀在罐底。转罐就是将葡萄酒从一个贮藏容器转到另一个贮藏容器，将经澄清的葡萄酒与酒脚分开，同时使容器中的酒质混合均匀。因为酒脚中含有酒石酸盐和各种微生物，酒脚中往往会产生某些有害物质（硫化氢与硫醇等），长期与酒接触会影响酒的质量，甚至产生酒脚异味，必须及时进行分离。转罐过程中，由于通风作用，可放出 CO_2 和其他一些挥发性物质，有利于酒的进一步澄清，也可溶解部分氧（$2 \sim 3cm^3/L$），加速酒的成熟。转罐是葡萄酒在陈酿过程中的第一项，也是最重要的一项管理措施。葡萄酒贮藏失败，常常是由于转罐次数过少或转罐方法不当造成的。

a. 转罐的时间和次数　转罐方式分为开放式与密闭式两种。关于转罐的时间和次数，没有严格的规定。首先，贮藏容器不同，转罐的频率亦不同；在大容量贮藏罐中贮藏的葡萄酒，需转罐的次数就比在小容量的橡木桶中的多。其次，葡萄酒的种类不同，其转罐频率也有所变化。一些果香味浓、清爽的白葡萄酒，转罐次数很少。如果需要进行苹果酸－乳酸发酵，只有当发酵结束后才能转罐。

b. 倒罐时注意事项

(a) 对于红葡萄酒，第一次倒罐应采用开放式倒罐，进行较强的换气；第二次倒罐应减少换气量，1 年后应尽量避免接触空气。

(b) 对于白葡萄酒，一般应采用封闭式倒罐，在有些情况下，第一次倒罐时，少量的换气有助于酒的成熟和质量的保持。

(c) 新换的容器及所用管线及输料泵应先进行清洗，然后熏硫。熏硫用量为 30mg/L 硫黄。熏硫后容器封闭几小时，然后打开，并进行很强的通风。

(d) 倒罐时应尽量抽取全部的清酒，减少酒脚的进入。

(e) 倒罐宜选在温度低、气压高和没有风的时候进行，以免溶解在酒中的 CO_2 气体快速逸出，会使沉淀重新进入已澄清的葡萄酒中，影响转罐效果。

② 添罐（添桶）和放酒　在葡萄酒贮存过程中，由于各种原因，如发酵结束后葡萄酒品温降低，溶解在葡萄酒中的 CO_2 不断地、缓慢地逸出，葡萄酒通过容器壁、容器口蒸发等，使得葡萄酒体积缩小，葡萄酒容易被氧化、败坏。因此，必须隔一定时间，用同样的葡萄酒把这些容器添满，从而减少葡萄酒与空气接触的机会。添罐的过程虽然操作比较简单，但对于原酒贮至关重要，留有空隙的酒液极易氧化和感染微生物。

a. 添罐的时间和次数　每次添罐间隔时间的长短取决于温度、容器的材料和大小以及密封性等因素，即空隙形成的速度。一般情况下，添酒的次数一般每月 1 ~ 2 次，特殊情况下（如新酒或气温显著变化等因素），橡木桶贮藏的葡萄酒每周添两次，金属罐贮藏的每周添一次。

b. 添罐时的注意事项　在任何情况下，添罐都应注意以下几点：不能用较新的酒添较老的酒；必须对添罐用酒进行品尝和微生物检验；添罐用酒必须健康无病。如果没有质量相同的原酒补罐时，一般可选择采取如下措施：更换小一些的容器，并把多余的酒用几个小容器存放，作为以后添酒用；确实不能满桶就要采用隔氧贮存技术，即用惰性气体充满容器空间，保持贮酒容器密闭，其贮存效果与满桶一样。

因此，为了保证葡萄酒在贮藏过程中始终保持"添满"状态，在设计或购买贮藏容器时，应考虑一系列容器不同、相互补充的容器。除此之外，为进一步保证贮酒质量，对满桶酒，在其液面上可添加适量高度原白兰地或液体二氧化硫，可能的话也可以添加固体防腐石蜡片，从而控制杂菌在酒液上繁殖。

c. 放酒　与添罐相反的操作是放酒，主要是由于天气变暖，特别是夏季高温会导致贮酒室温度的上升，酒液发生热胀，出现溢罐现象，需要及时放。一般每月放一次，防止胀坏或溢出后感染杂菌。

最后，定期取样分析挥发酸、酒度等理化指标，观察酒的色泽变化和澄清度，发现问题及时采取措施，并依据经验总结后期放酒、补酒规律。

③ 二氧化硫的使用　贮酒过程使用二氧化硫主要是为了防止酒的过度氧化和微生物的侵染。根据原酒类型，游离二氧化硫应保持一定浓度，对于白葡萄酒，一般应在 35mg/kg 左右；对于红葡萄酒，一般应在 20mg/kg 左右；甜白葡萄酒在 40～50mg/kg。原酒酒度高（12%以上）可适当降低其浓度；贮酒温度高（20℃以上）可适当提高其浓度；原酒酸度 6.0g/L 以下可适当提高其浓度；不满罐贮存游离二氧化硫应保持在 45mg/kg 左右，但总硫不可超过 250mg/kg。成品葡萄酒可根据酒的类型使游离二氧化硫调整为：红葡萄酒 10～20mg/kg；干白葡萄酒 20～30mg/kg；甜白葡萄酒 40～50mg/kg（表 1-4）。

表 1-4　不同贮藏情况下葡萄酒中游离 SO_2 需保持的浓度

SO_2 浓度类型	葡萄酒类型	游离 SO_2/（mg/L）
贮藏浓度	优质红葡萄酒	10～20
	普通葡萄酒	20～30
	干白葡萄酒	30～40
	加强白葡萄酒	80～100
消费浓度（装瓶浓度）	红葡萄酒	10～20
	干白葡萄酒	20～30
	加强白葡萄酒	50～60

贮酒期，SO_2 的添加一般在发酵结束后，结合倒罐进行。但对于需要进行苹果酸-乳酸发酵的葡萄酒，酒精发酵后立即添加，以后每次倒罐都需要补充失去的 SO_2。需要注意的是，加入葡萄酒的二氧化硫，一般只有 2/3 呈游离状态。

SO_2 的用量举例：

在加入 SO_2 时，应考虑部分加入的 SO_2 将以结合态的形式存在于葡萄酒中，可用以下方式粗略计算 SO_2 的加入量：所加入的 SO_2 有 2/3 将以游离状态存在，而 1/3 将以结合状态存在。

① 设葡萄酒中需保持的游离 SO_2 量为 40mg/L（a），葡萄酒中现有的游离 SO_2 量为 16mg/L（b）。

需加入的游离 SO_2 量为：$c=a-b=24mg/L$

需加入的 SO_2 总量（d）为：$d=3/2×c$

$$=3/2×24mg/L=36mg/L$$

② 酿造白葡萄酒，现有白葡萄汁 30t，需加入 SO_2 的量为 70mg/L（a）。30t 白葡萄汁中需加入的亚硫酸（6%）量是多少？

$$70mg/L \times （30t \times 1000L/t）=2100000mg=2100g$$

$$2100g/6\%=35000mL=35L$$

或 6% 亚硫酸含 SO_2 的量为：

$$6\%=6g/100mL=6000mg/100mL=60mg/mL$$

需加入 6% 亚硫酸的量为：

$$70mg/L \div 60mg/mL=1.167mL/L$$

$$1.167mL/L \times （30t \times 1000 L/t）=35000mL=35L$$

④ 贮酒检查和普测　贮酒期间的检查非常重要，应不定期进行取样品尝，观察澄清度和口感变化情况。还应进行月度普测，注意观察硫和挥发酸变化情况，新酒每月抽查一次，1年以后可隔月抽测一次，发现不正常的情况时，应尽快处理。

⑤ 贮酒记录　延续发酵记录，用贮酒卡片把贮酒过程中的一系列工艺处理、理化分析、倒桶、补罐的时间和数量记录下来，为生产、新产品开发和科学研究提供可靠数据。

5.1.1.3　桶内贮酒

高质量红葡萄酒的一个重要指标是品种香气、橡木香气和陈酿香气的平衡协调，其中后两者是通过橡木桶陈酿获得的。全新优质的橡木桶则是贮存高品质葡萄酒的最佳容器，用橡木桶贮存葡萄酒的主要目的在于能赋予葡萄酒一定程度的氧化反应，并让葡萄酒充分汲取橡木的精华。

在橡木桶中，葡萄酒的香气发育良好，并且变得馥郁，橡木桶可赋予葡萄酒很多特有的物质，可以使葡萄酒更为柔和、圆润、肥硕，完善其骨架和结构，改善其色素稳定性。在橡木桶中的陈酿过程中，由橡木桶进入葡萄酒中的香味物质主要包括橡木内酯、丁子香酚、香草醛、愈创木酚等。葡萄酒中常见的橡木香气有 12 种，包括橡木香气、烘烤味、烟熏味、甘草香气、绿木味、椰子香气、丁香香气、香子兰荚果香气等。

橡木桶贮酒还有利于葡萄酒的自然澄清和二氧化碳气体的排除，因为橡木桶的容积通常较小，容易使酒自然澄清；橡木桶壁具有通透性，氧可缓慢而持续地进入葡萄酒，使葡萄酒中的溶解氧含量保持在 $0.1 \sim 0.5mg/L$，微量氧的进入和橡木桶单宁的溶解使得单宁的聚合度提高，涩味下降；花色素总量下降，但单宁 - 色素复合物（T–A）的比例提高，使颜色更稳定。

（1）橡木桶的管理

橡木桶的价格昂贵，需要正确地处理、贮藏和使用。在酒窖中，最主要的是在装酒前对橡木桶的处理，以及如何贮藏空的橡木桶等。

新橡木桶进厂后应尽快使用，应在用冷水简单冲洗后直接装酒，橡木中的酚类物质如橡木单宁，有利于葡萄酒的成熟。如果新桶到厂不能及时使用，应用轻微的蒸汽处理，充入 SO_2 气体，塞上塞子，放在冷凉的地方。如果新桶因放置时间过长造成裂缝，使用前要用 200mg/L 亚硫酸水浸泡至少 48h。如果木桶脱水严重，则应浸泡 5d，并且每天转动两次木桶并添满。洗桶或搬运木桶时最好使用叉车，应避免过多地滚动木桶，否则容易使桶箍松落。洗桶可以使用高压纯净水，也可以使用热水快速清洗，或用 0.1% 的亚硫酸水或 2% 的热碳酸钠溶液清洗。

保存橡木桶最好的办法是让它装满葡萄酒，在国外有的酒厂有时没有可利用的葡萄酒，他们会设法买一些葡萄酒把桶装满，因为空桶一旦处理不好，就会产生霉味和醋酸菌污染问题。如果不得不把桶空出来，那就需用热水或蒸汽处理橡木桶，然后沥干、熏硫并放在相对湿度 75% 左右、温度 $12 \sim 17℃$ 的地方装满水贮存，所用水需用酒石酸将 pH 调至 2.5，并保持 SO_2 在 $200 \sim 500mg/L$ 之间，保证水不得变质有味，适时添加 SO_2 并搅拌。

橡木桶使用多年后，其可提取的香味物质将消失殆尽，有些酒厂将旧橡木桶内壁刨去1mm左右，露出新的表面，继续盛装佐餐葡萄酒。但要注意装过红酒的旧桶虽然已经除去内表面，也不能再用来盛装白葡萄酒，因为红葡萄酒会浸入木桶内壁6mm之多。

（2）环境管理

酒窖的环境对葡萄酒的正常发育成熟有着重要影响。酒窖一般常处于岩洞、地下或半地下，以尽量保持贮酒温度的恒定，剧烈的温度变化对葡萄酒的质量发育是不利的，有条件的酒厂可以在酒窖中安装中央空调，以调节夏季的高温和冬季的寒冷。国外桶贮葡萄酒的最适温度控制在15～20℃，酒窖的相对湿度（RH）一般控制在75%～78%，尤其在新桶入窖后要及时洒水或喷雾，因为新桶会吸收酒窖的湿度。夏季酒窖湿度过大时要打开酒窖的通风设施，如鼓风机组或通风窗。湿度过大时酒窖容易产生霉味，湿度过低时木桶外表容易裂缝而不易清理。

在每年高温高湿的夏季进行1～2次的酒窖杀菌处理，可以用漂白粉处理地面和墙壁，也可以将酒窖密封熏硫。酒窖的照明应使用低功率的白炽灯，避免强烈的光线刺激。

5.1.1.4 瓶内贮酒

把葡萄酒装瓶压塞后，在一定条件下，卧放贮存一段时间，这个过程称为瓶贮。选择5cm软木塞封口的750mL瓶装葡萄酒被认为是瓶贮的参照标准。在国外，瓶贮是提高酒质的重要措施，高档葡萄酒一般均经瓶贮后才重新净化、包装出厂。因为高档优质葡萄酒装瓶后，随着贮存时间的延长而趋向质量的顶峰，生成的各种芳香物质使酒更醇厚、香气更复杂，酒中的单宁被柔化，使酒更润滑。

（1）瓶贮的作用

葡萄酒在装瓶以后（在封瓶效果良好的情况下），醇香的发展是在完全无氧、氧化还原电位足够低的条件下进行的，葡萄酒的醇香是还原过程的结果。还原作用可以消除轻度氧化或减轻过度氧化的不良影响，恢复并产生幽雅的香气，经过4～11个月瓶贮的葡萄酒，SO_2含量、溶解氧含量、氧化还原电位均显著降低，乙醛含量减少，缩醛含量增加。而乙醛含量的多少可以作为衡量葡萄酒氧化程度的指标之一，葡萄酒中游离乙醛含量超过一定限度时，会使酒产生刺鼻感和苦味，而乙醛与酒精缩合生成的缩醛有令人舒适愉快的水果芳香，可增加香气的复杂性。

（2）瓶贮的影响因素和时间

① 温湿度　温度影响"瓶熟"的速度。温度高则成熟和老化的速度快，但衰老速度也快。温度低，虽然成熟和老化的速度慢，但酒质可获得全面的发展，容易得到细致的香气和舒适协调的口感，并具有较强的生命力。当瓶贮温度低于5℃时，往往导致酒石的结晶析出。所以瓶贮时的温度条件，对于白葡萄酒以10～12℃为宜，红葡萄酒则以15～16℃为宜，甜酒一般在16～20℃为好。低温老熟的优点是在产生瓶贮香气的同时较长时间地保留了果香香气。这个温度条件在地下酒窖是容易办到的，4～8m地层深度的地下室温度为11～13℃。

空气相对湿度一般为75%～85%，湿度过低会造成酒的损失。

② 二氧化硫含量　一般认为，一定的二氧化硫含量有利于瓶贮，这除了前述的二氧化硫在贮酒中的有益作用之外，还由于SO_2的氧化而避免了其他物质氧化带来的浑浊，所以瓶贮时葡萄酒中SO_2的含量一般要高于罐贮时葡萄酒中二氧化硫含量，有些优质白葡萄酒醇香的形成，甚至需要50～60mg/L游离SO_2。

③ 瓶隙气体的组成　酒面上部气体的组成对葡萄酒中的氧化还原反应产生影响，从而影响瓶贮酒所能达到的质量。现代较为先进的灌装设备，可在酒装瓶的同时，用氮气排除瓶颈

隙的空气后压塞。

④ 封口质量　瓶贮酒必须用天然软木塞封口，因为软木塞能确保高档葡萄酒长期保存的质量，它的柔韧性和弹性使它既可以很容易地受压变形，又可以在压力除掉时逐渐恢复原状。当它受到 1.47MPa 的压力时，体积就会缩减 85%。由于这种作用，可以缓解由于热胀冷缩引起酒体积变化而带来的瓶内压力变化，这样就能减少为此而留下的瓶颈空隙。

软木塞封口可以有效地防止漏酒漏气，软木塞的整体几乎不可被气体和液体所渗透，液体和气体在软木细胞内壁的渗透作用和扩散作用是非常缓慢的，几乎可以忽略不计。但为了防漏，一般还要在塞上进行堵漏处理，可用特种胶水封堵，然后打光，也可衬一层玻璃纸。

⑤ 光线　光线对葡萄酒有不良影响，白葡萄酒较长时间地被光线照射后色泽变深，红葡萄酒则易发生浑浊。因此，葡萄酒都应采用深色玻璃（深绿色、褐色）瓶贮存。瓶贮的场所要求不透光，电灯只在取酒时才开灯。

⑥ 贮酒时间　酒的类型不同，其组成成分也有差别，所需要的瓶贮时间也不相同。即使同类型葡萄酒，如果酒度、浸出物含量、糖含量、多酚含量等不同，其贮酒时间也不同。一般红葡萄酒的瓶贮要比白葡萄酒瓶贮时间长；酒度高、浸出物含量高、糖含量高的葡萄酒需要较长的贮存期。此外，不同品质和不同风味的葡萄酒，对瓶贮的时间要求也不相同。为了获得极为细致的高级葡萄酒，贮存条件和贮存时间都需要严格选择，要求低而稳定的温度和较长的时间。

白葡萄酒的瓶贮期一般为 6 ～ 12 个月，红葡萄酒根据酒体情况确定瓶贮时间长短，一般为 1 ～ 3 年。对红葡萄酒来说，一般多酚含量高的酒比多酚含量低的酒更耐贮存。

白葡萄酒在桶内贮存半年，红葡萄酒贮存 1 年后装瓶，再经瓶贮可获得很高评价。浸出物含量少的佐餐葡萄酒，如果瓶贮超过 5 年，即开始衰败；浸出物含量高、酒度高的白葡萄酒，其瓶贮时间也不超过 12 年。一些用特殊工艺酿制的佐餐红葡萄酒，可在很长时间内保持其细腻的品质，酒龄达 30 ～ 35 年仍为佳品，但也有的红葡萄品种所酿的酒只适于短期瓶贮。佐餐红葡萄酒的瓶贮期一般较佐餐白葡萄酒要长。

为了减少瓶内沉淀，要经过下胶和过滤处理之后才能进行瓶贮。因此白葡萄酒一般不会在瓶贮期间产生浑浊，而红葡萄酒仍会有沉淀物生成。沉淀物紧紧地黏附在瓶壁上，形成所谓的"夹套"，这是无氧条件下，色素的聚合作用和酯化作用所致，因而出厂时要将酒倒出来重新过滤装瓶。

总之，葡萄酒经过瓶贮后，供应消费者时应达到最佳状态和最佳品质。

5.1.1.5　葡萄酒的人工老熟

采用人工方法加速葡萄酒陈酿和老熟的做法一直以来受到非议，这是因为生产高档优质葡萄酒的厂家希望消费者知道，经过长期自然老熟的葡萄酒具有无穷的魅力，无论是酒的精美程度，还是色泽、口感及香气的多样性，天然老熟酒表现得丰富而耐人寻味。但一些酿酒企业根据葡萄品种、生产工艺、葡萄酒品质等的不同情况，结合企业的技术、设备等状况，采用适宜的人工老熟方法，加速葡萄酒的老熟，减少其库存时间，提高贮酒设备的利用率。

例如：名优红葡萄酒的老熟作用，都认为是酒中存在的细菌引起的细菌性发酵作用，尤其是乳酸细菌作用于苹果酸，使其转变为乳酸，最后完成一种"苹果酸－乳酸发酵作用"，是老熟的关键所在。试图加快这种发酵作用，以完成加快老熟作用，大都未能成功，未能做到天然老熟那样的效果。

利用任何一种人工方法，既做好氧化处理，也做好加热处理，都未曾获得满意的结果，也就是说，酒中主要物质的变化，不能与天然老熟所发生的变化相提并论。

当传统老熟方法的成本太高时，采用改进后的新工艺会使普通廉价葡萄酒的质量提高，使其单宁更加平衡，果香更加突出，从而生产出低成本的葡萄酒，参与葡萄酒市场的竞争。最普通的人工老熟方法是温度变动较大的条件下，强制分子氧发生氧化作用，这是巴斯德在1866 年总结西班牙的经验后提出推广的人工老熟方法。可以考虑采用的快速老熟和陈酿的新技术主要有以下几种。

① 巴斯德的人工老熟方法。葡萄酒在接触空气的条件下，加热至25℃或30℃，然后逐渐升温，维持35℃ 15d 或20d，目的是使酒获得像老酒那样的颜色，并变更酒的口味。

② 先将幼年酒过滤，再将酒加热至70 ～ 80℃；经冷却后，如有浑浊，可再进行过滤；然后将其冷冻，直到 −5℃，维持10d；过滤，收取清液；加温至50℃；添加橡木刨花0.1%（质量分数）；维持这一温度（50℃），定时接触空气。

③ 在一定时间内，多次重复实现冬季的低温和夏季的高温，即冷处理和热处理交互使用，重复数次。将葡萄酒在低温下溶入更多的空气，此时，酒中溶解氧达到最高额度；然后加温至20℃，再冷却，再溶入更多的空气；再进行加热，如此重复进行。结束人工老熟时，应在低温下进行一次过滤操作。

以产地命名的名优红白葡萄酒，经受得住这种人工老熟法，而且所得老熟效果，可以和天然老熟法相似。但是，普通葡萄酒经不起这种反复多次的冷热处理，经过同样的人工老熟程序，会产生蒸煮味。

④ 葡萄酒接触橡木制品如橡木刨花数天，或者在40℃接触数小时，可使酒味变得更为可口，而且可以获得橡木味，使酒更柔绵。这个效果相当于在橡木桶中天然老熟很久一样。也可加入橡木板浸泡，葡萄酒经过3 ～ 4 个月也可获得良好的风味，加速老熟。

⑤ 接种葡萄酒液面上形成被膜的酵母（例如卵形酵母），酵母的氧化作用以酒精为基础，可以形成乙醛，然后形成与乙醛有关的衍生物，具有挥发性，会对酒的风味产生影响。如以着色物质为基础，则可改变其原有的颜色，使其外观接近老酒，从而可得老熟以后所具有的口味和颜色。

5.1.2　葡萄酒的澄清与稳定

葡萄酒只具有良好的风味是不够的，还必须有良好的澄清度，这是消费者所需求的第一个质量指标。如果瓶内的葡萄酒浑浊不清或瓶底具有沉淀物，消费者则认为这种葡萄酒已变质，而不管产品的味感如何。因此，从经营的角度看，必须将葡萄酒中的沉淀物除去，从而满足消费者的需求。葡萄酒不仅应在某一时间上具有良好的澄清度，而且不管通风条件、温度条件以及光照条件怎样变化，都应能长期保持这一澄清度。

葡萄酒的澄清，可分为自然澄清和人工澄清。葡萄酒在贮藏和陈酿过程中，一些物质可逐渐沉淀于贮藏容器的基部，可用转罐的方式将这些沉淀物除去。为了防止变质和氧化，应经常添罐。

葡萄酒的自然澄清是通过自然静置沉降的方法促进葡萄酒的澄清，主要是利用重力沉降作用使葡萄酒中的悬浮物自然下沉而使酒体澄清。自然澄清的周期比较长，一般需贮酒2 ～ 4 年，同时处理过程中要求低温静置并保持一定量的二氧化硫。

在葡萄酒中，除缓慢沉淀的固体物质外，还含有使葡萄酒浑浊的胶体物质，这些胶体物质的带电性和布朗运动，使它们以悬浮状态存在，但它们可吸附带相反电荷的胶体物质，从而变大并失去带电性，会加重葡萄酒的浑浊性，并形成沉淀物。人工澄清就是人为促进可使葡萄酒变浑浊或将使葡萄酒变浑浊的胶体物质絮凝沉淀并将之除去。主要方法包括下胶、过滤和离心等处理。

下面着重介绍葡萄酒人工澄清中的澄清剂与操作方法。

5.1.2.1 葡萄酒的下胶澄清

为了缩短生产周期，加速葡萄酒的澄清，降低生产成本，可以采用下胶澄清的办法。所谓下胶，就是在葡萄酒中加入亲水胶体，使之与葡萄酒中的胶体物质、单宁、蛋白质以及金属复合物、某些色素、果胶质等发生絮凝反应，并将这些物质除去，使葡萄酒澄清、稳定。

（1）下胶材料的选择

目前，可用于葡萄酒澄清的澄清剂多种多样，常用的澄清剂有明胶、蛋清、鱼胶、酪蛋白、皂土（膨润土）、硅藻土等。下胶材料的选择需要综合考虑葡萄酒的特性与下胶材料的特点，遵循一定的原则。由于红葡萄酒含有单宁，有利于下胶物质的沉淀，而且所使用的下胶物质对感官质量的影响较小，所以红葡萄酒的下胶较为容易，大多数下胶物质都可使用，尤以明胶为好。

白葡萄酒的下胶较难，必须在下胶前进行试验，来决定下胶材料及其用量。常用的下胶物质有酪蛋白、鱼胶或蛋白类胶与矿物质结合使用，以避免下胶过量。下面介绍常用的下胶材料。

① 明胶　又名骨胶，是动物的皮、结缔组织和骨中的胶原通过部分水解获得的产品。无色（或微黄色）、透明，板状或粒状，无异味，不含杂质。用明胶作下胶剂澄清红葡萄酒的效果好，目前国内酒厂普遍使用。明胶可吸附葡萄酒中的单宁、色素，能减少葡萄酒的粗糙感和某些不良的风味。不仅可用于葡萄酒的下胶，还可用于葡萄酒的脱色。正常的葡萄酒下胶时，要使酒得到完全的澄清，每 1000L 酒需加 50 ～ 80g 明胶，并预先补充明胶质量80%左右的单宁（视酒中单宁含量而定）。对于红葡萄酒，一般每 1000L 需加 80 ～ 180g，如果为了除去因单宁过多而产生的粗糙感或不良的色泽、败味等缺点，也可采用更高的用量（每1000L 加 300 ～ 500g）。

在使用前，应先做下胶试验，以确定明胶用量。使用明胶时，需两个环节：先将明胶剪成碎块，加冷水浸泡 24h，使明胶吸水膨胀变软；下胶时，先将浸泡明胶的水除去，再将明胶在 10 ～ 15 倍于其体积的水（45 ～ 50℃）中溶解，再倒入需处理的葡萄酒中，立即搅拌均匀，静置澄清。

在处理白葡萄酒时，为避免由于单宁含量过低而造成的下胶过量，建议用明胶与膨润土混合处理。

② 蛋清　蛋清蛋白是用鲜鸡蛋清经干燥获得的，为白色细末，在水中溶解不完全，但溶于碱液。如果结合冷冻过滤效果更好。一般每 1000L 葡萄酒需 20 ～ 30 个蛋清，应预先补充单宁，一般 1g 蛋白质可沉淀 2g 单宁。

在溶液中，单宁与蛋白质产生共沉淀作用而澄清。使用时，将蛋白用 10 倍于其质量的水溶解后调成浆状，再用加有少量碳酸钠的水进行稀释，然后注入葡萄酒中。将单宁用少量的酒溶解，然后加入酒中充分搅拌均匀，静置 8 ～ 10d 结合冷冻过滤分离清酒。

③ 鱼胶　鱼胶是以鲟鱼的鱼鳔膜为原料提取出来的胶原蛋白，通常为无色透明或略带黄色的薄片状、条状或蠕虫状。鱼胶在使用时，于冷水中在少量酸的作用下使它膨胀，制成胶胨状溶液，不可加热。

对于白葡萄酒，用鱼胶下胶比明胶有许多优点：使用剂量小，澄清效果好，酒体清亮，不会造成下胶过量，聚沉需要单宁量少。但是，由于鱼胶的絮块密度小，在使用后形成的酒脚体积大，下沉速度慢并可结于容器内壁，除去它们要经过两次倒罐，而且这些絮凝物过滤时可能会堵塞过滤器。

④ 酪蛋白　酪蛋白是牛奶的提取物，通常为淡黄色或白色的粉末。酪蛋白不溶于水而溶

于碱液，在酸性溶液中产生沉淀。仅用于葡萄酒的澄清时，其用量为 150 ～ 300mg/100L。如果使用较高浓度，其还可使变黄或氧化白葡萄酒或用红色品种酿造的白葡萄酒脱色，增加清爽感。由于酪蛋白的沉淀是酸度的作用，所以不会下胶过量。

制备酪蛋白的胶体溶液，应该避免得到深颜色溶液，不宜用直火加热。酪蛋白胶体溶液的制备方法为：称取酪蛋白 1kg，加入含有 50g 碳酸钠或碳酸钾的 10L 水中，水浴加热，利用碱液使酪蛋白的小片全部溶解，得到浓度为 10% 的酪蛋白溶液，再用水稀释到 2% ～ 3%，并立即使用。当其逐渐加入到处理的葡萄酒中时，就应同时逐渐搅拌葡萄酒使其混合均匀，然后静置沉淀澄清。

⑤ 硅藻土　硅藻土是水中藻类（硅藻）及其他单细胞微小生物的遗骸的沉积物的硅质部分，经加工成产品，主要成分是 $SiO_2 \cdot nH_2O$，呈白色、灰白色、黄色、灰色等，其骨架形成细小的多孔结构。硅藻土粉末的密度很小，为 100 ～ 250kg/m³，比表面积很大，具有强大的吸附能力，有良好的过滤性和化学稳定性。

用硅藻土下胶时，硅藻土中含有少量钙、镁离子，可与果胶酸作用形成果胶酸盐，加速果胶物质的沉淀，同时它还可以吸附一部分色素及其他物质，可使葡萄酒得到一定程度的澄清，但一般很难做到完全澄清。

⑥ 膨润土　膨润土又称浆土、皂土、胶状黏土，是铝的自然硅酸盐。在电解质溶液中可吸附蛋白质和色素而产生胶体的凝聚作用；可固定水而明显增加自身体积。因此，可用于葡萄酒的稳定和澄清处理。

按每升葡萄酒 0.5 ～ 1.0g 的用量将膨润土加入 60 ～ 70℃ 的热水里，浸泡 24h 之后，加葡萄酒制成 5% ～ 10% 的悬浮液；利用倒罐或转罐的机会，边搅边倒入酒中，继续搅拌 20min，静置 24h 后再搅拌一次即可。经 10 ～ 20d，视澄清良好时，分离除去沉淀。膨润土的胶粒带有负电荷，因而对因含有酵母细胞及蛋白质成分而浑浊的葡萄酒澄清效果很好，对于因金属离子引起的浑浊也有很好的效果，对于干白葡萄酒的澄清效果最好，对大部分的加强葡萄酒也能很好地澄清。

对于因带有负电荷的胶粒而浑浊的葡萄酒，其澄清作用效果差。在这种情况下，采用膨润土与明胶并用的方法为好。首先按明胶的用法把明胶加入葡萄酒中，24h 后再将膨润土按上述方法加入酒中，静置，待其沉淀后分离、过滤。

（2）下胶剂用量的确定

下胶剂用量的确定，以希望得到好的澄清效果，而且尽量使酒中蛋白质完全凝聚为目标。有文献报道，下胶试验可在 750mL 的白色瓶内进行，也可在长 80cm、直径为 3 ～ 4cm 的玻璃筒内进行。瓶子有利于摇动，使下胶物质分布均匀，絮凝沉淀的速度较快；在玻璃筒内进行时，则更易观察沉淀所需要的时间。

在下胶试验过程中应记录下列项目。

① 絮凝物出现所需的时间。

② 絮凝物沉淀的速度。

③ 下胶后葡萄酒的澄清度。

④ 酒脚的高度及其下沉和压实的情况。

通过这个试验选择絮凝沉淀速度最快、澄清效果最好、酒脚最少的下胶材料。进一步根据不同质量葡萄酒的特点，确定下胶材料的用量。

（3）下胶温度

下胶时的温度不能低于 8℃，最高也不能超过 30℃。酒温低，下胶物质往往受冷凝结，不能均匀地分散于酒里，胶体物质间的作用也不完全，澄清效果不好；温度偏高，有利于下胶物质的分散和作用，但凝聚慢，凝聚物体积小，不易沉淀。所以，最好的下胶温度为20℃左右。为了加快沉淀，下胶1～2d后，再将温度调到10℃左右更好。

（4）下胶材料与葡萄酒的混合

为了使胶液与葡萄酒迅速地混合均匀，根据酒厂的设备不同，一般采用以下方式。

① 搅拌：在下胶前和下胶过程中，用木棒、毛刷或搅拌器进行强制搅拌。

② 下胶泵：将下胶液根据酒泵的流量调至一定的流量，使下胶液与葡萄酒通过同一输送管同时进入下胶罐。

③ 转罐：在转罐时将胶液少量地、逐渐放入接收容器与葡萄酒混合，并通过酒泵泵入下胶罐。

5.1.2.2　葡萄酒的过滤

过滤是葡萄酒工业上应用得很广的一类单元操作，对保证葡萄酒的非生物稳定性和良好的酒体有着极其重要的作用。过滤是利用某种多孔介质对悬浮液进行分离的操作，在外力作用下，采用不同级别的硅藻土或滤板除去一部分较大的悬浮颗粒（粒径为50～200μm的葡萄果肉、酸式酒石酸盐晶体或某些酵母细胞），也可以采用垂直流聚合滤膜过滤设备完全除去细菌菌体（粒径为0.5～1.5μm）。

用于过滤的葡萄酒在质量上要求必须无病，具有一定的稳定性，含有足够量的游离SO_2，要保证在每次过滤前葡萄酒中游离SO_2的含量，以免氧化。仅仅对葡萄酒进行一次过滤操作是远不够的，在不同时期需要进行多次葡萄酒过滤。①粗滤阶段，即在第一次转罐后进行。在过滤前下胶，效果更好，可以同时除去一些酵母、细菌、胶体和杂质，多用层积过滤。②对贮藏用葡萄酒的澄清，过滤的主要目的是保证葡萄酒的稳定，可采用层积过滤或板框过滤。过滤前做好预滤、下胶等准备工作，过滤后的葡萄酒澄清度就越好。③装配前的过滤，此次过滤是保证葡萄酒良好的澄清度和稳定性，避免在瓶贮时出现沉淀、浑浊及微生物病害。在保证良好的卫生条件前提下，可选用膜过滤或除菌板完成过滤操作。

过滤机可以根据过滤介质的孔径、性质、装配方式或流体流通途径进行分类。例如从粗滤至除菌过滤、滤板至硅藻土、板框过滤至加压叶滤机、垂直流过滤至错流过滤等。目前常用的过滤有层积过滤、板框过滤、膜过滤、错流过滤。

（1）叶滤机

硅藻土可以对过滤过程中不断加厚的滤饼提供一种结构支持作用，这样使得易于被压缩的固体在过滤介质表面不至于形成很紧密的阻力层。过滤操作过程中，硅藻土是连续添加的（称为"附体添加"），这样随着过滤的进行能连续形成一种多孔滤饼。即使使用了过滤助剂，多数过滤机还是会因为细微颗粒在滤饼中的积累而最终被堵塞，或者它们的预涂层、滤纸或滤膜被堵塞。

助滤剂的用量与粒度取决于被去除固体的粒径和含量，在自然澄清较好的情况下，其用量一般推荐值为$1kg/m^2$；使用过细的硅藻土不但对澄清的促进作用不大，而且能导致较大的滤饼阻力和降低过滤流速。用于葡萄酒过滤的硅藻土粒径多在中等范围，从14.0～36.2μm，这些粉状的硅藻土首先可以在膜过滤之前用来替代紧密的滤板，其次可以用于发酵后果酒的粗过滤。硅藻土其他可以使用的品种包括细粒径的酸性钙土（粉红色）或粗粒径的碱性土（白色）。对悬浮颗粒的俘获能力和对滤饼流通阻力影响最大的是硅藻土粉末粒径的分布，而非粒径的大小。

在葡萄酒的pH条件下，硅藻土具有比较强的表面负电荷。因此含氮化合物可能一部分被吸附到硅藻土表面，这种情况已经得到了实验的证实。硅藻土是一类很弱的吸附剂，这些在实验室条件下的结果一般是在加入很高比例的助滤剂的情况下获得的。在工厂实践中，预涂层和滤饼会很快地被第一批流经过滤机的颗粒所饱和，一旦被饱和之后，它们就不再能吸附葡萄酒中的组分了。硅藻土处理酒液的比例与酒液中固体含量及过滤机的操作次数有关。为了消除助滤剂的不良风味，过滤机一般要用酸液或少量酒液进行清洗，然后排出清洗用酸液或酒液。

① 加压叶滤机　加压叶滤机利用一种滤网对过滤过程中的硅藻土提供支撑作用。叶滤机上具有滤网的支撑单元和滤液流经的通道。这种设备中的滤叶一般是矩形的，但也有环形的。在操作过程中，滤叶完全被酒液浸没。滤叶可以垂直安装在立式圆筒内，也可以垂直安装在卧式圆筒内，还可以水平地安装在立式圆筒内。这些安装方式只是由于制造商的偏好，而不是哪一种类型在操作上有什么特殊的优点。

加压叶滤机可以用于代替酒液在膜过滤之前的预过滤。采用粒径逐级较细的硅藻土可以达到这些目的，它们已经在一些大型和中型工厂中投入实际使用。

② 预涂滤层　加压叶滤机的滤网要在输入酒液之前进行预涂。这样可以使最初输入的酒液达到预想的澄清度，并且可保护滤网或滤筒，便于后来脱除失效的滤饼。预涂的方法是通入一定量的硅藻土粉浆，使硅藻土滤层先分布于滤网表面。硅藻土的预涂量为 $0.5 \sim 1.0 kg/m^2$，以便在滤网上形成所需的预涂层厚度（典型厚度为 $1 \sim 2mm$）。用于预涂的硅藻土粉浆的浓度至少为 3kg/L，也可以达到 6kg/L。预涂流速的控制应该使流量在 $2500 \sim 5000L/(m^2 \cdot h)$ 范围内，这时通过叶滤机压力降大约为 15kPa。

用于预涂的硅藻土粒径一般要比在过滤中随液流输入的硅藻土粒径细。但是也有使用粗级别硅藻土的例外，因为有些厂家往往在预涂和随液流输入的情况下使用纤维素类制品，按 0.5∶1 的比例混合到硅藻土中，以产生一个能俘获很细颗粒的 ζ 电位。

③ 操作　一旦预涂层制备完毕，就可以向滤室内输入酒液了。为了维持滤饼在过滤过程中的通透能力，还要使用一些新硅藻土，与酒液一起输入叶滤机中。添加新土的方法是将硅藻土粉浆从调浆罐中按比例混入酒液中。粉浆的添加比例由入口液流中固体含量确定。硅藻土与输入固体的比例一般为 1∶1，对于结晶固体需要 5∶1，而对于可压缩的固体则需要更高的比例。由于输入液流中固体含量可能在整个操作过程中有所变化，所以要求操作者监视过滤的进展情况。当滤饼积存很厚而占满滤叶之间的空间时，过滤的阻力会迅速增大，这时必须停止输入酒液。在排尽室内的酒液后，进行排出滤饼和清洗滤网的操作，然后可以再次进入预涂循环。

某些过滤机装备的滤网可以进行敞开清洗，而另一些叶滤机装备有振荡或水喷淋清洗装置，可以从滤网上剥除滤饼。多数叶滤机配备有废弃滤饼的收集盘。

（2）板框过滤机

板框过滤机使葡萄酒通过过滤纸板达到过滤的目的。许多酿酒厂在膜过滤和装瓶前采用一道滤板过滤。板框过滤机有两类使用形式，一类是常见的用滤板（或滤布）作为过滤介质，另一类是使用滤纸和一层硅藻土作为过滤介质。根据过滤纸板所用的材料不同，滤板可分为石棉板、纸板和聚乙烯纤维纸板等。根据过滤效果不同，可将纸板分为三类：①粗滤板，主要用于初滤，以除去较粗的杂质，流量较大；②澄清板，质地较松，具有很强的吸附作用；③除菌板，可除去微生物，孔隙可达到 $0.2\mu m$，常用在装瓶前的最后一次过滤，并安置在灌装机前。

使用滤纸作为过滤介质时，将它们铺设到滤板上，滤板的交替排列方式使得偶数滤板成为分布滤板，而另一块板成为接收或收集滤板。滤纸的铺设方式使得其蜡化带波纹的一面面向分布板（或输入酒液），而其网格纹面朝向收集板。利用取样阀可以排出液流中的空气，过滤操作可以连续进行到过滤压差达到预定值为止，或过滤完成之后。

当使用硅藻土时，必须用硅藻土粉浆在每一块滤板的表面预涂一层薄薄的涂层。预涂的硅藻土会附着在覆盖于板上的滤纸或塑料网上，或附着在较细级别的滤板上。实际操作过程中，往往将少量的硅藻土粉浆混入到输入的酒液中。一层硅藻土滤饼将形成在每一块板的表面，其中也含有被俘获的悬浮固体。

过滤操作过程中，随着固体的积累和滤饼厚度的增加，过滤阻力也会增大，其过滤流速可能会下降，但具体下降的程度会因所用输送泵类型的不同而异。过滤操作在下述条件下需要终止：当滤框被滤饼充满时；当流速降低至不能接受的程度时；当入口压力上升到不能接受的程度时；当过滤操作完成时。

（3）圆筒和膜过滤机

过滤膜由纤维素酯和其他聚合物构成，其作用像是一个孔目很小的筛子。滤膜的分级是根据它们的最大孔径，而不是根据平均孔径或有效孔径，孔径大小根据用途不同而有所差异。用于过滤葡萄酒的主要有两种：孔目直径为 1.20μm 的过滤膜，可除去酵母菌；孔目直径为 0.65μm 的过滤膜，可除去乳酸菌和醋酸菌。

对于除菌过滤来说，滤膜的最大孔径是至关重要的，现在已经形成了测定滤膜孔径值的具体试验方法。这种类型的过滤机具有很有限的容渣空间，因此它们所处理的液流中的固体应该在早期澄清或预过滤的过程中被大部分除去。膜过滤机不能承担全部的过滤任务，而是用于保证绝对除菌，拦截预过滤设备漏掉的少量残留细胞和微粒。因此，膜过滤用于装瓶前的无菌过滤，只能过滤澄清葡萄酒，以提高葡萄酒的生物稳定性，而不是为了澄清葡萄酒进行的过滤。

膜过滤机最常见的结构是将膜制成筒形，安装在一只立式圆筒滤室内。滤膜筒里面有支撑滤膜的钢筒，钢筒上有很多小孔让液流通过。滤膜安装在钢筒上，外面再罩一层塑料网，使滤膜保持正常位置。液流充满在整个滤室中，沿着轴向穿过滤膜表面进入钢筒内，然后在钢筒内下降，从底部排出。这种过滤机一种常见的安排是并列两台过滤机，当第一台用至失效时，可以将液流导向第二台，而不需要打开生产线进行清洗灭菌操作。

另一类型的膜过滤机是将滤膜安装到一组支撑碟上，这些碟片有规则地叠放在一起，外面再罩上较矮的圆筒形成滤室。液流的流经方式是从滤室中经碟片周围的小孔进入碟片内，再向下从底部流出，透过滤膜由下一层碟的上方进入下一层碟，最后进入中心收集通道。

（4）错流过滤机

错流过滤，是指液流的主要部分在过滤介质的表面很快流过，形成强烈的湍流效果，其中只有一小部分液体透过过滤介质。错流过滤大大减弱了悬浮固体堵塞滤孔和降低过滤速度的作用，因为它们被连续的液流不断带走，不会在滤层表面积累而形成滤饼。这种过滤机的缺点是它们的过滤速度要比传统的过滤机低得多，对于大批量的过滤需要大得多的过滤面积和长得多的过滤时间。一般情况下，在过滤过程中，应保证以下条件：①流速为 5m/s；②压力为 0.5 ～ 1.0MPa；③温度为 25℃。

错流过滤作为一种新兴的过滤技术引入到葡萄酒工业，其应用主要有三类：微滤、超滤和反渗透。通常葡萄酒行业使用的错流过滤机是微滤错流过滤机，过滤材料孔径在 0.2 ～ 0.8μm，可进行除菌过滤（除去酵母细胞的孔径为 0.65μm，除去细菌细胞的孔径为 0.45μm）、终止发酵过滤、下胶后的澄清过滤、冷处理稳定后的除酒石过滤、勾兑后的精滤以及装瓶前的预过滤等。

在葡萄酒行业，超滤可以用于对蛋白质、单宁和色素的去除，能明显改变葡萄酒的组分，如酚类物质等有效成分的损失较严重；反渗透过滤可以用于低醇葡萄酒的生产、乙酸的去除和不加热条件下生产浓缩果汁。

5.1.2.3 葡萄酒的离子交换处理

在葡萄酒中使用离子交换树脂能降低葡萄酒中的阳离子含量，获得良好的稳定效果。

（1）离子交换对酒质量的影响

离子交换树脂是一种疏松的、具有多孔网状结构的高分子化合物，不溶于水、酸、碱和有机溶剂，具有离子交换能力。

酒中或水中某一离子能否与树脂上的离子进行交换，主要取决于离子的相对浓度以及交换树脂对该离子的相对亲和力，按其对 732 型强酸性阳离子交换树脂的亲和力大小排序，依次为：$Fe^{3+} > Ca^{2+} > Cu^{2+} > K^+ > NH_4^+ > Na^+ > H^+ >$ 氨基酸。

732 型强酸性阳离子交换树脂的活性基团是磺酸根，因磺酸根中的 H^+ 易被交换，故又称氢型树脂。若磺酸根上的 H^+ 被 Na^+ 代替，则称为钠型树脂。酒处理可使用氢型树脂也可使用钠型树脂。使用钠型树脂时，由于钠离子与酒中的钾、钙等阳离子进行交换，则很少影响酒的酸度和缓冲力，但残留的铁与铜离子浓度高。而使用氢型树脂时，由于氢离子与酒中阳离子交换，虽然能降低铁与铜离子的残留量，但会增加酒的酸度。而且使用氢型树脂，需要用盐酸再生，容易造成环境污染，所以工厂多用钠型树脂。

费斯勒（Fessler）对红、白葡萄酒进行过离子交换试验，发现 SO_2 含量变化不大，钙的含量降低很少。用钠型树脂处理的佐餐白葡萄酒，处理前的铁含量为 3.8mg/L 和 6.0mg/L，处理后下降到 3.2mg/L 和 3.8mg/L。用氢型树脂处理的白葡萄酒，处理前铁含量为 6.0mg/L，处理后为 1.4mg/L。对红葡萄酒处理获得同样结果。氢型树脂处理的葡萄酒其 pH 大为降低。用钠型树脂处理的两种葡萄酒，处理前铜含量都为 0.6mg/L，处理后分别为 0.4mg/L 及 0.5mg/L，但用氢型树脂处理后则无铜的残留。干红葡萄酒、干白葡萄酒离子交换前后的变化见表 1-5。

表 1-5　干红葡萄酒、干白葡萄酒离子交换前后变化

酒类	钾含量 /（mg/L）		总酸 /（mg/L）		总酸	
	处理前	处理后	处理前	处理后	处理前	处理后
干白葡萄酒	801	144	0.603	0.583	不稳定	稳定
干红葡萄酒	1301	234	0.522	0.506	不稳定	稳定

经过离子交换，钾的含量大大降低，可得到满意的酒石稳定性，比起冷冻法，虽然对酒质有些不利，但操作费用低，处理时间短，对于没有冷冻条件的小型酒厂而言使用此法是很方便的。为了避免酒中的阳离子交换太多影响酒的风味，可让 30% ～ 50% 的酒通过离子交换柱再与其他酒混合。离子交换树脂不能完全去除铁与铜，因而还不能避免发生酒的金属性浑浊。

（2）离子交换树脂的处理和使用

新树脂一般应先用温水浸泡胀溶，沥去清水之后再用酸碱冲洗，其处理方法如下：干树脂→温水浸 2 ～ 3h →除水→ 4 倍量 2mol/L NaCl 流洗→水洗至中性→除水→ 4 倍量 2mol/L NaOH 流洗→水洗至中性→ 60% 酒精浸泡 24h →水洗至无酒味。

将处理好的树脂装入有机玻璃或不锈钢制成的树脂柱内，树脂高不超过柱内高度的 2/3。每次树脂进行离子交换失效后，用水反冲至洗净脏物，反冲水位高度不高于柱的 80%；然后用 10% 的 NaCl 溶液自上流入交换柱再生，流速 4 ～ 6L/h，时间 1.5h，再生完毕用软化水正冲洗，冲至无咸味后即可交换酒。

再生用的食盐水，经沉淀、砂滤后再使用，以免食盐中杂质污染堵塞树脂。

树脂柱暂时不用时，需处理干净，转成钠型后，再将柱内注满水，并加入适量 SO_2，水

面高出树脂面，切不可将树脂干放。

5.1.2.4 离心

离心处理可加速葡萄酒中悬浮物质的沉淀，从而达到澄清、稳定葡萄酒的目的。目前，用于处理葡萄汁或葡萄酒的离心机多为连续离心机，对沉淀物的去除用程序控制。离心机包括碟片式离心机和卧式螺旋离心机两种。

（1）碟片式离心机

广泛用于葡萄汁的沉降澄清，以及在发酵和下胶后的酒的澄清。碟片式离心机最适宜果汁固体含量在4%以下的情况下使用，可将固体含量降至1%以下。离心机中液体是半连续的，当需要排渣时液体有一个短暂的间断，其排渣次数跟排渣量正相关。通过离心处理后就可以获得较高澄清度，但对于固体含量较高的则作用有限。

（2）卧式螺旋离心机

相对于碟片式离心机来说，这种离心机提供的离心力要小得多，更适用于固体含量较高果汁和原酒的处理。可以连续排渣，分离出来的固体果渣为较干的膏状物，从机器的一端排出，澄清汁从另一端流出。相对于硅藻土过滤机而言，卧式螺旋离心机处理后的液体只是比较澄清而非完全澄清。

5.1.2.5 葡萄酒的冷处理

低温是葡萄酒稳定和改良质量的重要因素。低温稳定处理已成为葡萄酒生产极为重要的工艺条件，因为低温不仅能促进酒石沉淀（通过过滤或离心将酒石沉淀去除，使葡萄酒在贮藏过程中不出现酒石沉淀），还能去除色素胶体，当再次受冷时，仍能保持葡萄酒的澄清；低温可促进正价铁的磷酸盐、单宁酸盐沉淀和蛋白质凝结，提高过滤质量；冷处理能明显改善生葡萄酒的感官质量，酒龄越短，其效果越明显，可降低酸涩味，使葡萄酒口感圆润。

（1）冷处理温度

温度越低，其效果越好，但不能让酒结冰，否则会影响葡萄酒的过滤，甚至会影响酒的香味和滋味，因而冷处理温度以高于葡萄酒的冰点0.5～1.0℃为宜。为了在冷冻前准确地知道酒的冰点，可以利用贝克曼温度计测定，也可以查葡萄酒的冰点表。冰点的高低受酒度、浸出物含量的影响，可以根据酒度、浸出物含量用经验公式算出。

① 葡萄酒冰点计算公式

$$T=-(0.04P+0.02E+K)$$

式中　P——每升葡萄酒中含酒精质量，g；

　　　E——葡萄酒中浸出物含量，g/L；

　　　K——校正系数，当酒度为10%时K=0.6，当酒度为12%时K=1.1，当酒度为14%时K=1.6。

例：若一种葡萄酒酒精度为10°，浸出物含量为20g/L，求该葡萄酒的冰点。

计算：$T=-(0.04×80 + 0.02×20 + 0.6)=-4.2℃$。

其中：10°葡萄酒中每升含有纯酒精100mL，相对密度为0.794≈0.8，则1L酒中所含的酒精质量为80g。

② 根据经验数据查表，找出相对应的冰点（见表1-6）。

表1-6　酒类结冰温度

酒度（体积分数）/%	9	10	11	12	13	14	15	20	22	29
冰点/℃	-3.7	-4.2	-4.7	-5.2	-5.7	-6.2	-6.9	-8.4	-9.0	-14

（2）冷处理时间

冷处理时间的确定与冷处理时的降温速度有关。冷冻降温速度越快，所需的冷处理时间就越短。当温度以较慢的速度降低时，酒石酸盐的结晶很慢，但却能生成较大的晶体，因而很容易过滤除去。如果降温速度很快，酒石酸盐的结晶也很快，但生成的晶体细小，不易过滤除去，而且酒温稍一提高，就很快溶解了，所以必须保持于冷冻温度下，仔细过滤除去。

例如，处理一种葡萄酒，用了4h才将温度降至冰点附近，可使它所含过多的酒石酸盐有一半结晶沉淀；而用4min把温度降下来时，几乎可使过多的酒石酸盐全部结晶沉淀。

因此，首先要根据工厂的条件确定冷却方法，然后根据冷却方法确定冷却时间，一般需4～5d。

（3）冷处理方法

冷处理方法主要有三种，不论选用哪种方法，葡萄酒冷处理都需满足以下条件：快速强烈降温，使酒很快达到需要冷处理的温度；冷处理的温度以高于葡萄酒的冰点0.5～1.0℃为宜，且不能结冰；冷冻罐各个位置的温度要一致；冷处理后在同温度下过滤。

① 人工冷冻　人工冷冻有直接冷冻和间接冷冻两种形式。直接冷冻就是在冷却罐内安装冷却蛇管和搅拌设备，对酒直接降温。间接冷冻则是把酒罐置于冷库内。这两种方法中以直接冷冻为好，可提高冷冻效率，为大多数酒厂所采用。国外有的酒厂为加快酒石酸盐的结晶，除了采用快速冷却外，还在冷冻过程中加入酒石酸氢盐粉末作为晶种，并在冷冻前进行预备性过滤和离心分离，以除去妨碍结晶的那些胶体物质。

冷冻罐的容量一般为10～20m^3，把葡萄酒泵入罐内之后，一面送冷（可用氨直接进行冷却）一面进行搅拌，以防局部结冰。利用套管温度表随时检查罐内的温度。达到需要的温度时，停止送冷。冷却时以适当的速度搅拌，能促进沉淀物的形成。在保温期间，要经常检查温度回升情况，及时予以冷却。到规定时间后，保持同样的温度进行过滤。

② 自然冷冻　利用冬季的低温条件冷冻葡萄酒，适用于当年发酵的新酒。其方法如下：冷冻设备为不锈钢大罐，容量可根据需要确定，一般为100～200m^3，露天安放；将新酒于当年11月结合第一次倒罐，直接泵入露天大罐；随着室外温度的降低，酒被自然冷冻，到第二年3月，天气转温之前，结合第二次倒罐，趁冷过滤除去沉淀，并转入室内贮存。

③ 冷冻效果　从冷冻所产生的沉淀中可以发现两类物质，一种是胶状物质，其主要是色素、蛋白质、铁的络合物等；另一种是晶体，主要是钾和钙的酒石酸盐。新酿红葡萄酒所含色素有一部分处于胶体状态，在常温下溶解，但低温时，又变得不溶而使酒浑浊，对于这一部分成分，冷冻与下胶澄清具有同样效果。

对新酒来说，冷冻可使酒的品质改善，使滋味变得柔和，不挥发酸可减少0.2～0.3g/L，铁也可少量除去（每升除去几毫克），也能除去小部分蛋白质，单宁、色素有所下降，因某些酚类化合物产生的苦味也略有改善，但香味有些损失。

5.1.2.6　葡萄酒的热处理

葡萄酒经过下胶、冷冻处理，还不能完全解决由蛋白质、微生物、酶等引起的问题。通过热处理不但可以解决这些问题，而且还能加速葡萄酒的老熟，改善葡萄酒的品质。但在酿造鲜爽、清新型葡萄酒时，不宜使用热处理。

热处理就是将葡萄酒在一定温度条件下处理一定的时间，以阻止葡萄酒中微生物的活动。除此之外，热处理还可以加速葡萄酒的成熟，增加葡萄酒的稳定性。

（1）加热温度和时间

加热温度和时间随热处理的目的不同而异，主要有如下几种做法。

① 除蛋白质与铜离子 加热除去蛋白质和部分铜离子时，一般加热温度为80℃，维持10min，或者75℃维持15min。加热时葡萄酒中所含的一部分铜还原为硫化铜，与变性的蛋白质一起凝聚，加热时间越长，除去的铜越多。

但这种处理很容易损失一部分芳香性物质，并易出现焦味，尤其是甜酒更容易出现，并会由于糠醛的出现而影响酒的风味。因此只有在蛋白质含量过高需要膨润土量过大时才使用。

② 杀菌和酶失活 杀菌和酶失活时，温度越高，杀菌时间亦可越短。除去酵母、醋酸菌、乳酸菌等达到生物稳定，可采用几秒钟的90℃高温处理，也可用维持20min的55℃较低温度处理。也有采用热装瓶方法的，即装瓶前把酒加热到48℃，较适合新红葡萄酒和高级白葡萄酒。

③ 加速老熟 为了加速老熟而进行热处理时，温度一般为30～55℃，时间可在几天、几十天、几个月。国内大部分酒厂采用55℃处理5d。通过这种热处理，可使葡萄酒的色、香、味有所改善，产生老酒味，酒精、总酸、挥发酸都有所下降，挥发酯上升。

此外，葡萄酒经过热处理后进行过滤，可避免葡萄酒的铜败坏和蛋白质败坏，并可使葡萄酒中保护性胶体粒子变大；热处理可破坏结晶核，防止结晶沉淀。

（2）热处理方法

根据热处理的温度与时间的要求，应选择不同的加热和保温设备及方法。大量处理葡萄酒时，一般利用薄板换热器。热交换可分三阶段进行：第一阶段为预热段，把酒加热到40～50℃，热源为待冷却的热葡萄酒；第二阶段为加热段，热水温度不宜超过85℃，以防局部过热，当温度达到要求后应保温一定时间，时间较短时可在管道里进行，时间较长则应使用保温罐；第三阶段为降温段，首先进入预热段回收热能，然后再利用地下水或冰水使酒温恢复到自然温度。

当以老熟为目的进行热处理时，可用两种方法进行。一种是采用大型罐，利用蛇管或夹层加热并保温，适用于时间较短的热处理。另一种是用瓶内水浴加热对葡萄酒进行加热处理，加热时间较长，然后让其自然冷却。这种方法需要进行热装瓶，即在装瓶时，保证足够量的游离SO_2，同时，装瓶最好在充氮条件下进行。此法很适于酒龄较短的红葡萄酒、甜型葡萄酒，并可使之具有良好贮存性。

5.1.2.7 冷、热处理顺序上的选择

冷、热处理都要有利于酒的稳定性和老熟过程的加快，采取冷、热交替进行，可以得到更好的效果。但冷、热处理先后顺序的不同，对酒的质量也有不同的影响。经实验，先热后冷比先冷后热处理的葡萄酒挥发酯含量高，原因是乙醇与酒石酸生成的酯含量高。在先冷后热的处理过程中，酒石酸氢钾在冷处理时被除去了一部分，随后进行的热处理中，其酯的生成也就相应地减少了。

虽然先热后冷处理的葡萄酒香气高，但由于热处理之前，葡萄酒的杂质没有除净，尤其酒脚残留物除得不净，往往在热处理时，使香味粗糙。所以一般认为先冷后热处理的葡萄酒更接近自然老熟的风味。而且热处理可消除冷处理产生而未过滤除去的酒石酸盐小晶体，从而可避免由于这些小晶体的晶核作用而产生的沉淀。但如果经过下胶及过滤处理的葡萄酒，采用先热后冷的催熟，更有利于酒香产生和热变性胶体物质的清除。冷、热处理及处理条件对葡萄酒主要成分的变化影响见表1-7。

热处理能够加快酒的老熟，但使酒的果香和新鲜感变弱，这种选择已不适应现代葡萄酒的质量要求。因此，高档葡萄酒一般不宜使用热处理，只采用冷处理，以除去冷浑浊物，并注意减少酒与氧的接触。普通葡萄酒酒厂广泛采用先冷后热的处理方法，一般利用冬季自然条件进行室外冷冻，然后进行热处理。

表 1-7　葡萄酒经冷、热交换处理后化学成分的变化

处理条件	酒精/%	总糖/（g/L）	总酸/（g/L）	挥发酸/（g/L）	总酒石酸/（g/L）	pH	挥发酯/（g/L）	总氮/（g/L）
对照	14.0	16	5.250	0.660	0.146	3.45	0.224	0.475
先热后冷，通气	13.5	14	4.875	0.561	0.115	3.44	0.422	0.090
先热后冷，绝氧	13.9	16	4.875	0.514	0.120	3.45	0.310	0.175
先冷后热，通气	13.3	16	4.875	0.500	0.115	3.46	0.295	0.145
先冷后热，绝氧	13.5	16	4.870	0.657	0.115	3.44	0.224	0.162

5.1.3　葡萄酒的病害与防治

葡萄原料具有良好的成熟度和卫生状况、良好的卫生条件和工艺条件、与原料和所需酿造的葡萄酒种类相适应的工艺及贮藏管理措施，是防治葡萄酒病害最有效的途径。优秀的葡萄酿酒师，水平体现在他能预防葡萄酒各类病害的发生，而不是他能治疗葡萄酒的病害，因为如果葡萄酒一旦有病害出现，即使进行了最合理的治疗，也永远达不到它固有的质量水平。

在葡萄酒中，除酒精外还含有其他物质，如甘油、高级醇、芳香物质、多酚化合物等，这种有生命的饮料很容易受到微生物的作用而变质。同时，在葡萄酒中会发生物理化学反应，使得葡萄酒表现出浑浊或沉淀。最后，葡萄酒有时会表现出一些缺陷或者不良风味。

葡萄酒的病害分为生物病害、非生物病害以及不良风味三类。

5.1.3.1　葡萄酒的生物病害

葡萄酒是营养丰富的饮料，对微生物来说也是一个较好的培养基。微生物的活动，会导致葡萄酒在贮藏过程中成分发生变化，从而影响葡萄酒的质量。因此在酿造过程中，不仅要按时进行微生物检查，而且要注意以下事项，以防有害微生物的繁殖。

① 葡萄采收时，要严格进行分选，将有病的和腐烂的葡萄另外存放。

② 采收、发酵、贮藏以及装酒等所用的工具必须经过合理的清洗消毒杀菌处理。

③ 葡萄采摘后要迅速运输、及时加工，从采摘到加工最好不超过 24h。

④ 葡萄酒发酵时，适当加入人工培养的优良酵母，并注意随时调节品温，不得超过 30℃。

⑤ 红葡萄酒发酵时，要注意循环搅拌，使皮渣浸入浆液中。

⑥ 贮酒管理要按时补罐，保持满桶贮存，要注意不可用有病的酒补罐。

⑦ 整个酿造过程中要适当应用二氧化硫，这样可以防止有害微生物的感染。

（1）醋酸菌病害

醋酸菌是酿酒工业的头号"敌人"。症状表现为：在葡萄酒表面上会产生一层浓灰色薄膜，最初是透明的，以后变暗出现波纹，逐渐沉入桶底，形成一种黏性的稠密物体，俗称"醋母"，品尝时有一股醋酸味并有刺舌感。醋酸菌可分几种，葡萄酒中常见的醋酸杆菌比酒花菌小得多，一般在 $0.5\mu m \times 1\mu m$，形状为小球形，一个孢子长出另一个孢子时两个连接在一起，有时像链锁一样。在有氧条件下醋酸菌能使葡萄酒中的酒精氧化成醋酸，最后再将醋酸分解成二氧化碳和水。其结果是降低了葡萄酒的酒度和色度，提高了挥发酸的含量。其反应式如下：

$$C_2H_5OH+O_2 \longrightarrow CH_3COOH+H_2O$$

$$CH_3COOH+2O_2 \longrightarrow 2CO_2+2H_2O$$

① 预防方法

a. 严格控制发酵温度，最高不超过 30℃。

b. 要注意满桶贮存，按时添满不得留有空隙。

c. 酒窖注意卫生，彻底消灭果蝇。

② 防治　醋酸菌病害是一种很严重的病害，需要严格预防才最有效。

a. 保持良好的卫生条件，相关设备、容器清洗干净。

b. 严格避免葡萄酒与空气接触。

c. 正确使用 SO_2，最大限度地除去醋酸菌。

d. 在发酵过程中，采取有效措施提高固定酸含量，降低挥发酸含量。

开始发现醋酸菌感染时，采取加热杀菌，加热温度为 68～72℃，保持 15min，杀菌后立即放入已杀过菌的贮酒罐中贮存。如果没有杀菌设备，可以采取加醇提高酒度达到 18% 以上。我国规定的标准是：优质红葡萄酒和优质白葡萄酒、干红葡萄酒、干白葡萄酒中的挥发酸含量均不超过 1.1g/L。挥发酸含量若超过标准，则无法作为正常酒销售，只有用于做醋或蒸馏酒精。

（2）酒花菌病害

酒花菌病害俗称"白膜"，当贮酒罐不满时葡萄酒与空气接触，在酒的液面上有一层灰白色薄膜，开始薄膜光滑，时间长了渐渐形成皱纹，有时薄膜破裂扩散到酒中，使酒变混，甚至使酒度降低，口味平淡，像掺水的葡萄酒；该病害还可使乙醛含量升高而具有过氧化味。引起这种病的病菌即是酒花菌（产膜酵母）。

在显微镜下观察，它的形状很像酵母菌，但比酵母菌长略扁，它的大小为（3～10）$\mu m \times$（2～4）μm，不产生孢子形态，能使糖发酵，为好氧菌，没有空气不能繁殖，并能利用空气中的氧将酒精分解成二氧化碳和水。其反应式如下：

$$C_2H_5OH+3O_2 \longrightarrow 2CO_2+3H_2O$$

$$C_2H_5OH+1/2O_2 \longrightarrow CH_3CHO+H_2O$$

① 预防　酒花病并不危险，很好预防。最简单的方法是做好添罐，保持贮酒容器装满不留空隙。

② 治疗方法　如发现葡萄酒在贮藏过程中液面有一层酒花菌时，应立即除去。木桶贮酒时将长柄漏斗插入产生酒花菌的桶中，再添加同品种同质量的无病酒，使酒花菌随酒上升流出桶外，同时用槌敲打桶口四边，使附在桶壁上的酒花菌随酒流出，将酒花菌全部除净，再将液面上的酒抽出 2～3L，然后用高度酒精添满封桶；罐存酒则用工具将上层酒膜瓢去，同时用酒精将罐脖及水封消毒，保持清洁卫生，减少微生物的活动。

（3）乳酸菌病害（苦味病）

这种病害主要发生于陈酿红葡萄酒。发病葡萄酒具有明显的苦味，并伴随 CO_2 的释放和颜色的改变及色素沉淀。苦味病又称甘油发酵病，是乳酸菌将甘油分解为乳酸、乙酸、丙烯醛和其他脂肪酸的结果。而苦味是因为丙烯醛与多酚物质作用的结果。

苦味病的防治：发酵要彻底，贮藏温度要足够低，加入 SO_2 50～70mg/L 处理，处理后进行 1～2 次下胶处理。

对于微生物病害的防治，必须熟悉各类病害发生的症状和发病条件，首先去除发病条件，并在酒精发酵和苹果酸－乳酸发酵结束后，杀灭或去除所有的微生物。因此要保证葡萄酒厂具有良好的卫生状况；还要保证发酵的顺利进行和发酵完全。其次，就是在发酵结束后进行的葡萄酒贮藏过程中，采取相应的如下措施。

① 正确使用 SO_2　在葡萄酒的贮存过程中，务必要保持一定的游离 SO_2 浓度，并经常进行检验、调整。还可将山梨酸钾与 SO_2 结合使用，因为山梨酸钾单独使用会促进细菌性病害的发生，只对酵母菌具有杀菌能力。

② 正确进行添罐、转罐　发酵结束后，为防止葡萄酒与空气接触发生病害，应经常进行添罐。除此之外，应正确进行转罐，必要的时候可以结合下胶、过滤、离心等处理，用来除去微生物。

③ 巴氏杀菌　针对一些相对稳定的葡萄酒，在发生病害后可以进行巴氏杀菌，在杀菌时注意防止葡萄酒的氧化。

5.1.3.2　葡萄酒的非生物病害

葡萄酒的非生物病害，是由于化学或酶的反应而造成的，下面主要讨论几种结晶性沉淀和葡萄酒的破败病。

（1）酒石酸盐的结晶沉淀

葡萄酒装瓶后遇到天冷或贮藏在冷库内，将瓶倒转后常出现一些发亮的晶体，这种现象经常在贮存时间不长的新酒中发现。产生这种晶体的原因是由于在澄清过程中使用的滤棉质量不好，或者是由于贮存在未经过处理的水泥池中，使酒增加了钙离子而与酒石酸结合生成酒石酸钙。草酸钙部分来源于葡萄，也可能来自野生酵母或霉菌的副产物。常见的晶体有如下几种：酒石（酒石酸氢钾）晶体；酒石酸钙晶体；草酸钙晶体。防止成品酒中产生结晶沉淀，必须注意下列事项。

① 新酒必须经过冷冻处理，方可与老酒混合调配做成品酒装瓶。

② 葡萄要经过分选，红葡萄酒发酵时尽量把果梗除去。

③ 装酒前的瓶子洗刷时最好用较软的水。

④ 采用冷冻处理防止酒石沉淀。酒石酸氢钾在不同温度和不同酒度下的溶解度是不同的，温度低、酒精度高则酒石酸氢钾的溶解度低，反之则高。如表 1-8 所示。

表 1-8　酒石酸氢钾在水和酒精中的溶解度　　　　　g/100mL

温度 /℃	水	酒精度（体积分数）					
		10%	11%	12%	13%	14%	15%
-4	10.6	5.6	5.2	4.8	4.6	4.3	3.7
0	11.9	6.7	6.2	5.4	5.4	5.2	4.6
5	14.1	8.4	7.9	7.4	7.0	6.6	5.9
10	18.4	11.7	10.2	9.6	9.1	8.6	7.8
15	22.2	13.0	12.5	11.9	11.3	10.8	9.7
20	26.2	16.4	15.5	14.7	14.0	13.3	12.0
25	30.1	18.7	18.4	17.0	16.1	15.3	13.8

葡萄酒中加入偏酒石酸也可以防止酒石酸盐沉淀。偏酒石酸对酒的风味无影响，用量多少根据酒的种类组成来确定。

(2) 葡萄酒的破败病

正常的葡萄酒澄清透明无沉淀，破败病不但影响酒的外观和色泽，如造成浑浊、沉淀、褪色等，有时也影响酒的风味。由氧化引起的葡萄酒浑浊主要有：由铁离子引起的铁破败病和由氧化酶引起的棕色破败病。由还原引起的葡萄酒浑浊是由于葡萄酒中的铜被还原成亚铜引起的铜破败病。

① 破败病的种类和发生原因

a. 棕色破败病　霉变葡萄浆果中含有的酪氨酸酶和漆酶均可强烈氧化葡萄酒中的色素，并将它们转化为不溶性物质。在多酚氧化酶的作用下，多酚被氧化为醌，且这一反应一般都在葡萄酒成熟过程中进行，从而改变葡萄酒的颜色。反应强烈的生成物醌则聚合为不溶性的棕色物质，从而导致棕色破败病。

棕色破败病是葡萄酒中氧化酶作用的结果，可使红葡萄酒中出现棕黄色沉淀，白葡萄酒的颜色最后也呈棕黄色，但沉淀比红葡萄酒的少，都带有不同程度的氧化味和煮熟味。

b. 蓝色破败病　这种破败病的发生是由于葡萄酒中含有过多的铁，使三价铁与单宁结合而引起的。在红葡萄酒中，开始在表面形成很薄的红色的膜，然后出现蓝色沉淀。白葡萄酒则变黑，呈铅色。

如果酒中含有足量的有机酸，可提高正铁复合物的溶解度，破败病即可消失。因此控制酒中总酸的含量是有必要的。总酸与蓝色破败病的关系如表 1-9 所示。

表 1-9　总酸与蓝色破败病的关系

总酸	蓝色破败病程度	总酸	蓝色破败病程度
0.577g/100mL	严重浑浊沉淀（有病）	0.811g/100mL	未发现浑浊沉淀（无病）
0.613g/100mL	浑浊沉淀（有病）	0.875g/100mL	未发现浑浊沉淀（无病）
0.676g/100mL	浑浊沉淀（有病）		

c. 白色破败病　这种病发生的原因是葡萄酒中的 Fe^{3+} 与磷酸结合生成不溶解的磷酸铁，即白色沉淀，因此这种病称为白色破败病。白色破败病主要出现在白葡萄酒中。这种铁破败病是可逆的，将患病葡萄酒置于阳光下或加入强酸，浑浊就会消失。

蓝色破败病和白色破败病也叫作铁破败病（图 1-4）。

图 1-4　铁破败病生成原理

d. 铜破败病　铜破败病是在还原条件下出现的病害，即葡萄酒中的铜被还原成亚铜而引起的。主要出现在瓶贮阶段，尤其是装瓶后暴露在日光下或贮存温度较高时。铜破败病产生必须具有的条件：含有一定量的铜（1～3mg/L）、SO_2、蛋白质和还原条件。其症状是葡萄酒在装瓶后发生浑浊并逐渐出现棕红色沉淀。

② 破败病的检查方法

a. 检查葡萄酒是否有破败病　将葡萄酒样品在隔绝空气的条件下进行仔细过滤，取滤清的酒样 50mL 放入 100mL 的烧杯中，暴露在空气中，每天定时观察，经过 4～5d 后，酒液仍然澄清透明，即证明该酒健康无病，如果发生浑浊或微浑，即证明该酒有破败病。

b. 检查葡萄酒患病的方法　取酒样 500mL，过滤后分别做以下试验。

（a）取酒样 50mL，70℃加热杀菌 10min。

（b）取酒样 50mL，加偏重亚硫酸钾 0.5g。

（c）取酒样 50mL，加酒石酸 0.5g。

（d）取酒样 50mL，加柠檬酸 0.5g。

将以上处理过的酒样分别放入 100mL 的烧杯中，暴露在空气中，每天检查，经过 4～5d，如果（a）、（b）清亮，（c）、（d）浑浊，即为棕色破败病；若（a）、（b）浑浊，（c）、（d）清亮，即为蓝色破败病；如（a）、（b）浑浊，（d）清亮，则为白色破败病，详见表 1-10。

c. 检查破败病时应注意的事项

（a）样品在未加入药品或杀菌前，尽量避免与空气接触，否则试验结果不可靠，往往出现重病者变轻，轻病者变无。所以取样品后要严格密封。

表 1-10　检查葡萄酒患病的种类

破败病	杀菌后	加偏重亚硫酸钾	加酒石酸	加柠檬酸
棕色破败病	阻止	阻止	无用	无用
蓝色破败病	无用	无用	阻止	阻止
白色破败病	无用	无用	无用	阻止

（b）一般检查时可做两种检验。一种是：取酒样 50mL，加偏重亚硫酸钾 0.5g；另一种是：取酒样 50mL，加酒石酸 0.5g。

（c）加入偏重亚硫酸钾的样品，往往在很短的时间内发生浑浊，但这时不能肯定是破败病现象，因为偏重亚硫酸钾与酒中的酒石酸化合成酒石酸氢钾及亚硫酸，此时，如果酒有病则酒液永不澄清，如果酒没病静置几天杯底有酒石酸盐结晶沉淀而酒液澄清透明。

（d）检查时温度应在 10～25℃，温度过低酒受冷发生浑浊，温度过高细菌容易繁殖。

③ 破败病的治疗方法

a. 棕色破败病的治疗　各种预防措施都是为了尽量减少多酚氧化酶在葡萄酒中的含量。措施如下。

（a）原料挑选时尽量去除破损、霉变的果实。

（b）巴氏杀菌法：70～72℃加热 15min，以破坏多酚氧化酶。但注意杀菌前的酒必须过滤澄清，在杀菌过程中尽量使酒不接触空气。

（c）加亚硫酸（或偏重亚硫酸钾）处理：根据病的轻重每 100L 酒中加入亚硫酸（或偏重亚硫酸钾）8～10g，利用析出游离的二氧化硫阻止氧化酶的活动，还可以结合下胶以除去酒中的浮游物和酒石酸氢钾的细小沉淀，用膨润土处理沉淀以胶体形态存在的色素。

b. 蓝色破败病的治疗　发生蓝色破败病和白色破败病的原因都是铁的含量偏高，所以治疗的方法也相同。主要去铁方法有：植酸钙处理法、亚铁氰化钾处理法、添加柠檬酸处理法。

（a）植酸钙处理法。植酸钙与葡萄酒中的高铁离子形成难溶于水的植酸铁沉淀，通过过滤、下胶将植酸铁沉淀与葡萄酒分离。其操作方法为：首先分析葡萄酒中的含铁量，按除去1mg高铁离子需要植酸钙5mg计算加入量（最好通过小型试验选择合理的用量）。但为了保证葡萄酒的稳定性，在试验确定的每100L葡萄酒的植酸钙用量中应减去1g。在处理前对葡萄酒通气，植酸钙可与正铁形成白色沉淀，静置4～5d再加胶澄清。此方法适用于红葡萄酒。

（b）亚铁氰化钾处理法。亚铁氰化钾与三价铁反应生成深蓝色沉淀，称为普鲁士蓝，亚铁形成的盐为浅白色，铜盐为褐色。铅、锌、锰也能与之形成沉淀。理论上说，需要5.65mg亚铁氰化钾用于沉淀1mg三价状态的铁。实际用量应稍大一些。因为它与铁和亚铁的沉淀比例是不同的，根据形成亚铁氰化铁的比例不同，沉淀1mg铁的需要量可以由3.78mg变到7.56mg，相差1倍。亚铁氰化钾也可以与其他金属离子（亚铁、铜、锌、铅、锰等）结合形成沉淀。

一方面由于上述原因，另一方面由于酒中的铁并非以能立即形成沉淀的状态存在，所以建议，决定亚铁氰化钾使用量的方法不能通过简单的计算，而是需要预先在实验室中做准备试验和正式试验。最后，为保险起见，在试验确定的每100L葡萄酒的亚铁氰化钾的用量中应减去3g。

将确定后的用量先用冷水溶解，加入葡萄酒时应使其混匀，避免局部过量。处理之后配合下胶操作，下胶剂可选蛋白质材料或血粉，其目的是加速絮凝，沉降亚铁氰化铁，也为了加速澄清。亚铁氰化钾处理之后需要经过硅藻土过滤。过滤最好在处理4d后，因为沉降时间过短时澄清困难，但沉降时间过长，葡萄酒与亚铁氰化钾接触时间长，对酒的口味也是不利的。

亚铁氰化钾不仅对铁的破败病极为有效，而且对铜破败病也很有效，可解决2种类型的金属病害。但是，对于优质葡萄酒来说，它改变了酒的发育速度。也可以观察到它对酒香味的干扰，这可以解释为缺乏金属之后，酒的氧化还原电位太低。

除此之外，并不是所有的酒都需要这样处理。这种处理方法只能作为补救措施。亚铁氰化钾只适用于在不能用其他处理方法（尤其是添加柠檬酸和抗坏血酸）的情况下采用。

（c）添加柠檬酸处理法。这种酸并不是由于提高了酸度的作用而能防治铁破败病，因为实际上一些更强的酸并不具有同样的性质，而是由于它作为铁的螯合剂，形成了柠檬酸铁而起了增溶作用。但处理后的酒最终柠檬酸浓度不得超过1g/L。添加柠檬酸的处理方法只适用于那些产生破败病倾向小、含铁量不超过18mg/L、酒的口味能容许这种酸化作用的葡萄酒。然而，并不是在所有情况下都要采用最高添加量。预先的破败病试验可以证明，添加0.2～0.3g/L一般已经足够。如果准许使用柠檬酸钾，则也有同样的效果，且没有酸化作用。但柠檬酸用于葡萄酒中比较危险。

c. 铜破败病的防治　铜破败病的预防以尽量降低葡萄酒中铜的含量为主。比如，在葡萄采收前三周停止使用含铜的化学药剂；在葡萄酒酿造过程中应尽量避免葡萄酒直接接触铜器。在装瓶前，必须对葡萄酒进行稳定性试验，如果结果表明葡萄酒易发生铜破败病，则应采取以下措施。

（a）膨润土处理，去除蛋白质。

（b）离子交换处理，可用 H^+（或 Na^+）交换铜离子。

（c）用硫化钾或硫化钠（$Na_2S \cdot 9H_2O$）处理，硫化钠可与葡萄酒中的 SO_2 形成 H_2S，H_2S 可与 Cu^{2+} 形成 CuS 胶体，然后进行下胶、过滤即可将 CuS 胶体除去。硫化钠的使用浓度一般为25mg/L。必要的时候根据葡萄酒中的铜含量，预先做 Na_2S 的浓度试验，以确定 Na_2S 的使用浓度。

（d）加入保护性胶体，抑制硫化铜胶体凝结沉淀，可以选用膨润土（500 ～ 1000mg/L）或阿拉伯树胶（50 ～ 200mg/L）进行处理。

5.2 任务一 葡萄酒的下胶澄清

5.2.1 目的和要求

了解葡萄酒下胶材料设计原理；掌握各类葡萄酒的澄清处理方法。

5.2.2 材料与仪器

材料与药品：待下胶的葡萄酒，明胶，膨润土，酪蛋白，单宁，PVPP 等。

仪器与器皿：100mL 量筒，50mL 烧杯，千分之一天平，玻璃棒，移液管，分光光度计等。

下胶剂典型的用量范围见表 1-11。

表 1-11 下胶剂典型的用量范围

下胶剂	常用量范围 /（mg/L）		下胶剂	常用量范围 /（mg/L）	
	佐餐白葡萄酒	佐餐红葡萄酒		佐餐白葡萄酒	佐餐红葡萄酒
酪蛋白	60 ～ 120	60 ～ 240	硅土	40 ～ 200	40 ～ 200
蛋清	不用	30 ～ 240	PVPP	120 ～ 240	120 ～ 480
鱼胶	10 ～ 120	30 ～ 240	琼脂 / 海藻酸钠	120 ～ 480	120 ～ 480
明胶	15 ～ 120	30 ～ 240	活性炭	120 ～ 600	120 ～ 600
硅藻土（Na^+ 型）	120 ～ 720	不用			

5.2.3 操作方法与步骤

① 实验的设计。

② 下胶剂的准备。

③ 根据设计的胶液浓度梯度进行下胶实验。

④ 每天观察记录下胶结果。

⑤ 回收上清酒液，取上清酒液测定澄清度、色度。

澄清度用分光光度计测定，以其在 420nm 处的透光率（%）计量；色度测定用分光光度法，以蒸馏水做空白对照，测定酒样在 600nm 下的吸光度，用吸光度 A 表示。

⑥ 分析实验结果，得出最佳下胶方案。

⑦ 过滤：下胶处理后可用层积过滤或板框过滤。葡萄酒的澄清度越好，所选用的过滤介质越"紧"。

5.2.4 注意事项

① 下胶剂的用量增加，澄清度会明显提高，但色度会随之降低，对葡萄酒的感官影响较大。

② 用于下胶的葡萄酒必须结束酒精发酵，没有病害。

③ 应使下胶物质与葡萄酒混合均匀。

5.3 任务二 葡萄酒的冷稳定

5.3.1 目的和要求

通过对葡萄酒有关项目的稳定性试验，预测酒的稳定性，学习相关的试验方法，掌握用于检验葡萄酒的酒石稳定性和红葡萄酒的色素稳定性的方法。

5.3.2 材料与仪器

材料与药品：红葡萄酒，白葡萄酒，酒石酸氢钾，氯化钠，饱和氯化钾溶液，酚酞，0.5mol/L NaOH，10% 单宁，H_2O_2，$K_2S_2O_5$，$Na_2S_2O_4 \cdot 2H_2O$，5% 硫氰化钾，浓盐酸，亚硫酸等。

仪器与器皿：比色管（25mL 或 50mL），磁力搅拌器，冰箱，漏斗，水浴锅，电炉，烧杯，玻璃棒，温度计，高压灭菌锅，恒温培养箱，挥发酸测定装置，有机酸色谱装置等。

5.3.3 操作方法与步骤

（1）酒样的准备

用于稳定性试验的酒样必须澄清，澄清是稳定性试验的前提。

将葡萄酒装入无色透明的玻璃瓶中，加塞密封，然后放入温度为酒的冰点之上 0.5℃ 的冰箱中，保持 7d，每天观察透明度变化情况。酒样仍然澄清，说明该酒在冷冻的情况下是稳定的。若有浑浊沉淀，说明该酒在冷冻的情况下是不稳定的，经离心分离，取其沉淀物于显微镜上检查。若有结晶析出即为酒石结晶；若为絮状沉淀，则多为蛋白质或胶体沉淀；若沉淀物带有色泽，则为单宁色素或单宁蛋白质沉淀物。

将酒样在结冰条件下维持 8 ~ 24h，冰晶融化之后如果出现盐的结晶则意味着酒液不稳定。

（2）检验酒石稳定性的方法

于 250mL 烧杯中注入 50mL 待测葡萄酒，准确称取分析纯酒石酸氢钾 200mg，加入酒中，烧杯中放入磁力搅拌棒，然后将烧杯置于铜质水浴锅中，烧杯周围堆放冰盐混合物（冰盐比为 5：11），使温度保持在 0 ~ 1℃，水浴锅放在磁力搅拌器上，开动磁力搅拌器，烧杯中的葡萄酒得以匀速搅拌，经 2h 的搅拌后，将析出的沉淀物倾至漏斗中的滤纸上，用 30mL 饱和氯化钾洗涤，将滤纸及沉淀物移入 500mL 烧杯中，加入中性蒸馏水 50mL，加热待沉淀溶解后，加入酚酞指示剂，用 0.5mol/L NaOH 溶液滴定，然后计算出酒石酸氢钾值。

如果 50mL 葡萄酒中析出的酒石酸氢钾小于 200mg，则不会发生结晶性浑浊沉淀；如果超过 212mg，则表明酒石不稳定。

（3）通过测定葡萄酒的电导率来检验酒石稳定性

冷冻处理强化电导率的变化值若小于 25μS，葡萄酒是稳定的；若大于 25μS 小于 50μS，葡萄酒有酒石沉淀的危险；若大于 50μS，则葡萄酒酒石不稳定。

（4）通过分析酒石含量来预测酒石稳定性

若酒石含量低于 0.7g/L，则该葡萄酒酒石稳定。

（5）测定饱和温度来判断酒石稳定性

某温度下酒石的稳定性检测：100mL 酒样在搅拌下降至预定温度，加入 1.5g 粉状酒石酸氢钾晶种，记录初始电导率读数。大约 20min 后，记录平衡时的电导率读数。只有读数的变化超过仪表精度的 2 倍，才能表明电导率真正起了变化。

5.4 任务三 葡萄酒病害诊断与防治

5.4.1 目的和要求

学习葡萄酒病害（浑浊沉淀）的鉴别、诊断方法，以及各种病害的防治方法。

5.4.2 材料与仪器

材料与药品：生病的葡萄酒，无水乙醇，5% 亚铁氰化钾，6mol/L 盐酸，浓硫酸，费林试剂，1mol/L 硫酸铜溶液，6mol/L 硫酸铜溶液，6mol/L NaOH，1mol/L KOH，硫氰化钾，亚硝酸钴钠，乙酸，1mol/L 酒石酸氢钠，6mol/L 氨水，30% 过氧化氢，H_2S，草酸铵溶液，3mol/L 硝酸，钼酸铵溶液等。

仪器与器皿：离心机，显微镜，磁板，烧杯，比色管，电炉，水浴锅，冰箱，玻璃棒等。

5.4.3 操作方法与步骤

（1）外观检查

① 观察酒液清混程度，有无沉淀，沉淀物的色泽和形状。

② 密闭加热实验：取病酒一瓶，除去标签，并摇动酒瓶使沉淀物均匀分布于酒中，然后将该酒放在水浴中，缓慢升温至 50 ～ 55℃，保温半小时，取出冷却至室温，与对照样品比较其浑浊度。如果浑浊减轻或消失，有可能是酒石酸盐或铁破败病；反之，可能有铜破败病。

③ 开瓶观察：取病酒一瓶，翻转酒瓶使沉淀物均匀分布于酒中，仔细开启瓶盖，注意观察有无特殊情况，如果看到瓶口"冒烟"或看到起泡现象，说明酒中有微生物活动。

（2）沉淀物的分离与检验

① 取病酒一瓶，用离心机仔细分离沉淀。挑出少数沉淀物进行镜检，其余的用冷的无水乙醇反复洗涤，直至洗涤液用亚铁氰化钾检查无 Fe^{3+} 反应，沉淀物用于分析检查。

② 沉淀物的镜检：把未经洗涤的沉淀物置于 600 倍左右显微镜下观察，并绘图记录有无微生物活动。一般加碘液染色，可容易镜检到流动的菌体；用亚甲蓝染色可检验死、活酵母细胞，死细胞被染成蓝色；镜检物出现稍大的无定形结晶颗粒，并带有酒的颜色，则是酒石酸盐；无定形颗粒可能是单宁铁、磷酸铁、铜类、单宁色素或蛋白质等物质。

③ 主要的物理化学性沉淀的鉴别方法（表 1-12）。

表 1-12 物理化学性沉淀的鉴别方法

浑浊类型	浑浊特点
铁破败病	①常温下溶于 HCl 稀溶液，加热溶解加快
	②加入连二亚硫酸钠立即溶解（特殊反应）
	③沉淀物加入 HCl 和硫氰酸盐后呈红色
铜破败病	①常温下溶于 HCl 稀溶液，加热溶解加快
	②空气中放置 24 ～ 48h 后，葡萄酒重新变清（特殊反应）
蛋白质破败病	①溶于 HCl 稀溶液
	②至 80℃即溶解

浑浊类型	浑浊特点
色素沉淀	① 0℃下溶解或溶于酒精 ② 显微镜下呈有色的颗粒，呈堆状、片状
酒石沉淀	① 酒石酸氢钾：溶于热水，结晶具酸味 ② 中性酒石酸钙：不溶于热水；溶解于微酸性溶液中的结晶，可产生草酸钙沉淀反应

(3) 由酒花菌引起的病害的防治

① 贮酒容器由专人负责，使其经常装满，并加盖严封，保持周围环境及桶内外清洁卫生；② 不满的酒桶采用充满一层二氧化碳或二氧化硫气体的方法，使酒液与空气隔开；③ 提高贮存原酒的酒精含量 [含酒精量12%（体积分数）以上]；④ 若已发生生花现象，则宜泵入同类的质量好的酒种，使酒溢出的同时而除去酒花菌。

(4) 由醋酸菌引起的病害的防治

① 发酵温度高，葡萄原料较次时，可以加入较大剂量的二氧化硫；② 在贮酒时注意添桶，无法填满时可采用充二氧化碳的方法；③ 注意地窖卫生，定时擦桶、杀菌，经常打扫；④ 对已感染上醋酸菌的酒，没有最有效的办法来处理病菌，只能采取加热灭菌，病酒在72 ~ 80℃保持20min即可。凡已发生过病害的容器要用碱水浸泡，洗刷干净后用硫黄杀菌。

(5) 由乳酸菌引起的病害的防治

① 适当提高酒的酸度，使总酸保持在6 ~ 8g/L；② 提高二氧化硫含量，使其浓度达到70 ~ 100mg/L，用以抑制乳酸菌；③ 对病酒采取68 ~ 72℃杀菌；④ 重视环境和设备的灭菌和卫生工作；⑤ 发酵结束，立即将葡萄酒与酵母分开。

(6) 由苦味菌引起的病害的防治

若葡萄酒已染上苦味菌，首先将葡萄酒进行加热处理，再按下列各法进行：① 病害初期，可进行下胶处理1 ~ 2次；② 将新鲜的酒脚按3% ~ 5%的比例加入到病酒中或将病酒与新鲜葡萄酒皮渣混合浸渍1 ~ 2d，将其充分搅拌、沉淀后，可去除苦味；③ 将一部分新鲜酒脚同酒石酸1kg、溶化的砂糖10kg进行混合，一起放入1000L的病酒中，接着放入纯培养的酵母，于20 ~ 25℃发酵，发酵结束再隔绝空气过滤换桶。

(7) 铁破败病的防治方法

① 避免葡萄酒与铁质容器、管道、工具等直接接触；② 采用除铁措施（如氧化加胶、亚铁氰化钾法、植酸钙除铁法、麸皮除铁法、柠檬酸除铁法及维生素除铁法等），使铁含量降至5mg/L以下；③ 添加柠檬酸，每100L酒中加入柠檬酸36g，对已发生病害的酒，在使用柠檬酸后同时再加入一定量的明胶和硅藻土，经澄清、过滤，以除去沉淀和病害，柠檬酸、明胶和硅藻土的使用量应通过试验后确定；④ 避免与空气接触，防止酒的氧化。

(8) 铜破败病的防治方法

① 在生产中尽量少使用铜质容器或工具；② 在葡萄成熟前3周停止使用含铜农药；③ 用适量硫化钠除去酒中所含的铜。

(9) 氧化酶破败病的防治方法

① 选择成熟而不霉烂变质的果实，做好葡萄的分选工作；② 对压榨后的果浆，在发酵前，应采取70 ~ 75℃加热处理，并使用人工酵母；③ 适当提高酒度、酸度和二氧化硫的含量，以抑制酶类的活力；④ 对已发病的葡萄酒，调入少量单宁，并加热到70 ~ 75℃，杀菌

过滤。

（10）酒石的防治方法

① 严格贯彻陈酿阶段的工艺操作，及时换池、清除酒脚、分离酒石；②对原酒进行冷冻处理，低温过滤；③用离子交换树脂处理原酒，清除钾离子和酒石酸。

5.4.4　注意事项

① 从病酒中分离的沉淀物应尽快地进行检验和分析，避免在保存时感染杂菌，影响结果的正确性。

② 定性检测所用试剂纯度越高越好，以免由于试剂不纯而引起的干扰，否则应做空白试验。

5.5　练习与思考题

项目五　答案

练习题

① [填空题] 葡萄酒在贮存过程中主要经过（　　）阶段、（　　）阶段和（　　）阶段。

② [填空题] 贮酒过程中使用二氧化硫主要是为了防止酒的（　　）和（　　）。

③ [填空题] 葡萄酒的病害可分为（　　）、（　　）以及（　　）三类。

④ [单选题] 过滤葡萄酒时需加入的介质是（　　）。

A.SO₂　　　　　　B. 硅藻土　　　　　　C. 皂土　　　　　　D. 明胶

⑤ [单选题] 葡萄酒在贮藏时有时表面会出现一层灰白色的膜，这主要是由（　　）引起的病害。

A. 醋酸菌　　　　　B. 乳酸菌　　　　　C. 酒花菌　　　　　D. 苦味菌

⑥ [多选题] 下列关于葡萄酒发生铁破败病说法正确的是（　　）。

A. 是还原引起的葡萄酒浑浊　　　　　B. 是氧化性病害

C. 使红葡萄酒浑浊并产生蓝色沉淀　　　D. 白葡萄酒会变黑，呈铅色

⑦ [判断题] 使用酪蛋白澄清葡萄酒时，由于酪蛋白的沉淀是酸度的作用，所以不会下胶过量。（　　）

⑧ [判断题] 葡萄酒冷、热处理先后顺序的不同，对酒的质量没有影响。（　　）

思考题

① 分析一下，谈谈葡萄酒在贮存过程中主要经历哪几个阶段。

② 分组讨论，说说葡萄酒在贮存期为什么要满桶，要怎样做到满桶。

③ 葡萄酒为什么要下胶？怎样下胶？

④ 实际生产中，如何进行葡萄酒的热处理和冷处理？

⑤ 查阅资料，试分析葡萄酒的贮存期是否越长越好。

⑥ 结合你的实践经验，说说如何检查葡萄酒的破败病。

⑦ 常见葡萄酒的生物病害有哪些？如何进行防治？

⑧ 葡萄酒的非生物病害是由什么造成的？常见的有哪些？如何进行防治？

⑨ 根据你在换桶操作时的体会，说说为什么要进行葡萄酒的换桶，怎样进行葡萄酒的换桶。

项目六

蒸馏

6.1　基础知识

6.1.1　蒸馏和蒸馏酒的概念

蒸馏是一种热力学的分离工艺，它利用混合液体或液固体系中各组分沸点不同，使低沸点组分蒸发，再冷凝以实现组分分离，是蒸发和冷凝两种单元操作的联合。蒸馏被广泛应用于炼油、化工、轻工等领域。蒸馏酒是乙醇浓度高于原发酵产物的各种酒精饮料。世界上著名的蒸馏酒分为白酒（Spirit）（也称烧酒）、白兰地（Brandy）、威士忌（Whisky）、伏特加酒（Vodka）、朗姆酒（Rum）、金酒（Gin）（也称杜松子酒）等。白酒是中国传统特色，一般是粮食酿成后经蒸馏而成的。白兰地是葡萄酒蒸馏并经过橡木桶贮存调配而成的。威士忌是大麦等谷物发酵酿制后经蒸馏而成的。伏特加酒主产地为俄罗斯，是以谷物、薯类或糖蜜为原料发酵后蒸馏而成的。朗姆酒则是甘蔗酒经蒸馏而成的。金酒是以大麦、燕麦、玉米等粮谷为原料，以麦芽糖化，用壶式蒸馏锅蒸馏制得食用酒基，添加杜松子及其他香料浸泡提香，再经过第二次蒸馏配制而成的低度蒸馏酒。

6.1.2　蒸馏的原理与作用

利用液体混合物中各组分沸点的差别，使液体混合物部分汽化并使蒸气部分冷凝，从而实现其所含组分的分离。以分离双组分混合液为例，将料液加热使它部分汽化，易挥发组分在蒸气中得到集中，难挥发组分在余液中浓缩，这在一定程度上实现了两组分的分离。可以看出，蒸馏可将易挥发和不易挥发的组分分离开来，也可通过沸点不同将不同组分分离，但是液体混合物各组分的沸点必须相差很大（30℃以上）才有较好的分离效果。蒸馏沸点差别较大的混合液体时，沸点低者先蒸出，沸点高者后蒸出，不挥发物质留在蒸馏器内，达到分离和提纯的目的。所以蒸馏是分离和提纯液态混合物的常用方法，但需要注意的是蒸馏沸点接近的混合物时，各种物质的蒸气将同时蒸出，难以达到分离和提纯目的，需要借助于分馏操作。

白兰地蒸馏工艺在白兰地生产环节中可以说是起着承前启后的重要作用，它可以将生产白兰地的葡萄品种固有的香气以及发酵时所产生的香气成分以一种最优的比例保留下来，并给以后的贮存提供前期芳香物质，因而白兰地的蒸馏不仅仅是单纯的发酵酒的酒精提纯。白兰地酒度不可太高，法国对白兰地原料酒的蒸馏酒度要求为不可高于86%（体积分数），一般是在68%～72%（体积分数）范围内，这样，才可将发酵原料酒中的芳香成分有效地保留下来，并得其精华，以奠定白兰地芳香物质的基础。

白兰地原料酒中除酒精以外的挥发性物质主要有醛类、酯类、高级醇类及其他成分，这些物质是否能从原料酒中蒸馏出来，不但取决于沸点，更重要地取决于蒸馏系数。某物质的蒸馏系数是指酒精中所含挥发性物质的蒸发系数与乙醇蒸发系数之比。如果蒸馏系数等于1，则表明该物质同乙醇的蒸发系数相同，可以同样的速度从原料酒中蒸馏出来。但由于各物质的蒸发系数随酒精度变化而变化，因而其蒸馏系数也是随酒精度变化的。如果挥发性物质的蒸馏系数大于1，则表明馏出物中该挥发物的含量比原料酒中含量高；反之，蒸馏系数低于1，则该挥发物在馏出物中的含量低于原料酒中的含量，其蒸发速度低于乙醇。这就是为什么挥发物有的富集在酒头，有的富集在酒尾。如一般原料酒酒度在6%～8%（体积分数），酒精度为6%（体积分数）时乙醛的蒸馏系数为2.67；酒精度为8%（体积分数）时乙醛的蒸馏系数为3.00；酒精度为1%（体积分数）时，乙醛的蒸馏系数降为1.71。蒸馏系数同样的变化趋势还有缩醛：6%（体积分数）时2.42，1%（体积分数）时1.60。这样，这些物质首先进入酒头富集起来。而呋喃糠醛变化趋势则相反，6%（体积分数）时1.2，1%（体积分数）时1.11，但其含量较少。而高级醇的变化趋势是：8%（体积分数）时2.03，1%（体积分数）时1.95，而30%（体积分数）时1.14，10%（体积分数）时2.02，这样第一次蒸馏时，会出现在酒头一部分，而第二次蒸馏可出现在蒸馏后期。大部分酯类物质出现在蒸馏后期，这些酯类对白兰地的香气成分构成十分重要，在后序陈酿过程中，通过氧化和水解参与陈酿香气的形成，特别是乳酸乙酯不仅可提高芳香物质的香气，还可减弱不良风味，因而夏朗德壶式蒸馏中二次蒸馏时酒尾的切取早晚对白兰地质量影响较大。在蒸馏中生成的丰富的脂肪酸的酯类是由原料酒的酒脚引起的，当原料酒在夏朗德壶式蒸馏锅中进行加热时，由于高温而引起酒脚中酵母菌的溶解，而使脂肪酸的酯类释出，随蒸馏被蒸出，低碳酯类往往出现在酒头上，而多碳酯类则或多或少留在尾馏分中，比如在酒尾中可分析到富集的辛酸乙酯、癸酸乙酯及十二酸乙酯。而这些重碳酯类在日后的陈酿中，由于水解可生成甲基甲酮，它是使酒带有夏朗德哈喇香的主要根源。

6.1.3 白兰地的生产技术

6.1.3.1 白兰地简介

白兰地是英文 Brandy 的译音，它源于拉丁语 Aguavitae，意思是"生命之水"。它是由果实的浆汁或皮渣经发酵、蒸馏而制成的蒸馏酒。白兰地可分为葡萄白兰地及果实白兰地。葡萄白兰地数量最大，往往直接称为白兰地。而以葡萄以外的水果为原料制成的白兰地则冠以果实名称，如苹果白兰地、樱桃白兰地等。葡萄经过发酵、蒸馏而得到的是原白兰地，无色透明，酒性较烈。原白兰地必须经过橡木桶的长期贮藏，调配勾兑，才能成为真正的白兰地。白兰地的特征是，具有金黄透明的颜色，并具有愉快的芳香气味和柔软协调的口味。

6.1.3.2 酿造白兰地的葡萄品种

葡萄品种应采用白葡萄品种，要求糖度较低（120～180g/L），酸度较高（≥6g/L），具有弱香或中性香。法国著名的科涅克白兰地所用的葡萄品种主要是：白玉霓、白福儿、鸽笼白。张裕公司20世纪70年代初已引进这三个品种并在烟台地区进行了试种，生长良好，现已经在国内大面积栽培推广。根据烟台张裕公司及北京东郊葡萄酒厂等单位多年的生产研究，白羽、白雅、佳丽酿、龙眼等品种也适合酿造白兰地。

6.1.3.3 白兰地原料酒的酿造

白兰地原料酒的质量直接影响到蒸馏出来的白兰地的质量，原料酒应该具有较纯的葡萄品种香气和纯正口感，任何香气和口感上的瑕疵都可能对白兰地质量造成不利影响。

原料酒加工工艺流程为：葡萄→除梗破碎→压榨→清汁发酵→分离（去粗质酒脚）→原料酒。需要注意以下操作要点。

首先，葡萄保持一定的酸度采收，不可过熟，采摘后最好能及时破碎加工，这样可保持葡萄的新鲜度，使被加工的葡萄挂有白霜。果实应完整无破碎出水现象，以最大限度上保证原料酒保有丰富的果香。

其次，按照白葡萄酒的工艺发酵是普遍采用的做法。在葡萄破碎后尽快压榨，减少果汁与果皮接触时间，也可减少果汁的氧化。压榨的果汁相对比较浑浊，需要进行澄清处理，注意不要添加 SO_2，一般温度在 10℃ 6～8h 即可使杂质实现较好的沉降，之后将清汁与沉淀物分开，清汁入发酵罐发酵。可采用自然发酵，也可以加入干酵母发酵，一般发酵温度控制在 20～25℃，最好发酵温度不超过 30℃，否则会影响酒体质量。在主发酵结束（残糖在 3g/L以下）时转罐分离酒底，不满罐时采用同酒质原料酒补满，贮存温度最好保持在 18℃以下。

所谓自然发酵是指葡萄破碎以后不经杀菌，也不接种任何菌种，就直接进行发酵。葡萄果粒表面具有各种微生物，其中野生酵母的种类非常多，它们的性质也相差非常远，有的生香性能强，有的生香性能弱，不同种类的酵母所产生的香气成分也是不相同的。它们随着破碎的葡萄一起转入发酵池或发酵桶内，在厌氧环境里，各种好氧菌的繁殖受到抑制，而嫌氧性的葡萄酒酵母菌的繁殖则占了绝对的优势。此外，葡萄汁较低的 pH 值也阻止了杂菌的繁殖。自然发酵的葡萄酒，是葡萄果粒表面各种野生酵母综合作用的结果。

需要特殊说明的是原料酒的发酵也有采取带皮发酵的，其单宁、戊糖、总氮、蛋白氮、非蛋白氮、高级醇等组分含量均有不同程度的上升，在蒸馏成白兰地后高级醇、糠醛、中级酯和酸的含量有所增加，一定程度上改善了白兰地的质量。目前我国所采用的酿造工艺大多数为带皮发酵，但是为了跟国际接轨特别是科涅克的白兰地，正在推广皮汁分离发酵工艺。

发酵过程中不允许加二氧化硫，原因有以下几点：①原料酒中如含有二氧化硫，蒸馏出来的原白兰地酒将带有硫化氢臭味；②在蒸馏过程中，二氧化硫会腐蚀蒸馏设备。二氧化硫在发酵和蒸馏过程中会形成硫醇类（RSH），使原白兰地带有恶劣的气味。

6.1.3.4　白兰地的蒸馏设备

目前在白兰地生产中，普遍采用的蒸馏设备是夏朗德壶式蒸馏锅（又叫壶式蒸馏锅）、带分馏盘的蒸馏锅和塔式蒸馏设备。

（1）夏朗德壶式蒸馏锅

最著名的科涅克白兰地就是普遍采用夏朗德壶式蒸馏锅蒸馏的，其属于二次蒸馏设备，即粗馏再次蒸馏获得原白兰地。其主要由蒸馏锅、预热器、冷凝器三大部分组成，如图 1-5 所示。

图 1-5　夏朗德壶式蒸馏锅图示

1—蒸馏锅；2—锅帽；3—鹅颈管；4—温酒管；5—预热器；

6—冷空气管；7—酒气回收管；8—冷凝器

① 蒸馏锅　也称蒸馏釜。整个锅体由紫铜制成，目的有多个：其一是铜具有很好的导热性，其二铜是蒸馏白兰地过程中某些酯化反应的催化剂，其三是铜对原料酒的酸度有较好的抗性。蒸馏锅要求加热均匀，蒸馏的残液可以放空，容易清洗。锅体为圆壶式，锅底应向内凸起以利于排空。锅底铜板厚度与体积有一定的关系，500L要求铜板厚度不小于5mm，500～1000L要求每增加100L铜板厚度增加1mm，1000～2000L最大厚度不超过12mm。

② 锅帽　也称球形分馏器。目的是防止发生"扑锅"现象，使馏出物的蒸气在此有部分回流，起到轻微的精馏作用，它的容积一般为蒸馏锅容器的10%，分旱烟杆式和鹅颈管式，都很容易将酒中的有益组分分流出来。

③ 预热器　顾名思义，它是用来预热原料酒或粗馏白兰地的。其位置应该高于蒸馏锅，预热的原料酒可以重力作用流入蒸馏锅；其容积应与蒸馏锅容积相当，在蒸馏过程中可以利用余热，以节省燃料，同时也可以减少冷却水的使用，缩短蒸馏时间。

④ 冷凝器　一般为盘管式，盘管口径应为上粗下细，冷却面积不宜过大，否则容易吸力过大发生吹气现象。其安装角度要保证合适，确保流出的酒液均匀。在出口放置一个酒精计和温度表，随时监测酒精度。

(2) 带分馏盘的蒸馏锅

属于蒸汽加热装置，原理在于将夏朗德壶式蒸馏锅上部锅帽改为两个分馏盘，就成为了一次蒸馏设备。相对于锅帽的空气冷却造成低度酒回流少无法一次蒸得高度酒的劣势，分馏盘采用水冷却，通过控制水流量控制低度酒的回流量，这样就可使酒蒸气上升经过预热器和冷却器形成高度酒蒸馏出来。

(3) 塔式蒸馏设备

塔式蒸馏设备在酒精生产中已经普遍应用，可以获得纯度高的精馏酒精，但对于白兰地来说，不仅需要高的酒度，也需要其他一些高级醇类、酯类等芳香类物质一起进入白兰地中，因此白兰地塔式蒸馏一般采用单塔蒸馏。一般来说，塔式蒸馏下半部分单泡盖式多层起到粗馏作用，上部筛孔式多层起到精馏作用，可以一次性获得原白兰地。这种设备可以实现生产过程连续化，提高生产量，生产效率高。进行蒸馏时，需要提前进行温塔，塔底温度达到105℃时，打开排糟阀，塔内温度95℃时可开始进料，同时开启冷却水。直到塔顶温度达85℃时，打开出酒阀门调整酒度。整个蒸馏过程是连续的，控制蒸馏出酒精温度在25℃以下，随时注意气压变化，不能超过规定压力。临时停塔前应先关进料门，再关闭水门、气门、出酒门，最后关掉冷却水，防止干塔。废水中不得有酒度，酒头、酒尾也应放入醪液中重蒸。操作间照明灯必须是防爆灯，输送葡萄酒精所用设备必须是防爆式的。

综上所述，蒸馏操作时应该做到稳准细，"稳"即控制压力稳、温度稳、汽水稳、进出料稳、浓度稳；"准"即参数控制准、记录要准；"细"即物料均衡，阀门切换协调，忌猛开猛关，安全防范意识强。

生产企业往往是采用不同的蒸馏方式，即夏朗德壶式蒸馏和塔式蒸馏同时采用。夏朗德壶式蒸馏和塔式蒸馏的区别如下。

① 所用设备不同。

② 生产方式不同。夏朗德壶式蒸馏是间断式蒸馏，而塔式蒸馏是连续式蒸馏。

③ 热源不同。夏朗德壶式蒸馏多采用直接文火加热，塔式蒸馏则是蒸汽加热。

④ 产品特征不同。夏朗德壶式蒸馏产品芳香物质较为丰富；塔式蒸馏产品呈中性，乙醇纯度高。

6.1.3.5　白兰地的蒸馏方法

夏朗德壶式蒸馏锅需要采用二次蒸馏，即首先蒸馏原料酒得到粗馏白兰地，第二步再蒸馏粗馏白兰地（酒度降至29%以下），经过掐头去尾，取酒心即得原白兰地。而带分馏盘的蒸馏锅或塔式蒸馏设备是一次蒸馏设备，同样需要取出酒头和酒尾，留取酒心即得原白兰地。

① 二次蒸馏的工艺流程如下：

一般来说，原料酒的酒度在7%～12%，蒸得粗馏白兰地酒度在22%～35%，体积占原料酒的1/4～1/3，这时的蒸馏酒是不分酒头酒尾的。二次蒸馏时区分酒头酒尾，酒头组分中含有大量的醛类、酯类和高级醇，具有刺激性或不愉快的气味和口味，所以应该取出酒头。酒头截取量一般占粗馏白兰地总酒精含量的1%～2%。

举例：锅里粗馏白兰地体积1000L，酒度为27%，则总酒精含量应该是1000L×27%=270L。

酒头截取量若为1%，则截取酒精量为：270L×1%=2.7L。

如果酒头平均酒精含量为78%，则截取量为：2.7L/78%=3.5L。

在取出酒头后，不愉快气味减少，变得平和，这时截取酒心即一级原白兰地，平均酒度在65%～70%，约占装锅量的30%；直到随着蒸馏时间的延长，酒度降到55%时截取酒心结束，开始截取酒尾，约占装锅量的20%，酒度取到0%左右时，锅内废液约占装锅量的50%。

二次蒸馏酒头、酒尾混合蒸馏可得二级原白兰地。二次头尾可蒸工业酒精。

② 一次蒸馏所得原白兰地，一般用来生产普通白兰地。工艺流程如下：

一次蒸馏所得酒头约占装锅量的0.7%～1%，酒心酒度65%～70%，约占装锅量的10%～14%，酒尾占11%～15%。所收集的酒头、酒尾混合再次蒸馏可得二级白兰地。

6.1.3.6　白兰地的陈化贮藏

原白兰地是无色的，同时味道辛辣、不协调，香气不足，需要在橡木桶内经过长期贮藏陈酿，以改变白兰地的色泽和风味，达到成熟的目的。

白兰地长期贮藏在橡木桶中，由于氧化作用，酒中各种成分发生复杂的化学变化和物理变化，并不断地从橡木桶中吸取一系列的芳香物质和色素物质，从而变得金黄透明、高雅柔和、醇厚成熟，成为优质陈酿佳酒。但是这种变化是很缓慢的，较好的白兰地最短也要贮藏2年以上，高档白兰地贮藏时间长达10年以上。

（1）白兰地贮藏的容器

白兰地贮藏容器主要是橡木桶。橡木桶板材的质量与白兰地酒的质量有直接关系，不同的国家和不同的酒厂对橡木桶形状和容量大小的要求都有所不同。法国和西班牙等国家多采用250～350L的鼓形桶，我国使用的橡木桶大部分是鼓形的，容量最大的为3000L，小的有225L，甚至有45L的。选用木材主要是橡木，橡木为栎属，常用的有柄橡、无柄橡、美国橡木等。烘烤程度分为不烘烤、轻度烘烤、中度烘烤、重度烘烤。具体烘烤程度和木质纹理的粗细根据产品的处理工艺具体选择。

贮存白兰地的橡木桶需要提前进行处理，主要目的是为了从木质中浸出多余的单宁和其他可溶性的物质，防止其溶于白兰地中使白兰地具有过深的颜色和过重的苦味。处理时应先用清水浸泡 2 ～ 3d，排净，然后用开水涮洗直到流水无色，可除去水溶性单宁；然后用65% ～ 70%（体积分数）酒精浸泡 10d 左右，以除去醇溶性粗质单宁。也有新观点认为新桶直接短时间贮存白兰地效果更好。使用旧木桶时，酒打出后或换品种贮存时，应进行刷桶，用清水洗刷干净；桶顶及桶表面清理干净，尤其有桶板缝渗酒时，更应仔细处理擦拭干净，以防长霉。

现在也有采用不锈钢容器加挂橡木板或橡木片的，主要通过计算橡木桶与酒接触面积，推算橡木板与白兰地的接触面积，从而加入适量的橡木板以达到与橡木桶贮存相似的效果。

（2）白兰地在木桶中的变化

① 物理变化　包括颜色的变化，原白兰地是无色的，经过橡木桶的贮存，开始时是透明的金黄色（5 年左右），而后呈深金黄色（10 年左右）和茶色（10 年以上）。其颜色变化取决于木质成分尤其是单宁成分，随着氧化颜色加深。颜色变化跟贮存温度也有明显关系，温度高变深快，温度低变色缓慢。

体积的减少、酒精含量的降低、相对密度的变化取决于渗透和蒸发的因素，而渗透取决于木质纹理粗细、酒精含量和木桶的比表面积；蒸发的强度与贮存温度、空气湿度有关。

② 化学变化　包括：单宁溶于白兰地并氧化，不仅可改变颜色更使白兰地具有柔和的口感；木质素溶于白兰地并酵解形成香兰素和丁香醛；半纤维素和聚糖醛酸水解形成单糖和糠醛，是口感圆润和白兰地香气的主要来源；酸度的变化，包括形成糖醛酸和单宁酸等不挥发酸，总酸含量随着贮存时间延长有所增加，有利于促进一系列化学变化；醛和缩醛的含量增加，形成芳香物质等。

（3）白兰地贮藏管理

① 酒窖温湿度控制。一般来讲白兰地贮藏条件并没有葡萄酒贮存要求苛刻，但是酒窖最好是建在地下，温湿度应该常年保持在比较稳定的状态。温度波动大容易造成蒸发量增大，挥发性很高的化合物有挥发现象，同时橡木桶中溶出的化合物增多，造成酒体收敛性增加，柔和、细腻、圆润感会稍欠；湿度保持在 10% ～ 85% 比较合适。

② 白兰地贮藏应该新老木桶交替使用，即原白兰地放入新桶中贮存一段时间，然后转入老桶继续贮存，防止新木料溶出物质过多使酒体留有过重橡木苦味。贮存时橡木桶应留有1% ～ 1.5% 的位置，一方面可防止因温度变化发生溢桶，另一方面桶内保持一定的空气可加速老熟。在贮藏期间，每年要添桶 2 ～ 3 次，添桶时可采用同品种、同质量的白兰地。

③ 贮藏期间需要经常检查，处理漏酒污染，监测酒的颜色、口感及香气变化，有异常及时处理；定期分类记录，质量好的挑出归类生产高档白兰地，稍次的生产一般白兰地。

④ 原白兰地酒度一般在 70%，而成品白兰地酒度一般在 40% 左右。如何将 70% 原白兰地转换成 40% 成品，一般有以下几种处理方法。一是原白兰地不经稀释直接贮藏，达到贮藏期限后进行降度勾兑配制，经后序工艺处理封装出厂，此法一般生产中低档的产品。二是原白兰地直接贮藏到一定年限（视产品档次及调酒师经验而定），调整到 40%（体积分数）左右进行二次贮藏，达到年限后，调整成分进行稳定性处理。最好的则是法国优质白兰地常采用的贮藏工艺，即将原白兰地稍降度贮藏，然后分期限进行 2 ～ 3 次降度贮藏，最后装瓶前调整到 40%（体积分数）装瓶出厂。降度前应先制备低度的白兰地，即将同品种优质白兰地加水软化稀释至 25% ～ 27%（体积分数），然后贮藏，在白兰地降度时加入，以缓减直接加入水对白兰地的刺激。

（4）白兰地的人工老熟

白兰地自然陈化所用空间、时间及贮存容器是可观的，这也是白兰地成本高的重要因素，因而处理低档白兰地时，生产企业往往采取许多人工催熟的方法，以加速其陈化速度，缩短生产周期。

① 橡木条加热陈酿法 温度对白兰地陈化萃取有着重要的促进作用，因而有将橡木条挂于原白兰地的密闭容器内并将温度提至 65 ～ 75℃瞬间加热的做法，有将酒加热至 45 ～ 55℃保温数天的做法。这应根据各自产品的特点及档次而定，加热陈酿可使酒更醇和柔软，加速了水和乙醇分子间的缔合，减少了乙醇的辛辣感。但应注意加热应在密闭容器内进行，并应该不停搅拌防止局部过热，否则将造成酒体粗糙，芳香物质损失，以及酒度降低。

② 橡木催素（Quercyl）的使用 橡木催素可以非常简便地溶于酒体中加速老熟，其作为商品已经广泛应用。它取自橡木心材，是橡木中可溶物的精华，根据白兰地欲贮存年限调整添加量，一般来说，6 个月最佳用量为 0.65g/L，1 年最佳用量为 0.7g/L，1 ～ 2 年最佳用量为 0.75g/L，2 ～ 3 年最佳用量为 0.8g/L。

③ 电处理 有电流和加热、电流生成臭氧、电解和氧化还原等方法。

6.1.3.7 白兰地的勾兑与调配

原白兰地品质较粗烈，经过橡木桶贮存可提高酒质，但是仅仅通过橡木桶贮存来获得高质量的白兰地并不可行，贮存具有不确定性，而且也会延长生产周期。因此在生产中勾兑与调配是必不可少的。

（1）勾兑

勾兑是将两种或更多的酒质按照最佳比例混合。原白兰地的勾兑主要有三种情况。

① 不同品种不同质量的原白兰地勾兑 不同品种葡萄所得白兰地在香气口感上略有不同，为了保持产品质量的一致性，需要将不同品种白兰地小试后确定最佳勾兑比例，达到取长补短的目的。而对于一般质量的白兰地为了达到经济利益最大化，需要将不同质量的原白兰地按照最佳比例勾兑，达到成品标准可扩大产量，生产出相对较好的白兰地。

② 不同桶型白兰地的勾兑 不同橡木材料和烘烤方式所贮白兰地在香气、口感、滋味上不同，新木桶、老木桶在贮存中白兰地溶出物程度不同，所产生的变化大相径庭。综上原因，为了保持产品质量的一致性，需要进行小试后确定最佳方案，使白兰地的口味调整到恰到好处。

③ 不同酒龄的白兰地勾兑 酒龄不同，质量不同，一般来说酒龄长质量要好，但是最好的白兰地在橡木桶中贮存也不会超过 60 年，再久放无益。在橡木桶贮存期间要有专业酿酒师进行品尝鉴定，掌握白兰地的老熟程度，这种勾兑是酿酒师的感觉及经验积累，也是每个厂的机密。

白兰地不论是以原白兰地短时间贮藏然后勾兑入橡木桶长时贮藏的方式，还是原白兰地勾兑后先长时间贮藏然后勾兑再短时间贮藏的方式，都要经过在配制前勾兑和装瓶前勾兑。

（2）调配

调配是在出厂前对经过老熟勾兑过的白兰地酒体的颜色、香气、口感进行微调，保证上市产品的质量稳定一致。

① 降度 国际上白兰地的标准酒精含量是 42% ～ 43%（体积分数），我国为 40% ～ 43%（体积分数）。原白兰地酒精含量高，可在贮藏期间分阶段降度后继续贮藏，也可采取贮藏达到酒龄要求后降度再在橡木桶中短时间贮藏，然后出桶处理调配。需要注意的是所用水应该是处理过的软化水，防止金属离子超标影响白兰地的稳定。

② 调香 高档白兰地天然香气浓郁协调，是不需要进行调香处理的。而对于一些不适合做白兰地的品种因为原料过剩蒸馏成原白兰地，造成香气不足的，就需要进行调香。所用材料有香精、天然香料、浸膏等，每个厂所采用的方法各不相同，是对外保密的部分，酒厂应

该自己摸索被大众接受而又有自己风格的白兰地调香方法。

③ 调糖　为了使白兰地口感更圆润醇厚，可以向白兰地中调入一定量的糖浆或是甘油，可以限制改善白兰地口感。加糖量应根据口味的需要确定，一般控制白兰地含糖范围在0.7%～1.5%。糖可用蔗糖或葡萄糖浆，加入前需要将糖化成糖浆，使用陈年白兰地稀释并进行6～12个月的贮藏。

④ 调色　白兰地在橡木桶中贮存过久，白兰地会有过深的色泽和过多的单宁，白兰地口感会发涩、发苦，此时需要下胶处理和活性炭处理。正常的白兰地在橡木桶贮藏后，因为单宁色素的溶入会呈现透明的金黄色，而为了保持产品的色泽稳定及一致性，在白兰地调配时需要加入焦糖色。一般来说，1kL白兰地中需要调入焦糖色30～40L，当然在调色之前需要通过小试确定（表1-13）。

表1-13　糖色的检定

指标	方法
浑浊稳定性	溶于50%左右酒精中，不产生浑浊；加到1∶4硫酸溶液中，48h内不产生浑浊
染色能力	配成0.1%的糖色溶液，相当于0.05mol/L碘液10mL溶于1L水的颜色

6.1.3.8　白兰地的冷冻处理

调成白兰地在装瓶前应进行冷冻处理，一般控制在-14℃左右，72h。处理目的：一方面可以提高白兰地稳定性，使不稳定成分沉淀出来；另一方面低温可增加溶解氧量，可以改善白兰地风味。

6.1.3.9　白兰地过滤和回温

在冷冻处理完成后，需要将白兰地沉淀分离出去，通常采用棉饼过滤机、板框过滤机或是纸板过滤机进行过滤获得澄清酒质。在装瓶前需要将白兰地回温到室温，方便贴标。

6.2　任务一　白兰地原酒的蒸馏

6.2.1　目的和要求

掌握白兰地酒蒸馏工艺过程。

6.2.2　材料和设备

葡萄原酒，小型蒸馏器，酸度计，酒精计，手持糖度仪等。

6.2.3　操作方法与步骤

蒸馏是将酒精发酵液中存在不同沸点的各种醇类、酯类、醛类、酸类等物质，通过不同温度用机械方法，从酒精发酵液中分离出来的方法。白兰地是一种具有特殊风格的蒸馏酒，它对于酒度要求不高，一般在60%～70%的酒精度，能保存它固有的芳香。普遍采用的蒸馏设备是夏朗德壶式蒸馏锅（又叫壶式蒸馏锅）、带分馏盘的蒸馏锅和塔式蒸馏设备。在实验室的条件下，将葡萄原酒按一定装添率加入至蒸馏器中，打开热源，进行蒸馏，待小型蒸馏器中酒精基本蒸尽为止。第一次蒸馏得到粗馏原白兰地，不掐头去尾，酒度为26%～29%，然后再进行第二次蒸馏，必须掐头去尾，取中间蒸馏酒，酒度为60%～70%，即为白兰地。切取的酒头、酒尾混在一起，再入蒸馏锅内重新蒸馏。

6.2.4　注意事项

① 发酵过程中不允许加二氧化硫，原因如下：原料酒中如含有二氧化硫，蒸馏出来的原白兰地酒中带有硫化氢臭味；在蒸馏过程中，二氧化硫会腐蚀蒸馏设备。二氧化硫在发酵和蒸馏过程中会形成硫醇类（RSH），使原白兰地带有恶劣的气味。

② 将清酒与酒脚分别单独蒸馏。

③ 做好原始数据记录。

6.3　任务二　白兰地的勾兑与调配

6.3.1　目的和要求

掌握白兰地勾兑与调配的操作方法。

6.3.2　材料和设备

白兰地原酒，纯净水，蔗糖或葡萄糖浆，香料，活性炭，酸度计，酒精计等。

6.3.3　操作方法与步骤

① 浓度稀释　国际上白兰地的标准酒精含量是 42%～43%（体积分数），我国一般为 40%～43%（体积分数）。原白兰地酒精含量较成品白兰地高，因此要加水稀释，加水时速度要慢，边加水边搅拌。

② 加糖　目的是增加白兰地醇厚的味道。加糖量应根据口味的需要确定，一般控制白兰地含糖范围在 0.7%～1.5%。糖可用蔗糖或葡萄糖浆，其中以葡萄糖浆为最好。

③ 调色　白兰地在橡木桶中贮存过久，或橡木桶是用幼树木料制造的，白兰地会有过深的色泽和过多的单宁，此时白兰地发涩、发苦，必须进行脱色。色泽如果轻微过深，可用骨胶或鱼胶处理，否则除下胶以外，还得用最纯的活性炭处理。下胶或活性炭处理的白兰地，应在处理后 12h 过滤。

④ 加香　高档白兰地是不加香的，但酒精含量高的白兰地，其香味往往欠缺，须采用加香法提高香味。白兰地调香可采用天然的香料、浸膏、酊汁。凡是有芳香味的植物的根、茎、叶、花、果，都可以用酒精浸泡成酊，或浓缩成浸膏，用于白兰地调香。

6.3.4　注意事项

① 对原白兰地勾兑和调配有以下几点注意事项：用不同葡萄品种发酵蒸馏的原白兰地质量是不一样的；由于原白兰地的酒龄不同，其质量也不同，因此用不同酒龄的原白兰地进行勾兑也是很重要的；配成的白兰地酒度在国际上一般标准是 42%～43%，我国白兰地的酒度标准是 40%～43%，但是原白兰地所含的酒度都高于这个标准，因此在调配时就必须加水稀释，降低酒度；在橡木桶中贮存时间长短，对白兰地色泽的深浅有影响，贮存时间长的色深，时间短的色浅，因此在调配白兰地时，如果色泽不符合标准，必须进行调色，最好是在原白兰地加水稀释后，立即用白砂糖制成的糖色进行调正，但不能用合成的色素调色，以免影响白兰地的质量。

② 无论以哪种方式贮藏，都要经过两次勾兑，即在配制前勾兑和装瓶前勾兑。

③ 做好原始数据记录。

6.4 练习与思考题

练习题

① [填空题] 目前在白兰地生产中，普遍采用的蒸馏设备是（　　）蒸馏锅、（　　）蒸馏锅和（　　）蒸馏锅。

项目六　答案

② [填空题] 原白兰地是无色的，经过橡木桶的贮存，开始时是（　　）（五年左右），而后呈（　　）（十年左右）和（　　）（十年以上）。

③ [单选题] 下列哪种酒是将葡萄酒蒸馏并经过橡木桶贮存调配而成的（　　）。

A. 威士忌　　　　　　B. 伏特加　　　　　　C. 白兰地　　　　　　D. 朗姆酒

④ [单选题] 下列不属于白兰地的人工老熟方法的是（　　）。

A. 橡木条加热陈酿法　　B. 使用橡木催素

C. 电处理　　　　　　D. 二氧化碳浸渍法

⑤ [多选题] 法国著名的科涅克白兰地所用的葡萄品种主要是（　　）。

A. 白玉霓　　　　　　B. 白福儿　　　　　　C. 白羽　　　　　　D. 鸽笼白

⑥ [判断题] 白兰地的蒸馏过程中有掐头去尾的步骤。（　　）

⑦ [判断题] 夏朗德式蒸馏是连续式蒸馏，而塔式蒸馏是间断式蒸馏。（　　）

思考题

① 为什么要进行酒的蒸馏？如何蒸馏？

② 写出白兰地生产的工艺步骤，并对主要操作点加以说明。

③ 查阅资料，试分析一下贮藏白兰地的操作要点有哪些。

④ 分组讨论，说说白兰地勾兑与调配的要求。

项目七

包装

职业岗位：包装技术员
岗位要求：① 能进行葡萄酒的包装操作和相关技术指导； ② 能操作葡萄酒包装的相关设备； ③ 熟悉葡萄酒包装工艺流程。

7.1 基础知识

7.1.1 装瓶葡萄酒应具备的条件

① 用灯光照射玻璃瓶底面，观察瓶内葡萄酒，自上向下方观察，葡萄酒酒体应该是澄清透明的。

② 葡萄酒酿造过程中的各种添加剂和用量必须在国家标准控制范围之内。

③ 葡萄酒可以在空气中敞开放置一段时间，酒体应有一定的抗氧化性。

④ 葡萄酒应进行冷稳定处理，析出不稳定的色素和酒石，保证装瓶后在一定时间内无沉淀。

⑤ 葡萄酒在包装前需要进行冷稳定性、色素稳定性、热稳定性检验，确保酒体稳定。检验方法如下。

a. 冷稳性的检测。取成品酒样装于 375mL 白色玻璃瓶，放冰箱内在 −3 ～ 4℃保持 7d，每天记录结果，如果出现沉淀，则说明酒石不稳定。

b. 红葡萄酒色素稳定性的检测。取成品酒样装于 375mL 白色玻璃瓶，放冰箱内在 0℃保持 2d，每天记录结果，如果出现沉淀，则说明色素不稳定。

c. 白葡萄酒蛋白质稳定性的检测。

方法 1：取成品酒样，装入 100mL 比色管，在 80℃水浴中加热 6h，取出自然冷却至室温，24h 后观察酒的清亮度，如浑浊，有絮状沉淀，则判断酒中蛋白质不稳定，并记录结果。

方法 2：用蛋白液检测。取两支干净的 100mL 比色管，分别装入待检测葡萄酒 50mL，然后分别加入 6 ～ 7 粒的维生素 C 溶解，一支做对照，一支加入指示剂 0.5mL 摇匀，然后将两样进行灯检比较，如发现无失光、浑浊现象，则待检测葡萄酒蛋白质稳定，否则蛋白质不稳定。

⑥ 葡萄酒在经过上述检测后仍需要检测相关理化指标，在指标符合 GB/T 15037 后才可以进行装瓶。

7.1.2　装瓶时期

一般都是 11 月开始装瓶，一直到次年的 3 月，这就是说，每年的寒冷季节正是葡萄酒的装瓶时期。

现代工业设备情况下葡萄酒可全年灌装，主要依据是市场需求、葡萄酒瓶贮需求等实际情况。

7.1.3　包装材料

7.1.3.1　酒瓶

酒瓶是包装中最主要的材料，酒瓶的色泽应根据酒的品种有所选择，白葡萄酒使用浅绿色、深绿色；而红葡萄酒则要求深绿色和棕色。瓶形要求美观大方并便于刷洗。盛葡萄酒的瓶子都以容量计，一般分为 375mL、750mL、1000mL。各种瓶子的容量检查方法有重量法和容量法两种。重量法是取样 10 个称其质量，然后加水至一定高度，再称其总质量计算。

$$平均容量 =（总质量 − 空瓶质量）/10 倍水的密度$$

容量法是将瓶内的水分别倒入量筒内测定其体积（mL）并求出平均容量。此法因瓶壁难免吸附少量水而产生误差，不如重量法准确。净含量必须符合国家标准。玻璃应不含有酸溶出物，检查方法是将 2% 酒石酸水溶液装入经洗净的待检瓶中，水液加热至沸，冷凉放置数日，如水发生浑浊，这样的瓶就不能使用。瓶子要求壁厚均匀，耐温耐压性能良好，瓶口尺寸应符合标准。木塞包装对瓶口内径有所规定，使用铝防盗盖对瓶口螺丝尺寸有所规定，具体要求应执行部颁高级酒瓶的标准。

7.1.3.2　木塞

在国外，优质葡萄酒仍强调使用木塞封口。木塞直接与酒液接触，木塞质量的好坏对酒的质量也有很大影响。木塞要求表面光滑无疤节和裂缝，弹性好，大小与瓶口吻合，否则会造成酒的渗漏。木塞使用前要进行处理，用温水洗净或用 1.5% 的亚硫酸水浸洗，效果更好，同时可以起到灭菌作用。木塞又分天然木塞、合成木塞、双圆片塞、铸合塞、聚酯塞。天然木塞是用工具直接在橡树皮上挖取加工而成的。而合成木塞则是使用食品级黏合剂将加工天然木塞剩余的颗粒黏合再加工而成的。双圆片塞塞子两端使用天然的软木圆片，而中间则使用合成木塞材料。一般进货检验时对天然木塞的水分要求在 4% ～ 8% 之间，木塞水分低则容易在打塞时掉渣、断裂，直接影响产品感官质量及造成浪费；水分超过 8% 又容易引起微生物感染，不便贮存。木塞的另一个重要指标就是密度，对于天然木塞来说，没有具体的要求，但是合成木塞及双圆片塞的密度要求在 260 ～ 320kg/m^3，密度过低则密封性不严，装瓶后可能造成渗漏；密度过高则弹性不足，打塞困难。对于木塞而言，出厂后应严格保持密封，袋内充满可察觉的 SO_2，以保证木塞的安全贮放。出厂后未使用的木塞超过 6 个月后应重新检测水分和微生物情况，合格后予以使用。

7.1.3.3 贴标

要求美观大方，图案新颖，商标的采用要符合工商部门的有关规定并办理注册手续。标签内容应符合 GB 7718 中的相关规定。

7.1.4 其他

目前国家对食品安全尤为重视，作为葡萄酒生产企业的生产技术人员，不仅要执行葡萄酒相关标准，更要严格执行国家颁布的《中华人民共和国食品安全法》的相关规定。

7.2 任务一 葡萄酒的灌装操作

7.2.1 目的和要求

① 目的 掌握葡萄酒灌装生产线需要的设备；熟悉葡萄酒灌装工艺流程；能进行灌装设备的操作；掌握葡萄酒灌装过程的控制要点。

② 要求 在进入实训室后必须严格遵守实训室相关规则，实训过程中的每一步操作都要在指导老师的指导下完成，禁止独自进行操作和处理。尽量记录实训过程中的所有信息，在实训结束时每人上交一份实训报告。

7.2.2 材料和设备

① 材料 葡萄酒（干红、干白均可）；用于设备消毒的氢氧化钠或者二氧化硫溶液；葡萄酒瓶，可为白色、墨绿色或者咖啡色的葡萄酒专用瓶；瓶塞，可为软木塞、合成塞或者塑料材质的塞子。

② 设备 定量灌装装置，可根据需要调整容量；打塞装置；杀菌装置。

7.2.3 操作方法与步骤

7.2.3.1 洗瓶

洗净瓶子是一项很重要的工作，制品中含有夹杂物，大部分是由于洗瓶不净造成的。洗瓶方式有手工、机械化和自动化三种，但归纳起来，大体可分为浸泡、刷洗、冲瓶、除水、检查五道工序。浸泡是本工序的重要环节，使用苛性钠浸泡的作用有两个：杀死细菌芽孢，除去污物。苛性钠的浓度大，浸泡时间可以缩短；相反时间就要延长。如表 1-14 所示。

浸泡液浓度用波美比重计测量，如低于规定浓度，需加补充。小型浸槽每半个月或 1 个月更换一次新鲜碱液。洗旧瓶子时，浸泡前应严格将盛过油的瓶子挑选出来，特别是火油瓶，因为火油不能用苛性钠洗去，将给产品带来火油味。经浸泡的瓶子用毛刷内外刷洗以除去污物，然后用压力为 0.1417 ～ 0.196MPa 的清水冲洗，最后进入除水操作。

表 1-14　苛性钠杀菌时间

苛性钠溶液浓度 /%	杀死芽孢所需要的浸泡时间 /min	
	50℃	60℃
1	—	47
2	42	12
2.5	38	—
3	20	6
3.5	15	4
4	12	—
5	8	—

洗净的瓶子逐个在灯光下检查是否洗净，是否有破损，并抽查瓶子是否有残留的苛性钠。检查方法是，在瓶内滴入 1 ～ 2 滴 1% 的酚酞指示剂，如出现红色则证明有碱存在。

对于新购进外包装良好的葡萄酒瓶可按照 BB/T 0018—2021《包装容器　葡萄酒瓶》中的相关规定进行抽样检验。

7.2.3.2　灌装

灌装，俗称装酒，即把已经澄清处理且符合质量标准的葡萄酒灌入玻璃瓶中，密封后销售。装瓶也是一种很好的贮藏方法，但瓶酒受阳光温度的影响，也还会发生浑浊沉淀，因此装瓶后应尽快销售。灌装的工艺要求有以下几点。

① 不混入制品中任何夹杂物，所用工具设备应洗刷干净，灌装室卫生要好，有防尘防蝇设施，并能保持一定的温度，操作人员工作衣帽要整洁。

② 装酒的高度不要过高或过低。过高，空隙太小，酒没有过胀余地，容易引起顶塞、瓶子破裂；过低，空隙太大，容易使酒受氧化而降低稳定性。

③ 灌装过程中应尽可能少接触空气，灌后立即封口，并要求严密，切忌渗漏和漏气。

④ 灌装的葡萄酒应将酒的游离 SO_2 含量控制在 30 ～ 35mg/L，以保证装瓶后葡萄酒的稳定性。

7.2.3.3　除菌

酒度在 16% 以上的葡萄酒不必杀菌，低于 16% 的葡萄酒装瓶后应立即加热杀菌，杀菌温度可根据下列公式计算。

$$T_0=75-1.5Q$$

式中　T_0——葡萄酒杀菌温度；

　　　Q——葡萄酒的酒度（按体积计）；

　　　75——葡萄汁杀菌温度；

　　　1.5——经验系数。

杀菌方法通常采用水浴杀菌。在带假底的木槽中摆好酒，然后加入冷水至瓶口以下 5 ～ 6cm，慢慢开启蒸汽，徐徐升温至要求温度。关闭蒸汽，保温 15min 左右，然后将水慢慢放出，取出冷晾。

采用杀菌的方法势必造成葡萄酒风味及感官上的损失，在酒体及环境卫生条件良好、机器自动化程度高的情况下，工业化生产葡萄酒使用的都是膜过滤技术。通常在膜过滤器前端加装板框过滤机组，纸板的孔径在 0.65μm 以下，先进行粗滤，过滤膜使用的是 0.45μm 的膜，葡萄酒通过膜后可以保证无菌。膜在使用过程中会有损坏，灌装前检测膜的完整性很有必要。

鼓泡点试验原理：滤芯用润湿溶液润湿，缓慢加压（空气或氮气）至大量气体从下游流出，大流量出现时的最低压力即为鼓泡点压力。一定孔径的膜，在完整的情况下，其最低鼓泡点压力是一定的。在这一压力范围内，气体是不能通过膜的；但如果有大量的气体通过膜，则说明膜上已有大于标准孔径的孔洞存在，也就是说膜已破损。

微滤膜的检测方法：鼓泡点试验只适用于孔径 < 1μm 的滤膜。

操作过程如下。

① 膜彻底清洗后，在过滤器中装满无菌软水。

② 打开进、出酒阀门，放掉过滤器中的水；关闭进酒阀，打开出酒阀，将出酒口用软管连接，软管的另一头放入水槽中。

③ 用软气管将调压阀与过滤器顶部进气口连接起来，关闭排气阀。调节气体调压阀，使气压缓慢上升，同时观察水槽中软管口气泡出现时的压力以及大量排气时的压力；最大压力不得超过 3.5bar。

④ 如果在最低起泡点压力下，没有或者只有少量细小气泡冒出，则证明滤芯完好且安装正确。反之，则证明或者是膜的安装不正确，需要重新进行检查安装；或者是膜已损坏，需要进一步做单个滤芯"反向鼓泡点试验"进一步加以确认，并挑出已损坏的滤芯。不同孔径膜的最低鼓泡点压力见表 1-15。

表 1-15　不同孔径膜的最低鼓泡点压力（水湿润膜）

压力单位 ＼ 膜孔径	0.2μm	0.45μm	0.65μm
bar	3.1	1.7	1.1
psi	45	24	16

注：1bar=10^{5}Pa。1psi=6894.76Pa。

⑤ 过滤器每次安装滤芯后必须做"手动滤芯泡点试验"，只有试验合格才可进酒过滤灌装。正常灌装情况下，每次灌装前进行一次"手动滤芯泡点试验"以确保酒的过滤质量。

⑥ 每次试验完毕要填写"手动滤芯泡点试验记录表"。

7.2.4　注意事项

① 葡萄酒在灌装前必须保证充分的消毒或者除菌过滤。

② 酒瓶和瓶塞在使用前仔细检查并确保消毒彻底。

③ 酒瓶的瓶形根据需要选择，但必须保证和瓶塞配套。

④ 需要调整至最合适的装酒量，装液过多或者不足都会对后期葡萄酒的质量造成影响，如果装酒量不能改变则从瓶塞的长度和打入深度进行调整。

⑤ 注意卫生，必须保证瓶塞和酒瓶之间的间隙清洁卫生。

7.3　任务二　葡萄酒的检验、贴标与装箱操作

7.3.1　目的和要求

① 目的　了解葡萄酒装瓶后的检验；掌握葡萄酒灯检注意事项；能进行葡萄酒特别装箱

操作；能进行灯检操作。

②　要求　在进入实训室后必须严格遵守实训室相关规则，实训过程中的每一步操作都要在指导老师的指导下完成，禁止独自进行操作和处理。尽量记录实训过程中的所有信息，在实训结束时每人上交一份实训报告。

7.3.2　材料和设备

①　材料　瓶帽和酒标，其中贴标可由学生自己设计制作；纸箱；胶带。
②　设备　灯检用灯箱。

7.3.3　操作方法与步骤

7.3.3.1　检验

检验又称验酒，逐瓶在灯光下检查，挑出浑浊、有悬浮物、有恶性夹杂物的不合格品并统计数量。提供数据、寻找原因是制定降低废品率措施的依据。不合格品的根源大致有下列几种。

①　酒澄清过滤不好。
②　瓶子质量问题和洗瓶不干净。
③　机器、导管不清洁。
④　室内卫生不好。
⑤　瓶盖垫片或木塞不净。
⑥　毛刷脱毛。
⑦　镀锡设备或橡胶管脱落的锡片、橡皮等。

7.3.3.2　贴标

贴标的黏着剂有糨糊。为防止酸败，可加入防腐败剂、胶水（一般使用桃胶加水溶化）。贴标后要用半湿抹布将酒瓶黏附的糨糊和污物擦净。

现代化工厂使用每小时上万瓶的高速贴标机器，其使用的贴标剂大多是化学胶、淀粉胶、酪素胶。其中几种常用胶水各有长短之处。化学胶适合常年灌装使用，冬季不怕温差变化，胶水性状较稳定，开启后短期内也不致发生性状改变；缺点是由于化学合成，可能存在腐蚀贴标机器的因素，不易清洗。而淀粉胶和酪素胶则是天然胶，在使用过程中对机器设备要求高，开启后容易霉变、变性，产品在潮湿环境中贮存时也容易引起霉变；但是对贴标设备腐蚀较小，贴标后容易清洗。

7.3.3.3　装箱

葡萄酒在装箱前一般包一层包装纸或玻璃纸，以保护标贴和突出宣传之用。从1964年开始，烟台张裕葡萄酿酒公司使用瓦楞纸箱和纸格包装，为节约木材、保护商品、降低运输重量起了很好的作用。纸箱外应标有厂名、酒名、净重、毛重、"小心轻放"、"防潮防雨"、"防踩踏、防压"等标志（如是木塞封口则又必须卧放）。

封装是葡萄酒厂耗用人工最多的一道工序，从1972年以来，我国先后从意大利、日本、德国引进了成套封装设备，目前我国多家单位也设计生产了全自动封装设备。

7.3.4　注意事项

①　沉淀　沉淀分为物理性沉淀和微生物沉淀。红葡萄酒物理性沉淀表现为瓶底产生红色粉状、片状的结晶颗粒，白葡萄酒物理性沉淀大多为白色片状蛋白质沉淀。微生物沉淀则是在瓶口产生块状、膜状或者絮状沉淀，酒体失去光泽，但无结晶现象。物理性沉淀主要为环

境温度变化过快，酒体前期处理不过关所致。微生物沉淀的原因主要是环境卫生条件差，微滤膜破损，管路、灌装设备清洗未达到要求，包装用的酒瓶、木塞卫生不达标。

② 外观　很多纸箱和酒标会在贮存过程中霉变或酒标脱落，主要原因是环境导致，湿度过大、卫生条件差时产品外包装箱就容易发生霉变。

7.4　练习与思考题

项目七　答案

练习题

① ［填空题］葡萄酒使用酒瓶包装时，白葡萄酒使用（　　）色和（　　）色，而红葡萄酒则使用（　　）色和（　　）色。

② ［填空题］现代化工厂使用的贴标剂大多是（　　）、（　　）、（　　）。

③ ［填空题］葡萄酒在包装前需要进行（　　）稳定性、（　　）稳定性、（　　）稳定性检验，确保酒体稳定。

④ ［单选题］灌装的葡萄酒应将酒的游离 SO_2 含量控制在（　　）mg/L，以保证装瓶后葡萄酒的稳定性。

A. 10 ～ 15　　　　　　B. 30 ～ 35　　　　　　C. 30 ～ 40　　　　　　D. 25 ～ 30

⑤ ［多选题］以下属于葡萄酒封口材料的是（　　）。

A. 天然木塞　　　　　　B. 合成木塞　　　　　　C. 聚酯塞　　　　　　D. 玻璃塞

⑥ ［判断题］酒度在 16% 以上的葡萄酒不必杀菌。（　　）

⑦ ［判断题］葡萄酒在装箱时，如果是木塞封口则必须卧放。（　　）

思考题

① 葡萄酒进行包装时应具备哪些条件才能进行？

② 查阅资料，说说葡萄酒在包装时对包装材料有何要求。

③ 分组讨论，分析一下葡萄酒的灌装时间如何确定。

④ 根据你的实践经验，说说葡萄酒在灌装过程中影响质量的因素有哪些。

⑤ 根据你在灌装操作时的经验，说说灌装的工艺要求。

 —————————— 思政小课堂

　　葡萄酒酿造的工序包括生产准备、葡萄汁的制备、菌种制备、酿造、贮酒、蒸馏、包装等。

　　生产优质的葡萄酒首先要求葡萄原料的色泽、风味、含糖量、含酸量均达到最佳指标。葡萄酒经过一定时期的贮酒陈酿，是为了发生一系列的物理、化学和生物学变化，变得更醇厚完整，达到最优的饮用质量。贮酒陈酿是葡萄酒积累风味，进而提升品质的过程，学习是我们人生中重要的知识积累、增强本领的过程，正如北宋时期卓有贡献的词人苏轼（苏东坡）词中所说"博观而约取，厚积而薄发"。

　　新时代青年学生要牢固树立"梦想从学习开始，事业靠本领成就"的意识。

模块二

葡萄酒
检测技术

葡萄酒检测技术
电子教案

出口葡萄酒中细
菌、霉菌及酵母
的计数（标准）

能力（技能）目标：

① 能正确使用葡萄酒检测常用仪器和设备；
② 能准确配制检测用试剂和溶液；
③ 能根据实际情况选择合适方法，并准确进行葡萄酒感官检验、酒精度测定、总酸测定、挥发酸测定、柠檬酸测定、二氧化硫测定、还原糖和总糖测定、干浸出物测定及铁、铜、苯甲酸钠、山梨酸钾、甲醇等指标的测定；
④ 能对实验中出现的问题进行分析，能通过查阅资料和小组讨论解决问题；
⑤ 会处理数据并分析结果，会出具检测报告。

知识目标：

① 具有食品检测的安全操作知识；
② 掌握葡萄酒感官检验、酒精度测定、总酸测定、挥发酸测定、柠檬酸测定、二氧化硫测定、还原糖和总糖测定、干浸出物测定及铁、铜、苯甲酸钠、山梨酸钾、甲醇的测定意义、测定方法和原理；
③ 熟悉葡萄酒各类指标检测的相关标准；
④ 掌握葡萄酒各类指标的检测技能和测定结果的计算方法；
⑤ 熟悉葡萄酒检测常用设备的结构、基本原理和设备操作规程。

素质目标：

① 增强学生平安意识、纪律意识，培育良好的职业道德；
② 严格遵守操作规范，具有客观、严谨、细致的科学态度；
③ 树立精益求精、追求卓越的工匠精神；
④ 具有团队协作精神、实事求是的科学精神、锐意进取的创新精神；
⑤ 教育引导学生牢固树立立足职位、增强本领、效劳群众、奉献社会的职业理想，增强职业理念、职业责任和职业使命感。

WINE

葡萄酒质量标准概述如下。

（1）感官指标

感官指标见表 2-1。

表 2-1　葡萄酒感官指标

项目			要求
外观	色泽	白葡萄酒	近似无色，微黄带绿、浅黄、禾秆黄、金黄色
		红葡萄酒	紫红、深红、宝石红、红微带棕色、棕红色
		桃红葡萄酒	桃红、淡玫瑰红、浅红色
		加香葡萄酒	深红、棕红、浅红、金黄色、淡黄色
	澄清程度		澄清透明，有光泽，无明显悬浮物（使用软木塞封口的酒允许有 3 个以下不大于 1mm 的软木渣）
	起泡程度		起泡葡萄酒注入杯中时，应有细微的串珠状气泡升起，并有一定的持续性
香气与滋味	香气	非加香葡萄酒	具有纯正、优雅、怡悦、和谐的果香与酒香
		加香葡萄酒	具有优美、纯正的葡萄酒香与和谐的芳香植物香
	滋味	干、半干葡萄酒	具有纯净、幽雅、爽怡的口味和新鲜悦人的果香味，酒体完整
		甜、半甜葡萄酒	具有甘甜醇厚的口味和陈酿的酒香味，酸甜协调，酒体丰满
		起泡葡萄酒	具有优美醇正、和谐悦人的口味和发酵起泡酒的特有香味，有杀口力
		加气起泡葡萄酒	具有清新、愉快、纯正的口味，有杀口力
		加香葡萄酒	具有醇厚、爽舒的口味和谐调的芳香植物香味，酒体丰满
典型性			典型突出、明确

（2）理化指标

理化指标见表 2-2。

表 2-2　葡萄酒理化指标

项目			要求
酒精度（20℃，体积分数）/%	甜、加香葡萄酒		11.0 ～ 24.0
	其他类型葡萄酒		7.0 ～ 13.0
总糖（以葡萄糖计）/（g/L）	平静葡萄酒	干型	≤ 4.0
		半干型	4.1 ～ 12.0
		半甜型	12.1 ～ 50.0
		甜型	≥ 50.1
		干加香	≤ 50.0
		甜加香	≥ 50.1
		天然型	≤ 12.0
	加气起泡葡萄酒	绝干型	12.1 ～ 20.0
		干型	20.1 ～ 35.0

项目			要求
总糖（以葡萄糖计）/（g/L）	加气起泡葡萄酒	半干型	35.1 ～ 50.0
		甜型	≥ 50.1
滴定酸（以酒石酸计）/（g/L）	甜、加香葡萄酒		5.0 ～ 8.0
	其他类型葡萄酒		5.0 ～ 7.5
挥发酸（以乙酸计）/（g/L）			≤ 1.1
游离二氧化硫/（mg/L）			≤ 50
总二氧化硫/（mg/L）			≤ 250
干浸出物/（g/L）	白葡萄酒		≥ 15.0
	红、桃红、加香葡萄酒		≥ 17.0
铁/（mg/L）	白、加香葡萄酒		≤ 10.0
	红、桃红葡萄酒		≤ 8.0
二氧化碳（20℃）/MPa	起泡、加气起泡葡萄酒	＜ 250mL/ 瓶	≥ 0.30
		≥ 250mL/ 瓶	≥ 0.35

注：酒精度在表 2-2 的范围内，允许误差为 ±1.0%（20℃，体积分数）。

（3）卫生要求

铅及微生物指标见表 2-3。

表 2-3 葡萄酒卫生指标

项目	指标
二氧化硫残留量（以游离 SO_2 计）/（g/kg）	≤ 0.05
黄曲霉毒素 B_1/（μg/kg）	≤ 5
铅（以 Pb 计）/（mg/L）	≤ 0.5
$N-$ 二甲基亚硝胺（啤酒中）/（μg/L）	≤ 3
细菌总数/（个 /mL）	≤ 50
大肠菌群/（个 /100mL）	≤ 3
致病菌	不得检出

项目一

葡萄酒的感官检验

1.1 原理

感官分析是指评价员通过口、眼、鼻等感觉器官检查产品的感官特征，即对葡萄酒产品的色泽、香气、滋味及典型性等感官特性进行检查与分析评定。

1.2 品酒

1.2.1 品评杯

葡萄酒品评杯见图 2-1（单位为 mm）。

(a) 葡萄酒品评杯
(满口容量为215mL)

(b) 起泡葡萄酒(或葡萄汽酒)品评杯
(满口容量为150mL)

图 2-1　葡萄酒品评杯

1.2.1.1　一般要求

① 品评杯的设计应有利于被评价样品气味的释放和富集，减少酒精对嗅觉的影响，更好地体现样品的感官特性。

② 品评杯应由透明玻璃制成，不得有凹槽和气泡。进行葡萄酒感官评价时，通常使用无色透明的品评杯；当需要掩盖葡萄酒颜色时，宜使用有色透明品评杯。

③ 无色透明品评杯宜用晶状体蛋白类型的玻璃（也称水晶玻璃）来制作。该玻璃主要成分为氧化锌（ZnO）、氧化钡（BaO）、氧化铅（PbO）和氧化钾（K_2O）中的一种或含有以上多种成分（总量 ≥ 10%，质量分数），其相对密度 ≥ 2.45，折射率 ≥ 1.520。

1.2.1.2　尺寸要求

葡萄酒品评杯的尺寸应符合表 2-4 的要求。

表 2-4　葡萄酒品评杯的尺寸要求

规格	单位	尺寸
总容量	mL	215 ± 10
总高度	mm	155 ± 5
杯口直径	mm	46 ± 2
杯体高度	mm	100 ± 2
杯体最大直径	mm	65 ± 2
杯座直径	mm	65 ± 5

规格	单位	尺寸
两侧玻璃厚度	mm	0.8 ± 0.1
杯柄高度	mm	55 ± 3
杯柄直径	mm	9 ± 1

1.2.1.3　外观要求

葡萄酒品评杯应无飞边、裂纹及崩损缺口，边缘应规则、光滑和圆润。

1.2.1.4　清洁要求

① 品评杯使用后，应使用无香味的食品级清洁剂对品评杯进行清洗，反复冲洗，直至清洁剂完全洗净，再用蒸馏水或纯水冲洗。

② 清洗完毕后应将品评杯倒置沥干或热风干燥，不可用其他物品擦干。干燥后的品评杯，应避免被灰尘沾染，可将品评杯倒置或用洁净布覆盖以保持清洁。

③ 不允许使用硝酸、高氯酸、氢溴酸等强酸洗液或铬酸混合洗液进行清洗。

1.2.1.5　标记要求

① 品评杯可标记刻度，其刻度应不影响葡萄酒的色差、色泽、透明度等外观评价。

② 可在底座上设置一个便于标记的小区域。

③ 在实验中使用随机编码对品评杯进行标记时，应使用铅笔或无味记号笔，若使用标签纸标记应确保无味。

1.2.1.6　操作要求

① 在品评时，应选择洁净且干燥的品评杯。

② 为避免身体温度对酒液的影响，评价时以手持杯座或手握杯柄。

1.2.1.7　其他要求

（1）盖子

必要时，每个品评杯可配备一个表面皿，其直径应比品评杯口径大 10mm 以上。该表面皿可作为盖子使用，以防止香气逸散和灰尘进入。

（2）有色品评杯

必要时，在需要掩盖葡萄酒颜色的评价中，宜使用有色透明玻璃杯，以消除视觉因素对葡萄酒评价的影响。

（3）有起泡区的品评杯

必要时，在葡萄酒的起泡性评价中，可在品评杯内壁底部中心位置设置一个磨砂的圆形区域，以促进气泡形成，磨砂区域直径为（5.0±0.5）mm。

1.2.2　调温

调节酒的温度，使其达到：起泡葡萄酒 9 ～ 10℃；白葡萄酒 10 ～ 15℃；桃红葡萄酒 12 ～ 14℃；红葡萄酒 16 ～ 18℃；甜红葡萄酒 18 ～ 20℃。

特种葡萄酒可参照上述条件选择合适的温度范围，或在产品标准中自行规定。

1.2.3　顺序与编号

在一次品尝检查有多种类型样品时，其品尝顺序为：先白后红，先干后甜，先淡后浓，先新后老，先低度后高度。按顺序给样品编号，并在酒杯下部注明同样编号。

1.2.4　倒酒

将调温后的酒瓶外部擦干净，小心开启瓶塞（盖），不使任何异物落入。将酒倒入洁净、干燥的品评杯中，一般酒在杯中的高度为 1/4 ～ 1/3，起泡和加气起泡葡萄酒的高度为 1/2。

1.3　感官检查与评定

1.3.1　外观

在适宜光线（非直射阳光）下，以手持杯底或用手握住玻璃杯柱，举杯齐眉，用眼观察杯中酒的色泽、透明度与澄清程度，观察有无沉淀及悬浮物；起泡和加气起泡葡萄酒要观察起泡情况，做好详细记录。

1.3.2　香气

先在静止状态下多次用鼻嗅香，然后将酒杯捧握在手掌之中，使酒微微加温，并摇动酒杯，使杯中酒样分布于杯壁上。慢慢地将酒杯置于鼻孔下方，嗅闻其挥发香气，分辨果香、酒香或其他异香，写出评语。

1.3.3　滋味

喝入少量样品于口中，使样品尽量均匀分布于味觉区，仔细品尝，有了明确印象后咽下，再体会口感后味，记录口感特征。

1.3.4　典型性

根据外观、香气、滋味的特征综合分析，评定其类型、风格及典型性的强弱程度。写出结论意见（或评分）。

1.4　葡萄酒感官评定要求

1.4.1　基本要求

1.4.1.1　环境要求
（1）品尝室的要求
① 应有适宜的光线，使人感觉舒适。
② 应便于清扫，且离噪声源较远，最好是隔声的。
③ 无任何气味，并便于通风与排气。
（2）光源
品尝室的光源可用自然日光或日光灯，但光线应为均匀的散射光。
（3）温度与湿度
品尝室内，应保持使人舒服的、稳定的温度和湿度，温度和湿度应分别保持在 20 ～ 22℃和 60% ～ 70% 之间。
（4）品尝间
品尝间应相互隔离，内部设施应便于清洗，便于比较葡萄酒的颜色，应有可饮用的自来水，自来水的龙头最好是脚踏式的，以便于品尝员的双手工作。

1.4.1.2　品评杯的要求

应采用葡萄酒标准品评杯。标准杯由无色透明的含铅量为 9% 左右的结晶玻璃制成，不应有任何印痕和气泡，杯口应平滑、一致，且为圆边，品评杯应能承受 0 ～ 100℃的温度变化，其容量为 210 ～ 225mL。

1.4.1.3　人员要求

必须由取得相应资质（应届国家评酒员）的人员进行品评，一般掌握单数，人员尽可能多，最少不得低于 7 人。

1.4.1.4　样品的处理

将样品放置于（20±2）℃环境平衡 24h［或（20±2）℃水浴中保温 1h］，采取密码标记后进行感官品评。

注：被评样品的相关信息应对评酒员严格保密。

1.4.1.5　计分方法

每个评酒员在给定分数内逐项打分后，累计出总分，再把所有参加打分的评酒员分数累加，取其平均值，即为该酒的感官分数。

1.4.2　评分标准用语

见表 2-5。

表 2-5　评分标准用语

分数段		特点
葡萄酒	山葡萄酒	
90 分以上	85 分以上	具有该产品应有的色泽，悦目协调、澄明（透明）、有光泽、果香、酒香浓馥幽雅，协调悦人；酒体丰满，有新鲜感，醇厚协调，舒服，爽口，回味绵延；风格独特，优雅无缺
89 ～ 80 分	84 ～ 75 分	具有该产品的色泽；澄清透明，无明显悬浮物，果香、酒香良好，尚悦怡；酒质柔顺，柔和爽口，甜酸适当；典型明确，风格良好
79 ～ 70 分	74 ～ 65 分	与该产品应有的色泽略有不同，澄清，无夹杂物；果香、酒香较少，但无异香；酒体协调，纯正无杂；有典型性，不够怡雅
69 ～ 65 分	64 ～ 60 分	与该产品应有的色泽明显不符，微混，失光或人工着色；果香不足，或不悦人，或有异香；酒体寡淡、不协调，或有其他明显的缺陷（除色泽外，只要有其中一条，则判为不合格品）

1.4.3　葡萄酒评分细则

见表 2-6。

表 2-6　葡萄酒评分细则

项目			要求
外观 10 分	色泽 5 分	白葡萄酒	近似无色，浅黄色，禾秆黄，绿禾秆黄色，金黄色
		红葡萄酒	紫红，深红，宝石红，瓦红，砖红，黄红，棕红，黑红色
		桃红葡萄酒	黄玫瑰红，橙玫瑰红，玫瑰红，橙红，浅红，紫玫瑰红色

续表

项目			要求
外观 10 分	5 分	澄清程度	澄清透明，有光泽，无明显悬浮物（使用软木塞封的酒允许有 3 个以下不大于 1mm 的木渣）
		起泡程度	起泡葡萄酒注入杯中时，应有细微的串珠状气泡升起，并有一定的持续性，泡沫细腻、洁白
香气 30 分	非加香葡萄酒		具有纯正、优雅、愉悦、和谐的果香与酒香
	加香葡萄酒		具有优美纯正的葡萄酒香与和谐的芳香植物香
滋味 40 分	干葡萄酒、半干葡萄酒（含加香葡萄酒）		酒体丰满，醇厚协调，舒服，爽口
	甜葡萄酒、半甜葡萄酒（含加香葡萄酒）		酒体丰满，酸甜适口，柔细轻快
	起泡葡萄酒		口味优美、醇正、和谐、悦人，有杀口力
	加气起泡葡萄酒		口味清新、愉快、纯正，有杀口力
典型性 20 分			典型完美，风格独特，优雅无缺

1.5　练习题

①［填空题］调温过程中，红葡萄酒应达到（　　）℃。

②［填空题］品尝室内，应保持使人舒服的、稳定的温度和湿度，温度和湿度应分别保持在（　　）和（　　）之间。

项目一　答案

③［单选题］必须由取得相应资质（应届国家评酒员）的人员进行品评，一般掌握单数，人员尽可能多，最少不得低于（　　）人。

A. 5　　　　　　　　　B. 6　　　　　　　　　C. 7　　　　　　　　　D. 8

④［多选题］无色透明品评杯宜用晶状体蛋白类型的玻璃来制作，该玻璃主要成分有（　　）。

A. 氧化锌（ZnO）　　　　　　　　　　B. 氧化钡（BaO）
C. 氧化铅（PbO）　　　　　　　　　　D. 氧化钾（K_2O）

⑤［判断题］品评杯应由不透明玻璃制成，不得有凹槽和气泡。（　　）

⑥［判断题］应采用葡萄酒标准品评杯，标准杯由无色透明的含铅量为 9% 左右的结晶玻璃制成。（　　）

项目二

葡萄酒酒精度的测定

2.1　密度瓶法

2.1.1　原理

采用蒸馏法除去样品中含有的不挥发性物质，再用密度瓶法测出试样

酒精度的测定

（酒精水溶液）20℃时的密度，查表求出 20℃时乙醇含量的体积分数，即酒精度。

2.1.2 仪器

分析天平（感量 0.0001g），500mL 全玻璃蒸馏器，恒温水浴（精度 ±0.1℃），25mL 或 50mL 附温度计密度瓶。

2.1.3 分析步骤

2.1.3.1 试样的处理和制备

（1）非起泡葡萄酒

用洁净、干燥的 100mL 容量瓶准确量取液温为 20℃的 100mL 样品置于 500mL 蒸馏瓶中，用 50mL 水将容量瓶冲洗三次，洗液全部并入 500mL 蒸馏瓶中，再加几颗沸石（或玻璃珠），连接蛇形冷凝器，以取样用的原容量瓶作接收器（外加冰浴），开启冷却水（冷却水温度宜低于 15℃），缓慢加热蒸馏，收集馏出液接近刻度，取下容量瓶盖塞，于（20.0±0.1）℃水浴中保温 30min，补加水至刻度，混匀，备用。

（2）起泡葡萄酒

① 样品去除二氧化碳 在保证样品有代表性、不损失或少损失酒精的前提下，用振摇、超声波或搅拌等方式除去酒样中的二氧化碳气体。样品去除二氧化碳有两种方法：

第一法：将恒温至 15 ～ 20℃的酒样约 300mL 倒入 1000mL 锥形瓶中，加橡皮塞，在恒温室内轻轻摇动，开塞放气（开始有"砰砰"声），盖塞，反复操作，直至无气体逸出。用单层中速干滤纸（漏斗上面盖表面玻璃）过滤。

第二法：采用超声波或磁力搅拌法除气，将恒温至 15 ～ 20℃的酒样约 300mL 移入带排气塞的瓶中，置于超声波水槽中（或搅拌器上），超声（或搅拌）一定时间后，用单层中速干滤纸过滤（漏斗上面盖表面玻璃）。

注：要通过与第一法比对，使其酒精度测定结果相似，以确定超声（或搅拌）时间和温度。

试样去除二氧化碳后，收集于具塞锥形瓶中，温度保持在 15 ～ 20℃，密封保存，限制在 2h 内使用。

② 样品蒸馏 同 2.1.3.1（1）非起泡葡萄酒。

2.1.3.2 试样溶液的测定

① 将密度瓶洗净，干燥后带温度计和侧孔罩称量。重复干燥和称量，直至恒重（m）。

② 取下带温度计的瓶塞，将煮沸冷却至 15℃的水注入已恒重的密度瓶中，注满，插上带温度计的瓶塞（瓶中不得有气泡），立即浸入（20.0±0.1）℃的恒温水浴中，待内容物温度达 20℃并保持 20min 不变后，用滤纸快速吸去溢出侧管的液体，使侧管的液面和侧管管口齐平，立即盖好侧孔罩，取出密度瓶，用滤纸擦干瓶外壁上的水，立即称量（m_1）。

将密度瓶中的水倒出，先用无水乙醇再用乙醚冲洗密度瓶，吹干（或于烘箱中烘干），用试样馏出液反复冲洗密度瓶 3 ～ 5 次，然后装满，按 2.1.3.2 ②法同样操作，称量（m_2）。

2.1.4 结果计算

样品在 20℃时的密度（ρ_{20}^{20}）按式（2-1）计算，空气浮力校正值（A）按式（2-2）计算。

$$\rho_{20}^{20} = \frac{m_2 - m + A}{m_1 - m + A} \times \rho_0 \tag{2-1}$$

$$A = \rho_u \times \frac{m_1 - m}{997.0} \qquad\qquad (2\text{-}2)$$

式中 ρ_{20}^{20}——样品在 20℃时的密度，g/L；

      m——密度瓶的质量，g；

      m_1——20℃时密度瓶与水的质量，g；

      m_2——20℃时密度瓶与试样的质量，g；

      ρ_0——20℃时蒸馏水的密度，g/L，取值 998.20g/L；

      A——空气浮力校正值；

      ρ_u——干燥空气在 20℃、1013.25hPa 时的密度值（≈ 1.2g/L），g/L；

  997.0——在 20℃时蒸馏水与干燥空气密度值之差，g/L。

根据试样的密度 ρ_{20}^{20}，查表，求得酒精度，以体积分数"% vol"表示。

以重复性条件下获得的两次独立测定结果的算术平均值表示，结果保留至小数点后一位。

2.1.5　精密度

在重复性条件下获得的两次独立测定结果的绝对差值不得超过 0.5% vol。

2.2　酒精计法

2.2.1　原理

采用蒸馏法去除样品中的不挥发性物质，再用酒精计法测得酒精体积分数示值，查表进行温度校正，求得 20℃时乙醇的体积分数，即酒精度。

2.2.2　仪器

精密酒精计（分度值为 0.1% vol），500mL、1000mL 全玻璃蒸馏器。

2.2.3　分析步骤

2.2.3.1　试样的制备

用洁净、干燥的 200mL 容量瓶准确量取 200mL（具体取样量应按酒精计的要求增减）液温为 20℃的样品置于 500mL 或 1000mL 蒸馏瓶中，以下操作同 2.1.3.1（1）。

2.2.3.2　测定

将试样倒入洁净、干燥的 200mL 量筒中，静置数分钟，待其中气泡消失后，放入洗净、干燥的酒精计，再轻轻按一下，不得接触量筒壁，同时插入温度计，平衡 5min，水平观测，读取与弯月面相切处的刻度示值，同时记录温度。

2.2.4　分析结果

根据测得的酒精计示值和温度，查表，换算成 20℃时样品的酒精度，以体积分数"% vol"表示。

以重复性条件下获得的两次独立测定结果的算术平均值表示，结果保留至小数点后一位。

2.2.5　精密度

在重复性条件下获得的两次独立测定结果的绝对差值不得超过 0.5% vol。

2.3 气相色谱法

2.3.1 原理

试样进入气相色谱仪中的色谱柱时，由于在气固两相中吸附系数不同，而使乙醇与其他组分得以分离。可利用氢火焰离子化检测器进行检测，与标样对照，根据保留时间定性，利用内标法定量。

2.3.2 试剂和材料

除非另有说明，所用试剂均为分析纯，水为 GB/T 6682 规定的一级水。

2.3.2.1 标准品

① 乙醇（C_2H_6O）：纯度 ≥ 99.0%。

② 正丁醇 [$CH_3(CH_2)_3OH$]：纯度 ≥ 99.0%。

③ 4-甲基-2-戊醇（$C_6H_{14}O$）：纯度 ≥ 99.0%。

2.3.2.2 标准溶液配制

乙醇标准系列工作液：取 5 个 100mL 容量瓶，分别吸入 2.00mL、3.00mL、4.00mL、5.00mL、7.00mL 乙醇，用水定容至刻度后混匀，该溶液用于标准曲线的绘制。

2.3.2.3 仪器

① 气相色谱仪：配有氢火焰离子化检测器（FID）。

② 气相色谱柱：固定相 Chromosorb 103，177μm（80 目）～ 250μm（60 目）（2m×2mm 或 3m×3mm）或使用同等分析效果的其他色谱柱。

2.3.3 分析步骤

2.3.3.1 试样的处理和制备

取按 2.1.3.1（1）法制备的葡萄酒蒸馏液，准确稀释 4 倍（或根据酒度适当稀释），然后吸取 10.00 mL 于 10mL 容量瓶中，准确加入 0.20mL 内标 4-甲基-2-戊醇，混匀。

2.3.3.2 测定步骤

（1）色谱条件

柱温：200℃；

气化室和检测器温度：240℃；

载气（高纯度氮）流量：40mL/min；

氢气流量：40mL/min；

空气流量：500mL/min；

进样量：1.0μL。

注：应根据不同仪器，通过实验选择最佳色谱条件，以使乙醇和内标组分获得完全分离。

（2）标准曲线的绘制

分别吸取不同浓度的乙醇标准系列工作液（2.3.2.2）各 10.0mL 于 5 个 10mL 容量瓶中，分别加入 0.20mL 4-甲基-2-戊醇混匀。按照 2.3.3.2（1）的色谱条件测定，以乙醇浓度为横坐标，以乙醇和内标峰面积的比值（或峰高比值）为纵坐标，绘制工作曲线。

注：所用乙醇标准溶液应当天配制与使用，每个浓度至少要做两次，取平均值作图或计算。

（3）试样的测定

将试样溶液注入气相色谱仪中，得到样品中乙醇和内标峰面积的比值，由标准工作曲线计算测试液中乙醇的浓度。

2.3.4 结果计算

试样中乙醇含量按式（2-3）计算：

$$X=Cf \tag{2-3}$$

式中　X——试样中乙醇的含量，以体积分数（% vol）表示；

　　　C——试样测定液中乙醇的含量，以体积分数（% vol）表示；

　　　f——试液稀释倍数。

以重复性条件下获得的两次独立测定结果的算术平均值表示，结果保留至小数点后一位。

2.3.5 精密度

在重复性条件下获得的两次独立测定结果的绝对差值不得超过 0.5% vol。

2.4 练习题

① [填空题] 采用（　　）法除去样品中含有的不挥发性物质，再用 项目二　答案（　　）法测出试样 20℃时的密度，查表求出 20℃时乙醇含量的体积分数，即酒精度。

② [填空题] 葡萄酒试样去除二氧化碳后，收集于具塞锥形瓶中，温度保持在（　　）℃，密封保存，限制在（　　）内使用。

③ [单选题] 根据测得的酒精计示值和温度，查表，换算成 20℃时样品的酒精度，以体积分数"（　　）"表示。

A. % vol　　　　　　　B. %　　　　　　　　C. vol　　　　　　　　D. %/vol

④ [单选题] 在重复性条件下获得的两次精密度独立测定结果的绝对差值不得超过（　　）% vol。

A. 0.3　　　　　　　　B. 0.4　　　　　　　　C. 0.5　　　　　　　　D. 0.6

⑤ [多选题] 葡萄酒酒精度测定使用气相色谱法时标准品有哪些？（　　）

A. 乙醇　　　　　　B. 正丁醇　　　　　　C. 丙醇　　　　　　　　D. 4-甲基-2-戊醇

⑥ [判断题] 起泡葡萄酒样品去除二氧化碳有两种方法。（　　）

项目三 ——————————
葡萄酒中总酸的测定

3.1 电位滴定法

3.1.1 原理

利用酸碱中和原理，用氢氧化钠标准滴定溶液直接滴定样品中的有机酸，以 pH8.2 为电位滴定终点，根据消耗氢氧化钠标准滴定溶液的体积，计算试样的总酸含量。

葡萄酒（汁）总酸度的测定

3.1.2 试剂和仪器

3.1.2.1 试剂

① 氢氧化钠标准滴定溶液 [c(NaOH) =0.05mol/L]：按 GB/T 601 配制与标定，并准确

稀释。

② 酚酞指示液（10g/L）：按 GB/T 603 配制。

3.1.2.2 仪器

① 自动电位滴定仪（或酸度计）：精度 0.01pH，附电磁搅拌器。

② 恒温水浴：精度 ±0.1℃，带振荡装置。

3.1.3 分析步骤

3.1.3.1 试样的制备

吸取约 60mL 样品于 100mL 烧杯中，将烧杯置于（40±0.1）℃振荡水浴中恒温 30min，取出，冷却至室温。

注：试样的制备只针对起泡葡萄酒和葡萄汽酒，目的是排除其中的二氧化碳。

3.1.3.2 仪器校正

按仪器使用说明书校正仪器。

3.1.3.3 测定

吸取 10.00mL 液温为 20℃的样品置于 100mL 烧杯中，加 50mL 水，插入电极，放入一枚转子，置于电磁搅拌器上，开始搅拌，用氢氧化钠标准滴定溶液滴定，开始时滴定速度可稍快，当样液 pH 至 8.2 即为其终点，记录氢氧化钠溶液消耗的体积，同时做空白试验。

3.1.4 结果计算

样品中总酸的含量按式（2-4）计算。

$$X = \frac{c \times (V_1 - V_0) \times 75}{V_2} \tag{2-4}$$

式中　X——样品中总酸的含量（以酒石酸计），g/L；

c——氢氧化钠标准滴定溶液的浓度，mol/L；

V_0——空白试样消耗氢氧化钠标准滴定溶液的体积，mL；

V_1——样品滴定时消耗氢氧化钠标准滴定溶液的体积，mL；

V_2——吸取样品的体积，mL；

75——酒石酸的摩尔质量，g/mol。

所得结果表示至一位小数。

3.1.5 精密度

在重复性条件下获得的两次独立测定结果的绝对值不得超过算术平均值的 3%。

3.2 指示剂法

3.2.1 原理

利用酸碱滴定原理，以酚酞作指示剂，用碱标准溶液滴定，根据碱的用量计算总酸含量。

3.2.2 试剂和仪器

① 氢氧化钠标准滴定溶液 [c(NaOH) =0.05mol/L]：按 GB/T 601 配制与标定，并准确稀释。

② 酚酞指示液（10g/L）：按 GB/T 603 配制。

3.2.3 分析步骤

吸取 2 ～ 5mL 液温为 20℃样品（取样量可根据酒的颜色深浅而增减），置于 250mL 锥形瓶中，加入 50mL 水，同时加入 2 滴酚酞指示液，摇匀后，立即用氢氧化钠标准滴定溶液滴定至终点，并保持 30s 内不变色，记录氢氧化钠标准滴定溶液消耗的体积（V_1）。同时做空白试样。

3.2.4 结果计算

同 3.1.4。

3.2.5 精密度

在重复性条件下获得的两次独立测定结果的绝对值不得超过算术平均值的 5%。

3.3 练习题

① [填空题] 电位滴定法利用（ ）原理，用氢氧化钠标准滴定溶液直接滴定样品中的有机酸。

② [填空题] 指示剂法利用（ ）原理，以酚酞作指示剂，用碱标准溶液滴定，根据碱的用量计算总酸含量。

项目三　答案

③ [单选题] 指示剂法以（ ）作指示剂，用碱标准溶液滴定。

A. 酚酞　　　　　　　B. 甲基橙　　　　　　　C. 品红　　　　　　　D. 石蕊

④ [多选题] 葡萄酒中总酸的测定方法主要有哪些?（ ）

A. 电位滴定法　　　　B. 指示剂法　　　　　　C. 比色法　　　　　　D. 硫酸苯酚法

⑤ [判断题] 电位滴定法测定葡萄酒总酸时，在重复性条件下获得的两次独立测定精密度结果的绝对值不得超过算术平均值的 5%。（ ）

项目四

葡萄酒中挥发酸的测定

4.1 原理

用蒸馏的方法蒸出样品中的低沸点酸类即挥发酸，用碱标准溶液进行滴定，再测定游离二氧化硫和结合二氧化硫，通过计算与修正，得出样品中挥发酸的含量。

4.2 试剂和仪器

4.2.1 试剂

① 氢氧化钠标准滴定溶液 [c(NaOH)=0.05mol/L]：按 GB/T 601 配制与标定，并准确稀释。

② 酚酞指示液（10g/L）：按 GB/T 603 配制。

③ 盐酸溶液：将浓盐酸用水稀释 4 倍。

④ 碘标准滴定溶液 $[c(\frac{1}{2}I_2)=0.005\text{mol/L}]$：按 GB/T 601 配制与标定，并准确稀释。

⑤ 碘化钾。

⑥ 淀粉指示液（5g/L）：称取 5g 淀粉溶于 500mL 水中，加热至沸，并持续搅拌 10min，再加入 200g 氯化钠，冷却后定容至 1000mL。

⑦ 硼酸钠饱和溶液：称取 5g 硼酸钠（$Na_2B_4O_7 \cdot 10H_2O$）溶于 100mL 热水中，冷却备用。

4.2.2 仪器

蒸馏装置。

4.3 分析步骤

4.3.1 实测挥发酸

安装好蒸馏装置。吸取 10mL 液温为 20℃的样品（V）在装置上进行蒸馏，收集馏出液，将其加热至沸，加入 2 滴酚酞指示液，用氢氧化钠标准滴定溶液滴定至粉红色，30s 内不变色即为滴定终点，记录氢氧化钠标准滴定溶液消耗的体积（V_1）。

4.3.2 测定游离二氧化硫

在上述溶液中加入 1 滴盐酸溶液酸化，加 2mL 淀粉指示液和几粒碘化钾，混匀后用碘标准滴定溶液滴定，记录消耗碘标准滴定溶液的体积（V_2）。

4.3.3 测定结合二氧化硫

在上述溶液中加入硼酸钠饱和溶液，至溶液显粉红色，继续用碘标准滴定溶液滴定，至溶液呈蓝色，记录消耗碘标准滴定溶液的体积（V_3）。

4.4 结果计算

样品中实测挥发酸的含量按式（2-5）计算。

$$X_1 = \frac{c \times V_1 \times 60.0}{V} \tag{2-5}$$

式中　X_1——样品中实测挥发酸的含量（以乙酸计），g/L；

　　　c——氢氧化钠标准滴定溶液的浓度，mol/L；

　　　V_1——消耗氢氧化钠标准滴定溶液的体积，mL；

　　　60.0——乙酸的摩尔质量，g/mol；

　　　V——吸取样品的体积，mL。

若挥发酸含量接近或超过理化指标时，则需进行修正，修正时，按式（2-6）换算。

$$X = X_1 = \frac{c_2 \times V_2 \times 32 \times 1.875}{V} - \frac{c_2 \times V_3 \times 32 \times 0.9375}{V} \tag{2-6}$$

式中　X——样品中真实挥发酸（以乙酸计）含量，g/L；

　　　X_1——实测挥发酸含量，g/L；

　　　c_2——碘标准滴定溶液的浓度，mol/L；

　　V——吸取样品的体积，mL；

　　V_2——测定游离二氧化硫消耗碘标准滴定溶液的体积，mL；

　　V_3——测定结合二氧化硫消耗碘标准滴定溶液的体积，mL；

　　32——二氧化硫的摩尔质量，g/mol；

　1.875——1g 游离二氧化硫相当于乙酸的质量，g；

　0.9375——1g 结合二氧化硫相当于乙酸的质量，g。

4.5　精密度

在重复性条件下获得的两次独立测定结果的绝对差值不得超过算术平均值的 5%。

4.6　练习题

①［填空题］用蒸馏的方法蒸出样品中的低沸点酸类即挥发酸，用（　　）进行滴定，再测定游离二氧化硫和结合二氧化硫，通过计算与修正，得出样品中挥发性酸的含量。

②［填空题］实测挥发酸时，在重复性条件下获得的两次独立测定精密度结果的绝对差值不得超过算术平均值的（　　）%。

项目四　答案

③［单选题］实测挥发酸时，吸取 10mL 液温为 20℃的样品在装置上进行蒸馏，收集 100mL 馏出液，将其加热至沸，加入 2 滴（　　）指示剂进行滴定。

　A. 甲基橙　　　　　　　B. 酚酞　　　　　　　　C. 品红　　　　　　　　D. 石蕊

④［多选题］测定游离二氧化硫时在实测挥发酸溶液中加入 1 滴盐酸溶液酸化，加 2mL （　　）指示剂和几粒（　　），混匀后用碘标准滴定溶液滴定，记录消耗碘标准滴定溶液的体积。

　A. 淀粉　　　　　　　　B. 酚酞　　　　　　　　C. 碘化钾　　　　　　　D. 氧化钾

⑤［判断题］用蒸馏的方法蒸出样品中的高沸点酸类即挥发酸。（　　）

项目五

葡萄酒中柠檬酸的测定

5.1　原理

同一时刻进入色谱柱的各组分，由于在流动相和固定相之间溶解、吸附、渗透或离子交换等作用的不同，随流动相在色谱柱两相之间进行反复多次的分配，由于各组分在色谱柱中的移动速度不同，经过一定长度的色谱柱后，彼此分离开来，按顺序流出色谱柱，进入信号检测器，在记录仪上或数据处理装置上显示出各组分的谱峰数值，根据保留时间用归一化法或外标法定量。

5.2　试剂和仪器

5.2.1　试剂

① 磷酸。

② 氢氧化钠溶液 [c(NaOH)=0.01mol/L]：按 GB/T 601 配制，并准确稀释。

③ 磷酸二氢钾（KH₂PO₄）水溶液（0.02mol/L）：称取 2.72g KH₂PO₄，用水定容至

1000mL，用磷酸调 pH 至 2.9，用 0.45μm 微孔滤膜过滤。

④ 无水柠檬酸。

⑤ 柠檬酸贮备溶液：称取 0.05g 无水柠檬酸（精确至 0.0001g），用氢氧化钠溶液溶解并定容至 50mL，此溶液含柠檬酸 1g/L。

⑥ 柠檬酸标准系列溶液：将柠檬酸贮备溶液用氢氧化钠溶液稀释成浓度分别为 0.05g/L、0.10g/L、0.20g/L、0.40g/L、0.80g/L 的标准系列溶液。

5.2.2 仪器

① 高效液相色谱仪：配有紫外检测器和色谱柱恒温箱。

② 色谱分离柱：HypersilODS2；柱尺寸：ϕ5.0mm×200mm；填料粒径：5μm 或采用同等分析效果的其他色谱柱。

③ 微量注射器：10μL。

④ 流动相真空抽滤脱气装置及 0.2μm 或 0.45μm 的微孔滤膜。

⑤ 分析天平：感量 0.0002g。

5.3 分析步骤

5.3.1 试样的处理和制备

吸取 10.00mL 液温为 20℃的样品置于 100mL 容量瓶中，加水定容，用 0.45μm 微孔滤膜过滤后，备用。

5.3.2 测定

5.3.2.1 色谱条件

柱温：室温。

流动相：0.02mol/L KH_2PO_4 溶液，pH2.9。

流速：1.0mL/min。

检测波长：214nm。

进样量：10μL。

5.3.2.2 标准曲线

将柠檬酸标准系列溶液分别进样后，以标样浓度对峰面积作标准曲线。线性相关系数应为 0.9990 以上。

5.3.2.3 进样

将试样（5.3.1）进样。根据标准品的保留时间定性样品中柠檬酸的色谱峰。根据样品的峰面积，查标准曲线得出柠檬酸含量。

5.4 结果计算

样品中柠檬酸的含量按式（2-7）计算。

$$X=c\times F \tag{2-7}$$

式中 X——样品中柠檬酸的含量，g/L；

　　c——从标准曲线求得测定溶液中柠檬酸的含量，g/L；

　　F——样品的稀释倍数。

所得结果表示至一位小数。

5.5 精密度

在重复性条件下获得的两次独立测定结果的绝对差值不得超过算术平均值的 5%。

5.6 练习题

① [填空题] 同一时刻进入色谱柱的各组分，由于在流动相和固定相之间（   ）、（   ）、（   ）或离子交换等作用的不同，随流动相在色谱柱两相之间进行反复多次的分配。

项目五 答案

② [填空题] 由于各组分在色谱柱中的移动速度不同，经过一定长度的色谱柱后，彼此分离开来，按顺序流出色谱柱，进入（   ）。

③ [单选题] 将柠檬酸标准系列溶液分别进样后，以标样浓度对峰面积作标准曲线，线性相关系数应为（   ）以上。

A. 0.90   B. 0.990   C. 0.9990   D. 0.1

④ [多选题] 葡萄酒中柠檬酸的测定，经过色谱条件，在记录仪上或数据处理装置上显示出各组分的谱峰数值，根据保留时间用（   ）或（   ）定量。

A. 内标法   B. 归一化法   C. 保留时间法   D. 外标法

⑤ [判断题] 在重复性条件下获得的两次独立测定精密度结果的绝对差值不得超过算术平均值的 5%。（   ）

项目六

葡萄酒中二氧化硫的测定

6.1 游离二氧化硫的测定（氧化法）

6.1.1 原理

在低温条件下，样品中的游离二氧化硫与过氧化氢过量反应生成硫酸，再用碱标准溶液滴定生成的硫酸，由此可得到样品中游离二氧化硫的含量。

6.1.2 试剂和仪器

6.1.2.1 试剂

① 过氧化氢溶液（0.3%）：吸取 1mL 30% 过氧化氢（开启后存于冰箱），用水稀释至 100mL。使用当天配制。

② 磷酸溶液（25%）：量取 295mL 85% 磷酸，用水稀释至 1000mL。

③ 氢氧化钠标准滴定溶液 $[c(NaOH)=0.01mol/L]$：准确吸取 100mL 氢氧化钠标准滴定溶液 $[c(NaOH)=0.05mol/L]$，按 GB/T 601 配制与标定，并准确稀释，以无二氧化碳水定容至 500mL。存放在橡胶塞上装有钠石灰管的瓶中，每周重配。

④ 甲基红 - 亚甲蓝混合指示液：按 GB/T 603 配制。

6.1.2.2 仪器

二氧化硫测定装置见图 2-2。

图 2-2　二氧化硫测定装置

A—短颈球瓶；B—三通连接管；C—通气管；D—直管冷凝管；
E—弯管；F—真空蒸馏接收管；G—梨形瓶；H—气体洗涤器；
I—直角弯管（接真空泵或抽气管）

6.1.3　分析步骤

① 按图 2-2 所示，将二氧化硫测定装置连接妥当，I 管与真空泵（或抽气管）相接，D 管通入冷却水。取下梨形瓶（G）和气体洗涤器（H），在 G 中加入 20mL 过氧化氢溶液，H 中加入 5mL 过氧化氢溶液，各加 3 滴混合指示液后，溶液立即变为紫色，滴入氢氧化钠标准滴定溶液，使其颜色恰好变为橄榄绿色，然后重新安装妥当，将 A 浸入冰浴中。

② 吸取 20.00mL 液温为 20℃的样品，从 C 上口加入 A 中，随后吸取 10mL 磷酸溶液 [6.1.2.1 ②]，亦从 C 上口加入 A 中。

③ 开启真空泵（或抽气管），使抽入空气流量为 1000 ～ 1500mL/min，抽气 10min。取下 G，用氢氧化钠标准滴定溶液 [6.1.2.1 ③] 滴定至重现橄榄绿色即为终点，记录氢氧化钠标准滴定溶液消耗的体积（mL）。以水代替样品做空白试验，操作同上。一般情况下，H 中溶液不应变色，如果溶液变为紫色，也需用氢氧化钠标准滴定溶液滴定至橄榄绿色，并将所消耗的氢氧化钠标准滴定溶液的体积与 G 消耗的氢氧化钠标准滴定溶液的体积相加。

6.1.4　结果计算

样品中游离二氧化硫的含量按式（2-8）计算。

$$X = \frac{c \times (V - V_0) \times 32}{20} \times 1000 \tag{2-8}$$

式中　X——样品中游离二氧化硫的含量，mg/L；

　　　c——氢氧化钠标准滴定溶液的浓度，mol/L；

　　　V——测定样品时消耗的氢氧化钠标准滴定溶液的体积，mL；

　　　V_0——空白试验消耗的氢氧化钠标准滴定溶液的体积，mL；

　　　32——二氧化硫的摩尔质量，g/mol；

　　　20——吸取样品的体积，mL。

所得结果表示至整数。

6.2 游离二氧化硫的测定（直接碘量法）

6.2.1 原理

利用碘可与二氧化硫发生氧化还原反应的性质，测定样品中二氧化硫的含量。

6.2.2 试剂和仪器

① 硫酸溶液（1+3）：取 1 体积浓硫酸缓慢注入 3 体积水中。
② 碘标准滴定溶液 [c (1/2 I_2) =0.02mol/L]：按 GB/T 601 配制与标定，准确稀释 5 倍。
③ 淀粉指示液（10g/L）：按 GB/T 603 配制后，再加入 40g 氯化钠。

6.2.3 分析步骤

吸取 50.00mL 样品（液温 20℃）于 250mL 碘量瓶中，加入少量碎冰块，再加入 1mL 淀粉指示液 [6.2.2 ③]、10mL 硫酸溶液 [6.2.2 ①]，用碘标准滴定溶液 [6.2.2 ②] 迅速滴定至淡蓝色，保持 30s 内不变色即为终点，记下消耗碘标准滴定溶液的体积（V）。

以水代替样品做空白试验，操作同上。

6.2.4 结果计算

样品中总二氧化硫的含量按式（2-9）计算。

$$X = \frac{c \times (V - V_0) \times 32}{50} \times 1000 \tag{2-9}$$

式中　X——样品中总二氧化硫的含量，mg/L；

　　　c——碘标准滴定溶液的浓度，mol/L；

　　　V——测定样品消耗的碘标准滴定溶液的体积，mL；

　　　V_0——空白试验消耗的碘标准滴定溶液的体积，mL；

　　　32——二氧化硫的摩尔质量，g/mol；

　　　50——吸取样品的体积，mL。

所得结果表示至整数。

6.2.5 精密度

在重复性条件下获得的两次独立测定结果的绝对差值不得超过算术平均值的 10%。

6.3 总二氧化硫的测定（氧化法）

6.3.1 原理

在加热条件下，样品中的结合二氧化硫被释放，并与过氧化氢发生氧化还原反应，通过用氢氧化钠标准滴定溶液滴定生成的硫酸，可得到样品中结合二氧化硫的含量，将该值与游离二氧化硫值相加，即得出样品中总二氧化硫的含量。

6.3.2 试剂和仪器

6.3.2.1 试剂

① 过氧化氢溶液（0.3%）：吸取 1mL 30% 过氧化氢（开启后存于冰箱），用水稀释至

100mL。使用当天配制。

② 磷酸溶液（25%）：量取 295mL 85% 磷酸，用水稀释至 1000mL。

③ 氢氧化钠标准滴定溶液 [c (NaOH) =0.01mol/L]：准确吸取 100mL 氢氧化钠标准滴定溶液 [c (NaOH) =0.05mol/L]，按 GB/T 601 配制与标定，并准确稀释，用无二氧化碳的水定容至 500mL。存放在橡胶塞上装有钠石灰管的瓶中，每周重配。

④ 甲基红－亚甲蓝混合指示液：按 GB/T 603 配制。

6.3.2.2 仪器

① 二氧化硫测定装置见图 2-2。

② 真空泵或抽气管（玻璃射水泵）。

6.3.3 分析步骤

继 6.1.3 测定游离二氧化硫后，将滴定至橄榄绿色的 G 重新与 F 连接。拆除 A 下的冰浴，用温火小心加热 A，使瓶内溶液保持微沸。开启真空泵，以后操作同 6.1.3 ③。

6.3.4 结果计算

同 6.1.4。

计算出来的结果为结合二氧化硫的含量，将游离二氧化硫的含量与结合二氧化硫的含量相加，即为总二氧化硫的含量。

6.3.5 精密度

在重复性条件下获得的两次独立测定结果的绝对差值不得超过算术平均值的 10%。

6.4 总二氧化硫的测定（直接碘量法）

6.4.1 原理

在碱性条件下，结合二氧化硫被解离出来，然后再用碘标准滴定溶液滴定，得到样品中结合二氧化硫的含量。

6.4.2 试剂和仪器

① 氢氧化钠溶液（100g/L）。

② 其他试剂与溶液同 6.2.2。

6.4.3 分析步骤

吸取 25.00mL 氢氧化钠溶液置于 250mL 碘量瓶中，再准确吸取 25.00mL 液温为 20℃的样品，加入到碘量瓶中（采用将吸管尖插入氢氧化钠溶液的方法），摇匀，盖塞，静置 15min 后，再加入少量碎冰块、1mL 淀粉指示液、10mL 硫酸溶液，摇匀，用碘标准滴定溶液迅速滴定至淡蓝色，30s 内不变色即为终点，记录碘标准滴定溶液消耗的体积（V）。

以水代替样品做空白试验，操作同上。

6.4.4 结果计算

样品中总二氧化硫的含量按式（2-10）计算。

$$X = \frac{c \times (V - V_0) \times 32}{25} \times 1000 \qquad (2-10)$$

式中　X——样品中总二氧化硫的含量，mg/L；

　　　c——碘标准滴定溶液的浓度，mol/L；

　　　V——测定样品消耗的碘标准滴定溶液的体积，mL；

　　　V_0——空白试验消耗的碘标准滴定溶液的体积，mL；

　　　32——二氧化硫的摩尔质量，g/mol；

　　　25——吸取样品的体积，mL。

　　所得结果表示至整数。

6.4.5　精密度

在重复性条件下获得的两次独立测定结果的绝对差值不得超过算术平均值的10%。

6.5　练习题

项目六　答案

①［填空题］游离二氧化硫的测定方法有（　　）和（　　）。

②［填空题］直接碘量法测定游离二氧化硫原理是利用碘可与二氧化硫发生（　　）的性质，测定样品中二氧化硫的含量。

③［单选题］直接碘量法测定游离二氧化硫时指示剂选用（　　）。

A. 石蕊　　　　　　　　B. 甲基橙　　　　　　　C. 淀粉　　　　　　　D. 品红

④［多选题］总二氧化硫测定方法有哪些?（　　）

A. 直接碘量法　　　　　B. 氧化法　　　　　　　C. 还原法　　　　　　D. 滴定法

⑤［判断题］氧化法测定总二氧化硫的原理是在冷却条件下，样品中的结合二氧化硫被释放，并与过氧化氢发生氧化还原反应。（　　）

⑥［判断题］直接碘量法测定总二氧化硫的原理是在碱性条件下，结合态二氧化硫被解离，然后再用碘标准滴定溶液滴定，得到样品中结合二氧化硫的含量。（　　）

项目七

葡萄酒中还原糖和总糖的测定

7.1　原理（直接滴定法）

利用费林试剂与还原糖共沸生成氧化亚铜沉淀的反应，以亚甲蓝为指示液，以样品或经水解后的样品滴定煮沸的费林试剂，达到终点时，稍微过量的还原糖将蓝色的亚甲蓝还原为无色即为终点。根据样品消耗量求得总糖或还原糖的含量。

7.2　试剂和仪器

① 盐酸溶液（1+1）。

② 氢氧化钠溶液：200g/L。

③ 葡萄糖标准溶液 2.5g/L：精确称取 2.5g（精确至 0.0001g）在 105 ~ 110℃烘箱内烘干3h 并在干燥器中冷却的葡萄糖，用水溶解并定容至1000mL。

④ 亚甲蓝指示液（10g/L）：称取 1.0g 亚甲蓝，溶解于水中，稀释定容至 100mL。

⑤ 费林试剂

a. 配制　费林试剂甲：称取 34.6g 硫酸铜（$CuSO_4 \cdot 5H_2O$，分析纯）溶于水中，稀释至 500mL，过滤，贮于棕色瓶内。

费林试剂乙：称取 50g 氢氧化钠和 138g 酒石酸钾钠（$KNaC_4O_6H_4 \cdot 4H_2O$，分析纯）溶于水中，稀释至 500mL，用石棉垫漏斗抽滤。

b. 标定预备试验　分别吸取费林试剂甲液、乙液各 5.00mL 置于 250mL 锥形瓶中，加 50mL 水，摇匀，在电炉上加热至沸，在沸腾状态下用制备好的葡萄糖标准溶液滴定，当溶液的蓝色将消失呈红色时，加 2 滴亚甲蓝指示液，继续滴至蓝色消失，记录葡萄糖标准溶液消耗的体积。

c. 正式试验　分别吸取费林试剂甲液、乙液各 5.00mL 置于 250mL 锥形瓶中，加 50mL 水和比预备试验少 1mL 的葡萄糖标准溶液，加热至沸，并保持 2min，加 2 滴亚甲蓝指示液，在沸腾状态下于 1min 内用葡萄糖标准溶液滴至终点，记录葡萄糖标准溶液消耗的总体积。

d. 计算

$$F = \frac{m}{1000} \times V \tag{2-11}$$

式中　F——费林试剂甲液、乙液各 5mL 相当于葡萄糖的质量，g；

m——称取无水葡萄糖的质量，g；

V——消耗葡萄糖标准溶液的总体积，mL。

7.3　分析步骤

7.3.1　试样的处理和制备

① 测总糖用试样：准确吸取一定量的样品（V_1）（液温 20℃）于 100mL 容量瓶中（使总糖含量为 0.2 ~ 0.4g），加 5mL 盐酸溶液（1 + 1），加水至 20mL，摇匀。于（68±1）℃水浴上水解 15min，取出，冷却。用 200g/L 氢氧化钠溶液中和至中性，调温至 20℃，加水定容至刻度（V_2）。

② 测还原糖用试样：准确吸取一定量的样品（V_1）（液温 20℃）于 100mL 容量瓶中（使还原糖含量为 0.2 ~ 0.4g），加水定容至刻度。

7.3.2　测定

以试样代替葡萄糖标准溶液，按 7.2 ⑤ b. 中的操作，记录试样消耗的体积（V_3），结果按式（2-12）进行计算。

测定干葡萄酒或含糖量较低的半干葡萄酒含糖量时，先吸取一定量样品（V_3）（液温 20℃）于预先装有费林溶液甲液、乙液各 5mL 的 250mL 锥形瓶中，再用葡萄糖标准溶液按 7.2 ⑤ b. 中的内容操作，记录消耗葡萄糖标准溶液的体积（V），结果按式（2-13）计算。

7.4　结果计算

干葡萄酒、半干葡萄酒总糖或还原糖的含量按式（2-12）计算，其他葡萄酒按式（2-13）式计算。

$$X_1 = \frac{F - c \times V}{\dfrac{V_1}{V_2} \times V_3} \times 1000 \qquad\qquad (2-12)$$

$$X_2 = \frac{F}{\dfrac{V_1}{V_2} \times V_3} \times 1000 \qquad\qquad (2-13)$$

式中　X_1——干葡萄酒、半干葡萄酒总糖或还原糖的含量，g/L；

　　　F——费林溶液甲液、乙液各 5mL 相当于葡萄糖的质量（查表），g；

　　　c——葡萄糖标准溶液的准确浓度，g/mL；

　　　V——消耗葡萄糖标准溶液的体积，mL；

　　　V_1——吸取的样品体积，mL；

　　　V_2——样品稀释后或水解定容的体积，mL；

　　　V_3——消耗试样的体积，mL；

　　　X_2——其他葡萄酒总糖或还原糖的含量，g/L。

所得结果应表示至一位小数。

7.5　精密度

在重复性条件下获得的两次独立测定结果的绝对差值不得超过算术平均值的 2%。

7.6　注意事项

① 煮沸后的溶液显红色不显蓝色，则表示糖量高，可减少取样体积。

② 在洗涤 Cu_2O 的整个过程中应使沉淀上层保持一层水层，以隔绝空气，避免 Cu_2O 被空气中的氧所氧化。

7.7　练习题

项目七　答案

① ［填空题］葡萄酒中还原糖和总糖的测定是利用费林溶液与还原糖共沸生成氧化亚铜沉淀的反应，以（　　）为指示液进行测定。

② ［填空题］稍微过量的还原糖将蓝色的亚甲蓝还原为（　　）即为终点。根据样品消耗量求得总糖或还原糖的含量。

③ ［单选题］费林试剂甲配制后要贮于（　　）内。

A. 透明玻璃瓶　　　　　　　B. 棕色瓶　　　　　　　　　　C. 无盖玻璃瓶　　　　　D. 透明塑料瓶

④ ［多选题］标定预备试验时分别吸取费林溶液甲液、乙液各 5.00mL 置于 250mL 锥形瓶中，加 50mL 水，摇匀，在电炉上加热至沸，在沸腾状态下用制备好的葡萄糖标准溶液滴定，当溶液的蓝色将消失呈（　　）时，加 2 滴亚甲蓝指示液，继续滴至（　　）消失，记录葡萄糖标准溶液消耗的体积。

A. 红色　　　　　　　　　　B. 无色　　　　　　　　　　　C. 粉色　　　　　　　　D. 蓝色

⑤ ［判断题］煮沸后的溶液显红色不显蓝色，则表示糖量高，可增加取样体积。（　　）

⑥ ［判断题］在洗涤 Cu_2O 的整个过程中应使沉淀上层保持一层水层，以隔绝空气，避免 Cu_2O 被空气中的氧所氧化。（　　）

项目八

葡萄酒中干浸出物的测定

8.1 原理

用密度瓶法测定样品或蒸出酒精后的样品的密度，然后用其密度值查表，求得总浸出物的含量。再从中减去总糖的含量，即得干浸出物的含量。

8.2 仪器

① 瓷蒸发皿：200mL。
② 恒温水浴：精度 ±0.1℃。
③ 附温度计密度瓶：25mL 或 50mL。

8.3 分析步骤与结果计算

8.3.1 试样的制备

将液温为 20℃的样品（精度 ±0.1℃）倒入 200mL 瓷蒸发皿中，于水浴上蒸发至约为原体积的 1/3 取下，冷却后，将残液小心地移入原容量瓶中，用水多次荡洗瓷蒸发皿，洗液并入容量瓶中，于 20℃定容至刻度。

也可使用 2.1.3.1 中蒸出酒精后的残液，在 20℃时以水定容至 100mL。

8.3.2 测定与结果计算

方法一：吸取试样（8.3.1），按 2.1.3.1 和 2.1.3.2 同样操作，并按 2.1.4 计算出脱醇样品 20℃时的密度 ρ_1。以 $\rho_1 \times 1.00180$ 的值，查表，得出总浸出物含量（g/L）。

方法二：直接吸取未经处理的样品，按 2.1.3.1 和 2.1.3.2 同样操作，并按 2.1.4 计算出该样品 20℃时的密度 ρ_B。按式（2-14）计算出脱醇样品 20℃时的密度 ρ_2。以 ρ_2 查表，得出总浸出物含量（g/L）。

$$\rho_2 = 1.00180 \ (\rho_B - \rho) + 1000 \tag{2-14}$$

式中 ρ_2——脱醇样品 20℃时的密度，g/L；

       ρ_B——含醇样品 20℃时的密度，g/L；

       ρ——与含醇样品含有同样酒精度的酒精水溶液在 20℃时的密度（该值可用 2.1 方法测出的酒精密度带入，也可用 2.2 测出的酒精含量反查表得出的密度带入），g/L；

1.00180——20℃时密度瓶体积的修正系数。

所得结果表示至一位小数。

8.4 精密度

在重复性条件下获得的两次独立测定结果的绝对值不得超过算术平均值的 2%。

葡萄酒酿造与检测技术（第二版）

8.5 练习题

①［填空题］用（　　）法测定样品或蒸出酒精后的样品的密度。

②［单选题］干浸出物的含量是用总浸出物的含量减去（　　）的含量。

A. 总酸 　　　　　　　B. 总蛋白质

C. 总水分 　　　　　　D. 总糖

项目八　答案

③［多选题］将液温为 20℃的样品（精度 ±0.1℃）倒入 200mL 瓷蒸发皿中，于水浴上蒸发至约为原体积的（　　）取下，冷却后，将残液小心地移入原容量瓶中，用水多次荡洗蒸发皿，洗液并入容量瓶中，于（　　）定容至刻度。

A. 1/3 　　　　　B. 1/4 　　　　　C. 20℃ 　　　　　D. 25℃

④［判断题］在重复性条件下获得的两次独立测定精密度结果的绝对值不得超过算术平均值的 2%。（　　）

项目九

葡萄酒中铁的测定

9.1 原子吸收分光光度法

9.1.1 原理

将处理后的试样导入原子吸收分光光度计中，在乙炔－空气火焰中，试样中的铁被原子化，基态原子铁吸收特征波长 248.3nm 的共振线（光），其吸收量的大小与试样中铁原子浓度成正比，测其吸光度，根据绘制的标准工作曲线即可求得含量。

9.1.2 试剂和仪器

本方法中所用水应符合分析实验室用水二级水规格，所用试剂为优级纯。

所用玻璃仪器使用前必须用 20% 硝酸浸泡 24h 以上，然后分别用水和去离子水冲洗干净后晾干。

硝酸溶液（0.5%）：量取 8mL 硝酸，稀释至 1000mL。

铁标准贮备液（1mL 溶液含有 0.1mg 铁）：称取 0.702g 硫酸亚铁铵，溶于含有 0.5mL 硫酸的水中，移入 1000mL 容量瓶中，稀释至刻度。临用前制备。

铁标准使用液（1mL 溶液含有 10μg 铁）：吸取 10.00mL 铁标准贮备液于 100mL 容量瓶中，用 0.5% 硝酸溶液稀释至刻度，此溶液每毫升含 10μg 铁。

铁标准系列溶液：吸取铁标准使用液 0.00mL、1.00mL、2.00mL、4.00mL、5.00mL（含 0.0μg、10.0μg、20.0μg、40.0μg、50.0μg 铁）分别于 5 个 100mL 容量瓶中，用 0.5% 硝酸溶液稀释至刻度，混匀。该系列用于标准工作曲线的绘制。

仪器：原子吸收分光光度计（备有铁空心阴极灯）。

9.1.3 分析步骤

9.1.3.1 试样的处理和制备

用 0.5% 硝酸溶液准确稀释样品至 5～10 倍，摇匀，备用。

9.1.3.2　标准工作曲线的绘制

置仪器于合适的工作状态，调整波长至 248.3nm，导入铁标准系列溶液，以零管调零，分别测定其吸光度。以铁的含量对应吸光度绘制标准工作曲线（或者建立回归方程）。

9.1.3.3　试样测定

将试样导入仪器，测其吸光度，然后根据吸光度在标准工作曲线上查得铁的含量（或带入回归方程计算）。

9.1.4　结果计算

样品中铁的含量按下式计算。

$$X=AF \tag{2-15}$$

式中　X——样品中铁的含量，mg/L；

　　　A——试样中铁的含量，mg/L；

　　　F——样品稀释倍数。

所得结果表示至一位小数。

9.1.5　精密度

在重复性条件下获得的两次独立测定结果的绝对差值不得超过算术平均值的 10%。

9.2　邻菲咯啉比色法

9.2.1　原理

样品经处理后，试样中的三价铁在酸性条件下被盐酸羟胺还原成二价铁，二价铁与邻菲咯啉作用生成红色螯合物，其颜色的深度与铁含量成正比，用分光光度法进行铁含量的测定。

9.2.2　试剂和仪器

9.2.2.1　试剂

① 浓硫酸。

② 过氧化氢溶液（30%）。

③ 氨水（25%～28%）。

④ 盐酸羟胺溶液（100g/L）：称取 100g 盐酸羟胺，用水溶解并稀释至 1000mL，于棕色瓶中低温贮存。

⑤ 盐酸溶液（1+1）。

⑥ 乙酸－乙酸钠溶液（pH4.8）：称取 272g 乙酸钠（$CH_3COONa \cdot 3H_2O$），溶解于 500mL 水中，加 200mL 冰乙酸，加水稀释至 1000mL。

⑦ 1,10-邻菲咯啉溶液（2g/L）：按 GB/T 603 配制。称取 0.20g 1,10-邻菲咯啉溶液（$C_{12}H_8N_2 \cdot H_2O$）或 0.24g 1,10-邻菲咯啉盐酸盐（$C_{12}H_8N_2 \cdot HCl \cdot H_2O$），加少量水振摇至溶解（必要时加热），稀释至 100mL。

⑧ 铁标准贮备液（1mL 溶液含有 0.1mg 铁）：同 9.1.2。

⑨ 铁标准使用液（1mL 溶液含有 10μg 铁）：同 9.1.2。

⑩ 铁标准系列溶液：吸取铁标准使用液 0.00mL、0.20mL、0.40mL、0.80mL、1.00mL、1.40mL（含 0.0μg、2.0μg、4.0μg、8.0μg、10.0μg、14.0μg 铁）分别于 6 支 25mL 比色管中，

补加水至 10mL，加 5mL 乙酸－乙酸钠溶液（调 pH 值至 3～5）、1mL 盐酸羟胺溶液，摇匀，放置 5min 后，再加入 1mL 1,10-邻菲咯啉溶液，然后补加水至刻度，摇匀，放置 30min，备用。该系列用于标准工作曲线的绘制。

9.2.2.2　仪器

分光光度计。

高温电炉：（550±25）℃。

瓷蒸发皿：100mL。

9.2.3　分析步骤

9.2.3.1　试样的处理和制备

（1）干法消化

准确吸取 25.00mL 样品（V）于瓷蒸发皿中，在水浴上蒸干，置于电炉上小心炭化，然后移入（550±25）℃高温电炉中灼烧，灰化至残渣呈白色，取出，加入 10mL 盐酸溶液溶解，在水浴上蒸至约 2mL，再加入 5mL 水，加热煮沸后，移入 50mL 容量瓶中，用水洗涤瓷蒸发皿，洗液并入容量瓶，加水稀释至刻度（V_1），摇匀。同时做空白试验。

（2）湿法消化

准确吸取 1.00mL 样品（V）（可根据铁含量适当增减）于 10mL 凯氏烧瓶中，置电炉上缓缓蒸发至近干，取下稍冷后，加 1mL 浓硫酸（根据糖含量增减）、1mL 过氧化氢，于通风橱内加热消化。如果消化液颜色较深，继续滴加过氧化氢溶液，直至消化液无色透明。稍冷，加 10mL 水微火煮沸 3～5min，取下冷却。同时做空白试验。

注：各实验室可根据自身条件选择干法或湿法进行样品的消化。

9.2.3.2　标准工作曲线的绘制

在 480nm 波长下，测定铁标准系列溶液的吸光度。根据吸光度及相对应的铁浓度绘制标准工作曲线（或建立回归方程）。

9.2.3.3　试样测定

准确吸取干法消化试样 5～10mL（V_1）及试剂空白消化液分别于 25mL 比色管中，补加水至 10mL，然后按标准工作曲线的绘制同样操作，分别测其吸光度，从标准工作曲线上查出铁的含量（或用回归方程计算）。

或将湿法消化试样及空白消化液分别洗入 25mL 比色管中，在每支管中加入一小片刚果红试纸，用氨水中和至试纸显蓝紫色，然后各加 5mL 乙酸－乙酸钠溶液（调 pH 值至 3～5），以下操作同标准工作曲线的绘制。以测出的吸光度，从标准工作曲线上查出铁的含量（或用回归方程计算）。

9.2.4　结果计算

9.2.4.1　干法计算

样品中铁的含量按下式计算。

$$X = \frac{(C_1 - C_0) \times 1000}{V \times \frac{V_2}{V_1} \times 1000} = \frac{(C_1 - C_0) \times V_1}{V \times V_2} \tag{2-16}$$

式中　X——样品中铁的含量，mg/L；

C_1——测定用样品消化液中铁的含量，μg；

C_0——试剂空白液中铁的含量，µg；

V——吸取样品的体积，mL；

V_1——样品消化液的总体积，mL；

V_2——测定用样品消化液的体积，mL。

9.2.4.2　湿法计算

样品中铁的含量按下式计算。

$$X = \frac{A - A_0}{V} \tag{2-17}$$

式中　X——样品中铁的含量，mg/L；

　　　A——测定用样品中铁的含量，µg；

　　　A_0——试剂空白液中铁的含量，µg；

　　　V——吸取样品的体积，mL。

所得结果表示至一位小数。

9.2.5　精密度

在重复性条件下获得的两次独立测定结果的绝对差值不得超过算术平均值的 10%。

9.3　练习题

① ［填空题］原子吸收分光光度法原理是将处理后的试样导入原子吸收分光光度计中，在乙炔－空气火焰中，试样中的铁被（　　），基态原子铁吸收特征波长 248.3nm 的共振线（光），其吸收量的大小与试样中铁原子浓度成正比，测其吸光度，根据绘制的标准工作曲线即可求得含量。

项目九　答案

② ［填空题］邻菲咯啉比色法是用（　　）法进行铁的测定。

③ ［单选题］原子吸收分光光度法测定葡萄酒中铁的含量时，在重复性条件下获得的两次独立测定精密度结果的绝对差值不得超过算术平均值的（　　）。

A. 3%　　　　　　　　B. 5%　　　　　　　　C. 7%　　　　　　　　D. 10%

④ ［多选题］邻菲咯啉比色法试样的处理包括（　　）。

A. 湿法消化　　　　B. 酸法消化　　　　C. 碱法消化　　　　D. 干法消化

⑤ ［判断题］湿法消化时加 1mL 浓盐酸、1mL 过氧化氢，于通风橱内加热消化。（　　）

项目十

葡萄酒中铜的测定

10.1　原子吸收分光光度法

10.1.1　原理

将处理后的试样导入原子吸收分光光度计中，在乙炔－空气火焰中，样品中的铜被原子化，基态原子吸收特征波长（324.7nm）的光，其吸收量的大小与试样中铜的含量成正比，测其吸光度，求得铜含量。

10.1.2　试剂和仪器

10.1.2.1　试剂

① 硝酸溶液（0.5%）：量取 8mL 硝酸，稀释至 1000mL。

② 铜标准贮备液（1mL 溶液含有 0.1mg 铜）：按 GB/T 602 制备，称取 0.603g 硫酸铜（$CuSO_4 \cdot 5H_2O$），溶于水，移入 1000mL 容量瓶中，定容至刻度。

③ 铜标准使用液（1mL 溶液含有 10μg 铜）：吸取 10.00mL 铜标准贮备液于 100mL 容量瓶中，用硝酸溶液稀释至刻度，此溶液每毫升含 10μg 铜。

④ 铜标准系列溶液：吸取铜标准使用液 0.00mL、0.50mL、1.00mL、2.00mL、4.00mL、6.00mL（含 0.0μg、5.0μg、10.0μg、20.0μg、40.0μg、60.0μg 铜）分别置于 6 个 50mL 容量瓶中，用硝酸溶液稀释至刻度，摇匀。该系列用于标准工作曲线的绘制。

10.1.2.2　仪器

原子吸收分光光度计（备有铜空心阴极灯）。

10.1.3　分析步骤

10.1.3.1　试样的处理和制备

用硝酸溶液准确将样品稀释至 5 ~ 10 倍，摇匀，备用。

10.1.3.2　标准工作曲线的绘制

置仪器于合适的工作状态，调波长至 324.7nm，导入铜标准系列溶液，以零管凋零，分别测其吸光度，以铜的含量对应吸光度绘制标准工作曲线（或建立回归方程）。

10.1.3.3　试样的测定

将制备好的试样导入仪器，测其吸光度，然后根据吸光度在标准工作曲线上查得铜的含量（或者用回归方程计算）。

10.1.4　结果计算

样品中铜的含量按下式计算。

$$X = AF \qquad\qquad (2-18)$$

式中　X——样品中铜的含量，mg/L；

　　　A——试样中铜的含量，mg/L；

　　　F——样品稀释倍数。

所得结果表示至一位小数。

10.1.5　精密度

在重复性条件下获得的两次独立测定结果的绝对差值不得超过算术平均值的 10%。

10.2　二乙基二硫代氨基甲酸钠比色法

10.2.1　原理

在碱性溶液中铜离子与二乙基二硫代氨基甲酸钠（DDTC）作用生成棕黄色络合物，用四氯化碳萃取后比色。

10.2.2　试剂和仪器

10.2.2.1　试剂
① 四氯化碳。

② 硫酸溶液 [$c(\frac{1}{2}H_2SO_4)$=2mol/L]：量取浓硫酸 60mL，缓缓注入 1000mL 水中，冷却，摇匀。

③ 乙二胺四乙酸二钠（EDTA-Na$_2$）柠檬酸铵溶液：称取 5g 乙二胺四乙酸二钠及 20g 柠檬酸铵，用水溶解并定容至 100mL。

④ 氨水（1+1）。

⑤ 氢氧化钠溶液（0.05mol/L）：按 GB/T 601 配制，并准确稀释。称取 110g 氢氧化钠，溶于 100mL 无二氧化碳蒸馏水中，摇匀，注入聚乙烯容器中，密闭放置至溶液清亮。用塑料管量取上层清液 2.7mL，用无二氧化碳水稀释至 1000mL，摇匀。

⑥ 二乙基二硫代氨基甲酸钠（铜试剂）溶液（1g/L）：按 GB/T 603 配制。称取 0.1g 二乙基二硫代氨基甲酸钠，溶于水，稀释至 100mL，贮于冰箱中。使用期为 1 个月。

⑦ 硝酸溶液（0.5%）：量取 8mL 硝酸，稀释至 1000mL。

⑧ 铜标准贮备液（1mL 溶液含有 0.1mg 铜）：同 10.1.2.1。

⑨ 铜标准使用液（1mL 溶液含有 10μg 铜）：同 10.1.2.1。

⑩ 铜标准系列溶液：吸取铜标准使用液 0.00mL、0.50mL、1.00mL、1.50mL、2.00mL、2.50mL（含 0.0μg、5.0μg、10.0μg、15.0μg、20.0μg、25.0μg 铜）分别于 6 支 125mL 分液漏斗中，各补加硫酸溶液至 20mL。然后再加入 10mL 乙二胺四乙酸二钠（EDTA-Na$_2$）柠檬酸铵溶液和 3 滴麝香草酚蓝指示液，混匀，用氨水调 pH（溶液的颜色由黄至微蓝色），补加水至总体积约 40mL，再各加 2mL 二乙基二硫代氨基甲酸钠溶液（铜试剂）和 10.00mL 四氯化碳，剧烈振摇萃取 2min，待静置分层后，将四氯化碳层经无水硫酸钠或脱脂棉滤入 2cm 比色杯中。

⑪ 麝香草酚蓝指示液（1g/L）：称取 0.1g 麝香草酚蓝于 4.3mL 氢氧化钠溶液中，用水定容至 100mL。

10.2.2.2　仪器
分光光度计。

分液漏斗：125mL。

10.2.3　分析步骤

10.2.3.1　试样的处理和制备
同 9.2 邻菲咯啉比色法测铁的试样的处理和制备，可采用干法消化或湿法消化。

注：湿法消化时，取样量为 5mL。

10.2.3.2　标准工作曲线的绘制
置仪器于合适的工作状态，调波长至440nm处，导入铜标准系列溶液，分别测其吸光度，根据吸光度及相对应的铜浓度绘制标准工作曲线（或建立回归方程）。

10.2.3.3　试样测定
吸取干法消化处理的试样 10.00mL 和同量空白消化液分别于 125mL 分液漏斗中，或者将湿法消化处理的全部试样及空白消化液分别洗入 125mL 分液漏斗中，然后按铜标准系列配制和标准工作曲线的绘制的同样操作（湿法消化处理的试样，进行铜标准系列配制步骤时，以水代替硫酸溶液，补加体积至 20mL，以后步骤不变），分别测其吸光度，从标准工作曲线上查出铜的含量（或用回归方程计算）。

10.2.4　结果计算

10.2.4.1　干法计算

样品中铜的含量按下式计算。

$$X = \frac{(C_1 - C_0) \times 1000}{V \times \frac{V_2}{V_1} \times 1000} = \frac{(C_1 - C_0) \times V_1}{V \times V_2} \tag{2-19}$$

式中　X——样品中铜的含量，mg/L；

　　　C_1——测定用试样消化液中铜的含量，µg；

　　　C_0——试剂空白液中铜的含量，µg；

　　　V——吸取样品的体积，mL；

　　　V_1——试样消化液的总体积，mL；

　　　V_2——测定用试样消化液的体积，mL。

10.2.4.2　湿法计算

样品中铜的含量按下式计算。

$$X = \frac{A - A_0}{V} \tag{2-20}$$

式中　X——样品中铜的含量，mg/L；

　　　A——测定用试样中铜的含量，µg；

　　　A_0——试剂空白液中铜的含量，µg；

　　　V——吸取样品的体积，mL。

所得结果表示至一位小数。

10.2.5　精密度

在重复性条件下获得的两次独立测定结果的绝对差值不得超过算术平均值的 10%。

10.3　练习题

①［填空题］原子吸收分光光度法测定葡萄酒中铜的含量时，将处理后的试样导入原子吸收分光光度计中，在乙炔－空气火焰中样品中的（　　）被原子化。

②［填空题］原子吸收分光光度法中基态原子吸收特征波长（324.7nm）的光，其吸收量的大小与试样中铜的含量成（　　）比。

项目十　答案

③［单选题］二乙基二硫代氨基甲酸钠比色法用（　　）萃取后比色。

A. 苯　　　　　　　　B. 酒精　　　　　　　　C. 环己烷　　　　　　　　D. 四氯化碳

④［多选题］二乙基二硫代氨基甲酸钠比色法在（　　）溶液中铜离子与二乙基二硫代氨基甲酸钠（DDTC）作用生成（　　）络合物。

A. 碱性　　　　　　　B. 酸性　　　　　　　　C. 棕黄色　　　　　　　　D. 棕红色

⑤［判断题］二乙基二硫代氨基甲酸钠比色法在重复性条件下获得的两次独立测定精密度结果的绝对值不得超过算术平均值的 2%。（　　）

项目十一

葡萄酒中苯甲酸钠和山梨酸钾的测定

11.1　原理

样品经酸化后，用乙醚提取苯甲酸、山梨酸，用附氢火焰离子化检测器的气相色谱仪进行分离测定，与标准系列比较定量。

11.2　试剂和仪器

11.2.1　试剂

① 乙醚：不含过氧化物。

② 石油醚：沸程 $30 \sim 60℃$。

③ 6mol/L 盐酸：取 100mL 盐酸，加水稀释至 200mL。

④ 无水硫酸钠。

⑤ 苯甲酸、山梨酸标准贮备液：准确称取苯甲酸、山梨酸各 0.2000g，置于 100mL 容量瓶中，用石油醚－乙醚（3+1）混合溶解并稀释至刻度。此溶液每毫升相当于 2.0mg 苯甲酸或山梨酸。

⑥ 苯甲酸、山梨酸标准使用液：吸取适量苯甲酸、山梨酸标准贮备液，用石油醚－乙醚（3+1）混合溶剂稀释到每毫升相当于 50μg、100μg、150μg、200μg、250μg 苯甲酸或山梨酸。

11.2.2　仪器

气相色谱仪：附氢火焰离子化检测器。

11.3　分析步骤

11.3.1　试样的处理和制备

移取 25mL 混合均匀的样品，置于 25mL 带塞量筒中，加 0.5mL 6mol/L 盐酸酸化，用 15mL、10mL 乙醚提取两次，每次振摇 1min，静置分层后将醚层移入另一个 25mL 具塞量筒中，合并乙醚提取液。用 3mL 4% 氯化钠酸性溶液洗涤两次，静置 15min，用滴管将乙醚层通过无水硫酸钠移入 25mL 容量瓶中，用乙醚洗量筒及硫酸钠层，洗液并入容量瓶，加乙醚至刻度，混匀。准确吸取 5mL 乙醚提取液置于 5mL 带塞刻度试管中，在约 40℃水浴上挥干，加入 2mL 石油醚－乙醚（3+1）混合溶剂溶解残渣，备用。

11.3.2　色谱条件

① 色谱柱：玻璃柱，内径 3mm，长 2m，内装涂以 5% DEGS+1% H_3PO_4 固定液的 $60 \sim 80$ 目 Chromosorb W Aw。

② 气流速度：载气为氮气，50mL/min，氮气和空气、氢气比例按各仪器型号不同选择各自的最佳比例条件。

③ 温度：进样口 230℃；检测器 230℃；柱温 170℃。

11.3.3　样品测定

进样 2μL 标准系列中各浓度标准使用液于气相色谱仪中，测得不同浓度苯甲酸、山梨酸的峰高，以浓度为横坐标，以相应的峰高值为纵坐标，绘制标准曲线。

同时进样 2μL 样品溶液，测得峰高，与标准曲线比较定量。

11.4　结果计算

$$X_1 = \frac{m_1 \times 1000}{m_2 \dfrac{5}{25} \times \dfrac{V_2}{V_1} \times 1000} \tag{2-21}$$

式中　X_1——样品中苯甲酸或山梨酸的含量，g/kg；

m_1——测定用样液中苯甲酸或山梨酸质量，μg；

V_1——加入石油醚－乙醚（3+1）混合溶剂的体积，mL；

V_2——测定时进样的体积，μL；

m_2——样品质量，g；

5——测定时吸取乙醚提取液的体积，mL；

25——样品乙醚提取液的总体积，mL。

由测得苯甲酸的量乘以 1.18，即为样品中苯甲酸钠的含量。

结果的表述：报告算术平均值的二位有效数，相对相差 ≤ 10%。

11.5　说明

乙醚提取液应用无水硫酸钠充分脱水，挥干乙醚后如仍残留水分，必须将水分挥干，进样溶液中含水会影响测定结果。

在色谱图中山梨酸保留时间为 2 分 53 秒，苯甲酸保留时间为 6 分 8 秒。

11.6　练习题

① [填空题] 样品经酸化后，用（　　）提取苯甲酸、山梨酸。用附氢火焰离子化检测器的气相色谱仪进行分离测定，与标准系列比较定量。

② [填空题] 进样 2μL 标准系列中各浓度标准使用液于气相色谱仪中，测得不同浓度苯甲酸、山梨酸的峰高，以（　　）为横坐标，以相应的峰高值为纵坐标，绘制标准曲线。

项目十一　答案

③ [单选题] 色谱条件中载气为（　　）。

A. 氮气　　　　　　B. 氢气　　　　　　C. 氧气　　　　　　D. 氦气

④ [多选题] 在色谱图中山梨酸保留时间为（　　），苯甲酸保留时间为（　　）。

A. 2 分 48 秒　　　B. 2 分 53 秒　　　C. 6 分 8 秒　　　　D. 6 分 18 秒

⑤ [判断题] 乙醚提取液应用无水硫酸钠充分脱水，挥干乙醚后如仍残留水分，必须将水分挥干，进样溶液中含水会影响测定结果。（　　）

项目十二
葡萄酒中甲醇的测定

12.1　气相色谱法

12.1.1　原理

　　试样被汽化后，随同载气进入色谱柱，利用被测定的各组分在气液两相中具有不同的分配系数，在柱内形成迁移速度的差异而得到分离。分离后的组分先后流出色谱柱，进入氢火焰离子化检测器，根据色谱图上各组分峰的保留时间与标样相对照进行定性；利用峰面积或峰高，以内标法定量。

12.1.2　试剂和仪器

12.1.2.1　试剂

　　① 乙醇溶液 [10%（体积分数）]，色谱纯。
　　② 甲醇溶液 [2%（体积分数）]，色谱纯，作标样用。用 10% 乙醇溶液配制。
　　③ 4- 甲基 -2- 戊醇溶液 [2%(体积分数)]，色谱纯，作内标用。用 10% 乙醇溶液配制。

12.1.2.2　仪器

　　① 气相色谱仪：备有氢火焰离子化检测器。
　　② 毛细管柱：PEG 20M 毛细管色谱柱（柱长 35 ～ 50m，内径 0.25mm，涂层 0.2μm），或其他具有同等分析效果的色谱柱。
　　③ 微量注射器：1μL。
　　④ 全玻璃蒸馏器：500mL。

12.1.3　分析步骤

12.1.3.1　试样的处理和制备

　　用洁净、干燥的 100mL 容量瓶准确量取 100mL 样品（液温 20℃）于 500mL 蒸馏瓶中，用 50mL 水分三次冲洗容量瓶，洗液并入蒸馏瓶中，再加几颗玻璃珠，连接冷凝器，以取样用的原容量瓶作接收器（外加冰浴）。开启冷却水，缓慢加热蒸馏。收集馏出液接近刻度，取下容量瓶，盖塞。于 20℃水浴中保温 30min，补加水至刻度，混匀，备用。

12.1.3.2　色谱参考条件

　　载气（高纯氮）：流速为 0.5 ～ 1.0mL/min；分流比约 50∶1；尾吹 20 ～ 30mL/min。
　　氢气：流速为 40mL/min。
　　空气：流速为 400mL/min。
　　检测器温度（T_D）：220℃。
　　注样器温度（T_j）：220℃。
　　柱温（T_c）：起始温度 40℃，恒温 4min；以 3.5℃/min 程序升温至 200℃，继续恒温 10min。
　　载气、氢气、空气的流速等色谱条件随仪器而异，应通过试验选择最佳操作条件，以内标峰与酒样中其他组分峰获得完全分离为准。

12.1.3.3　校正因子（f值）的测定

吸取甲醇溶液（2%，色谱纯）1.00mL，移入 100mL 容量瓶中，然后加入 2% 4-甲基-2-戊醇溶液 1.00mL，用乙醇溶液（10%）稀释至刻度。上述溶液中甲醇和内标的浓度均为 0.02%（体积分数）。待色谱仪基线稳定后，用微量注射器进样，进样量随仪器的灵敏度而定。记录甲醇和内标峰的保留时间及其峰面积（或峰高），用其比值计算出甲醇的相对校正因子。

12.1.3.4　试样测定

吸取制备好的试样 10.0mL 于 10mL 容量瓶中，加入 2% 4-甲基-2-戊醇溶液 0.10mL，混匀后，在与 f 值测定相同的条件下进样，根据保留时间确定甲醇峰的位置，并测定甲醇与内标峰面积（或峰高），求出峰面积（或峰高）之比，计算出酒样中甲醇的含量。

12.1.4　结果计算

甲醇的相对校正因子按式（2-22）计算，样品中甲醇的含量按式（2-23）计算。

$$f = \frac{A_1}{A_2} \times \frac{d_2}{d_1} \tag{2-22}$$

$$X_1 = f \times \frac{A_3}{A_4} \times I \tag{2-23}$$

式中　X_1——样品中甲醇的含量，mg/L；

　　　f——甲醇的相对校正因子；

　　　A_1——标样 f 值测定时内标的峰面积（或峰高）；

　　　A_2——标样 f 值测定时甲醇的峰面积（或峰高）；

　　　A_3——试样中甲醇的峰面积（或峰高）；

　　　A_4——添加于酒样中内标的峰面积（或峰高）；

　　　d_2——甲醇的相对密度；

　　　d_1——内标物的相对密度；

　　　I——内标物含量（添加在酒样中），mg/L。

所得结果表示至整数。

12.1.5　精密度

在重复性条件下获得的两次独立测定结果的绝对差值不得超过算术平均值的 10%。

12.2　比色法

12.2.1　原理

甲醇经氧化成甲醛后，与品红亚硫酸溶液作用生成蓝紫色化合物，与标准系列比较即可定量。

12.2.2　试剂和仪器

12.2.2.1　试剂

①　高锰酸钾-磷酸溶液：称取 3g 高锰酸钾，加入 15mL 磷酸（85%）与 70mL 水的混合液中，溶解后，加水至 100mL。贮于棕色瓶内，为防止氧化力下降，保存时间不宜过长。

②　草酸-硫酸溶液：称取 5g 无水草酸（$H_2C_2O_4$）或 7g 含 2 分子结晶水的草酸

$(H_2C_2O_4 \cdot 2H_2O)$，溶于硫酸（1+1）中至 100mL。

③ 品红亚硫酸溶液：称取 0.1g 碱性品红研细后，分次加入共 60mL 80℃的水，边加水边研磨使其溶解，用滴管吸取上层溶液滤于 100mL 容量瓶中，冷却后加 10mL 亚硫酸钠溶液（100g/L）、1mL 盐酸，再加水至刻度，充分混匀，放置过夜，如溶液有颜色，可加少量活性炭搅拌后过滤。贮于棕色瓶中，置暗处保存，溶液呈红色时应弃去重新配制。

④ 甲醇标准溶液：称取 1.000g 甲醇，置于 100mL 容量瓶中，加水稀释至刻度。此溶液每毫升相当于 10mg 甲醇。置低温条件下保存。

⑤ 甲醇标准使用液：吸取 10.0mL 甲醇标准溶液，置于 100mL 容量瓶中，加水稀释至刻度。再取 10.0mL 稀释液置于 50mL 容量瓶中，加水至刻度，该溶液每毫升相当于 0.50mg 甲醇。

⑥ 无甲醇的乙醇溶液：取 0.3mL 按操作方法检查，不应显色。如显色需进行处理。取 300mL 乙醇（95%），加高锰酸钾少许，蒸馏，收集馏出液。在馏出液中加入硝酸银溶液（取 1g 硝酸银溶于少量水中）和氢氧化钠溶液（取 1.5g 氢氧化钠溶于少量水中），摇匀，取上清液蒸馏，弃去最初 50mL 馏出液，收集中间馏出液约 200mL，用酒精密度计测其浓度，然后加水配成无甲醇的乙醇溶液（60%）。

⑦ 亚硫酸钠溶液（100g/L）。

12.2.2.2　仪器

分光光度计。

12.2.3　分析步骤

12.2.3.1　试样的处理和制备

用一个洁净、干燥的 100mL 容量瓶准确量取 100mL 样品（液温 20℃）于 500mL 蒸馏瓶中，用 50mL 水分三次冲洗容量瓶，洗液并入蒸馏瓶中，再加几颗玻璃珠，连接冷凝器，以取样用的原容量瓶作接收器（外加冰浴）。开启冷却水，缓慢加热蒸馏。收集馏出液接近刻度，取下容量瓶，盖塞。于 20℃水浴中保温 30min，补加水至刻度，混匀，备用。

12.2.3.2　试样测定

根据样品乙醇浓度适量吸取试样（乙醇浓度 10%，取 1.4mL；乙醇浓度 20%，取 1.2mL），置于 25mL 具塞比色管中。

吸取 0mL、0.10mL、0.20mL、0.40mL、0.60mL、0.80mL、1.00mL 甲醇标准使用液（相当于 0mg、0.05mg、0.10mg、0.20mg、0.30mg、0.40mg、0.50mg 甲醇），分别置于 25mL 具塞比色管中，并用无甲醇的乙醇稀释至 1.0mL。

于样品管及标准管中各加水至 5mL，再依次各加 2mL 高锰酸钾－磷酸溶液，混匀，放置 10min，各加 2mL 草酸－硫酸溶液，混匀使之褪色，再各加 5mL 品红亚硫酸溶液，混匀，于 20℃以上静置 0.5h，用 2cm 比色杯，以零管调节零点，于波长 590nm 处测吸光度，绘制标准曲线比较，或与标准色列目测比较。

12.2.4　结果计算

样品中甲醇的含量按下式计算。

$$X = \frac{m_1}{V_1} \times 1000 \tag{2-24}$$

式中　X——样品中甲醇的含量，mg/L；

　　　m_1——测定样品中甲醇的质量，mg；

V_1——吸取样品的体积，mL。

所得结果表示至整数。

12.2.5 精密度

在重复性条件下获得的两次独立测定结果的绝对差值不得超过算术平均值的 10%。

12.3 练习题

① [填空题] 葡萄酒中甲醇的测定主要有（　　）法和（　　）法。

② [填空题] 气相色谱法中试样被（　　）后，随同载气进入色谱柱，利用被测定的各组分在气液两相中具有不同的分配系数，在柱内形成迁移速度的差异而得到分离。

③ [填空题] 气相色谱法中分离后的组分先后流出色谱柱，进入氢火焰离子化检测器，根据色谱图上各组分峰的保留时间与标样相对照进行（　　）；利用峰面积或峰高，以内标法（　　）。

④ [单选题] 气相色谱中柱温（T_c）起始温度为（　　）℃。

A. 20　　　　　　B. 30　　　　　　C. 40　　　　　　D. 50

⑤ [多选题] 比色法中甲醇经氧化成甲醛后，与品红亚硫酸作用生成（　　）化合物，与标准系列比较（　　）。

A. 蓝紫色　　　　B. 无色　　　　C. 定量　　　　D. 定性

⑥ [判断题] 比色法中高锰酸钾－磷酸溶液配制后，保存时间不宜过长。（　　）

项目十二　答案

项目十三
葡萄酒中抗坏血酸（维生素 C）的测定

13.1 原理

还原型抗坏血酸能还原 2,6-二氯靛酚染料。该染料在酸性溶液中呈红色，被还原后红色消失。还原型抗坏血酸还原染料后，本身被氧化为脱氢抗坏血酸。在没有杂质干扰时，一定量的样品提取液还原标准染料的量与样品中所含抗坏血酸的量成正比。

13.2 试剂和材料

① 草酸溶液（10g/L）：将 20g 结晶草酸溶解于 700mL 水中，然后稀释至 1000mL，取该溶液 500mL，再用水稀释至 1000mL。

② 碘酸钾溶液（0.1mol/L）：按 GB/T 601 配制与标定。

③ 碘酸钾标准溶液（0.001mol/L）：吸取 1mL 碘酸钾溶液（0.1mol/L），用水稀释至 100mL。此溶液 1mL 相当于 0.088μg 抗坏血酸。

④ 碘化钾溶液（60g/L）。

⑤ 过氧化氢溶液（3%）：吸取 5mL 30% 过氧化氢溶液，稀释至 50mL（现用现配）。

⑥ 抗坏血酸标准贮备液（2g/L）：准确称取 0.2g（准确至 0.0001g）预先在五氧化二磷干燥器中干燥 5h 的抗坏血酸，溶于草酸溶液中，定容至 100mL（置于冰箱中保存）。

⑦ 抗坏血酸标准使用液（0.020g/L）：吸取抗坏血酸标准贮备液 10mL，用草酸溶液（10g/L）定容至 100mL。

标定：吸取抗坏血酸标准使用液 5mL 于锥形瓶中，加入 0.5mL 的碘化钾溶液（60g/L）、3 滴淀粉指示液，用碘酸钾标准溶液滴定至淡蓝色，30s 内不变色即为终点。

结果计算：

$$c_1 = \frac{V_1 \times 0.088}{V_2} \tag{2-25}$$

式中　c_1——抗坏血酸标准使用液的浓度，g/L；

V_1——滴定时消耗的碘酸钾标准溶液的体积，mL；

V_2——吸取抗坏血酸标准使用液的体积，mL；

0.088——1mL 碘酸钾标准溶液相当于抗坏血酸的量，mg/L。

⑧ 2,6-二氯靛酚标准溶液：称取 52mg 碳酸氢钠溶解在 200mL 热蒸馏水中，然后加入 0.05g 2,6-二氯靛酚，混匀，冷却，置于冰箱中放置 24h。然后过滤置于 250mL 容量瓶中，用水稀释至刻度，摇匀。此液应贮于棕色瓶中并冷藏。每周至少标定 1 次。

标定：吸取 5mL 抗坏血酸标准使用液，加入 10mL 的草酸溶液（10g/L），摇匀，用 2,6-二氯靛酚标准溶液滴定至溶液呈粉红色，30s 不褪色即为终点。

结果计算：

$$c_2 = \frac{V_1 \times c_1}{V_2} \tag{2-26}$$

式中　c_2——每毫升 2,6-二氯靛酚标准溶液相当于抗坏血酸的质量（mg）（滴定度），g/L；

c_1——抗坏血酸标准使用液的浓度，g/L；

V_1——滴定用抗坏血酸标准使用液的体积，mL；

V_2——标定时消耗 2,6-二氯靛酚标准溶液的体积，mL。

⑨ 淀粉指示液（10g/L）：按 GB/T 603 配制。

13.3　分析步骤

准确吸取 5.00mL 液温为 20℃的样品置于 100mL 锥形瓶中，加入 15mL 的草酸溶液（10g/L）、3 滴 3% 的过氧化氢溶液，摇匀，立即用 2,6-二氯靛酚标准溶液滴定，至溶液恰成粉红色，30s 不褪色即为终点。

注：样品颜色过深影响终点观察时，可用白陶土脱色后再进行测定。

13.4　结果计算

$$X = \frac{V \times c_2}{V_1} \tag{2-27}$$

式中　X——样品中抗坏血酸的含量，g/L；

c_2——每毫升 2,6-二氯靛酚标准溶液相当于抗坏血酸的质量（mg）（滴定度），g/L；

V——滴定时消耗的 2,6-二氯靛酚标准溶液的体积，mL；

V_1——取样体积，mL。

所得结果表示至整数。

13.5　精密度

在重复性条件下获得的两次独立测定结果的绝对差值不得超过算术平均值的 10%。

13.6　练习题

① [填空题] 还原型抗坏血酸能还原（　　）。

② [填空题] 标定时吸取抗坏血酸标准使用液于锥形瓶中，加入碘化钾溶液、（　　）指示液，用碘酸钾标准溶液滴定至淡蓝色，30s 内不变色即为终点。

③ [填空题] 预先在五氧化二磷干燥器中干燥（　　）h 的抗坏血酸，溶于草酸溶液中，定容至 100mL 制备抗坏血酸标准贮备液。

项目十三　答案

④ [多选题] 还原型抗坏血酸还原染料后，本身被（　　）为脱氢抗坏血酸。在没有杂质干扰时，一定量的样品提取液还原标准染料的量与样品中所含抗坏血酸的量成（　　）。

A. 氧化　　　　　　　B. 还原　　　　　　　C. 正比　　　　　　D. 反比

⑤ [判断题] 样品颜色过深影响终点观察时，可用白陶土脱色后再进行测定。

项目十四

葡萄酒中白藜芦醇的测定

14.1　高效液相色谱法（HPLC）

14.1.1　原理

葡萄酒中白藜芦醇经过乙酸乙酯提取，Cle-4 型净化柱净化，然后用 HPLC 测定。

14.1.2　试剂和仪器

14.1.2.1　试剂

① 无水乙醇、95% 乙醇、乙酸乙酯、甲苯、氯化钠，均为分析纯。

② 乙腈：色谱纯。

③ 反式白藜芦醇。

④ 反式白藜芦醇标准贮备溶液（1.0mg/mL）：称取 10.0mg 反式白藜芦醇于 10mL 棕色容量瓶中，用甲醇溶解并定容至刻度，存放在冰箱中备用。

⑤ 反式白藜芦醇标准系列溶液：将反式白藜芦醇标准贮备溶液用甲醇稀释成 1.0μg/mL、2.0μg/mL、5.0μg/mL、10.0μg/mL 标准系列溶液。

⑥ 顺式白藜芦醇：将反式白藜芦醇标准贮备溶液在 254nm 波长下照射 30min，然后按本方法测定反式白藜芦醇含量，同时计算转化率，得顺式白藜芦醇含量，按反式白藜芦醇标准系列溶液配制方法配制顺式白藜芦醇标准系列溶液。

14.1.2.2　仪器

① 高效液相色谱仪，配有紫外检测器。

② 旋转蒸发仪。

③ 色谱柱 ODS-C18，或其他具有同等分析效果的色谱柱。

④ Cle-4 型净化柱（1.0g/5mL），或等效净化柱。

14.1.3　分析步骤

14.1.3.1　试样的制备

① 葡萄酒中白藜芦醇的提取：取 20.0mL 葡萄酒，加 2.0g 氯化钠溶解后，再加 20.0mL

乙酸乙酯振荡萃取，分出有机相过无水硫酸钠，重复一次，在50℃水浴中真空蒸发，氮气吹干。加2.0mL乙醇溶解剩余物，移到试管中。

②先用5mL乙酸乙酯淋洗Cle-4型净化柱，然后加样2mL，接着用5mL乙酸乙酯淋洗除杂，然后用10mL 95%乙醇洗脱收集，氮气吹干。加5mL流动相溶解。

14.1.3.2　测定步骤

（1）色谱条件

色谱柱：ODS-C18柱，4.6mm×250mm，5μm。或其他具有同等分析效果的色谱柱。

柱温：室温。

流动相：乙腈+重蒸水=30+70。

流速：1.0mL/min。

检测波长：306nm。

进样量：20μL。

在测定前装上色谱柱，以1.0mL/min的流速通入流动相平衡。

（2）测定

待系统稳定后按上述色谱条件依次进样。

用顺式、反式白藜芦醇标准系列溶液分别进样后，以标样浓度对峰面积作标准曲线。线性相关系数应为0.9990以上。

将制备好的样品（14.1.3.1）进样（样品中的白藜芦醇含量应在标准系列范围内）。根据标准品的保留时间定性样品中白藜芦醇的色谱峰。根据样品的峰面积，以外标法计算白藜芦醇的含量。

14.1.4　结果计算

$$X_i = c_i F \tag{2-28}$$

式中　X_i——样品中白藜芦醇的含量，g/L；

　　　c_i——从标准曲线求得样品溶液中白藜芦醇的含量，g/L；

　　　F——样品的稀释倍数。

计算结果保留一位小数。

注：总的白藜芦醇含量为顺式、反式白藜芦醇之和。

14.1.5　精密度

在重复性条件下获得的两次独立测定结果的绝对差值不得超过算术平均值的10%。

14.2　气质联用色谱法（GC-MS）

14.2.1　原理

葡萄酒中白藜芦醇经过乙酸乙酯提取，Cle-4型净化柱净化，然后用BSTFA+1%（φ）TMCS衍生后，采用GC-MS进行定性、定量分析，定量离子为444。

14.2.2　试剂和仪器

14.2.2.1　试剂

BSTFA（双三甲基硅基三氟乙酰胺）+1%（φ）TMCS（三甲基氯硅烷）。其他同

14.1.2.1。

14.2.2.2 仪器

① 气质联用仪。

② 旋转蒸发仪。

③ 色谱柱：HP-5 MS 5% 苯基甲基聚硅氧烷弹性石英毛细管柱（30m×0.25mm×0.25μm）。或其他具有同等分析效果的色谱柱。

④ Cle-4 型净化柱（1.0g/5mL），或其他具有同等分析效果的净化柱。

14.2.3 分析步骤

14.2.3.1 试样的制备

① 葡萄酒中白藜芦醇的提取：取 20.0mL 葡萄酒，加 2.0g 氯化钠溶解后，再加 20.0mL 乙酸乙酯振荡萃取，分出有机相过无水硫酸钠，重复一次，在 50℃水浴中真空蒸发，氮气吹干。

② 衍生化：将上述方法处理后的样品加 0.1mL BSTFA+1%（φ）TMCS，加盖后于旋涡混合器上振荡，在 80℃下加热 0.5h，氮气吹干，加 1.0mL 甲苯溶解。

③ 取适量的白藜芦醇标准溶液，氮气吹干，按上述方法进行衍生化。

14.2.3.2 测定步骤

（1）质谱条件

柱温程序：初温 150℃，保持 3min，然后以 10℃ /min 升至 280℃，保持 10min。

进样口温度：300℃。

载气为高纯氦气（99.999%），流速 0.9mL/min。

分流比：20∶1。

EI 源温度：230℃。

电子能量：70eV。

接口温度：280℃。

电子倍增器电压：1765V。

质量扫描范围：（scan mode m/z）35 ～ 450AMU。

定量离子：444。

溶剂延迟：5min。

进样量：1.0μL。

（2）测定

同 14.1.3.2 中的测定。

14.2.4 结果计算

同 14.1.4。

14.2.5 精密度

在重复性条件下获得的两次独立测定结果的绝对差值不得超过算术平均值的 10%。

14.3 练习题

① [填空题] 葡萄酒中白藜芦醇经过（　　　）提取，Cle-4 型柱净化，然后用 HPLC 法测定。

② [填空题] 葡萄酒中白藜芦醇经过溶剂提取，Cle-4 型柱净化，然后用

项目十四　答案

BSTFA+1%（φ）TMCS 衍生后，采用 GC-MS 进行定性、定量分析，定量离子为（　　）。

③ [填空题] 葡萄酒中白藜芦醇测定的常用方法有（　　）法和（　　）法。

④ [单选题] 高效液相色谱法在测定前装上色谱柱，以（　　）mL/min 的流速通入流动相平衡。

A. 0.1　　　　　　　B. 0.5　　　　　　　C. 0.8　　　　　　　D. 1.0

⑤ [多选题] 提取葡萄酒中白藜芦醇时，将萃取液在（　　）℃水浴中真空蒸发，（　　）吹干。加 2.0mL 乙醇溶解剩余物，移到试管中。

A. 40　　　　　　　B. 50　　　　　　　C. 氢气　　　　　　　D. 氮气

⑥ [判断题] 用顺、反式白藜芦醇标准系列溶液分别进样后，以标样浓度对峰面积作标准曲线，线性相关系数应为 0.90 以上。（　　）

项目十五

思考题

① 葡萄酒感官检验的指标包括哪些?

② 说说进行葡萄酒感官评定的要求。

③ 葡萄酒酒精度的测定常用方法有哪几种?

④ 说说酒精计法测定酒精度的原理和步骤。

⑤ 葡萄酒中总酸测定的常用方法有哪些?

⑥ 说说电位滴定法测定总酸的原理和步骤。

⑦ 如何测定葡萄酒中的挥发酸?

⑧ 说说葡萄酒中柠檬酸测定的原理和步骤。

⑨ 葡萄酒中二氧化硫测定的常用方法有几种? 各自的原理分别是什么?

⑩ 结合你的实践经验，说说测定葡萄酒中二氧化硫的步骤。

⑪ 简述测定葡萄酒中还原糖和总糖的原理和步骤。

⑫ 说说直接滴定法测定葡萄酒中还原糖的注意事项。

⑬ 说说葡萄酒中干浸出物的测定原理和步骤。

⑭ 葡萄酒中铁测定的常用方法有哪些?

⑮ 结合你的实践经验，说说测定葡萄酒中铁的原理和步骤。

⑯ 葡萄酒中铜测定的常用方法有哪些? 各自的原理分别是什么?

⑰ 说说葡萄酒中苯甲酸钠的测定原理和步骤。

⑱ 葡萄酒中甲醇测定的常用方法有哪些?

⑲ 结合你的实践经验，说说葡萄酒中甲醇测定的原理和步骤。

⑳ 说说葡萄酒中抗坏血酸（维生素 C）的测定原理和步骤。

㉑ 葡萄酒中白藜芦醇测定的常用方法有哪几种? 各自的原理分别是什么?

㉒ 结合你的实践经验，说说葡萄酒中白藜芦醇测定的步骤。

思政小课堂

在葡萄酒品评时，优质的葡萄酒要求有悦目澄明的色泽、浓馥优雅的香气、醇厚协调的口感、独特优雅的风格，当今消费者已将葡萄酒的欣赏价值、饮用价值升华到对美好生活本身的关注。

葡萄酒的各类检测项目都是在化学实验室里进行的，但是实验室常常潜藏着发生爆炸、着火、中毒、灼伤、割伤、触电等事故的危险性。爆炸性事故的发生，多为人员违反操作规程引燃易燃物品，或仪器设备及各种管线年久老化损坏引发的设备设施事故所致。所以进入化学实验室做实验时，必须严格遵守实验室的安全规则和操作规程。安全操作非常重要，不仅是保护自己，也是对他人的安全负责。我们要切实增强自身的安全意识，严格规范操作。

检测葡萄酒各项指标时要求达到规定的精密度。在实验操作过程中，无论一滴试剂的添加、一个试管的清洗，还是仪器的调试、数据的读取记录，都要具有精益求精、追求极致的工匠精神。我国自古就有尊崇和弘扬工匠精神的优良传统。

食品及相关专业的学生要争做新时代"工匠精神"的践行者，成为有责任、有担当的食品人。

×× 葡萄酒业有限公司
葡萄酒出厂检验报告

样品编号		样品名称			抽样数量	
规格型号		抽样日期			抽样基数	
生产日期		抽样地点			检验日期	
生产批号		抽样人				
判定依据			检验依据			
序号	检验项目		判定标准		检验结果	判定
1	感官		紫红、深红、宝石红、红微带棕色;纯正、优雅、怡悦、和谐的果香与酒香;纯净、优雅、爽怡的口味，酒体完整			
2	酒精度（20℃，体积分数）/%		12 ± 1.0			
3	净含量 /mL		750 ± 10			
4	总糖 /（g/L）		≤ 4.0			
5	滴定酸（以酒石酸计）/（g/L）		5.0 ～ 7.5			
6	挥发酸（以乙酸计）/（g/L）		≤ 1.1			
7	游离二氧化硫 /（mg/L）		≤ 50			
8	总二氧化硫 /（mg/L）		≤ 250			
9	干浸出物 /（g/L）		≥ 17.0			
10	菌落总数 /（CFU/mL）		≤ 50			
检验结论						
批准人意见						

批准：　　　　　　　　　　　　　　　　　　　　　　检验员：

××葡萄酒业有限公司
葡萄酒出厂检验报告

样品编号		样品名称		抽样数量	
规格型号		抽样日期		抽样基数	
生产日期		抽样地点		检验日期	
生产批号		抽样人			
判定依据			检验依据		
序号	检验项目		判定标准	检验结果	判定
1	感官		浅黄色、禾秆黄色、无色；纯正、优雅、怡悦、和谐的果香与酒香；纯净、幽雅、爽怡的口味，酒体完整		
2	酒精度（20℃，体积分数）/%		12±1.0		
3	净含量/mL		750±10		
4	总糖/（g/L）		≤4.0		
5	滴定酸（以酒石酸计）/（g/L）		5.0~7.5		
6	挥发酸（以乙酸计）/（g/L）		≤1.1		
7	游离二氧化硫/（mg/L）		≤50		
8	总二氧化硫/（mg/L）		≤250		
9	干浸出物/（g/L）		≥17.0		
10	菌落总数/（CFU/mL）		≤50		
检验结论					
批准人意见					

批准：　　　　　　　　　　　　　　　　　　　　　　　　　检验员：

模块三

典型葡萄酒
加工技能综合实训

典型葡萄酒加工
技能综合实训电
子教案

冰葡萄酒（标准）

加香葡萄酒
（标准）

葡萄酒生产追溯
实施指南（标准）

能力（技能）目标：

① 能够进行典型产品（干红葡萄酒、干白葡萄酒、桃红葡萄酒、冰葡萄酒、浓甜葡萄酒、加香葡萄酒、葡萄白兰地、贵腐葡萄酒等）的酿造；
② 能够分析葡萄酒及生产过程中常见质量问题并解决；
③ 能够根据葡萄酒产品标准和检测数据，对葡萄酒酿造的质量进行控制。

知识目标：

① 具有食品安全、卫生及安全生产知识；
② 熟悉葡萄酒酿造的工艺方法和相关标准；
③ 掌握典型产品（干红葡萄酒、干白葡萄酒、桃红葡萄酒、冰葡萄酒、浓甜葡萄酒、加香葡萄酒、葡萄白兰地、贵腐葡萄酒等）酿造的基本工艺流程、工艺参数。

素质目标：

① 具有良好的职业道德和爱岗敬业精神；
② 具备获取、分析、归纳、交流知识的能力和进行实际操作、协调、安排实验实训的能力；
③ 具有团队协作意识，能妥善处理上下工序中的人际关系和具体事务；
④ 具有自主学习知识和创新创业的能力；
⑤ 具有食品安全知识和素养；
⑥ 树立现代环保意识和可持续发展观，重视环境保护与资源综合利用。

WINE

项目一
干白葡萄酒的生产综合实训

1.1 知识准备

1.1.1 葡萄酒加工工艺

白葡萄酒酿造

葡萄酒种类繁多，但其加工工艺均应首先将果实加工成果浆或果汁，然后进行主发酵与后发酵，出厂前再进行各种处理。

一般酿制葡萄酒的工艺如下：葡萄经挑选去除枝叶、霉烂穗粒后，送入除梗破碎机除梗破碎，破碎后的果粒呈果浆状态，做红葡萄酒可将果浆入池发酵，做白葡萄酒时，还需经过压榨，将葡萄汁榨出后入池发酵。果汁分自流汁与压榨汁两种，自流汁是果粒破碎后未经压榨时流出的果汁，是做高级酒的原料。自流汁流完后，从剩余果浆里压榨出来的汁称压榨汁，是做一般酒的原料。

葡萄酒加工工艺流程见图3-1。

图3-1 葡萄酒加工工艺流程

1.1.2 概念

干白葡萄酒是指用红皮白肉或白皮白肉的优良葡萄品种为原料，经破碎、皮汁分离，取其果汁进行发酵酿制而成的葡萄酒。这类酒的色泽近似无色，呈浅黄带绿色、浅禾秆黄色，不应呈深黄和浅棕色，其含糖量 ≤ 4g/L 或者当总糖与总酸（以酒石酸计）的差值 ≤ 2g/L 时，含糖量最高为 9g/L；总酸含量在 6g/L 左右，残糖在 2g/L 以下，挥发酸含量在 0.5g/L 以下；酒精含量一般为 9% ~ 13%（体积分数）。若酸过高、酒度高、果香不足、酒香过重，则就不能体现干白葡萄酒应有的风味特点。

1.1.3　干白葡萄酒的感官评价

干白葡萄酒近似无色或呈淡黄色、黄色、麦秆黄等色泽。一般质量好的干白葡萄酒色泽浅，酒质差的色泽深。酒色深多是由于在葡萄酒的发酵或贮存过程中受到氧化造成的。干白葡萄酒应是澄清、透明、晶亮的，出现浑浊或失光等均为不合格的表现。

优质干白葡萄酒有新鲜悦怡的葡萄果香（品种香），具有优美的酒香；香气协调、细致、令人愉悦；酒的滋味完整和谐、清快、爽口、舒适、洁净，具有该品种独特的典型性。

现已经达到了能够对干白葡萄酒的酿造进行预测的高度，这一点要强于对干红葡萄酒的预测。干白葡萄酒品质的巨大提高归于以下因素。

① 更好的葡萄品种，如莱茵雷司令、霞多丽、长相思、琼瑶浆和白诗南。
② 对果实成熟度和健康程度进行很好的控制。
③ 在酿酒操作中使用降温措施，以保持香气和风味。
④ 通过在低温和惰性气体保护下完成操作，防止氧化。
⑤ 最低限度处理葡萄醪和葡萄酒。
⑥ 仔细控制 pH 值、游离二氧化硫和抗坏血酸。
⑦ 更有效的整体品质控制。

1.1.4　干白葡萄酒的功效

干白葡萄酒含有多种营养成分，对人身体有很好的保健作用，其功效大致可以总结为以下五个方面。

（1）美容养颜

在干白葡萄酒所含有的各种营养物质中，SOD、一氧化氮等具有很好的抗氧化作用，适量饮用干白可以延缓衰老，具有美容养颜的功效。

（2）调控血脂

干白葡萄酒能够降低人体血液中所含的低密度脂蛋白，进而使人体内高密度脂蛋白含量升高，从而起到调控血脂的功效。

（3）保护肝脏

干白葡萄酒中含有多种人体所必需的氨基酸，氨基酸中的苏氨酸和蛋氨酸对肝脏起很好的保护作用，这些成分可以促进脂肪分解，防止肝脏中脂肪的堆积，有利于人体内有害物质的排出，可促进抗体的产生，可有效预防一些肝功能疾病的发生。

（4）利尿消肿

干白葡萄酒中含有大量的酒石酸，这种物质具有很好的利尿和消肿功效。

（5）维生素

干白葡萄酒中富含多种维生素。众所周知维生素是人类维持正常生理功能所必需的有机物质，在人体生长、代谢、发育的过程中发挥着十分重要的作用，对人体有着十分重要的意义。

1.1.5　酿制干白葡萄酒的葡萄品种

酿制干白葡萄酒应该选择色泽浅、糖酸比例好、质量好的优质葡萄作为生产原料。霞多丽、雷司令、贵人香、长相思、白比诺等都是酿制干白葡萄酒的优良葡萄品种。

酿造干白葡萄酒时，像所有的葡萄酒酿造过程一样，葡萄的成分和健康是最重要的，因为这决定了用它们所酿出的葡萄酒的品质。从葡萄收获起，现代的方法就是采用还原酿造技术。还原酿造技术本质上是防止葡萄醪和葡萄酒与空气相接触，再加上有效的温度控制，从而可避免氧化。白葡萄品种采摘时间比红葡萄品种要早。葡萄的含糖量在 20% ～ 21%，酸度在 7 ～ 8g/L 时较为理想。在采摘、运输和贮存过程中，应严格认真管理，避免同其他有色品种混杂，必须使用洁净的容器装运葡萄；运输过程中尽量减少和防止葡萄的破碎，运到葡萄汁生产厂后不得存放，应立即加工。

1.2 实训任务

【实训目的】

① 使学生了解干白葡萄酒相关基础知识，重点掌握干白葡萄酒的工艺流程，掌握工艺流程中的操作要点。

② 学会操作葡萄破碎机、果汁压榨机、发酵罐等相关设备。

③ 能够进行干白葡萄酒的酿造，并能在整个过程中进行有效的产品质量控制。

【实训要求】

① 4 ～ 5 人为一小组，以小组为单位，从选购、购买原辅料及选用必要的加工机械设备开始，要求学生掌握生产干白葡萄酒的工艺流程，掌握操作过程中的品质控制点，抓住关键操作步骤，能利用各种原辅材料的特性及加工中的各种反应，最终生产出质量合格的产品。

② 学生进入实训室后必须严格遵守实训室的相关规则，详细记录实训过程中的每一个重要环节，并写出书面的实训报告。

【材料、设备】

酿造干白葡萄酒的优良葡萄品种（霞多丽、琼瑶浆、白雷司令、长相思、白麝香、灰雷司令、白品乐、米勒、白诗南、赛美蓉、西万尼和贵人香等），二氧化硫，果胶酶，酵母等。

葡萄破碎机、果汁分离机、果汁压榨机、高速离心机、灌酒机等，贮藏容器主要有发酵罐、贮酒罐等。

【工艺流程】

纯汁发酵，经过一段时间的酒精发酵，再调硫倒罐进行陈酿得到干白原酒，最后再经调配、包装等工序，便可得到成品干白葡萄酒，工艺流程如图 3-2 所示。

【操作要点】

（1）原料与分选

图 3-2 干白葡萄酒酿造工艺流程

干白葡萄酒选用果香清晰、无怪味的品种。果实要新鲜、成熟度好。采摘时，要即刻分选，按其质量好坏进行分级，及时运输。

（2）除梗、破碎、压榨分离

无论酿制干红或干白葡萄酒，葡萄破碎时都应先除去果梗，因梗中含大量单宁和苦味物质。葡萄进厂后应当天破碎，采用离心式除梗破碎机。除梗破碎作业时应降低除梗离心速度，减少破碎强度或不破碎。红葡萄酒不榨汁，白葡萄酒需榨汁。汁分自流汁和压榨汁两种。压榨汁又分轻压汁和重压汁。自流汁酿制一级酒，压榨汁酿制二级酒，皮、渣经发酵酿制等外酒或蒸白兰地。压榨目前多采用气囊式压榨机，相对于其他压榨机设备，果皮与筛网表面相对运动最少，从而使果皮和种子受到的剪切和磨碎作用小，则果皮渣中释放出的单宁和细微固体物大大减少，使得压榨汁中的固体和聚合酚类含量较低。压榨过程中，根据情况对汁进行分段选择，同时人为控制某个压力下的压榨时间，从而可获得更好的葡萄汁。

图 3-3 所示为 ZZ30-20/3 型卧式破碎除梗机结构示意图，图 3-4 所示为果汁分离机示意图。

图 3-3　ZZ30-20/3 型卧式破碎除梗机结构示意图

1—电动机；2—BI.2 联轴器；3—螺旋轴进料器；4—螺旋壳体；5—泵；6—手孔；7—底座

图 3-4　果汁分离机示意图

（3）葡萄汁的预处理

包括二氧化硫处理、静置低温澄清和调整葡萄汁成分三个过程。

① 二氧化硫处理　SO_2 具有较强的杀菌作用、抗氧化作用和澄清作用，同时还有增酸作用，可以改善酒的风味。

除梗破碎阶段进行在线加硫，加硫量根据原料质量大致 50 ～ 100mg/L 不等。如在除梗破碎阶段硫未加足应在压榨阶段补加。保证压榨机的卫生，定期消毒。压榨完毕葡萄汁进入澄清罐之前，所用罐、泵及管线应该严格消毒，澄清罐要进行充二氧化碳或氮气以排净罐内空气，同时设定澄清温度，罐体制冷使葡萄汁可以尽快降温，一般干白澄清温度要求在 10～13℃。

② 葡萄汁入罐澄清操作要求 葡萄汁中含有果肉、大量果胶、尘土及其他杂质，这些物质的存在对酒的风味会产生不良影响，必须进行澄清。故葡萄汁澄清的目的是在发酵前将葡萄汁中的杂质尽量减少到最低含量，以避免葡萄汁中的杂质因参与发酵而产生不良的成分，给酒带来异杂味。尤其是酿制优质干型、半干型的白葡萄酒，从质量上越来越趋向于新鲜、保持天然水果的芳香和滋味。葡萄汁中调整二氧化硫后，要进行澄清处理。常用的澄清处理方法有以下几种：

a. 静置澄清。葡萄汁中调整二氧化硫后，要进行低温静置澄清处理。葡萄汁静置澄清的方法有许多种。一种方法是在常温条件下静置澄清处理 24h，这种方法不耗能，操作简便，不需辅助设备，成本低。但环境温度较高时，葡萄汁中的沉淀物沉降速度慢，沉淀物的沉降效果差，而且葡萄自身所带微生物得不到抑制很可能引起自然发酵。低温下进行葡萄汁的静置澄清，是一种常用的生产方法，冷却系统将葡萄汁温度降到 10～13℃，静置 24～36h，使酵母菌暂时不能得到繁殖，而葡萄汁中的沉淀物在低温时得到迅速、充分的沉降。这种生产方法能量消耗大，增加了生产成本，但葡萄汁澄清效果好，葡萄汁不容易发生氧化和自然发酵，葡萄汁和葡萄酒可以保持浓郁的果香和爽净的口感。为加强澄清速率和效果，还可以加入 0.05%～0.1% 的皂土，混匀后静置澄清。皂土有吸附沉淀性物质、加快沉淀速度、缩短澄清时间、提高葡萄汁澄清度的作用。

b. 加澄清剂。于果汁中加入明胶或蛋清，澄清后换桶分离。明胶用量为 0.10～0.15g/L，蛋清用量为鸡蛋 1～2 个/100L，应先做小样试验后确定。果汁的澄清，也可用明胶单宁法。用这种方法时，必须先加入单宁搅拌均匀后，再加入明胶。这两种物质均要用果汁先溶解后再使用。两种物质的参考用量：单宁 0.10～0.15g/L，明胶 0.15～0.20g/L。

c. 过滤澄清。采用硅藻土过滤机过滤澄清，方法是先加硅藻土，再用硅藻土过滤机过滤，硅藻土的使用量为 0.2%～0.4%（果汁稀释后加入），边加边搅拌，搅匀后静置 8～24h。若用硅藻土过滤，必须先加果胶酶把果汁中的果胶处理掉后再过滤。否则，会因浑浊的果汁中含有较多的果胶而给过滤造成困难。

d. 果胶酶澄清。果胶是直接影响果汁澄清和风味的主要物质，加入果胶酶对其进行水解，可使果胶转化为果胶酸而失去黏性。果胶酶用量应根据葡萄汁的浑浊程度来确定，加入量为 0.15～0.20g/L。果胶酶加入前需要先在 10 倍水中稀释均匀，然后再分两次加入到需要处理的葡萄汁或葡萄酒中，混合均匀后静置澄清 12h。

e. 皂土澄清。为加强澄清速率和效果，还可以加入皂土，用量为 1.5g/L 左右。皂土有吸附沉淀物质、加快沉淀速度、缩短澄清时间、提高葡萄汁澄清度的作用。

f. 机械澄清。采用离心机进行澄清。

总之，无论使用哪种澄清方法，均需要加入适量 SO_2 以抑制酵母及有害微生物的活动。为此，当果汁澄清后，要通过开口换桶，促使 SO_2 尽快地挥发，以恢复酵母的活性。

澄清操作步骤介绍如下：

a. 在葡萄汁泵入发酵设备以前，发酵设备都必须按工艺要求认真清洗和处理，尤其是长时间闲置不用的发酵设备，会附着有大量的杂菌、灰尘和污垢等，如果不清洗干净，会给澄清发酵造成污染，使酒质受到影响。

b. 检查葡萄汁输送设备情况，连通压榨机与澄清设备，开始送葡萄浆，从压榨机接汁槽处分两次加入果胶酶。新鲜的葡萄汁中含有一定量的果胶质，使葡萄汁的澄清效果受到较大影响，有时新葡萄酒中会产生果胶性沉淀。果胶酶可分解葡萄汁中的果胶物质，加速澄清并使更多风味物质溶入葡萄汁中，提高出汁率。所加果胶酶多为混合酶制剂，这些混合酶的活性非常依赖于温度（10℃时它们的活性为 15%～25%，20℃时为 25%～35%，30℃时为 40%～60%），它们的最适温度为 45～50℃，到 60℃时会快速失去活性，80℃时完全失效。因此，酿酒师希望在低温下对葡萄进行处理的需求，与果胶酶有效活性的要求之间存在矛盾。所以，果胶酶应在葡萄破碎后尽快加入，以使它们具有最长的作用时间。

c．葡萄汁打入澄清设备容积的 60% 左右时停止进汁，量大不易快速澄清，量小则造成能源与设备的浪费。完毕后需要封紧罐门，挂好水封，设定好澄清温度（10～13℃），做好相关记录。

d．葡萄汁进罐时间要短。如果入罐消耗的时间长，氧与葡萄汁接触的时间就长，会使较多的氧进入到葡萄汁中；同时，葡萄汁裸露在空气中的时间长，也为杂菌污染提供了更多的机会，这些无疑都会影响葡萄酒的正常澄清与发酵。

入罐完毕后要检测各项指标，一般游离 SO_2 低于 20mg/L 时需进行调整。

分离清汁时为防止沉淀物进入澄清汁中，可采用透镜观察，以抽取澄清的葡萄汁。下层汁底用酒泥机过滤，获得的清汁一般不与澄清汁混合发酵。对于 36h 内不能良好澄清且伴有轻微自发酵的葡萄汁（液面冒泡，伴有浓重的烂苹果味和香蕉味），应尽快转入发酵罐加酵母发酵。

没有经过静置澄清处理的葡萄汁，在开始发酵以前，少量的由果肉带进的絮状沉淀物便已沉积于桶的底部。当发酵开始后，二氧化碳产生并在桶里由下而上逸出，可将这些絮状物带到发酵液表面。沉淀物中一些不利于葡萄酒质量和风味的成分，在沉淀物由下至上的悬浮过程中被浸出，进入到葡萄酒中。同时，这些物质悬浮到液面上，影响发酵的正常进行。所以，未经澄清处理的葡萄汁所生产的干白葡萄酒质量较低。

良好的澄清是酿造优质干白葡萄酒的前提，优质原料、低温与相当的二氧化硫是澄清的保证。为了保证生产的葡萄汁及干白葡萄酒有良好的风味和色泽，在二氧化硫处理与静置澄清的整个过程中，应充氮气或二氧化碳保护，尽量避免葡萄汁与空气的接触，减少葡萄汁的氧化。

③ 葡萄汁成分的调整　为了克服原料因品种、采收期和年份的差异造成的原料糖、酸及单宁等成分的不足现象，必须对发酵原料成分进行调整，以确保葡萄酒质量并促使发酵安全进行。另外为使酿制的成品酒成分稳定并达到要求指标，必须对果汁中影响酿制质量的成分做适当调整。

a. 糖分的调整。糖是酒精生成的基础，根据酒精发酵反应式计算，理论上要产生 1% 酒精需要葡萄糖 1.56g 或蔗糖 1.475g。但实际发酵过程中除了主要生成酒精和二氧化碳外，还有少量的甘油、琥珀酸等产物形成，并且酵母菌本身的生长繁殖也要消耗一定的糖分，还有酒精本身的挥发损失等。所以实际生成 1% 酒精需 1.7g 左右的葡萄糖或 1.6g 左右的蔗糖。

一般葡萄汁的含糖量约为 14～20g/100mL，只能生成 8.0%～11.7% 的酒精。而成品葡萄酒的酒精度多要求为 12%～13%，甚至 16%～18%。提高酒精度的方法，一种是补加糖使其生成足量的酒精，另一种是发酵后补加同品种高浓度的蒸馏酒或经处理的食用酒精。优质葡萄酒酿制需用第一种方法。

生产上为了计算方便，可应用经验数字。如要求发酵生成 12%～13% 酒精，则分别用 230～240g 减去果汁原有的糖量。果汁含糖量高时（15g/100mL 以上）可用 230g，含糖量低时（15g/100mL 以下）则用 240g。按上例果汁含糖 17g/100mL，则每升加糖量为：

230-170=60（g）。

　　酵母菌在含糖 20g/100mL 以下的糖液中，其繁殖和发酵都较旺盛，若再提高糖的浓度，其繁殖和发酵就会受到一定程度的抑制。因此，生产上酿制高酒精度的葡萄酒时常分次将糖加入发酵液中，以免将糖浓度一次提得太高。加糖时，先用少量果汁将糖溶解，再加到大批果汁中去。除加糖外，还可加浓缩果汁。

　　b. 酸度的调整。在干白葡萄酒生产过程中，对葡萄汁的含酸量要求较高。原料果汁总酸含量在 0.7 ～ 1.0g/100mL 较适宜，酿制甜葡萄酒或红葡萄酒含酸量则要求高一些。不同品种的酿酒葡萄所生产的葡萄汁，其酸含量会有较大的差异。

　　酸度适宜能增加酒的风味，若酸度低，则酿成的酒口味淡薄，不耐贮存。若单品种果汁酸含量低于 0.6g/100mL，可与酸度高的品种混合发酵，也可添加酒石酸或柠檬酸。不过发酵液一般不加外来酸。酸度一般在酒精发酵后会降低 1g/L 左右，根据经验值酸度不达标时，常加入酒石酸或柠檬酸来调节。并且，在葡萄汁和成品干白葡萄酒中应加入不同的酸。白葡萄汁中加入酒石酸可增加酸度，发酵后可以使酒体丰满并保持良好的骨架感，使酒体更协调。柠檬酸主要用于陈酿后成品干白葡萄酒酸度的调整，此时，把柠檬酸加入到葡萄酒中，不仅可以提高葡萄酒的酸度，而且还能使酒的色泽纯净，因为柠檬酸可以与酒中的铁离子生成可溶性的柠檬酸铁，避免了磷酸铁白色沉淀的生成。但是如果把柠檬酸加入到葡萄汁中酿造葡萄酒，一旦柠檬酸与细菌接触，细菌便会把柠檬酸转化成醋酸，使酒中挥发酸含量升高，这样反而破坏酒体的完美。所以目前最常采用的办法是发酵前葡萄汁用酒石酸进行酸度调整。

　　（4）酶制剂和酵母营养素的选择

　　用于葡萄汁和葡萄酒中的酶制剂有很多种，如果胶酶、蛋白酶、纤维素酶、葡萄糖苷酶和脲酶。商品果胶酶至少含有两种特定的酶，其都有不同的作用。这就要求在使用时，了解产品成分进行选择。比如葡萄糖苷酶可以使萜烯化合物变成可挥发化合物，而增加香味的含量。

　　活性干酵母已普遍应用于大工业生产中。世界上至少有9家公司生产约30种葡萄酒酵母，同样在使用时，应了解产品成分进行选择，考虑其产酒精能力以及菌种的类型。

　　干白的发酵温度低，同时又在严格无氧下发酵，发酵显得困难，这就要求首先测出葡萄汁中的营养源的含量，再适当添加酵母营养素，如磷酸盐类、无机氨等，来提高发酵速度。

　　（5）发酵

　　① 澄清及发酵设备　在漫长的葡萄酒生产历史中，葡萄酒生产设备由简单到复杂，容量由小到大，由手工操作到机械化、自动化，设备种类由少到多，而且生产不同品种的葡萄酒所使用的发酵设备也各有特点。作为葡萄酒的生产设备，从实用的角度讲应满足以下要求：

　　发酵设备的容量能够满足葡萄酒生产的要求；

　　发酵设备的材料应不溶出或极少溶出对葡萄酒产生不利影响的物质；

　　发酵设备应符合所生产的葡萄酒品种的特殊要求，并能够确保酿酒的正常进行和葡萄酒的质量；

　　发酵设备的容量应与葡萄酒生产工厂的生产能力相适应，尽可能采用定型、机械化、自动化的设备；

　　发酵设备应力求操作简单，结构合理。

　　a. 木桶。木桶是葡萄酒酿造使用最早的设备，由于用木桶酿成的酒橡木风味比较好，因而直至今天葡萄酒传统国家依然坚持用木桶作为葡萄酒发酵和贮酒的生产设备，"新世界"国家也在延续着传统工艺处理方式。一些葡萄酒的发酵过程必须在橡木桶中进行，如西班牙生产的雪利酒，它的陈酿期不少于 3 年，而且必须在容量为 500L 的小橡木桶中进行陈酿。

发酵生产使用橡木桶较多，焙烤程度与材质的不同导致其呈现香气与风味也不尽相同，根据所要达到的风味要求及酿造酒的不同类型，应慎重选择不同的橡木桶。主要橡木树种有主产于法国、奥地利、捷克等国家的卢浮橡和夏橡以及主产于美国的白栎。这三种树种的木纹结构特点相似，但理化组成与呈香特性均有不同。欧洲橡木的香气较为优雅细致，易于与葡萄酒的果香和酒香融为一体；而美国白栎的香气较为浓烈，较易游离于葡萄酒的果香和酒香之上。而且人们发现经过适度焙烤的橡木桶可以赋予酒体更馥郁、更怡人的香气，经其陈酿的葡萄酒的口感也更加柔和饱满。

b.贮酒罐。随着葡萄酒大工业化、自动化和半自动化的生产需要，传统的发酵和贮酒容器已无法满足。因此，越来越多的工厂采用大型贮酒罐来生产和贮藏葡萄酒。贮酒罐贮酒能力大，可放在室内，也可放在室外；其机械化、自动化程度高，清洗和杀菌彻底、方便。生产贮酒罐的材质主要有两种：不锈钢和碳钢。

不锈钢罐易清洗、耐腐蚀、对酒质无不良影响，是使用广泛的设备。当使用不锈钢罐时，所有的焊口部分都应进行钝化处理，否则焊口发黑，很容易将铁离子带入葡萄酒中造成污染。

碳钢罐使用前必须涂一层耐腐蚀、不易脱落的环氧树脂涂料，以防罐壁生锈。

图3-5 带夹套装置的发酵罐
1—夹套；2—安全阀；3—进出料口

贮酒罐可采用卧式和立式安装。卧式贮酒罐采用吕字或品字形重叠安装，以提高酒库的利用率，当两只罐重叠安装时，罐与罐中间要用钢枕隔开，罐间距不少于300mm。贮酒罐的体积大小，应根据工厂的生产规模和实际需要选择，尽可能采用已定型的贮酒罐。罐的体积相差悬殊，一般为 $20 \sim 600 m^3$ 不等，经常见到的是 $30 \sim 350 m^3$ 的贮酒罐。

如图3-5所示为带夹套装置的发酵罐。

干白葡萄酒发酵以密闭发酵较好。在干白葡萄酒的发酵过程中，为了防止发酵醪与空气接触过度氧化而多采用密闭发酵。在投料接种后，在发酵容器口上装一个发酵栓（又称密封阀），如图3-6所示。发酵栓可以隔绝外界空气和杂菌侵入，发酵产生的 CO_2 通过发酵栓排出。这样可以减少发酵液的氧化和果香损失，从而可提高酒的质量风味。

图3-6 发酵栓
1—桶塞；2—软木塞；3—U形管；4—水封；5—水封盖；6—U形槽；7—罐顶盖

② 发酵要点 新鲜的葡萄汁经二氧化硫处理、静置澄清及成分调整后，澄清葡萄汁用泵

打入发酵设备，加入酵母进行发酵。干白葡萄酒的酒精发酵一般经过发酵初期、发酵旺盛期和发酵后期三个时期。

a. 加入酵母。酵母分为自培酵母和商品葡萄酒活性干酵母。目前，世界上大多数果酒生产中活性干酵母大有取代自培酵母之势。

在葡萄汁澄清完毕后，澄清葡萄汁泵入发酵罐，要求所用罐、泵及管线等事前消毒处理，空罐提前充入惰性气体排出空气。进罐量可控制在 90% 左右。若葡萄汁进到发酵设备中的量少，则设备利用率低，上部空间大，氧进入到葡萄汁中的机会也增多，葡萄汁容易发生氧化，使成品葡萄酒色泽加深，影响酒的风味和质量。但葡萄汁加入到发酵设备中过多也不适宜。因为当发酵进入旺盛期时，由于二氧化碳的形成，发酵液会出现翻涌现象，发酵设备上部空间小，产生的泡沫有可能溢出来，造成葡萄酒损失，甚至引起细菌污染，使酒酸败变质。

在加入酵母启动发酵之前，需对品温低的葡萄汁进行回温处理。发酵温度在 14 ～ 18℃，需使品温升到相差 2℃ 左右时才能加入酵母。不然温度过低时可能造成酵母无法生长甚至死亡，无法启动发酵。

干白发酵的酵母需要具有以下特征：耐低温，保持品种特性，良好释放果香。现在澳大利亚、法国等均筛选出优良酵母品种，在我国适用性良好，各大葡萄酒厂家均有采用纯系干酵母。

酵母菌在葡萄汁中的接种量一般是 1% ～ 4%，接种量的多少要根据葡萄酒酵母的发酵能力、繁殖速度、葡萄汁浓度、发酵温度和发酵时间等因素来确定。若葡萄酒酵母繁殖速度快、发酵能力强，葡萄汁的浓度低，发酵温度高，发酵时间长，则葡萄酒酵母接种量应低些。反之，则接种量要高些。接种时应选用处于对数生长期的葡萄酒酵母，因为处于对数生长期的葡萄酒酵母适应环境能力强，不容易发生变异，稳定性好，接入葡萄汁中后能很快开始繁殖。

活化方法：取 10 倍左右 30 ～ 40℃ 温水，将干酵母均匀加入，保持平静约 10min 酵母开始萌动增殖；在体积增长到一定位置后，放入适量葡萄汁 5min 左右打入罐内，目的是补充营养物质并对酵母液进行降温使酵母适应罐内品温，防止突然的低温造成死亡。一般进罐酵母液温度与罐内温度相差要小于 10℃。加入后需要循环均匀。加过二氧化硫的白葡萄汁，不论是否经过澄清，一般发酵开始比较迟缓。这是因为添加二氧化硫，液面又没有皮糟的盖子，酵母缺乏寄托的地方，所以必须添加正在旺盛发酵的酒母 5% ～ 10%。

b. 发酵过程。在酒精发酵阶段，12h 监测一次密度及温度变化，保证发酵平稳进行，以糖度每天降 1Brix 为宜，低温发酵是干白质量（香气、口感等）的保证。

（a）发酵初期。将葡萄汁送入发酵桶或池中，静置一段时间稍微回温后，接入葡萄酒酵母或串罐（10%）循环均匀，设定发酵温度在 14 ～ 18℃，即进入初发酵阶段。一般36 ～ 48h 可以启动发酵。

发酵初始阶段实际上是葡萄酒酵母的增殖阶段。对于纯粹发酵来讲，接种葡萄酒酵母后，酵母菌首先吸收葡萄汁中的溶解氧进行增殖。葡萄酒酵母借助葡萄汁含有的一部分溶解氧来繁殖菌体，起初增殖活动和发酵作用都很微弱。随葡萄酒酵母的增殖加快，发酵醪中的溶解氧逐渐被消耗，增殖速度由快逐渐变慢。溶解氧被消耗尽后，发酵作用逐渐加强，葡萄汁发酵进入旺盛期。

（b）发酵旺盛期。进入发酵旺盛期后，葡萄酒酵母在无氧条件下迅速将葡萄汁中的糖转化成酒精，同时生成大量的 CO_2。二氧化碳不断由发酵液内涌向液面，在葡萄汁表面形成细腻的乳白色气泡。随着发酵活动的继续进行，数量不断增多，CO_2 把部分酵母和沉淀物带到发酵液的表面，发酵液表面的色泽逐渐加深。

在葡萄酒发酵旺盛期，由于酵母发酵作用处于最强阶段，发酵速度快，因此会产生大量的热量，很容易使发酵温度升高，影响正常发酵。因此，此时要特别注意控制发酵温度。可使用冷风装置及空气调节装置来降低发酵室温度，也可采用冷水冷却葡萄酒的方法来控制发酵温度。现代工业化生产采用的大型葡萄酒发酵罐设有冷却夹系统（米勒板或夹套），并在其中通入稀释酒精，通过制冷机带动循环来进行发酵温度的控制。

（c）发酵后期。葡萄汁经过一段时间的旺盛发酵，发酵浆中的糖含量大大降低，酵母的活力和发酵速度明显下降，发酵产生的 CO_2 气体明显减少，发酵液表面趋于平静，此时葡萄酒发酵就进入了发酵后期。在发酵后期，酒精浓度依然在不断增加，但生成酒精的速度与发酵速度呈线性降低趋势，酵母死细胞数明显增多。在这个阶段，酵母细胞的分解能力加强，生成较多的副产物，这时是形成葡萄酒各种风味物质的重要时期；酵母部分沉积在发酵桶或罐的底部。发酵后期是酵母和酒中不溶性物质沉降的重要阶段，应适当降低发酵液的温度。

当相对密度降至 0.997 以下时检测残糖，至 2g/L 以下时表明酒精发酵结束，此时可设定低温（8～10℃），存放一周以加快酒体里固形物的沉淀，促进酒液澄清，然后安排倒罐。

（6）倒罐贮存

随着发酵现象完全消失，酒石、酵母及葡萄酒中其他沉淀物逐渐沉积下来。倒罐的目的就是除去葡萄酒中已经沉淀下来的这些沉淀物，同时调整游离 SO_2 含量至 35mg/L 以杀死残存微生物，保证酒体的安全健康。

通过品尝并依据理化指标，本着同品种同类型同质的原则进行倒罐合罐，要求隔氧保护并保持满罐贮存。

在干酒生产过程中要防止氧化，倒罐时必须避免氧进入酒中，以保持葡萄酒的原果香和良好的色泽。因此多采用还原型的倒罐方法。

① 密闭自流法　当发酵桶为卧式排放时，可利用上层发酵桶与下层桶的高位差，使上层桶中的酒借助重力自然流入下层桶中。下层桶在装葡萄酒前，必须按操作规程，进行严格的清洗消毒。待酒液全部流入下层桶后或在进酒前，根据工艺要求补加 35mg/L 的二氧化硫以起到抗氧抑菌的目的。若贮酒罐不满，应当在倒罐后，立即添入同一品种、同一年份、同类型的葡萄酒，然后立即封口，进行贮存陈酿。

② 外力倒罐法　当贮酒罐的位置不适合依靠高位差倒罐时，就需要借助外力的帮助进行倒罐。外力倒罐主要有两种方法，即用输料泵倒罐与外加气体压力倒罐。用输料泵倒罐是在两个贮酒罐之间设一输料泵，从一贮酒罐中抽出葡萄酒打入另一贮酒罐中。这种倒罐方法会造成一些空气进入葡萄酒中，使酒液受到轻微氧化。采用高压气体帮助倒罐，一般选择使用二氧化碳或氮气等，在贮酒罐口加双孔塞，使贮酒罐密闭，其中一个孔为气体进入贮酒罐的入口，另一个孔伸入贮酒罐下部清酒的最低处。当气体加压于密闭的贮酒罐时，清酒就被压出贮酒罐，排入空贮酒罐中，随着气体不断压入，清酒就全部被排入空贮酒罐中。

（7）用红葡萄品种生产白葡萄酒

栽培的酿酒葡萄中，有许多红葡萄品种的果肉是无色的，如黑比诺、佳利酿、神索等，它们也都可以作为生产干白葡萄酒的原料。这类葡萄的色素绝大部分存在于葡萄皮的细胞中，其含量受多种因素影响：葡萄品种、产量水平、成熟阶段、果实大小、土壤气候等先天条件；也包括收获与破碎时间消耗、果汁与果皮接触时间、氧化酶活性、二氧化硫存在等工艺处理过程各因素的影响。

当采用红皮葡萄酿造白葡萄酒时，只需将果皮和果汁尽早分开。在葡萄破碎后的皮渣与葡萄汁的分离过程中，必须注意尽量不把葡萄皮的细胞组织破坏，否则，细胞破裂以后就会使一部分葡萄皮中的色素渗出来，进入到葡萄汁中。另外，葡萄皮与葡萄汁的分离过程必须在发酵以前进行，否则，葡萄汁在发酵时的浸提作用同样会将葡萄皮中的色素带入到葡萄酒中。

红葡萄破碎时，破碎机两轮间的间距应比破碎白葡萄时大一些，以防止把红葡萄皮压碎，使色素溶入葡萄汁中。红葡萄破碎以后，经过果汁分离机的分离，可以得到颜色很浅的自流汁。葡萄浆送入压榨机中进行两次压榨后，分别得到色泽浅的轻榨葡萄汁和色泽深的重榨葡萄汁。

生产中，可以用自流汁和轻榨葡萄汁酿造白葡萄酒，但应将轻榨葡萄汁进行一次沉淀处理，以除去可能混入的葡萄皮碎片，使葡萄汁有较满意的色泽。压榨汁也可用于酿造桃红葡萄酒，深色葡萄汁则用于生产红葡萄酒。

采用红葡萄生产白葡萄酒，在获得浅色葡萄汁后，余下处理工艺与白葡萄酒的生产工艺相同。采用红葡萄制成的白葡萄酒，由于在生产葡萄汁的过程中或多或少地带入了一部分葡萄皮中的红色素，因此葡萄酒中往往带有极轻微的淡红色。如果要获得无色的质量较好的白葡萄酒，就需要对生产的葡萄汁或生产的白葡萄酒进行脱色处理。

对葡萄汁或白葡萄酒脱色的方法主要有：亚硫酸脱色法，活性炭和亚硫酸脱色法，通风与亚硫酸脱色法，通风与活性炭结合脱色法，添加明胶、膨润土等澄清剂法等。

① 活性炭和亚硫酸脱色法　活性炭有许多微孔，对色素有很强的吸附力，但活性炭对色素类物质的吸附没有选择性，而且它会吸附葡萄酒中的部分香味物质，使酒质下降。因此，活性炭脱色法，只适用于葡萄汁的脱色，不能用于葡萄酒的脱色。在葡萄汁中加入 0.1 ～ 0.5g/L 的偏重亚硫酸，然后再加入 0.5 ～ 1.5g/L 的活性炭，在室温条件下，静置 10 ～ 12h。待葡萄汁中的色素消失，抽取上部清亮部分用于生产干白葡萄酒。

② 通风与亚硫酸脱色法　向静置澄清后的葡萄汁中通入适量空气，由于氧化作用，葡萄汁中会出现棕色的色素沉淀。但通风量不可过多，否则葡萄汁会发黄。当葡萄汁刚刚开始发黄时加入 0.06 ～ 0.1g/L 的偏重亚硫酸钾，以阻止氧化和发酵的继续进行，葡萄汁会变成无色。加入偏重亚硫酸钾后静置一段时间，澄清后抽取上清液即可。

③ 通风与活性炭结合脱色法　当用通风与亚硫酸脱色法脱色时，葡萄汁还不能完全脱色，或者氧化稍过，葡萄汁已经发黄时，向葡萄汁中加入 0.5 ～ 1g/L 的活性炭，间隔一段时间后，再向葡萄汁中压入少量空气，经过 24h 左右的处理，即可得到清亮无色的葡萄汁。

④ 亚硫酸脱色法　在红葡萄生产的葡萄汁中加入 0.2 ～ 0.3g/L 的亚硫酸，由于亚硫酸的氧化与漂白作用，葡萄汁的色泽消失，成为无色的葡萄汁。当亚硫酸挥发或与其他物质化合后，葡萄汁中的亚硫酸浓度降低，葡萄汁的色泽又会重新出现。因此，此法不太实用。

在上述几种红葡萄生产白葡萄酒的脱色方法中，最为有效的是活性炭和亚硫酸并用的脱色法。含通风的脱色方法，会使葡萄汁部分氧化，对酒质有影响。葡萄汁经脱色处理，得到无色葡萄汁，就可以按照白葡萄酒的生产工艺，酿出白葡萄酒。处理过的酒通常与白葡萄酒勾兑作为起泡葡萄酒的基酒或普通白葡萄酒。这种白葡萄酒生产工艺不被认为是生产优质干白葡萄酒所适宜的长期策略。

(8) 陈酿

葡萄汁经发酵酿成的酒，一般称为原酒，再经过陈酿后制成的含残糖低的葡萄酒称为干白葡萄酒。经过第一次添桶后的原酒，即进入陈酿阶段。在陈酿过程中的主要工作是换桶和添桶。

① 换桶（倒桶）　换桶就是将葡萄酒从一个贮藏容器转到另一个贮藏容器。酒精发酵结束后的葡萄酒，仍含有许多易引起浑浊的成分，经过一段时间静置贮藏之后，这些物质就会沉淀到罐底。换桶的目的是使澄清原酒与容器底部的酵母及其他微生物、酒石和色素分离，防止产生酒脚味。同时，还有少许通气作用，可促进酵母最终发酵作用的完成。白葡萄酒一

般不要求有苹果酸－乳酸发酵的过程。发酵结束 15 ～ 20d 后即可进行第一次换桶，一般是当年 11 月开始进行，将同品种、同质量的葡萄酒混合存放。第二次倒桶在来年 3 月份，主要是除去冬季自然冷冻沉降的酒石酸盐。第三次倒桶在来年 11 月份进行。经半年后，可根据酒的澄清度决定是否需增加一次倒桶操作，一般酒龄 2 年的酒需倒桶 3 ～ 4 次。换桶时，除第一次可接触少量空气外，其余各次要绝对避免接触空气，即应在密闭条件下换桶。

② 添桶（满桶）　贮酒中因 CO_2 的释放及酒液的蒸发，容器内酒的液面会渐渐下降，出现空隙，易造成酒的氧化或使产膜菌、醋酸菌污染，故须用健康同品种、同酒龄的原酒将桶添至桶容的 90% ～ 95%。添桶操作一般在春、秋、冬季进行。夏季还要防酒受热膨胀溢出，引起杂菌污染。

（9）澄清

葡萄酒在贮存期间，经过多次倒桶，酒液一般已澄清透明，如果酒液透明度仍达不到要求，或酒液受杂菌污染和产生金属浑浊，在配成品之前，一般都要进行下胶澄清。

下胶物质一般有白明胶、干蛋白粉（片）、新鲜鸡蛋清、硅藻土、膨润土。

① 下胶前进行小试验　为了在不同条件下，准确测定单宁和明胶的使用量，必须进行下胶试验。取葡萄酒 600mL，分装于 6 个已编号的 200mL 的量筒中，依次加入不同量的明胶和单宁的 4g/L 溶液。添加时单宁依次逐渐增加，明胶则依次减少。添加后充分摇匀，静置 48h 观察瓶中酒液添加单宁和明胶溶液后澄清速度及透明度，然后找出其中最澄清透明的，而又使用明胶量最少的量筒。若 3 号量筒效果最好，则每 100L 葡萄酒加单宁 6g、明胶 8g。

② 下胶用量计算　根据下胶试验结果，若有白葡萄酒 1000L 需进行下胶处理，则明胶与单宁用量为：

单宁用量 =6g/100L×1000L=60g；

明胶用量 =8g/100L×1000L=80g。

称取单宁 60g，用 1000mL（或者多一点）葡萄酒（或酒精）溶解后，及时加入处理的葡萄酒中，静置 24h，再加入明胶。

称取明胶 80g，用软水洗净后，用蒸馏水或软水浸泡 12h 后，去除浸泡水，再洗净用明胶 12 倍左右的蒸馏水（或软水）放在水浴中加热至 50℃左右溶解，不断搅拌，忌局部受热焦化。明胶完全溶解后透明，可停止加热，并加入少量酒精稀释后，再加入需处理的葡萄酒中，边加边搅拌，充分搅匀，用酒泵搅拌约 2h，酒静置约 3 周，检查澄清度，酒液达到彻底澄清后，进行分离。

（10）葡萄酒冷处理

葡萄酒的冷处理可以使过多的酒石酸盐沉淀析出，促进酒中某些胶体物质的凝聚和沉淀，还可以加速葡萄酒的陈酿。

（11）调整成分

调配原则是根据生产厂所要生产酒的类型、产品特点、感官和理化指标，如香型、风味特点，选择原酒酒基、果香（香型、果香浓淡）、酒香、滋味厚薄、酸度高低等不同的原酒，通过感官和理化检验，确定配方，按比例进行勾兑调配，调配后再经感官和理化检验。

（12）过滤

过滤是为了除去酒中的浑浊物，即让酒液通过具有很细微孔的滤层来除去沉淀物质。微粒和杂质因不同的作用机制被滞留在滤层上。对于较浑浊的新葡萄酒，由于含有较多的杂质，应使用筛析过滤。而对于较澄清的葡萄酒，应使用吸附过滤。过滤的时间最好选在过冬之后，以便于酸性酒石酸钾的凝结沉淀。而对于要求提高其生物稳定性的葡萄酒，装瓶前可用孔目直径为 1.20μm 或 0.65μm 的过滤膜过滤，前者可以除去酵母菌，后者可以除去乳酸菌和醋酸菌,这一种过滤叫作薄膜过滤,但不是以澄清为目的,而是以除去微生物为目的。

(13) 包装

包装设计是葡萄酒的一个重要组成部分,从某种意义上说,包装就是产品的销售力。随着环保意识的深入,越来越多面向大众市场的优质葡萄酒其包装已经从传统的玻璃瓶逐渐转变为新型环保材料包装。

① 利乐纸盒包装 利乐包装是由纸、铝、塑组成的六层复合纸包装,能够有效阻隔细菌、光线和氧气,既安全又卫生,可保证葡萄酒的新鲜度和风味,防止质量下降,延长保质期。同时,这种包装形状更易于装箱、运输和存储。此外,利乐包装的碳比玻璃瓶少50%～80%,并且所有利乐包装都可以完全回收再利用,是优良的环保包装。

② 铝罐包装 与啤酒包装相似,出现了用铝罐盛装葡萄酒的做法。与传统的玻璃瓶包装相比,其特点是安全、成本低廉、质量轻且易于携带。未来的铝制葡萄酒瓶将成为一种可以替代塑料、纸盒等包装的高档产品。

③ PET包装(聚酯瓶) 可循环再造的PET瓶包装的葡萄酒越来越多地出现在欧洲市场上,因其瓶质量轻而节约了运输成本,并可有效减少碳排放。同时对于消费者而言,也大大减轻了消费者的购物负担。目前越来越多的即饮消费葡萄酒开始使用塑料瓶包装。

除上述几种葡萄酒包装之外,葡萄酒市场不断发生新的变革,新一代酿酒商们还研发了更方便开启的金属螺旋盖封装葡萄酒、特殊材料制成的带有开关可及时保鲜和密封的盒中袋葡萄酒、无缝易拉罐葡萄酒等包装更加人性化的葡萄酒。

【注意事项】

(1) 葡萄原料的质量控制

葡萄酒的质量,七成取决于葡萄原料,三成取决于酿造工艺,葡萄原料奠定了葡萄酒质量的物质基础。葡萄酒质量的好坏,主要取决于葡萄原料的质量,即酿酒葡萄的品种、葡萄的成熟度及葡萄的新鲜度,这三者都对酿成的葡萄酒具有决定性的影响。故可以选用更好的葡萄品种,如莱茵雷司令、霞多丽、长相思、琼瑶浆和白诗南等,同时要对果实成熟度和健康程度进行很好的控制。

(2) 酿造葡萄酒的厂房,必须符合食品生产的卫生要求

要根据生产能力的大小设计厂房和选购设备。发酵车间要光线明亮,空气流通。贮酒车间要求密封较好。葡萄酒厂的地面,要有足够的坡度,用自来水刷地后,污水能自动流出去。车间地面不留水沟,或者留明水沟,水沟底面的坡面能使刷地的水全部流出车间。车间的地面最好是贴马赛克或釉面瓷砖,车间的墙壁用白色瓷砖贴到顶。厂房要符合工艺流程需要。从葡萄破碎、分离压榨、发酵贮藏,到成品酒灌装等,各道工序要紧凑地联系在一起,防止远距离输送造成的污染和失误。葡萄酒的加工设备和贮藏容器要根据生产能力的大小,选择设备型号和容器规格,各种设备的能力和贮藏容器要配套一致。每种设备和容器,凡是与葡萄、葡萄浆、葡萄汁接触的部分,都要用不锈钢或其他耐腐蚀的材料制成,防止铁、铜或其他金属污染。

(3) 葡萄汁成分的调整

澄清阶段完毕后,澄清的葡萄汁分离,转入发酵罐。操作中所用罐、泵及管线应严格消毒,入罐量控制在发酵设备容积的90%左右。检测澄清汁各项理化指标,主要关注其糖度及酸度,根据工艺要求进行相应调整。

(4) 干白葡萄酒主要发酵期的管理

包括:①每天应检查发酵程度,测定发酵液糖分变化情况,即发酵正常与否。②发酵温度的高低对酒的质量影响很大,应严格控制发酵温度。每天应测定发酵液的温度,一般以

18～20℃左右较理想，这样才能获得色、香、味、营养俱佳的产品。若发酵温度超过 28℃应采取降温措施，发酵温度高使酿成的酒色深、口味粗糙、果香差，乙酸乙酯含量低，同时还增加酒中不溶性物质，易使酒产生苦涩感。③主发酵期一般 7～10d，发酵期的长短视发酵温度的高低及酵母菌种的不同而异。发酵液的糖分降至 0.5g/100mL 以下时，主发酵结束，酵母及其他悬浮物沉淀于容器的底部，应及时分离和调整酒度。

（5）发酵温度的控制

在酿酒操作中应采用降温措施，以保持香气和风味。正常发酵是酿制优质葡萄酒的重要措施之一。在较低的温度下缓慢发酵能获得较高品质的白葡萄酒。一般在一些不适合酵母繁殖和新陈代谢的条件下，即可达到抑制发酵的效果。最常用的方法是降低温度，如发酵温度超出 28℃，会影响干白葡萄酒的色泽、香气和滋味。最适宜的温度为 15℃左右，此温度下，发酵的速度要比高温时的慢，一般可达 3～4 周，得到酒的质量要比高温时的好。因此在发酵进行时，控制发酵温度是必要的，特别是在大容器发酵。

发酵进行时，将糖分转变成酒精和二氧化碳，同时也产生热量，这些热量会使葡萄发酵汁的品温升高。为了达到发酵液降温的要求，通常采用以下几种方法。

① 发酵前进行降温。

② 应用小型容器进行发酵。

③ 发酵过程中进行冷却。

（6）换桶

换桶是葡萄酒陈酿过程中的第一步管理操作，也是最基本、最重要的操作。不换桶或换桶不当都会导致葡萄酒在陈酿过程中败坏。

（7）在整个酿造过程中防止氧化

强调抗坏血酸和 SO_2 的协调使用，尽量减少对葡萄的机械处理以及与氧气的接触。还可以通过在低温和惰性气体保护下完成操作，防止氧化。

1.3 实训质量标准

干白葡萄酒加工质量标准见表 3-1。

表 3-1 干白葡萄酒加工质量标准参考

实训程序	工作内容	技能标准	相关知识	单项分值	满分值
1.准备工作	（1）清洁卫生	能发现并解决卫生问题	操作场所卫生要求	3	10
	（2）准备并检查工器具	①准备本次实训所需所有仪器和容器 ②仪器和容器的清洗和控干 ③检查设备运行是否正常	①本次实训内容整体了解和把握 ②清洗方法 ③不同设备操作常识	7	
2.原辅料的选择	（1）原料的选择	①选用合适的葡萄品种 ②按照要求剔除不合格的葡萄，将原料按等级标准挑选	①能通过感官判断葡萄的优劣 ②葡萄原料的质量标准	6	10

实训程序	工作内容	技能标准	相关知识	单项分值	满分值
2. 原辅料的选择	（2）辅料的选择	①能按照产品特点选择合适的配料 ②能够对选择的辅料进行预处理	辅料的特点和作用及使用方法	4	10
3. 原料的预处理	（1）除梗	能按照要求除去果梗	除去果梗的技术要领	5	10
	（2）破碎	能根据要求将葡萄破碎，且操作规范，能尽可能减少损耗	除梗破碎的操作要点	5	
4. 葡萄汁的预处理	（1）二氧化硫处理	能按操作规范进行二氧化硫处理	二氧化硫处理的方法	3	10
	（2）澄清	能选用合适的方法进行澄清处理	澄清处理的操作要点	3	
	（3）调整葡萄汁成分	根据工艺要求进行相应调整	葡萄汁成分调整方法和注意事项	4	
5. 菌种制备	酵母菌活化和发酵剂制备	能选择合适酵母并进行酵母菌活化和发酵剂的制备	酵母菌活化和发酵剂制备的方法和注意事项	10	10
6. 发酵	发酵控制	能合理控制发酵的进程	发酵条件控制的方法和注意事项	10	10
7. 倒罐贮存	倒罐贮存	在倒罐贮存中进行酒的陈酿	倒罐贮存的方法和注意事项	10	10
8. 后加工处理	后加工处理	能进行澄清、冷处理、过滤、成分调整等工序的操作	后加工处理的注意事项	10	10
9. 包装	包装	能使用正确的包装方法	包装的注意事项	5	5
10. 实训报告	（1）实训内容	实训完毕能够写出实训具体的工艺操作	—	5	15
	（2）注意事项	能够对操作中主要问题进行分析比较	—	5	
	（3）结果讨论	能够对实训产品做客观的分析评价和探讨	—	5	

1.4　考核评价

【考核内容】

考核内容及参考评分见表 3-2。

表 3-2　考核内容及参考评分

考核内容	满分值	水平及分值			
		及格	中等	良好	优秀
清洁卫生	3	1	2	2	3
准备并检查工器具	7	4	5	6	7
原料的选择	6	4	5	5	6
辅料的选择准备	4	2	3	3	4
原料的预处理	10	6	8	9	10
葡萄汁的预处理	10	6	8	9	10
菌种制备	10	6	8	9	10
发酵	10	6	8	9	10
倒罐贮存	10	6	8	9	10
后加工处理	10	6	8	9	10
包装	5	3	4	4	5
实训内容	5	3	4	4	5
注意事项	5	3	4	4	5
结果讨论	5	3	4	4	5

【考核方式】

实训基地现场操作。

1.5　常见问题分析

（1）发生氧化

在干白葡萄酒的整个酿造过程中，氧化现象成为影响干白葡萄酒质量的重要因素。葡萄汁和葡萄酒中存在多酚氧化酶，包括两种不同的酶，即酪氨酸酶和漆酶。前一种是葡萄浆果上的正常酶类，而后一种是受灰霉危害的葡萄浆果上才有，因此要求原料健康。

防止氧化，首先可抵制或破坏多酚氧化酶。①在除梗破碎后，SO_2 和抗坏血酸（维生素C）的协调使用。抗坏血酸为白色结晶状粉末，无臭，味酸，可溶于水和酒中（5% 水溶液中，其pH 值在 2.2 ～ 2.5 之间），始终保持透明。它在与其他氧化物同时存在时，被氧化速度更快，因而可保护其他物质免受氧化。其使用应在适量的游离二氧化硫下，效果更好。②使用惰性气体。为了防止更多的氧介入，在葡萄汁或酒所用容器内预先充入 CO_2、N_2 或 CO_2 和 N_2 的混合物。③整个酿造尽量在低温下操作。低温下多酚氧化酶的活性明显降低（30℃时的活性是 10℃时的两倍多）。

（2）生膜

生膜又名生花，是由酒花菌类繁殖形成的。果酒暴露在空气中，就会在表面生长一层灰白色或暗黄色、光滑而又薄的膜，随后逐渐增厚、变硬，膜面起皱纹，之后将酒面全部盖满。

振动后膜即破碎成小块（颗粒）下沉，并充满酒中，使酒浑浊，产生不愉快气味。酒花菌类的种类很多，主要是膜醭酵母菌，在酒度低、空气充足、24～26℃时最适宜该菌繁殖，当温度低于4℃或高于34℃时停止繁殖。防治方法有：①不使酒液表面与空气过多接触，贮酒容器需经常添满，密闭贮存。要保持周围环境及容器内外的清洁卫生。②在酒面上加一层液体石蜡隔绝空气，或经常充满一层二氧化碳或二氧化硫气体。③在酒面上经常保持一层高浓度酒精。若已生膜，则需用漏斗插入酒中，加入同类的酒充满容器使酒花溢出以除之。注意不可将酒花冲散。严重时需用过滤法除去酒花再行保存。

（3）变味

① 酸味　果酒变酸主要是由于醋酸菌发酵引起的。醋酸菌繁殖时先在酒面上生出一层淡灰色薄膜，最初是透明的，以后逐渐变暗，有时变成一种玫瑰色薄膜，出现皱纹，并沿器壁生长而高出酒的液面。以后薄膜部分下沉，形成一种黏性的稠密物质，称之为醋母。但有时醋酸菌的繁殖并不生膜。由于醋酸菌经常危害果酒，所以，它是果酒酿造业的大敌。醋酸菌可以使酒精氧化成醋酸，使其产生刺舌感。若醋酸含量超过0.2%，就会感觉有明显的刺舌，不宜饮用。

引起醋酸发酵的醋酸菌种类很多，常见的是醋酸杆菌。这类菌繁殖的最适条件是：酒精度12%以下，有充足的空气供给，温度为33～35℃，固形物及酸度较低。防治方法与生膜时的防治方法相同。对已感染醋酸菌的，没有最好的处理办法，只能采取加热灭菌，在72～80℃保持20min。凡已贮存过病酒的容器要用碱水洗泡，刷洗干净后用硫黄杀菌。

② 霉味　用生过霉的容器、清洗除霉不严、霉烂的原料未能除尽等原因都会使酒产生霉味。霉味可用活性炭过滤减轻或去除。

③ 苦味　苦味多由种子或果梗中的糖苷物质的浸出而引起。可通过加糖苷酶加以分解，或提高酸度使其结晶过滤除之。有些病菌（如苦味杆菌）的侵染也可以产生苦味，主要发生在红葡萄酒的酿制中，白葡萄酒发生较少，老酒中发生最多。

防治办法：主要是采用二氧化硫杀菌，一旦感染了苦味杆菌，应马上进行加热杀菌，然后采用下述方法处理：

a. 进行下胶处理1～2次。

b. 加入病酒量3%～5%的新鲜酒脚（酒脚洗涤后使用）并搅拌均匀，沉淀分离之后苦味即去除。

c. 也可将一部分新鲜酒脚同酒石酸1kg、溶化的砂糖10kg进行混合，一齐放入1000L病酒中，同时接纯酵母培养发酵，发酵完毕再在隔绝空气条件下过滤。

d. 新鲜葡萄皮渣放入病酒中浸渍1～2d，也可获得较好的效果。

感染了苦味杆菌的病酒在换桶时，一定注意不要与空气接触，否则会加重葡萄酒的苦味。

④ 硫化氢味和乙硫醇味　硫化氢味（臭皮蛋味）和乙硫醇味（大蒜味）是酒中的固体硫被酵母菌所还原而产生硫化氢和乙硫醇而引起的。因此，硫处理时切勿将固体硫混入果汁中。可利用加入过氧化氢的方法去除硫化氢味和乙硫醇味。

⑤ 其他异味　酒中的木臭味、水泥味和果梗味等可经加入精制的棉籽油、橄榄油和液体石蜡等与酒混合使之被吸附。这些油与酒互不融合而上浮，分离之后即去除异味。

（4）变色

在果酒生产过程中如果铁质的机具与果酒或果汁相接触，使酒中的铁含量偏高（超过8～10mg/L）就会导致酒液变黑。铁与单宁化合生成单宁酸铁，呈蓝色或黑色（称为蓝色或黑色败坏）。铁与磷酸盐化合则会生成白色沉淀（称为白色败坏）。因此，在生产实践中需避免铁质机具与果汁和果酒接触，减少铁的来源。如果铁污染已经发生，则可以加明胶与单宁

沉淀后消除。

此外，果酒生产过程中果汁或果酒与空气接触过多时，过氧化物酶在有氧的情况下会将酚类化合物氧化成褐色（称为褐色败坏）。一般用二氧化硫处理可以抑制过氧化物酶的活性，加入单宁和维生素C等抗氧化剂，也可有效地防止果酒的褐变。

（5）浑浊

葡萄酒中含有的蛋白质分子，是葡萄酒不稳定、早期浑浊沉淀的主要因素之一。因此除去葡萄酒中的蛋白质分子，是提高葡萄酒稳定性的重要措施。

进行澄清处理，可采用冷澄清工艺。在低温下，多酚氧化酶活性降低，防止了氧化；同时也避免了挥发性物质的损失；冷澄清可提高汁的澄清度，使发酵后的酒更加"干净"。在除梗破碎后，将葡萄汁的温度降至8℃左右进行压榨。入罐后，不加酵母，控制温度在5℃左右进行12～24h的澄清。根据汁的情况，对于自流的优质汁无需下胶处理，对于差的汁可进行皂土处理。葡萄原酒中添加皂土是除蛋白质的有效方法。一般白葡萄原酒，只强调澄清和除去多余蛋白质为目的，单纯加入皂土即可。

1.6 练习与思考题

练习题

① [填空题] 果汁分为（　　）和（　　），其中（　　）是做高级酒的原料。

② [填空题] 葡萄汁和葡萄酒中存在（　　）酶，包括（　　）和（　　）。

项目一　答案

③ [单选题] 发酵温度在14～18℃，需温升到相差（　　）左右时才能加入酵母。
A.2℃　　　　　　　B.3℃　　　　　　　C.4℃　　　　　　　D.5℃

④ [单选题] 在（　　）阶段，酵母细胞的分解能力加强，生成较多的副产物，酵母部分沉积在发酵桶或罐的底部。
A. 种子培养期　　　　B. 发酵前期　　　　C. 发酵中期　　　　D. 发酵后期

⑤ [多选题] 以下哪个工艺属于干白葡萄酒酿造过程？（　　）
A. 破碎　　　　　　B. 压榨　　　　　　C. 浸皮　　　　　　D. 发酵

⑥ [判断题] 在常温条件下静置澄清期间极易引起发酵，为抑制酵母菌发酵，应在果汁中加偏重亚硫酸钾。（　　）

⑦ [判断题] 酿制高酒精度的葡萄酒加糖时，可以将糖直接加入大批果汁中去溶解。（　　）

思考题

① 请写出干白葡萄酒的生产工艺流程，并对主要操作点加以说明。
② 结合生产实践，说说如何利用红葡萄品种生产白葡萄酒。
③ 在生产干白葡萄酒时，除梗破碎和压榨的操作要点有哪些？
④ 干白葡萄酒常见质量问题有哪些？
⑤ 干白葡萄酒和干红葡萄酒加工工艺主要有哪些区别？
⑥ 从实用的角度分析一下作为干白葡萄酒的生产设备应满足哪些要求。

项目二
干红葡萄酒的生产综合实训

2.1　基础知识

2.1.1　概念

干红葡萄酒酿造（上）　　干红葡萄酒酿造（下）

　　干红葡萄酒是将红葡萄原料破碎后，使皮渣和葡萄汁混合发酵而成的；是酒精含量一般在9%～13%，且残糖≤4.0g/L的一种葡萄酒。这类酒的色泽呈紫红色、深红色、宝石红色、红微带棕色、棕红色、黑红色。

2.1.2　干红葡萄酒的感官评价

　　色泽：应呈紫红色、深红色、宝石红色、红微带棕色、棕红色、黑红色。其颜色应来自葡萄，生产中绝不允许添加人工色素 。

　　澄清度：应澄清透明、有光泽，无明显悬浮物（使用软木塞密封的酒允许有3个以下不大于1mm的木渣）。

　　香气：要求酒香突出，具有纯净、幽雅、爽怡的口味和新鲜悦人的果香味，酒体完整。

　　口感：酒体丰满，结构良好，具有典型特征，不产生涩的感觉。

2.1.3　葡萄品种

　　葡萄品种是获得优质葡萄酒的前提。因此，必须首先选择与生产方向、产品结构相适应的品种结构，即努力使所选用的葡萄品种的适应性和特异性与当地的生态条件和生产目标相一致。优良酿酒葡萄品种要求具有植株生长健壮、抗病、成熟一致等优良栽培性状，还要求浆果色泽好、糖度高（应在170g/L以上）、糖酸比例好、出汁率不低于70%。酿造红葡萄酒一般选用皮红肉白或皮肉皆红的葡萄品种，在我国主要品种为赤霞珠、梅鹿辄和蛇龙珠等。

2.2　实训内容

【实训目的】

　　① 使学生了解和掌握干红葡萄酒酿造的工艺流程。

　　② 能够进行干红葡萄酒的酿造。

【实训要求】

　　① 4～5人为一个小组，以小组为单位，从选择、购买原料及选用必要的加工机械设备开始，让学生掌握操作过程中的品质控制点，抓住关键操作步骤，能利用各种原辅材料的特性及酿造中的各种反应，使最终的产品质量达到应有的要求。

　　② 学生进入实训室后必须严格遵守实训室的相关规则，详细记录实训过程中每一步的操作要点，实训结束时上交一份书面实训报告。

【材料、设备】

　　酿造干红葡萄酒的优良葡萄品种：赤霞珠、梅鹿辄和蛇龙珠等。

　　主要辅料：葡萄酒酵母、活性干乳酸菌、白砂糖、二氧化硫、果胶酶、单宁等。

图 3-7　干红葡萄酒生产工艺流程

主要生产设备有葡萄破碎机、果汁分离机、果汁压榨机、硅藻土过滤机、灌酒机等，贮藏容器主要有发酵罐、贮酒罐等。

【工艺流程】

葡萄入厂后，经破碎、去梗，添加酵母，带渣发酵。酒精发酵和固体物质的浸渍作用同时进行，酒精发酵将糖转化为酒精，浸渍作用将葡萄果皮中的物质，尤其是单宁、色素等多酚类、芳香物质溶解在葡萄酒中。发酵一段时间，分离出皮渣。分离出的葡萄酒继续发酵直到酒精发酵结束，调整成分后进行苹果酸－乳酸发酵，再经陈酿、澄清处理、除菌和包装后得到干红葡萄酒成品。

干红葡萄酒生产工艺流程如图 3-7 所示。

【操作要点】

（1）葡萄的采摘、运输及接收

目前我国酿酒葡萄大都采用人工采摘，这样对于葡萄果实的损伤可以降低到最少。红葡萄的采摘时间比白葡萄要晚些，一般在完全成熟后才能采摘，分选时应该剔除葡萄叶、生青和霉烂果等，避免影响日后的酿制质量。

应尽量选择在早晚气温较低的时候采摘，并尽快送到加工地点，这样可以大大降低野生酵母及其他杂菌的生长机会。

（2）除梗破碎

可以采用先除梗后破碎的方法，也可以采用先破碎后除梗的方法。现代酿造工艺主要采用第一种，葡萄梗所带的青梗味、苦味等不良味道不会进入葡萄浆中。同时，在葡萄破碎过程中及时添加适量的 SO_2 对防止杂菌的生长及抑制氧化酶的活性也有很重要的作用。要针对不同质量的原料按葡萄浆加入 30～100mg/L 的 SO_2，或随着葡萄破碎机一起加入，或随破碎后的葡萄浆加入。加入的 SO_2 一定要均匀，应根据装罐量精确计算亚硫酸用量。

这一工序要控制好破碎强度，除梗破碎设备要低速运转，轻力操作。如果破碎强度太大，会过度粉碎果梗，浸出更多的劣质单宁和生青物质，造成葡萄酒过于苦涩。

但除去果梗也并非是绝对的，在法国和一些欧洲国家有很多酿酒师喜欢在干红发酵过程中保留一部分果梗（一般 20%～50%），这个过程必须十分小心，一般需要在葡萄加工前采样进行多酚类物质含量的分析以指导相应的生产。

（3）装罐

装罐量不能超过罐容的 80%，原因是发酵时会产生大量 CO_2 气体，装得过满会使葡萄汁溢出；另外葡萄发酵也需要微量氧气。

在装罐量达到要求的 1/3 左右时需加入果胶酶处理。添加果胶酶的操作规程：领料时注意果胶酶必须在有效期内，然后在合适的不锈钢或玻璃容器中用10倍的常温洁净软化水溶解，将酶液均匀加入罐中，最后用清洁的物料泵进行循环。常用的有 EXV、XV、C、HC 等果胶酶产品。

满罐后应立即检测葡萄浆的各项理化指标，按照工艺要求对其成分进行调整，包括潜在酒度、总酸等。如果葡萄浆的各种成分不符合要求，可以通过多种方法提高原料的含糖量、降低或提高含酸量。

（4）浸渍与酒精发酵控制

将红葡萄汁打入发酵设备，调整 SO_2，调整成分，接入酵母，就进入酒精发酵阶段，也称为前发酵或主发酵。在酒精发酵初期，葡萄酒酵母大量繁殖，皮渣与浆液充分接触，葡萄皮渣中的色素和单宁类物质充分溶解，赋予葡萄酒悦人的色泽。酒精发酵中后期，在无氧条件下，葡萄汁中的糖分大部分转变成酒精；并生成对葡萄酒风味有益的各种物质及前体物质。

图 3-8 所示为新型红葡萄酒发酵罐，图 3-9 所示为 Seity 型旋转发酵罐。

图 3-8　新型红葡萄酒发酵罐

图 3-9　Seity 型旋转发酵罐

1—罐体；2—进料排渣口、人孔；3—螺旋板；4—过滤网；5—封头；6—出汁阀门；7—冷却蛇管；8—罐体短轴

① 接种葡萄酒酵母　葡萄汁发酵工业化生产中一般使用活性干葡萄酒酵母，经过活化后加入。因此，整个发酵过程的管理水平在很大程度上决定了葡萄酒的质量。

酿造干红葡萄酒要选用优质酵母，使用前取样进行发酵试验。酵母主要有 RC212、BM45、BDX 及 CSM 等，是广泛应用于法国波尔多、勃艮第地区酿制优质葡萄酒的优选酵母菌种。这些酵母的特点是发酵充分，能在高糖低氮的环境下生长，产花色素苷、多糖及鞣花单宁能力强，能提升酒体及颜色稳定性。用量为 200～250g/t。

接种酵母的时间一般在葡萄汁入罐后的第二天，操作要点是：先将约 20L 水加热至 80～90℃，装入一个大桶中，再放出发酵罐中的温度较低的葡萄汁与热水混匀，使其温度约为 35～40℃，加入酵母，搅拌均匀后，放置 20min，待发酵醪大量鼓泡并发出哧哧的声音时，酵母已经活化完全。之后再放出一部分葡萄汁加入酵母液，使其温度与待发酵的葡萄醪的温差小于 10℃，将酵母液泵入发酵罐中，第二天循环匀。

② 循环倒罐　在发酵过程中，皮渣会上浮在发酵液的上方，形成较厚的"帽"，减缓了皮渣与发酵液之间的物质交换，所以必须进行倒罐以达到加强浸渍的作用。倒罐在干红葡萄

酒的酿造中非常重要，但在不同的发酵阶段，倒罐的目的也不同。

车间操作人员应定时定量进行倒罐操作，将发酵罐底部的葡萄汁均匀地喷洒在皮渣帽上，以加强对皮渣的浸渍。浸渍发酵工序每天倒罐 2～3 次，每次 1/5 以上罐体积。倒罐时每天 2～3 次进行取样检测，详细记录发酵液温度、体积、质量检测结果，绘成发酵曲线，及时对发酵进程进行控制。

a. 原料入罐后的倒罐。其主要目的是混匀除梗破碎时加入的 SO_2，起到防止氧化、阻止野生酵母及杂菌繁殖的作用。倒罐方式应为封闭式，以免加入的 SO_2 挥发到空气中，倒罐持续的时间视罐容和酒泵的能力大小而定。

b. 加酵母前的倒罐。主要目的是除去发酵醪中的游离 SO_2，以利于加入的酵母快速繁殖，尽快启动酒精发酵，倒罐方式应为开放式。

c. 加酵母后的倒罐。主要目的是混匀正在增殖的酵母，使之均匀地分布于发酵醪中。倒罐的时间一般在加入酵母培养液后的第二天，倒罐方式应为封闭式。

d. 发酵中的倒罐。此阶段的倒罐不仅是为了提高浸提效果，同时也是为了满足酵母繁殖的需要。倒罐的次数取决于葡萄酒的种类、原料质量、浸渍时间、发酵温度、酒度等因素。倒罐时要充分喷淋"皮渣帽"，但切忌过强的搅拌作用。

③ 发酵温度的控制　干红发酵温度一般控制在 30℃以下，但应根据原料的具体状况进行适当的调整，对于成熟度高、卫生状况较好的原料，温度可控制在 28～30℃。应根据车间制冷能力严格控制同批发酵罐的温度，及时测量和降温，尽量避免过多发酵罐的温度同时上升至上限温度，造成降温不及时甚至发酵迟缓、中止的后果。应特别注意的是，在利用换热器降温时，进酒温度和出酒温度的差值应＜5℃，并保持发酵液在盘管中的流动状态，以免酵母菌在温度剧变时失活。

④ 发酵助剂的应用　在发酵启动缓慢时，或温度过低、过高造成发酵中止、停滞时，可添加适量的 Fermaid E、Fermaid K、NH_4^+、维生素 B_1 等发酵助剂，用量为 100～200g/t。

⑤ 单宁的应用　在发酵时添加单宁，是酿造优质葡萄酒时常见的做法，用量为 20～200g/t 不等。使用中要注意单宁的溶解问题，如正在发酵的酒液难以很好地溶解单宁，单宁往往呈胶着的糊状，在泵入发酵罐后，不可避免地会与部分皮渣结合，降低其使用效果。最好用热水先溶解单宁，然后再缓慢加入发酵醪中。

（5）皮渣分离

酒精发酵过程中每天对葡萄醪取样检测，定时检测相对密度、挥发酸和残糖。当葡萄醪相对密度降到 0.997 以下或残糖达到 4g/L 以下时，酒精发酵基本结束，应进行皮渣分离操作。根据发酵罐的不同，采用筛网、葡萄藤条等方法，控出自流酒，并将自流酒倒入干净罐中。当自流酒分离完毕后，应将发酵容器中的皮渣取出，如是人工操作，必须对发酵容器进行通风，以加速 CO_2 逸出。皮渣经过压榨获得压榨酒，压榨酒可单独存放或与自流酒混合存放。发酵结束分离原酒时，需要进行开放式倒罐，以带入一定量的氧气。微量氧气参与酒中的色素、单宁、酚类物质缩合反应，可使酒的颜色更加稳定；也可使特定的酵母群体重新活动，继续发酵酒中的少量残糖。

（6）苹果酸–乳酸发酵

苹果酸–乳酸发酵也称为后发酵或简称 MLF，是提高红葡萄酒质量的必需工序。当酒精发酵基本停止，糖分已全部转化即开始苹果酸–乳酸发酵。苹果酸–乳酸发酵一般温度要求 18℃以上，可自行启动也可加入乳酸菌引发。

① 活性干乳酸菌的应用　乳酸菌用量一般为 10g/t。用法为：取冷冻状态下保存的乳酸菌，溶于 5L 蒸馏水或矿泉水中，15～20min 后倒入待发酵的葡萄酒中，同时循环均匀，此

时必须是封闭式循环，尽量避免带入空气。如果条件许可，也可接种 MLF 已经进行完毕的葡萄酒的酒脚，以启动 MLF。

② MLF 的启动、控制与结束　要启动 MLF，必须保证以下两个条件：

a. 葡萄酒酒精发酵结束后，不能添加 SO_2；b. 必须保证葡萄酒中的残糖 < 4g/L。

在 MLF 过程中，必须保持葡萄酒处于满罐状态，罐顶可以充气或水封保护，以隔绝空气。每周应至少做纸色谱 2 次，检测苹果酸和挥发酸含量变化 2 次，以此判断 MLF 的进程，以便确定分离时间。正常情况下，一般可在 20d 左右完成后发酵；若气温较低，后发酵时间会适当延长。

当葡萄酒中苹果酸完全消失或当挥发酸接近 0.6g/L 时，表明苹果酸－乳酸发酵结束，此时应立即分离至干净、无菌的罐中，以除去酒脚；同时加入 30～50mg/L SO_2，确保添加的 SO_2 与葡萄酒充分混合，循环时必须是封闭式循环。同时填满罐和充气保护。葡萄酒进入贮藏阶段。

（7）陈酿

苹果酸－乳酸发酵结束的葡萄酒虽然可以饮用，但口感粗糙、酸涩，酒液浑浊，色泽暗淡，稳定性较差，需要进行陈酿。

葡萄酒陈酿常用的容器有橡木桶和不锈钢罐，橡木桶一般用于高档葡萄酒的贮存，不锈钢罐是普遍使用的大型容器。陈酿容器要密封严密，消毒要彻底。陈酿期间要做好以下四项工作。

① 倒罐　倒罐要按时操作，分离酒脚。通常不锈钢罐每 2 月倒罐 1 次，橡木桶每 3 月 1 次。红葡萄酒生产中，第一次倒罐应在苹果酸－乳酸发酵结束后 48h 内进行，为开放式倒罐，酒脚集中在一起送往蒸馏室蒸馏或利用酒泥机过滤提取清酒。一般在第一次倒罐后 2～3 个月时进行第二次倒罐，清除酒中的沉淀物及异味。第二次倒罐时一定要注意，尽量使酒脚不与新酒一同流出，以保证倒罐后葡萄酒的质量。葡萄酒倒罐以后同样要求贮酒罐必须保持满罐。

② 添罐　操作人员对贮酒罐定期检测，用同种质量的酒添罐，保持满罐密封贮存状态。如果由于某些原因不能添满可以采用通入氮气以填补空隙。不锈钢罐每周添罐 1 次，橡木桶每周 2 次。

③ 取样检测　倒罐和添罐时取样检测总酸、挥发酸和游离 SO_2 含量，保持游离 SO_2 为 20～45 mg/L。如果发现 SO_2 不足，应及时添加。

④ 贮存条件　酒窖中的温度保持在 12～15℃，保持阴暗，相对湿度约 70%，通风良好，空气新鲜无异味，地面清洁卫生，控制氧气，使微量的氧气进入瓶内或木桶内。

（8）澄清

经过陈酿的葡萄酒还不够澄清和稳定，不能上市销售，需要进行澄清。澄清方法可分为三种：自然澄清、机械澄清和化学澄清。自然澄清和化学澄清只是前期澄清，比较粗糙，机械澄清是它们的加强。在原酒陈酿和冷稳定性处理等工序中采用自然澄清，周期长，要求低温静置和保持一定量的 SO_2。

化学澄清通过加澄清剂（即下胶）达到澄清目的，再通过自然沉降和机械过滤进行分离。最常用的下胶剂是明胶和蛋白质，要注意防止下胶剂过量。准确用量通过下胶试验确定，选择澄清效果最好，不影响酒的色泽和风味的最小下胶量作为大生产中的下胶用量。用量通常为：明胶 60～150 mg/L，蛋白质 60～100mg/L。下胶后静置，使之产生大量沉淀，然后进行过滤即可将下胶剂及杂质一并除去。

经下胶后酒体如还不太清亮，可用硅藻土过滤机或板框过滤机过滤。

（9）冷处理

经过下胶、过滤，酒液变得澄清透明，再经过冷冻低温处理，葡萄酒不稳定性物质也被除去，葡萄酒变得更加稳定。一般采用刮板式速冻机对酒进行冷冻，冷冻至大约 -5℃时，加入磨碎的酒石结晶（酒石酸氢钾），一般用量在 200mg/L，以促进酒石沉淀产生。一般在 -7 ～ -4℃下冷处理 5 ～ 6d 即可。冷处理的温度应稍高于葡萄酒冰点 0.5 ～ 1℃，例如葡萄酒的酒度为 12°，其冰点为 -6℃，则冷处理的温度为 -5℃。

通过稳定性试验评价冷处理效果。取样检验色素、酒石稳定性，要求无色素和结晶沉淀。装瓶前如在 3h 内经快速冷处理，酒石酸钾析出程度小于 424 mg/100mL，则为合格。证明葡萄酒稳定后，才能装瓶。

（10）除菌过滤及灌装

对于干红葡萄酒，酒精度在 16% 以下，灌装前需要进行除菌过滤。应用广泛的是薄膜除菌过滤，其滤芯的精度一般是 0.2 ～ 0.45μm。比较成功的过滤组合应该是硅藻土过滤→板框过滤机的无菌板过滤→ 0.45μm 的膜块过滤→ 0.45μm 的微孔薄膜过滤。酒在灌装前实际上经过 3 次除菌过滤，酵母及其他细菌不会在酒中存在，保证了葡萄酒的生物稳定性。

葡萄酒灌装一般都采用冷灌装工艺，要领是在酒灌装前对过滤设备和灌装设备进行严格消毒杀菌，可以用蒸汽消毒，也可以用 90℃ 以上热水消毒，酒瓶用臭氧水或含 SO_2 的水冲洗，只要这样持之以恒，无菌冷灌装的酒就不会被杂菌感染。灌装车间应该是无菌的，打塞时木塞与瓶口齐平，进行在线检测，剔除不合格品。打塞后，酒瓶至少正放 3min，再将瓶卧放或倒置，以防木塞干缩透气，造成漏瓶。

压过塞的酒经缩帽、贴标、装箱等包装工序就可以销售了。

【注意事项】

① 葡萄原料的质量控制。葡萄酒的质量，七成取决于葡萄原料，三成取决于酿造工艺，葡萄原料奠定了葡萄酒质量的物质基础。霉烂严重的葡萄绝不能使用。酿酒葡萄的品种、葡萄的成熟度及新鲜度，这三者都对酿成的葡萄酒具有决定性的影响。

由糖度与酸度综合表现出来的葡萄的成熟度，很大程度上决定了发酵中果皮浸渍时间的长短。具有良好成熟度的名种葡萄果皮内含丰富的风味物质，可以容许长时间的带皮浸渍（如 8 ～ 15d），而成熟度不佳或普通品种 5 ～ 6d 的浸渍就已足够释放最有用的色素成分、单宁及其他风味物质。

② 发酵过程中，同一品牌的酵母与果胶酶应搭配使用。

③ 浸渍是酿造红葡萄酒的关键。红葡萄酒的传统酿造方法是在酒精发酵的同时，对皮渣进行浸渍，使其构成物质进入葡萄酒，从而获得红葡萄酒的典型特征。新的优化工艺有 CO_2 浸渍酿造法和热浸渍酿造法，其共同特点是，只用葡萄汁进行酒精发酵，而在酒精发酵前的处理技术，可使果皮中的成分进入葡萄汁，并使新葡萄酒获得特殊的香气。

④ 苹果酸－乳酸发酵（MLF）的控制。要保证苹果酸－乳酸发酵的触发和顺利进行，必须注意以下几点：葡萄酒中总 SO_2 含量大于 60mg/L 时，发酵不能启动；葡萄酒酸度较高即 pH < 3.2 时，发酵启动困难，可用 $CaCO_3$ 或 $KHCO_3$ 将 pH 值调至 3.2 ～ 3.4；温度低于 15℃，则发酵启动延迟，温度高于 20℃，可导致挥发酸含量升高，温度应控制在 18 ～ 20℃。

苹果酸－乳酸发酵结束后，如不及时分离转罐，乳酸菌的活动可作用于残糖和酒石酸等葡萄酒成分，引起多种病害和挥发酸含量的升高，严重危害葡萄酒质量。

⑤ 对葡萄酒质量的控制是一个系统工程，做好预防和控制可以保证葡萄酒在酿造过程中不会出现质量偏差。做好预防和控制的前提是葡萄酒厂必须遵循良好的生产规范（GMP）、卫生标准操作程序（SSOP）和良好的实验室规范（GLP）；质量控制人员必须进行相关的培训；葡萄酒厂的卫生和厂房规划等要严格按照《葡萄酒厂卫生规范》的规定执行；葡萄酒的生产管理要严格按照《中国葡萄酿酒技术规范》执行；使用的添加剂应符合 GB 2760—2014

《食品安全国家标准　食品添加剂使用标准》；生产用水必须符合 GB 5749—2022《生活饮用水卫生标准》。例如陈酿用的橡木桶应用硅胶、无味橡胶或加工圆整的木塞封口保证密封性。贮酒容器如果密封不严，会造成葡萄酒的氧化和杂菌污染。

　　⑥ 冷冻处理。经过下胶、过滤，酒液变得澄清透明，再经过冷冻低温处理，葡萄酒变得更加稳定。

　　然而，冷冻处理不是完全可靠的稳定处理办法，对于高级葡萄酒或没有经过一定时间陈酿而又需要在瓶内长时间保存的酒，冷冻是不可缺少的必要工序。但是冷冻设备耗能高、生产成本高，因此有些生产葡萄酒的厂家采取热处理等措施来弥补。

2.3　实训质量标准

　　干红葡萄酒加工质量标准参考见表 3-3。

表 3-3　干红葡萄酒加工质量标准参考

实训程序	工作内容	技能标准	相关知识	单项分值	满分值
1. 准备工作	（1）清洁卫生	能发现并解决卫生问题	操作场所卫生要求	3	10
	（2）准备并检查工器具	①准备本次实训所需所有设备和容器 ②仪器清洗和酿酒容器的清洗消毒 ③检查设备运行是否正常	①本次实训内容、葡萄酒质量标准 ②清洗方法 ③不同设备操作常识	7	
2. 原辅料的选择	原料和辅料的选择	①根据产品标准选用合适的葡萄品种和合适的配料 ②按照要求对原辅料进行处理	①葡萄原料质量标准 ②辅料的特点和作用及使用方法	10	10
3. 原料的预处理	（1）除梗破碎	能根据不同原料品种调整除梗、破碎操作	除去果梗的技术要领	3	10
	（2）添加二氧化硫、果胶酶	能按操作规范加入二氧化硫、果胶酶	二氧化硫、果胶酶的添加及精确计算用量	3	
	（3）调整葡萄汁成分	根据工艺要求进行相应调整	葡萄汁成分调整方法和计算	4	
4. 菌种制备	酵母菌活化和加入	能选择合适酵母并进行酵母菌活化和发酵剂的制备	酵母菌活化和加入时间	5	5
5. 浸渍与酒精发酵	（1）浸渍	合理控制浸渍程度和分离压榨强度	控制浸渍程度和分离压榨强度的方法	7	15
	（2）发酵控制	能合理控制发酵的进程，正确倒罐	发酵条件控制的方法和注意事项，取样检测	8	
6. 苹果酸-乳酸发酵	（1）添加活性干乳酸菌	能选择合适的乳酸菌并进行活化应用	乳酸菌活化方法和加入时间	5	10

实训程序	工作内容	技能标准	相关知识	单项分值	满分值
6. 苹果酸－乳酸发酵	（2）发酵控制	能合理启动MLF、控制发酵进程、添加二氧化硫	MLF的启动、控制与结束的条件，取样检测	5	10
7. 陈酿	（1）倒罐、添罐	能正确倒罐、添罐	原酒成分和成品酒质量的关系，倒罐、添罐的作用，贮酒条件	5	10
	（2）取样检测	取样检测总酸、挥发酸和游离 SO_2 含量	检测总酸、挥发酸和游离 SO_2 含量的原理、操作步骤	5	
8. 澄清	澄清处理	能选择合适的方法进行澄清处理	澄清处理的方法和注意事项	5	5
9.除菌过滤及灌装	薄膜除菌过滤，无菌灌装	能进行膜过滤和无菌灌装	膜过滤的操作步骤、无菌灌装要求	10	10
10.实训报告	（1）实训内容	实训完毕能够写出实训具体的工艺操作	—	5	15
	（2）注意事项	能够对操作中主要问题进行分析比较	—	5	
	（3）结果讨论	能够对实训产品做客观的分析评价和探讨	—	5	

2.4　考核评价

【考核内容】

考核内容及参考评分见表3-4。

表3-4　考核内容及参考评分

考核内容	满分值	水平/分值			
		及格	中等	良好	优秀
清洁卫生	3	1	2	2	3
准备并检查工器具	7	4	5	6	7
原辅料的选择准备	10	6	8	9	10
原料的预处理	10	6	8	9	10
菌种制备	5	3	4	4	5
浸渍与酒精发酵	15	9	12	13	15
苹果酸－乳酸发酵	10	6	8	9	10
陈酿	10	6	8	9	10
澄清	5	3	4	4	5
除菌过滤及灌装	10	6	8	9	10

考核内容	满分值	水平/分值			
		及格	中等	良好	优秀
实训内容	5	3	4	4	5
注意事项	5	3	4	4	5
结果讨论	5	3	4	4	5

【考核方式】

实训地现场操作。

2.5　常见问题分析

（1）酒瓶内有少量沉淀

酒瓶开启后的酒塞上或酒内有少量像玻璃渣样的透明结晶，这不属于酒变质。这是因为葡萄酒在运输或贮藏时温度太低，酒内的酒石酸盐形成结晶，并且沉淀下来，这属于正常现象，不是酒变质。现代化的酿酒技术在葡萄酒装瓶前进行冷处理，以促进酒石沉淀产生，将过多的酒石酸去除，以免给消费者造成不良的感官刺激。

法国波尔多地区酒堡生产的葡萄酒，一般不进行冷冻，让酒在贮存中自然析出酒石，然后简单过滤装瓶销售，因为他们所销售的地区主要在欧洲，气温比较高，酒石结晶析出的机会少，即使有酒石析出，消费者知道这是酒中自然产生的酒石结晶，也不以为怪。

（2）甲醇含量过高

自酿干红葡萄酒经分析后显示出样品中甲醇含量超标，杂醇油的含量也在1000mg/L以上。首先，原料中果胶物质的水解、氨基酸脱氨和发酵原料的霉变，均会造成甲醇的大量产生；其次，葡萄的干制程度对酒的发酵影响较大，发酵彻底，酒精度比较高，甲醇含量也比较高；最后，陈酿的时间不充分和没有使用橡木桶陈酿都会导致甲醇含量升高。葡萄酒中甲醇含量过高不仅直接影响酒的风味和质量，更会伤害人们的健康，过多的饮入会导致失明甚至死亡。因此控制简易酿造葡萄酒中甲醇含量非常重要，与生命息息相关。

在简易葡萄酒酿造过程中橡木桶的使用可能性较小，可以采取其他的办法来降低酒中甲醇的含量。如在分选葡萄原料的时候仔细选出那些霉烂和不成熟的葡萄颗粒；注意对发酵罐的杀菌消毒，避免在发酵前期引入其他的杂菌；陈酿的时间一定要充分。只要细心抓住这些关键的环节即使没有使用橡木桶陈酿也可以有效地降低葡萄酒中甲醇的含量。

2.6　练习与思考题

练习题

①［填空题］装罐量不能超过罐容的（　　）%，原因是发酵时会产生大量（　　）气体，装得过满会使葡萄汁溢出。

②［填空题］红葡萄酒生产中，第一次倒罐应在苹果酸－乳酸发酵结束后（　　）h内进行，第一次倒罐后（　　）个月时进行第二次倒罐。

项目二　答案

③［单选题］干红葡萄酒的单宁和风味物质主要来源于（　　）。

A. 果肉　　　　　　B. 果皮　　　　　　C. 葡萄梗　　　　　　D. 葡萄籽

④［多选题］干红葡萄酒的感官评价包括（　　）。

A. 色泽　　　　　　B. 澄清度　　　　　　C. 香气　　　　　　D. 口感

⑤ [多选题] 葡萄酒陈酿中化学澄清通过加（　　）达到澄清目的。

A. 乙醇　　　　　　　 B. 蛋白质　　　　　　　 C. 明胶　　　　　　　 D. 丙二醇

⑥ [判断题] 酿酒葡萄的品种、葡萄的成熟度及新鲜度，这三者都对酿成的葡萄酒具有决定性的影响。（　　）

⑦ [判断题] 在葡萄破碎过程中及时添加适量的 SO_2 对防止杂菌的生长及抑制氧化酶的活性有很重要的作用。（　　）

思考题

① 试述干红葡萄酒酿造的工艺流程。

② 什么是后发酵？如何控制好后发酵过程？

③ 在干红葡萄酒的生产过程中，应该如何倒罐？

④ 试比较干白葡萄酒和干红葡萄酒加工工艺的区别。

⑤ 自酿干红葡萄酒经分析后显示出样品中甲醇含量超标，试分析原因并提出控制措施。

项目三

桃红葡萄酒酿造技术

3.1 知识准备

参考模块一项目四任务一中的相关内容。

桃红葡萄酒酿造

3.2 实训任务

【实训目的】

① 使学生了解桃红葡萄酒相关基础知识，重点掌握桃红葡萄酒酿造的工艺流程及操作要点。

② 学会相关设备的操作。

③ 能够进行桃红葡萄酒的酿造，并能在整个过程中进行有效的产品质量控制。

【实训要求】

① 4～5 人为一小组，以小组为单位，从选择、购买原辅料及选用必要的加工机械设备开始，让学生掌握桃红葡萄酒的工艺流程，掌握操作过程中的品质控制点，抓住关键操作步骤，能利用各种原辅材料的特性及加工中的各种反应，最终生产出质量合格的产品。

②学生进入实训室后必须严格遵守实训室的相关规则，详细记录实训过程中的每一个重要环节，并写出书面的实训报告。

【材料、设备】

① 材料：酿造桃红葡萄酒的优良品种，多采用红色酿酒葡萄或者红色且色深的鲜食葡萄，如歌海娜、佳美、西拉、玛尔拜克、赤霞珠、梅尔诺、佳丽酿、品丽珠等。

葡萄酿酒酵母（根据葡萄选择合适的），亚硫酸溶液或偏重亚硫酸钾，澄清剂，皂土或PVPP。

② 设备：葡萄破碎机、果汁分离机、果汁压榨机、高速离心机、过滤装置、贮酒罐、灌酒机、可控温的发酵容器等，以及葡萄酒成分分析所需仪器设备。

【工艺流程】

① 直接压榨法生产桃红葡萄酒的工艺流程如图 3-10 所示。

② 短期浸渍分离法生产桃红葡萄酒的工艺流程如图 3-11 所示。

【操作要点】

(1) 原料与分选

桃红葡萄酒的原料应该是色素含量高的葡萄品种，葡萄不能过熟，这是为了保证香气和它的清爽感，因此和干白葡萄酒相似，高质量的桃红葡萄酒原料生长在较冷的小气候和疏松的沙土地。采摘时按其质量好坏进行分级，剔除病、烂、次、生、青果粒。葡萄原料完好无损地送达酒厂，尽量减少对原料不必要的机械处理。

(2) 除梗破碎

因梗中含大量单宁和苦味物质，葡萄破碎时都应先除去果梗。在破碎时，按 1/1000 的比率添加亚硫酸。

(3) 葡萄浆入罐

葡萄经轻度破碎后将葡萄浆及时送入准备好的发酵罐，装量为 70% ~ 80%。

图 3-10 桃红葡萄酒直接压榨法工艺流程

葡萄 ⟶ 除梗破碎 ⟶ SO₂处理 ⟶ 装罐 ⟶ 浸渍2~24h(发酵开始前分离出20%~25%的葡萄汁，剩余部分酿造红葡萄酒) ⟶ 发酵 ⟶ 分离澄清处理 ⟶ 稳定性处理 ⟶ 装瓶 ⟶ 成品

图 3-11 桃红葡萄酒短期浸渍分离法工艺流程

(4) 低温浸提和皮渣分离

在较低温度下（16℃以下）浸渍及搅拌，达到所需色度及酚类物质含量后分离果汁。

(5) 低温澄清

加入 SO₂ 和果胶酶，用量通过小试来确定，在较低温度下进行澄清处理。

(6) 发酵和倒罐

酵母活化后，缓慢加入，启动发酵，控温发酵，一般为 15 ~ 18℃，以得到最大香气。其余按酿造红葡萄酒进行控制，并进行倒罐。

(7) 澄清处理

可采用蛋清粉或上等食用明胶、皂土进行澄清处理。使用皂土时，按水:皂土 = 12:1 的比例，先将水注入容量 200L 的不锈钢桶中，开机将水搅起，缓慢加入定量皂土，连续搅拌 1h 静止 0.5h，再搅拌 0.5h 静止 0.5h，然后再搅拌并加 3 倍皂土量的酒进行稀释，搅拌 0.5h 进行膨化，膨化时间不少于 20h；将部分待处理酒加入皂土浆中，稀释后的浆体固液比为 1:20，然后搅拌 0.5h 备用。将稀释后的皂土浆泵入待处理酒中，并搅拌均匀，10d 后进行沉淀分离，回收清液。

(8) 稳定性处理

用冷冻机或速冻机进行快速冷处理，用 2 ~ 3h 将酒的温度控制在 -4 ~ -6℃，或在 5 ~ 6h

内将葡萄酒冷却到 −4 ～ −6℃，冷却过程中进行强力搅拌，7d 后趁冷过滤。

（9）装瓶

① 封装前要通过化验室理化指标检验，出具出厂检验报告，方可灌装。

② 灌装前选择好玻璃瓶、塑胶帽和橡木塞的型号、颜色、标准和数量。空瓶要刷洗干净，并用 1% 亚硫酸消毒处理，控干后备用。

③ 灌装时，结合膜过滤进行灌装，灌装酒位要高低一致，容量准确。

④ 打塞严密，并准确校对木塞与瓶口深度。

⑤ 要求逐瓶进行灯光检验，检验项目包括灌装酒瓶、液位、封塞是否标准一致，是否有明显悬浮物，不合格者剔除。

【注意事项】

在桃红葡萄酒酿制过程中，必须注意所选葡萄原料尽量新鲜，葡萄取汁时间越短越好，注意加入二氧化硫的量要合适。发酵过程中发酵温度控制在 18℃以下。此外，整个酿造过程要注意卫生，避免杂菌污染。

3.3 实训质量标准

桃红葡萄酒加工质量标准参考见表 3-5。

表 3-5 桃红葡萄酒加工质量标准参考

实训程序	工作内容	技能标准	相关知识	单项分值	满分值
1. 准备工作	（1）清洁卫生	能发现并解决卫生问题	操作场所卫生要求	3	10
	（2）准备并检查工器具	①准备本次实训所需所有仪器和容器 ②仪器和容器的清洗和控干 ③检查设备运行是否正常	①本次实训内容整体了解和把握 ②清洗方法 ③不同设备操作常识	7	
2. 原辅料的选择	原料和辅料的选择	①选用合适的葡萄品种和合适的配料 ②按照要求对原辅料进行处理	①葡萄原料质量标准 ②辅料的特点和作用及使用方法	5	5
3. 原料的预处理	破碎除梗	能按照要求除去果梗，将葡萄破碎	除梗破碎的操作要点	5	5
4. 葡萄汁的预处理	二氧化硫处理、澄清、葡萄汁成分调整	能按操作规范进行二氧化硫处理、澄清、葡萄汁成分的调整	二氧化硫处理、澄清、葡萄汁成分调整的方法	10	10
5. 菌种制备	酵母菌活化和发酵剂制备	能选择合适酵母并进行酵母菌活化和发酵剂的制备	酵母菌活化和发酵剂制备的方法和注意事项	10	10
6. 发酵	发酵控制	能合理控制发酵的进程	发酵条件控制的方法和注意事项	15	15
7. 换桶	换桶	能进行换桶操作	换桶操作的方法和注意事项	5	5

续表

实训程序	工作内容	技能标准	相关知识	单项分值	满分值
8. 澄清	澄清处理	能选择合适的方法进行澄清处理	澄清处理的方法和注意事项	10	10
9. 稳定性处理	稳定性处理	能进行酒的稳定性处理	稳定性处理的方法和注意事项	10	10
10. 包装	包装	能使用正确的包装方法	包装的注意事项	5	5
11. 实训报告	（1）实训内容	实训完毕能够写出实训具体的工艺操作	—	5	15
	（2）注意事项	能够对操作中主要问题进行分析比较	—	5	
	（3）结果讨论	能够对实训产品做客观的分析评价和探讨	—	5	

3.4　考核评价

【考核内容】

考核内容及参考评分见表 3-6。

表 3-6　考核内容及参考评分

考核内容	满分值	水平 / 分值			
		及格	中等	良好	优秀
清洁卫生	3	1	2	2	3
准备并检查工器具	7	4	5	6	7
原辅料的选择准备	5	3	4	4	5
原料的预处理	5	3	4	4	5
葡萄汁的预处理	10	6	8	9	10
菌种制备	10	6	8	9	10
发酵	15	9	11	13	15
换桶	5	3	4	4	5
澄清	10	6	8	9	10
稳定性处理	10	6	8	9	10
包装	5	3	4	4	5
实训内容	5	3	4	4	5
注意事项	5	3	4	4	5
结果讨论	5	3	4	4	5

【考核方式】

实训地现场操作。

3.5　常见问题分析

酒色不佳：在高温环境中或接触到空气时，桃红葡萄酒会发生氧化变色，故要注重惰性气体的使用，防止葡萄酒在贮藏和装瓶过程中的氧化，且不宜采用热浸法来提取果皮中的色素。

3.6　练习与思考题

练习题

① [填空题] 目前，桃红葡萄酒浸提采用的方法主要有（　　　）和（　　　）。

② [填空题] 桃红葡萄酒在低温澄清时应加入（　　　）和（　　　）。

③ [单选题] 优质的桃红葡萄酒颜色应为（　　　）。

A. 宝石红色　　　　　B. 琥珀色　　　　　C. 金黄色　　　　　D. 青柠檬色

④ [单选题] 桃红葡萄酒不宜采用（　　　）来提取果皮中的色素。

A. 传统浸渍　　　　B. 二氧化碳浸渍　　　　C. 冷浸渍　　　　D. 热浸渍

⑤ [多选题] 桃红葡萄酒的短期浸渍分离工艺包括（　　　）。

A. 除梗破碎　　　　B. SO_2 处理　　　　C. 浸渍　　　　D. 发酵

⑥ [多选题] 制作桃红葡萄酒前，要根据葡萄的（　　　）进行检验和分级。

A. 品种　　　　　B. 色度　　　　　C. 成熟度　　　　　D. 卫生度

⑦ [判断题] 桃红葡萄酒酿制发酵过程中发酵温度控制在18℃以下。（　　　）

⑧ [判断题] 桃红葡萄酒的颜色介于白葡萄酒与红葡萄酒之间，其感官特性更接近于红葡萄酒。（　　　）

项目三　答案

思考题

① 写出酿制桃红葡萄酒的工艺流程，并对主要操作点加以说明。

② 如何利用二氧化碳浸渍法生产桃红葡萄酒？

③ 结合你的实际操作经验，说说桃红葡萄酒的工艺要求有哪些。

④ 根据你的实践经验，分析一下如何控制好桃红葡萄酒酿造过程中的良好色泽。

项目四
冰葡萄酒酿造技术

4.1　知识准备

4.1.1　概念

冰葡萄酒简称冰酒，最早诞生于德国。1794 年冬季，德国弗兰克地区突然遭遇一场早霜，当年的葡萄看来要毁于一旦，酒农们硬着头皮把半结冰的葡萄榨汁酿酒，成品风味独特。于是，他们把这种酒叫作冰葡萄酒。一般用来酿酒的葡萄含有大约 80% 的水分，晚收的葡萄经过风吹霜打之后明显脱水，其糖分和风味得到浓缩，故用这种葡萄酿制的冰果酒自然甜润醇美。经过 200 多年的发展，冰酒已经成为酒中极品，且真正的冰酒只有在德国、奥地利和加拿大才有生产。加拿大安大略省的尼亚加拉地区是目前世界上最著名的冰酒产区。

4.1.2　生产冰葡萄酒的要求

在德国，冰酒属于优质高级葡萄酒中的最高级，并受相关法律法规的约束。根据德国葡萄酒学会的资料介绍，冰果酒（Eiswein）是采用具有 Beerenauslese 品质的葡萄酿造而成的。制作冰果酒的主要前提条件是：当年第一次的温度骤然降低为 −7℃ 以下，也许伴有霜冻，也许伴有小雪。所以它是一种具有非常浓烈的酸度及甜味的、独一无二的葡萄佳酿。真正的冰葡萄酒必须来自经过数月风吹雨淋、完全自然冷冻的优质葡萄品种。为了冰葡萄酒的制作，德国葡萄酒农每年秋季必须承担一定的风险：除了对恰当时机要降临霜冻的祈盼外，还必须天天观察可能用来酿造的那些葡萄在枝蔓上是否完好无损。这不仅需要拥有更多的耐心和经验，更要有艰辛的劳作和顽强的意志，当等待变为现实，串串挂霜的小冰珠在 −8 ～ −12℃ 的条件下形成时，对这些小冰珠一粒粒筛选的收获工作，就必须在这个温度且漆黑的寒冷清晨中展开，随后的挤压果汁也必须在同样的温度条件下完成。如此酿就的冰葡萄酒当然十分珍贵，即使在德国本土，品尝冰葡萄酒也是难得的享受。由于每一瓶冰葡萄酒中所含的劳动价值、工艺成本、风险投入与其品味所具有的特质是完全相等的，所以大多数德国冰葡萄酒都是非常昂贵的。

在加拿大，冰酒的生产和酿造受 VQA（加拿大酒商质量联盟）的管制。VQA 对冰酒的定义是：利用在 −8℃ 以下，在葡萄树上自然冰冻的葡萄酿造的葡萄酒。葡萄在被冻成固体状时才压榨，并流出少量浓缩的葡萄汁，这种葡萄汁被慢慢发酵并在几个月之后装瓶。在压榨过程中外界温度必须保持在 −8℃ 以下。真正的加拿大冰酒都必须符合 VQA 的规定，以保证产品的质量。其中最重要的一条规定是：冰酒必须采用天然方法生产，绝不允许人工冷冻。这就使得冰酒的酿造变得极其困难——葡萄必须得到妥善保护以防剧烈的温度变化；而且，由于酿造冰酒的葡萄是留在葡萄树上的最后一批葡萄，人们还要想法防止鸟兽来偷食葡萄。

合适的采收时间至关重要，最理想的采摘温度应该是 −13 ～ −10℃，此时采摘葡萄可以获得最理想的糖度和风味。表 3-7 反映了糖分随温度变化的情况。

表 3-7　糖分随温度变化的情况

温度 /℃	−6	−7	−8	−9	−10	−11	−12	−13	−14
糖分 /%	29	33	36	39	43	46	49	52	56

采收时，必须人工小心仔细地采摘。这时的葡萄产量极低，有时一整棵葡萄树仅能生产一瓶冰酒，这也是冰酒为什么昂贵并且通常以半瓶装销售的原因，但它的确物有所值。

4.2　实训任务

【实训目的】

① 熟悉冰葡萄酒的酿造过程；

② 掌握冰葡萄酒酿造的主要工艺；

③ 掌握冰葡萄酒的特点；

④ 能够单独进行少量冰葡萄酒的酿造操作。

【实训要求】

① 5 ～ 6 人为 1 小组，以小组为单位，从选择、购买原辅料及选用必要的加工机械设备

开始，让学生掌握酿造冰葡萄酒的工艺流程，掌握操作过程中的品质控制点，抓住关键操作步骤，能利用各种原辅材料的特性及加工中的各种反应，使最终的产品质量达到应有的要求。

② 学生进入实训室后必须严格遵守实训室相关规则，详细记录实训过程中的每一步操作要点，实训结束时上交一份书面的实训报告。

【材料、设备】

一般酿造冰酒的葡萄品种有雷司令、美乐、琼瑶浆。冰酒系 100% 葡萄汁发酵而成，色泽金黄或酒红，澄澈清亮，口感隽永，品质上乘，其包含了人体所必需的数十种酶和氨基酸，具有养颜、美容、保健等功能，是不可多得的上乘佳酿。

白葡萄酒酿酒酵母，也可以用普通酵母代替；亚硫酸溶液或偏重亚硫酸钾；澄清剂，如皂土、PVPP。设备主要有葡萄破碎机、果汁分离机、果汁压榨机、高速离心机、灌酒机等，贮藏容器主要有发酵罐、贮酒罐等。

【工艺流程】

冰酒酿造工艺流程如图 3-12 所示。

【操作要点】

（1）采摘分选

冰葡萄的采摘受气候条件影响很大，恰当的采摘温度（时间）对冰葡萄酒品质至关重要。冰葡萄汁中的糖分随温度变化而改变，-7 ～ -13℃时，糖分为 33% ～ 52%，但是，过低的温度会大大降低冰葡萄的压榨出汁率，同时也会破坏葡萄中的营养成分和风味物质。最理想的采摘温度为 -7 ～ -13℃，因为冰葡萄在此温度下可获得最理想的糖度和风味。当葡萄达到此采摘温度（时间）时，必须人工小心仔细地采摘。通常在 -8℃的自然条件下冰冻 6h 以上再采摘，而且要赶在太阳出来前采摘完毕。选择无生青、病腐果立即压榨。

（2）压榨取汁

在压榨过程中，外界温度必须保持在 -8℃以下。同时，按 80mg/L 计算添加亚硫酸。压榨出冰葡萄酒的黏稠汁液需要施加较大压力，榨出来的葡萄汁只相当于正常收获葡萄的 1/5，而糖、酸和各种风味成分得到浓缩。浓缩葡萄汁含糖量为 320 ～ 360g/L（以葡萄汁计），总酸含量为 8.0 ～ 12.0g/L（以酒石酸计）。

（3）发酵控温

在冰葡萄酒酿造过程中，控温缓慢发酵是一个关键工艺环节，发酵温度影响冰酒的品质：通过发酵试验发现温度为 5℃时，酵母活性受到很大抑制，发酵原酒糖度高、酸度高、酒度低、酒体不协调；当发酵温度大于 10℃时，随着温度的升高，发酵原酒的酒度和挥发酸含量明显增加，总糖含量减少，削弱了冰葡萄酒甜润醇厚的典型性。综合考虑，冰葡萄酒发酵温度控制在 15 ～ 20℃为宜。将冰葡萄汁

图 3-12　冰酒酿造工艺流程

升温至 15℃左右，按 1.5% ～ 2.0% 接入酵母培养液进行控温发酵数周。

　　（4）后加工处理

　　发酵原酒经数月桶藏陈酿后，用皂土、果胶澄清。同时调节游离 SO_2 含量至 40 ～ 50mg/L。然后经冷冻、过滤除菌、无菌灌装，制得成品冰葡萄酒。

　　通过对果汁澄清、发酵控制、澄清过滤等关键环节的一系列研究，分别确定了适宜果汁澄清和冰酒澄清的工艺技术，采用适当的方法终止发酵并进行陈酿，从而建立了适宜的冰葡萄酒生产工艺。利用上述生产工艺，可生产 9% ～ 13% 酒精度的冰葡萄酒，其色泽金黄，清亮透明，果香浓郁，丰满醇厚，甜润爽口，具有较好的冰葡萄酒的特质。

　　优质的冰葡萄酒需要优良的葡萄品种，并用独特的生产工艺酿制。冰葡萄酒在国际市场上是珍品，是一个极具开发潜力的产业，在我国刚刚起步，随着选育培植和科学酿造技术的推广，我国的冰葡萄酒会以独特的品质与国际冰葡萄酒同现世界舞台。

【注意事项】

　　所选葡萄原料必须是在冰冻状态下采摘；尽可能选用干白葡萄酿酒酵母；葡萄取汁过程要维持低温而且时间越短越好；注意加入二氧化硫的量要合适；整个酿造过程注意卫生，避免杂菌污染。

4.3　实训质量标准

　　冰葡萄酒加工质量标准参考见表 3-8。

表 3-8　冰葡萄酒加工质量标准参考

实训程序	工作内容	技能标准	相关知识	单项分值	满分值
1. 准备工作	（1）清洁卫生	能发现并解决卫生问题	操作场所卫生要求	3	10
	（2）准备并检查工器具	①准备本次实训所需所有仪器和容器 ②仪器和容器的清洗和控干 ③检查设备运行是否正常	①本次实训内容整体了解和把握 ②清洗方法 ③不同设备操作常识	7	
2. 原辅料的选择	原料和辅料的选择	①选用合适的葡萄品种和合适的配料 ②按照要求对原辅料进行处理	①葡萄原料质量标准 ②辅料的特点和作用及使用方法	5	5
3. 原料的预处理	破碎除梗	能按照要求除去果梗，将葡萄破碎	除梗破碎的操作要点	5	5
4. 葡萄汁的预处理	二氧化硫处理、澄清、葡萄汁成分调整	能按操作规范进行二氧化硫处理、澄清、葡萄汁成分的调整	二氧化硫处理、澄清、葡萄汁成分调整的方法	10	10

实训程序	工作内容	技能标准	相关知识	单项分值	满分值
5. 菌种制备	酵母菌活化和发酵剂制备	能选择合适酵母并进行酵母菌活化和发酵剂的制备	酵母菌活化和发酵剂制备的方法和注意事项	10	10
6. 发酵	发酵控制	能合理控制发酵的进程	发酵条件控制的方法和注意事项	30	30
7. 后处理	原酒的调整及澄清	是否得到需要的二氧化碳压力	发酵前成分调整，发酵的启动，发酵过程的监控	10	10
8. 包装	包装	能使用正确的包装方法	包装的注意事项	5	5
9. 实训报告	（1）实训内容	实训完毕能够写出实训具体的工艺操作	—	5	15
	（2）注意事项	能够对操作中主要问题进行分析比较	—	5	
	（3）结果讨论	能够对实训产品做客观的分析评价和探讨	—	5	

4.4 考核评价

【考核内容】

考核内容及参考评分见表 3-9。

表 3-9　考核内容及参考评分

考核内容	满分值	水平 / 分值			
		及格	中等	良好	优秀
清洁卫生	3	1	2	2	3
准备并检查工器具	7	4	5	6	7
原辅料的选择准备	5	3	4	4	5
除梗破碎	5	3	4	4	5
葡萄汁的澄清	10	6	8	9	10
酵母活化	10	6	8	9	10
酒精发酵	30	18	22	26	30
后处理	10	6	8	9	10
包装	5	3	4	4	5
实训内容	5	3	4	4	5
注意事项	5	3	4	4	5
结果讨论	5	3	4	4	5

【考核方式】

实训地现场操作。

4.5　常见问题分析

压榨获得的葡萄汁糖度不足：普通果实没有完全冻结、压榨过程时间太长或者环境温度较高导致冰融化等都能造成葡萄汁糖度不足。

4.6　练习与思考题

练习题

①［填空题］冰葡萄酒发酵温度控制在（　　）℃为宜。

②［填空题］在压榨过程中，外界温度必须保持在（　　）℃以下。同时，需要添加（　　）。

③［单选题］一般用来酿酒的葡萄含有大约（　　）的水分。

A.50%　　　　　　　B.60%　　　　　　　C.70%　　　　　　　D.80%

④［单选题］冰葡萄的最佳采摘温度为（　　）。

A.−15℃　　　　　　B.−10℃　　　　　　C.−5℃　　　　　　D.0℃

⑤［多选题］影响冰葡萄酒质量的因素有（　　）。

A. 葡萄成熟度　　　B. 采摘温度　　　C. 压榨温度　　　D. 发酵温度

⑥［判断题］冰葡萄酒中结冰的水分是不要的，要的是浓缩汁。（　　）

⑦［判断题］冰葡萄酒的糖分和酒精度都很高。（　　）

思考题

① 写出酿制冰葡萄酒的工艺流程，并对主要操作点加以说明。

② 冰葡萄酒有何独特之处？

项目四　答案

项目五
浓甜葡萄酒酿造技术

5.1　知识准备

5.1.1　概念

浓甜葡萄酒（暂定名）是在自然总酒度不低于12°的新鲜葡萄、葡萄汁或葡萄酒中加入酒精和浓缩葡萄汁，或葡萄汁糖浆，或新鲜过熟葡萄汁，或蜜甜尔，或它们的混合物后获得的产品。浓甜葡萄酒多在餐后饮用，是一种营养价值高、口味颇佳的含酒精饮料。浓甜葡萄酒一般呈麦秆黄色、淡红色、红宝石色等葡萄本色，不应呈棕褐色；酒液澄清、透明、晶亮，不应出现浑浊和沉淀；有悦怡的果色及优美的酒香，香气浓郁、协调、无异味；酒体丰满、绵甜醇厚，回味无穷。酒中不仅含有大量未发酵的糖分，酒精含量也比干酒高，一般在15% ～ 20%。

酿制浓甜酒要求葡萄的含糖量高，国外要求用含糖量最低在24%、酸度一般不超过8g/L

的葡萄作为浓甜葡萄酒的原料。国内浓甜酒所用葡萄含糖量一般达不到要求，多采用发酵前或中间加糖的方法来补充糖分。在新的葡萄酒质量标准实施后，国内的普通浓甜酒生产企业面临被淘汰或采用国际标准生产浓甜酒的问题。

5.1.2　生产浓甜葡萄酒对葡萄的要求

适合酿造浓甜葡萄酒的葡萄主要有小白玫瑰、白羽、晚红蜜、白根地、珊瑚珠、玫瑰露、赛芙蓉、长相思等。生产浓甜葡萄酒的葡萄，由于需要较多的糖，采摘期要晚于生产干酒的葡萄。通常在葡萄完全成熟后，甚至处于过熟的情况下采摘。生产麝香浓甜葡萄酒，需要在葡萄完全成熟时进行采摘。此时采摘的葡萄，酿成酒后有明显的葡萄香气。生产酒精和糖含量高的浓甜葡萄酒时，所需的葡萄必须是极度成熟的，即葡萄皮出现萎缩现象时才采摘，有时还把成熟葡萄的蒂扭碎，让其挂在葡萄枝蔓上排除更多的水分，使葡萄糖度增加。

由于气候条件不同，每年采摘的葡萄在成熟度、糖分和葡萄各部分的比例上是不相同的。因此，即使采用同一地区、同一葡萄园、同一品种的葡萄制得的葡萄酒，也能很明显地分辨出来。

生产浓甜葡萄酒的主要方法有酿制法、干葡萄酒加糖法、兑制方法等，其工艺主要有不外加糖提高葡萄汁含糖量来酿造甜葡萄酒的生产工艺、麝香浓甜葡萄酒生产工艺、干葡萄酒加糖法生产工艺、兑制甜葡萄酒生产工艺等。

5.2　实训任务

【实训目的】

① 使学生了解浓甜葡萄酒相关基础知识，重点掌握浓甜葡萄酒生产的工艺流程，掌握工艺流程中的操作要点。

② 学会操作葡萄破碎机、果汁压榨机、发酵罐等相关设备。

③ 能够进行浓甜葡萄酒的生产，并能在整个过程中进行有效的产品质量控制。

【实训要求】

① 4～5 人为一小组，以小组为单位，从选购原辅料及选用必要的加工机械设备开始，要求学生掌握浓甜葡萄酒生产的工艺流程，掌握操作过程中的品质控制点，抓住关键操作步骤，能利用各种原辅材料的特性及加工中的各种反应，最终生产出质量合格的产品。

② 学生进入实训室后必须严格遵守实训室的相关规则，详细记录实训过程中的每一个重要环节，并写出书面的实训报告。

【材料、设备】

酿造浓甜葡萄酒的优良品种：小白玫瑰、白羽、晚红蜜、白根地、珊瑚珠、玫瑰露、赛芙蓉、长相思等。

设备主要有葡萄破碎机、果汁分离机、果汁压榨机、高速离心机、灌酒机等，贮藏容器主要有发酵罐、贮酒罐等。

【工艺流程】

（1）酿制浓甜葡萄酒的生产工艺

酿制优质的浓甜葡萄酒的工艺流程如图 3-13 所示。

（2）麝香浓甜葡萄酒生产工艺

麝香葡萄酒是浓甜葡萄酒中原果香浓郁、甘醇甜美、酒体丰满、风格突出的一类酒，其生产工艺流程如图 3-14 所示。

图 3-13　酿制浓甜葡萄酒的工艺流程　　　　图 3-14　麝香浓甜葡萄酒的工艺流程

（3）干葡萄酒加糖法生产工艺

浓甜葡萄酒也可使用葡萄酒中加入砂糖的方法来生产。为了提高葡萄酒的酒精浓度，可调配 85% 以上的原白兰地或精制酒精。调整糖度时，可使用葡萄汁或精制砂糖，砂糖以甜菜砂糖最好。

使用干酒调配浓甜葡萄酒，工序简单，干酒贮存比甜酒节省体积，产品可生产干酒，也可生产甜酒。因而，不少工厂都采用干酒生产浓甜葡萄酒。其工艺流程如图 3-15 所示。

（4）兑制甜葡萄酒生产工艺

① 兑制方法　兑制甜葡萄酒的方法非常简单，就是在鲜葡萄汁中直接加入食用酒精或葡萄白兰地，经澄清后制成。兑制的甜葡萄酒具有果香浓郁、贮存时间短、成本低、酸甜适口等特点，但酒香欠佳。兑制甜葡萄酒可以直接饮用，也可以作为配制餐前酒的原料。

葡萄经加工处理得到新鲜的葡萄汁，经计算加入酒精，使其酒精浓度达到 15% ～ 16%，以抑制酵母的繁殖和代谢活动，并根据成品酒的需要适当调整酸度。配制好的甜葡萄酒，经几次沉淀澄清，即可得成品。可加入果胶酶及其他允许加入的物质来加快澄清速度，提高澄清度，以保证甜葡萄酒有较好的非生物稳定性。

兑制甜葡萄酒中以蜜甜尔葡萄酒最具代表性。法国规定，蜜甜尔葡萄酒的酒精浓度不得低于 15%，糖度不得少于 185 ～ 195g/L。

图 3-15　干葡萄酒加糖法工艺流程

② 蜜甜尔葡萄酒　蜜甜尔葡萄酒有白蜜甜尔葡萄酒和红蜜甜尔葡萄酒两种。

a. 白蜜甜尔葡萄酒。白蜜甜尔葡萄酒的生产工艺流程如图 3-16 所示。

葡萄汁泵入调配桶之前，先用离心机将葡萄汁澄清一次，这样添加酒精后，葡萄酒澄清速度快，沉淀少，葡萄酒的非生物稳定性较好。计算出所需加入的酒精量后，用泵把酒精从桶底打入葡萄汁中，使酒精分布均匀。为了防止葡萄酒发酵，并使酒品质均匀，应该一次将容器加满，不留空隙。

添加酒精后，经 3～4 周的自然沉淀，蜜甜尔葡萄酒基本澄清，换桶除去酒脚，并加以过滤，即可得到成品白蜜甜尔葡萄酒。

b. 红蜜甜尔葡萄酒。制造红蜜甜尔葡萄酒，酒精应添加到破碎、除梗后的葡萄醪中，以浸取葡萄皮中的色素与香味物质。酒精加入葡萄醪中，需加以搅拌使酒精分布均匀。浸渍 3～4 周后，葡萄皮中的色素和香味物质大都浸出，皮糟基本上沉入桶底，浸渍操作结束。换桶分离酒糟，酒糟压榨得酒糟酒。压榨酒与淋出酒混合，再经澄清即可得到红蜜甜尔葡萄酒。红蜜甜尔葡萄酒生产工艺流程如图 3-17 所示。

【操作要点】

(1) 酿制浓甜葡萄酒的操作要点

① 提高葡萄汁含糖量的方　在实际生产中，除加糖外，提高葡萄汁含糖量的措施主要有两个：一是葡萄在树上萎缩或者先采摘随后使其风干；另一是葡萄采摘后加工成葡萄汁，然后将葡萄汁浓缩，即除去葡萄汁中的一部分水分，使葡萄汁浓度增加。根据当地的气候条件、生产工艺可以选择其中的一种方法来提高葡萄汁的含糖量。

a. 采用萎缩方法提高葡萄汁含糖量。在适宜的气候条件下，葡萄经过一段时间的自然萎缩，水分不断散失，含糖量不断增加，一般葡萄糖度在 25%～30% 时采摘或在葡萄过熟不太长的时候采摘，就可以满足工艺的需要。如果让葡萄继续在葡萄藤上停留，葡萄的糖度可以达到 40%，甚至更高。只有少数不易虫蛀、不易霉烂的葡萄品种，如马尔吴瓦西、麝香葡萄、阿里刚特、灰品乐、富尔门等才能采用此种方法。

图 3-16　白蜜甜尔酒生产工艺流程图

图 3-17　红蜜甜尔酒生产工艺流程

　　为了加速葡萄萎缩的速度，有时可断绝整穗葡萄和树干的联系，并且让太阳光充分照射。这样做的前提条件是，葡萄已完全成熟，叶子把最大量的糖分供给了葡萄。当检验表明葡萄糖度不再增加而酸度开始下降时，说明葡萄完全成熟，此时可把葡萄梗扭碎（而不是扭断），使其吊在葡萄枝上。为了增加透气程度，促使葡萄在有大量阳光照射的条件下迅速萎缩到工艺要求，可以把果穗附近遮住阳光的部分叶子除去。但大部分叶子应保留，因为它们要供给葡萄果穗的茎和树根合成的养料。

　　采用萎缩方法时，对气候条件有一定的要求。气候比较干燥、天气温热、降雨很少，这些自然条件都是采用自然萎缩方法所必需的。我国新疆的吐鲁番、和田等地的气候条件，适合采用萎缩方法来提高葡萄含糖量。

　　我国新疆多利用采摘后风干的方法提高葡萄的含糖量。即采用阴房挂架，把葡萄放在橡木做的箅子上或者放在清洁的麦秸上风干2～3周，有时要4周；也可以将葡萄放在特设的干燥室里进行风干萎缩。

b. 采用浓缩方法提高葡萄汁含糖量。所有的酿酒葡萄都可用浓缩方法提高葡萄汁含糖量，适用的浓缩方法有真空浓缩法和冷冻浓缩法等。

(a) 真空浓缩葡萄汁法。此法利用真空设备降低葡萄汁的沸点，在较低的温度下使水分蒸发，使葡萄汁浓度提高。真空浓缩时葡萄汁的温度一般为 30 ～ 50℃。真空浓缩具有葡萄汁风味变化小、自动化程度高、香味物质可以回收等特点。

(b) 冷冻浓缩葡萄汁法。应用使葡萄汁结冰冷冻的方法也可以制取浓缩葡萄汁。用此种方法制得的浓缩葡萄汁香气最好，成品酒质量高。缺点是费用高，捞出的冰中也会含有一部分糖分，葡萄汁损失较多。

② 发酵方法　生产浓甜葡萄酒仅仅依靠葡萄中的糖分很难达到工艺要求的糖度和酒精浓度，因此，常采用在发酵液中加入酒精，使葡萄中的糖分保留下来的方法生产浓甜葡萄酒。这种生产方法称为发酵留糖法。

发酵留糖法生产浓甜葡萄酒保留了葡萄中的原糖，发酵度低，葡萄的香味物质损失少，葡萄酒原果香浓，酒体丰满。当外加酒精纯度高、无异味时，成品酒果香浓郁，典型性突出，质量高。如酒精纯度低，带有杂味或霉味时，这些异味就会带入到成品酒中，使葡萄酒本身的香气和滋味被遮盖，不良风味凸显出来，失去了该品种酒的典型性和特有香气。

(2) 麝香浓甜葡萄酒生产工艺

① 前发酵阶段　选无虫蛀、无病害、健康、酸度低（2.5 ～ 3.0g/L）、糖分在 24% 以上、完全成熟的麝香葡萄（也可添加一些佳丽酿葡萄，以改善酒的色泽，但佳丽酿不能使用过多，否则会影响麝香酒的香味），经分选、破碎、去梗后送入发酵池。在发酵池中加 10 ～ 15g/L 的二氧化硫，在低于 28℃的条件下进行发酵，发酵期间捣池 2 ～ 3 次，以促进果皮色素和香味成分的浸出。主发酵完成后，分离皮渣并压榨，压榨后的皮糟送去蒸馏；淋出酒和榨出酒混合后，转入后发酵罐中发酵。淋出酒和榨出酒混合主要是增加淋出酒的色泽。一般主发酵结束时，发酵醪的相对密度多控制在 1.065 左右。

② 后发酵与添加酒精　混合汁转入后发酵罐中，葡萄酒发酵进入后发酵过程。生产麝香浓甜葡萄酒需要酒中有较高的糖分。当糖分接近需要的残糖浓度时，立即加酒精，终止葡萄糖分的继续发酵。

添加的酒精选用精馏到 96% 的葡萄酒精较好，采用淀粉质或糖蜜酒精，则须脱臭后才能使用，以免影响酒质。国外麝香浓甜葡萄酒一般含酒精在 16% ～ 17%，酒精含量较高；我国麝香浓甜葡萄酒的酒精含量为 14% ～ 16%，糖分一般为 14% ～ 15%。

添加酒精前，随时测定后发酵醪的糖分和酒精含量，在接近所需糖分含量时将酒精一次或分两次加入到酒中，补足酒精，使发酵终止，保留足够的糖分。

a. 酒精一次加入法。

例如某厂生产 100L 酒度 16%、含糖量为 12% 的浓甜葡萄酒，用糖度 24% 的葡萄汁发酵，试确定加入酒精的时间及酒精加量（95% 的精馏酒精）。

发酵残糖浓度为 x，添加酒精量为 yL，则：

$$12\%(100+y)=100x$$
$$16\%(100+y)=100 \times (24\%-x) \div 1.7+95\%y$$

解方程组得：

$$x=13.5\%$$
$$y=12.42\text{L}$$

当发酵醪糖分接近 13.5%、酒精含量在 6.18% 左右时，在 100L 发酵醪中一次加入 12.42L 的 95% 精馏酒精，即可达到所需糖分和酒精含量。

b. 酒精分两次加入法。 当测定糖度后认为糖分已足够时，第一次添加酒精，使酒精含量达到14.5%～15.0%，发酵受到很大阻滞，以便于控制必需的糖分浓度。陈酿前，第二次加入酒精，以达到预定的酒精浓度。

③ 麝香浓甜葡萄酒的陈酿　添加酒精后，发酵立即停止，在发酵池中静置10～15d，使酒中残存的酵母、少量皮糟和其他沉淀物都逐渐沉淀下来，酒液逐渐澄清，换桶除去酒脚。清酒送入水泥池中陈酿1年后，转入小型木桶继续陈酿。高档麝香浓甜葡萄通常要贮存2年以上，才能装瓶出售。

（3）干葡萄酒加糖法生产工艺

① 原酒选择　调配浓甜葡萄酒应选用合适的干葡萄酒，选择干葡萄酒主要考虑以下几个方面：

a. 干酒质量与所生产的浓甜酒质量相适应，即生产的浓甜酒质量高，选用干酒的质量也高，生产普通浓甜酒可使用质量低的普通干酒或者白兰地以及精馏酒精。

b. 浓甜葡萄酒的香气主要来源于干白葡萄酒。因此，生产果香味浓的浓甜酒对干葡萄酒的原果香味要求高，生产直接饮用或作为配制餐前酒的原料的低度浓甜酒，则可使用白兰地或精馏酒精。

c. 生产色深的浓甜酒选用色深的干酒，生产色浅的浓甜酒选用色浅的干酒。

② 加糖量与酒量计算　干葡萄酒中加糖生产浓甜葡萄酒时，添加的糖主要是砂糖。

例：调配1000L成品酒，成品标准主要成分：糖13%，酒精14%，酸0.65g/100mL。原料成分如下：精制白砂糖含糖量100%；原酒酒精含量12%；总酸0.6g/100mL；精馏酒精95%。计算各种原料的数量。

解：
$$砂糖用量 = 1000 \times 13\% = 130（kg）$$
$$砂糖的体积 = 130 \times 0.625 = 81.25（L）$$

注：1kg精制砂糖溶入液体内占有0.625L体积。

原酒与酒精用量：设x为使用原酒体积（L）；y为使用酒精体积（L）
$$x + y + 81.25 = 1000（体积平衡）$$
$$12x + 95y = 1000 \times 14 （酒精平衡）$$

解方程组得：
$$x = 882.9 \approx 883（L）$$
$$y = 35.84 \approx 36（L）$$

设z为加入酸的质量，则：
$$883 \times 0.6 \times 10 + z = 1000 \times 0.65 \times 10$$
$$解方程得：z = 1202（g）\approx 1.2（kg）$$

③ 调配方法　干葡萄酒加糖法调配浓甜葡萄酒主要有测定原酒、酒精、砂糖的主要成分含量，计算加糖与原酒量，按计算结果把糖和调配用酒精等加入到原酒中，进行一段时间的贮酒等4个过程。

调配工作开始前，对原酒按规定的分析方法进行测定，获取原酒酸度、酒精浓度、糖度等重要参数。选用购买来的酒精，其含量一般都已标明，若是采用自产酒精，应测定其酒精含量。根据计算和从资料上获取的准确数据，按加糖量计算方法计算出糖、酒精以及酸的准确加量。

根据计算结果，称出需要添加的糖量，然后加入到原酒中，搅拌，使糖充分溶解，均匀分布于酒中。原酒有时是一种干葡萄酒，有时由几种干葡萄酒以一定的比例配制而成。当由几种葡萄酒以一定比例配成原酒时，一般包括用于调色、调香、调味的三类葡萄酒。例如，某种浓甜红葡萄酒，用贮存2.5年的原汁山葡萄酒20%来调色，再用贮存2年左右的玫瑰香原酒 10% 和贮存 3 年以上的龙眼原酒 50% 来调味，糖、酒和酸根据计算结果加入，这样可以得到一种香气较浓和滋味的甜红葡萄酒。

加入酒精时，为了保证酒精能够分布均匀，最好用橡皮管把酒精送到桶底，并适当加以搅拌，这样密度小的酒精便能够很快地在酒中扩散均匀，使酒度一致。

刚刚调配好的酒，往往刺鼻，风味不太协调，在桶中贮存 3 个月甚至半年以上，酒体会显得醇厚、风味协调、刺激性减小，酒质明显提高。

【注意事项】

在浓甜葡萄酒酿制过程中，必须注意葡萄各部分对葡萄酒特征和风味的影响，某些类型酒需要将葡萄汁与皮渣迅速分开，有的要使葡萄汁与皮渣接触较长时间，以便浸出皮渣中的香味物质和色素。例如，生产麝香浓甜葡萄酒时，需要浸渍皮碴 12 ~ 18h，以提高葡萄汁中香味物质的浓度。

5.3 实训质量标准

浓甜葡萄酒加工质量标准参考见表 3-10。

表 3-10 浓甜葡萄酒加工质量标准参考

实训程序	工作内容	技能标准	相关知识	单项分值	满分值
1. 准备工作	（1）清洁卫生	能发现并解决卫生问题	操作场所卫生要求	3	10
	（2）准备并检查工器具	①准备本次实训所需所有仪器和容器 ②仪器和容器的清洗和控干 ③检查设备运行是否正常	①本次实训内容整体了解和把握 ②清洗方法 ③不同设备操作常识	7	
2. 原辅料的选择	原料和辅料的选择	①选用合适的葡萄品种和合适的配料 ②按照要求对原辅料进行处理	①葡萄原料质量标准 ②辅料的特点和作用及使用方法	5	5
3. 原料的预处理	破碎除梗	能按照要求除去果梗，将葡萄破碎	除梗破碎的操作要点	5	5
4. 葡萄汁的预处理	二氧化硫处理、澄清、葡萄汁成分调整	能按操作规范进行二氧化硫处理、澄清、葡萄汁成分的调整	二氧化硫处理、澄清、葡萄汁成分调整的方法	10	10
5. 菌种制备	酵母菌活化和发酵剂制备	能选择合适酵母并进行酵母菌活化和发酵剂的制备	酵母菌活化和发酵剂制备的方法和注意事项	10	10
6. 发酵	发酵控制	能合理控制发酵的进程	发酵条件控制的方法和注意事项	10	10

续表

实训程序	工作内容	技能标准	相关知识	单项分值	满分值
7. 后处理	（1）澄清处理	能选择合适的方法进行澄清处理	澄清处理的方法和注意事项	10	30
	（2）贮酒陈酿	在贮存中进行酒的陈酿	贮存的方法和注意事项	10	
	（3）调配	能控制加糖的操作	加糖的方法和注意事项	10	
8. 包装	包装	能使用正确的包装方法	包装的注意事项	5	5
9. 实训报告	（1）实训内容	实训完毕能够写出实训具体的工艺操作	—	5	15
	（2）注意事项	能够对操作中主要问题进行分析比较	—	5	
	（3）结果讨论	能够对实训产品做客观的分析评价和探讨	—	5	

5.4 考核评价

【考核内容】

考核内容及参考评分见表 3-11。

表 3-11 考核内容及参考评分

考核内容		满分值	水平/分值			
			及格	中等	良好	优秀
清洁卫生		3	1	2	2	3
准备并检查工器具		7	4	5	6	7
原辅料的选择准备		5	3	4	4	5
原料的预处理		5	3	4	4	5
葡萄汁的预处理		10	6	8	9	10
菌种制备		10	6	8	9	10
发酵		10	6	8	9	10
后处理	澄清	10	6	8	9	10
	贮酒	10	6	8	9	10
	调配	10	6	8	9	10

考核内容	满分值	水平/分值			
		及格	中等	良好	优秀
包装	5	3	4	4	5
实训内容	5	3	4	4	5
注意事项	5	3	4	4	5
结果讨论	5	3	4	4	5

【考核方式】

实训地现场操作。

5.5 常见问题分析

甜度不够：质量高的甜酒是用含糖量高的葡萄为原料，在发酵尚未完成时即停止发酵，使糖分保留在 4% 左右；一般甜酒多是在发酵后另行添加糖分。

5.6 练习与思考题

练习题

① [填空题] 酿制浓甜葡萄酒要求葡萄的含糖量高，国外要求用含糖最低在（　　）%，酸度一般不超过（　　）g/L 的葡萄作为浓甜葡萄酒的原料。

项目五 答案

② [填空题] 提高葡萄汁含糖量的方法有（　　）和（　　）两种。

③ [单选题] 白蜜甜尔酒的生产工艺流程中不包括（　　）。

A. 破碎　　　　　B. 压榨　　　　　C. 浸渍　　　　　D. 澄清

④ [单选题] 干葡萄酒加糖法中，为了提高葡萄酒的酒精浓度，可调配（　　）% 以上的原白兰地或精制酒精。

A.75　　　　　B.80　　　　　C.85　　　　　D.90

⑤ [多选题] 麝香浓甜葡萄酒的辅料有（　　）。

A. 果胶酶　　　　　B.SO_2　　　　　C. 酵母　　　　　D. 维生素

⑥ [多选题] 生产浓甜葡萄酒的主要方法包括（　　）。

A. 干葡萄酒加糖法　　B. 酿制法　　　　C. 加酒精法　　　　D. 兑制法

⑦ [判断题] 干葡萄酒中加糖生产浓甜葡萄酒时，添加的糖主要是砂糖。（　　）

⑧ [判断题] 生产麝香浓甜葡萄酒时，需要浸渍皮碴 12 ～ 18h，以提高葡萄汁中香味物质的浓度。（　　）

思考题

① 写出酿制浓甜葡萄酒的生产工艺流程，并对主要操作点加以说明。

② 请谈谈麝香浓甜葡萄酒生产时的注意事项。

③ 结合你的实际操作经验，说说如何利用干葡萄酒生产浓甜葡萄酒。

④ 根据你的实践经验，说说如何采用兑制法生产甜葡萄酒。

⑤ 试分析一下如何提高葡萄汁的含糖量。

项目六
加香葡萄酒（味美思）酿造技术

6.1 知识准备

6.1.1 概念

味美思酒起源于欧洲，属苦味型加香葡萄酒，它以苦艾为主要香料配制而成，已成为葡萄酒的一个类型，以意大利的甜味美思和法国干味美思最为著名。意大利甜味美思的特点为香气柔和，口感充实，后味悠长，酒精含量一般在 16% 左右，糖度为 16% 左右。法国干味美思特点为干冽、清雅，酒精含量为 18% 左右，糖度在 4% 左右。中国味美思属意大利型，在近百年的生产过程中，通过对中药配比和加工工艺等多方面的摸索，使产品独具风格，可称为中国类型。

味美思按色泽分为红、桃红、白三种；按糖分可分为甜、干几种类型。

6.1.2 生产加香葡萄酒（味美思）对原酒的要求

味美思选择弱香型的葡萄为原料，按干白葡萄酒的工艺生产。不同的产品根据其特点，可采用不同方法贮藏。对于白味美思，特别是清香产品，一般采用新鲜的、贮存期短的白葡萄原酒，为此，贮存期间应添加二氧化硫，以防止酒的氧化，一般控制游离二氧化硫含量为 40mg/L。红味美思和以酒香、药香为特征的产品往往采用氧化型白葡萄原酒，原酒贮存期较长，部分产品的原酒需在橡木桶中贮存，氧化型原酒贮存期间可以不加或少加二氧化硫。酒精含量为 11% ～ 12% 的原酒用白兰地或食用酒精加强到 16% ～ 18% 之后贮存。新木桶单宁及其他可浸出物含量高，原酒贮存时间不宜过长，一般在新木桶中贮存一段时间后移到老木桶中继续贮存。

6.2 实训任务

【实训目的】

① 使学生了解和掌握加香葡萄酒（味美思）的操作要点及工艺流程。

② 能够进行加香葡萄酒（味美思）的酿造。

【实训要求】

① 4 ～ 5 人为一小组，以小组为单位，从选择、购买原辅料及选用必要的加工机械设备开始，让学生掌握加香葡萄酒酿造的工艺流程，掌握操作过程中的品质控制点，抓住关键操作步骤，能利用各种原辅材料的特性及加工中的各种反应，使最终的产品质量达到应有的要求。

② 学生进入实训室后必须严格遵守实训室的相关规则，详细记录实训过程中的每一步操作要点，实训结束时上交一份书面的实训报告。

【材料、设备】

酿造加香葡萄酒的原酒、芳香植物、药材、酒精、白砂糖。

设备主要有果汁压榨机、高速匀浆机、灌酒机等，贮藏容器主要有发酵罐、贮酒罐等。

【工艺流程】

味美思生产工艺流程如图 3-18 所示。

图 3-18　味美思生产工艺流程

在混合和交合味美思酒的各个组成成分以前，预先要把作为酒基用的葡萄酒与作为香味用的芳香植物进行处理。

【操作要点】

（1）葡萄酒原酒的制备

将酿酒红葡萄进行分选除梗破碎，在进行葡萄破碎时，要针对不同质量的原料同时按葡萄质量加入 40 ~ 60mg/L 的 SO_2。在进罐量达到要求时需加入果胶酶处理，满罐后应立即检测葡萄浆的各项理化指标，按照工艺要求对其成分进行调整。接种葡萄酒酵母一般用量为 250mg/L，约为 2% ~ 3%，红葡萄酒的发酵温度应控制在 24 ~ 30℃范围内，需要定期测定发酵液的浓度和温度，大约 1 个月经过换桶即可形成葡萄酒原酒。

（2）葡萄酒的加胶澄清法

作为酒基用的葡萄酒，虽然来自清明的白葡萄酒，但因经常带有一点儿浑浊或轻度的失明，所以需要做好澄清工作，以便达到晶亮状态。

在保存葡萄酒的酒池中，添加少量的明胶，采用一次加胶法，以达到澄清作用。

在加胶时，可加皂土或者不加皂土。加胶后，胶体抽取和吸附全部葡萄酒杂质，形成酒泥，沉积在池底。

将加胶后形成的酒泥与葡萄酒分开，即可获得晶亮的葡萄酒。

（3）从芳香植物制取芳香抽提物

所有芳香植物都不能照原样使用，它们都应该以抽提物的形式混合在葡萄酒中。制取芳香抽提物的方法主要有以下几种：

① 静浸法　就是把芳香植物直接盛放在浸渍槽或池中静止浸泡。

② 动浸法　这种方法应用最为广泛，其方法是将全部芳香植物盛放在一个浸渍池中，加满酒精溶液，浸泡 8 ~ 15d；每天将芳香植物翻动 2 次，以使原料全部浸没在液体中。这种方法所得抽提液含有酒度 45% ~ 55%，呈琥珀色，带着绿色的反映底色，具有浓郁的芳香气味和极苦的口味。

③ 渗滤法　渗滤法是在倒置的圆锥形桶内或圆柱形桶内进行的。桶内都装有可移动的假底或滤筛。它与动浸法的区别是不用溶剂把芳香原料一下全部遮盖起来，或一下就浸没起来，而是首先用少量溶剂将原料湿润，然后用其余溶剂慢慢地流过芳香物质，完成抽提工作。这个抽提方法操作比较繁杂，酒精损失量大，因此实际生产中很少采用。

④ 消化法或煮解法　它与动浸法的区别只是温度的不同，消化法是在 60℃时进行的动浸法。因为在高温下，浸提速度快，能够在 24h 内完成抽提。消化法或煮解法所得到的抽提液，比动浸法所获得的芳香抽提物质量差；因为在高温条件下，芳香物容易挥发损失，且易发生氧化等不利反应，使芳香浸提物的质量降低。

⑤ 蒸馏法　运用蒸馏法能从芳香植物中分开不挥发的固定物，取得比较纯粹的香精或芳香成分。

总之，不论采用何种方法取得芳香抽提物，均可使味美思酒同时获得良好的香气和满意的口感。

（4）各种配料的混合

对于各种配料的混合，没有什么特殊要求，一般的混合方法是利用特制的混合桶、一套泵和管道，系统地来完成这一操作。混合桶有多种式样，有溶解桶、缓冲池或装有螺旋搅拌器的搪瓷罐、搪玻璃罐等。混合时，应依照规定的配方，按规定的比例，将味美思的配料全部混合在作为酒基用的葡萄酒中。

混合开始，应先将砂糖溶解在葡萄酒中，再加入精馏酒精，然后分批、分期加入芳香抽提物，最后添加焦糖色，制成红味美思酒粗品。然后，全部混合物以极慢的速度进行翻拌，持续 2d，才能获得均匀一致的混合液，即新酒。

因为全部混合操作程序都是在密封的循环系统中进行的，并不接触空气，所以，各种配料都可保存着它们原有的芳香强度和口味强度。

新酒在粗制的初生状态，发出的香气和口味是完全没有秩序的，并不适应众所周知的香气要求和口味要求。为了协调这种新酒的香气和口味，应该将其贮存老熟数个月，一般习惯 3 ~ 4 个月。

新酒在老熟过程中，各种酒香和酒味常常是相互冲突的，彼此发生矛盾，有的减退，有的增强，逐渐变化，最后达到辩证统一。

在出现一个新的香气之前，常会经历一套逐步变得牢固的反应过程；新的香气在形成初期是微弱的，拘谨的，以后就逐渐变得强烈。其他香种也依此类推。此后，味美思酒的香气和口味即可达到恰当的平衡状态，且各有其典型性。

（5）味美思酒的稳定

味美思酒在老熟过程中经过数个月的静止存放以后，还要经过一系列的稳定处理，如冷处理和热处理。

为了使味美思酒能够忍受低温的刺激而不发生沉淀，须将味美思进行冷冻，一般将其在 −8℃或 −9℃冷冻 10 多天。通过冷冻处理，可以促使味美思酒的部分物质迅速沉淀；如果这些物质不除去，就会变为沉淀而使酒失去透明度。

为了使味美思酒能耐高温而不发生微生物危险，须进行巴氏杀菌，即将味美思酒加热到 75℃，维持 12min。经过加热处理，葡萄酒中的酵母或酶类被杀死或灭活。巴氏杀菌还能使某些有机物质（如蛋白质）凝固起来而使酒体发生轻微的晕化，丧失晶明透亮的外观。此时，应再经过一次精滤，使酒体重新变得晶明透亮。这种过滤作用也被称为过滤消毒作用。

（6）味美思酒的装瓶

制备味美思酒的最后一道工序就是装瓶。

在实验室的条件下，使用小型号装酒机，其流程包括洗瓶、照瓶、灌装、封盖、贴标等。

每一个瓶都需要经过慎重的清洗，为时约 20min，清洗后将烘干的酒瓶送入装酒机，精确地装酒液达到规定的刻度，没有任何损失。装酒完毕，即行封盖。最后，通过巷道式干燥器，利用热风的气流再将瓶烘干，然后依次经过贴标机贴标。酒瓶先用绵丝纸包扎，防止暴晒，以免引起酒色变化，然后将酒瓶排装在纸箱内。

【配方】

（1）例一：意大利式味美思酒

勿忘草 450g，龙胆根 40g，肉桂 300g，白芷 200g，豆蔻 50g，橙皮 50g，葛蒲根 450g，矢车菊 450g，紫菀 450g，苦艾 450g，精制酒精（85%）20L，甜白葡萄酒 380L。

（2）例二：法国式味美思酒

胡荽子 1500g，矢车菊 450g，苦橙皮 900g，石蚕 450g，鸢尾根 900g，肉桂 300g，苦艾 450g，干葡萄酒 400L，那钠皮 600g，丁香 200g。

上述各物混合以后，浸泡 5～10d，过滤，再放置 10～15d，澄清后再过滤一次或者用明胶澄清剂处理，静置澄清，除去酒脚即成。

（3）例三：中国式味美思酒

香菜籽 1000g，香草 550g，豆蔻 150g，白菖 200g，丁香 200g，肉桂 200g，香草豆 450g，紫苏叶 300g，苦艾 950g。

制作方法：香料与酒基调配方法比较简便。各种芳香植物品种较多，性能各异，一般分别处理。为方便起见，也可采用混合处理（浸泡），然后将香料混合在一起使用。

① 将配方中前 6 种药材研细，放于脱臭酒精加 10L 水的溶液中浸泡。

② 浸泡 10d 后，再将其他几味药材剪碎放入浸泡液中，补入脱臭酒精 18L、白葡萄酒 7L，搅拌均匀密闭，放在 50～55℃水浴中保温 1.5h，然后进行冷却。每天坚持两次摇动（20min 1 次），8d 后，采用虹吸法抽出上清液，与药渣压榨液混合，进行过滤即成备用的味美思香料液。

③ 一般每 100L 白葡萄酒，使用此香料液 1.5～2L。

④ 酒配成后，贮藏半年，装瓶前必须将酒过滤使其澄清透明。

【注意事项】

在味美思酒酿制过程中，必须注意各部分药材对葡萄酒特征和风味的影响，为了调整产品的口味，往往会使用一些蜂蜜、白砂糖、冰糖、柠檬酸以及食用色素等进行调色、调味，但需注意的是这些材料的使用很容易造成口感不协调、发涩、产生絮状沉淀等现象，因此，一定要特别注意口味的协调性，并且在澄清过滤方面加强注意。应尽量选用优质酒基，以上材料能不用时则尽量不用。另外，还要进行大量的试验，对不同温度与环境对产品的影响进行对比。

6.3 实训质量标准

味美思酒加工质量标准参考见表3–12。

表3–12 味美思酒加工质量标准参考

实训程序	工作内容	技能标准	相关知识	单项分值	满分值
1. 准备工作	（1）清洁卫生	能发现并解决卫生问题	操作场所卫生要求	3	10
	（2）准备并检查工器具	①准备本次实训所需所有仪器和容器 ②仪器和容器的清洗和控干 ③检查设备运行是否正常	①本次实训内容整体了解和把握 ②清洗方法 ③不同设备操作常识	7	
2. 原辅料的选择	原料和辅料的选择	①选用合适的葡萄原酒和合适的配料 ②按照要求对原辅料进行处理	①葡萄原酒质量标准 ②辅料的特点和作用及使用方法	10	10
3. 葡萄原酒的澄清处理	二氧化硫处理、澄清处理	能按操作规范进行二氧化硫处理、澄清处理	二氧化硫处理、澄清处理	10	10
4. 芳香植物抽提液制取	芳香植物抽提液制备	能合理提取芳香植物抽提液	芳香植物抽提液提取制备的方法和注意事项	10	10
5. 调配	各种配料的混合	能按操作规范进行各种配料混合	混料的顺序和预处理方法	20	20
6. 后处理	（1）稳定处理	能灵活运用冷、热处理的方法进行稳定处理	稳定处理的方法和注意事项	10	20
	（2）贮酒	能进行酒的贮存	贮存的方法和注意事项	10	
7. 包装	包装	能使用正确的包装方法	包装的注意事项	5	5
8. 实训报告	（1）实训内容	实训完毕能够写出实训具体的工艺操作	—	5	15
	（2）注意事项	能够对操作中主要问题进行分析比较	—	5	
	（3）结果讨论	能够对实训产品做客观的分析评价和探讨	—	5	

6.4 考核评价

【考核内容】

考核内容及参考评分见表 3-13。

表 3-13 考核内容及参考评分

考核内容		满分值	水平/分值			
			及格	中等	良好	优秀
清洁卫生		3	1	2	2	3
准备并检查工器具		7	4	5	6	7
原辅料的选择准备		10	6	8	9	10
原酒的澄清处理		10	6	8	9	10
芳香植物抽提液制取		10	6	8	9	10
调配		20	12	16	18	20
后处理	稳定处理	10	6	8	9	10
	贮酒	10	6	8	9	10
包装		5	3	4	4	5
实训内容		5	3	4	4	5
注意事项		5	3	4	4	5
结果讨论		5	3	4	4	5

【考核方式】

实训地现场操作。

6.5 常见问题分析

口味的不协调：味美思酒酿制时所使用的各材料会对葡萄酒特征和风味产生一定的影响。所以要做大量的调配试验，调整好产品的口味，还应尽量选用优质酒基。

6.6 练习与思考题

练习题

① [填空题] 对于白味美思，贮存期间应添加（　），以防止酒的氧化。　项目六 答案

② [填空题] 味美思酒的杀菌方式为（　），其杀菌条件为：加热到（　）℃，维持（　）min。

③ [单选题] 下列哪个不属于味美思酒的颜色？（　）

A. 宝石红　　　　　　B. 桃红　　　　　　C. 白色　　　　　　D. 金黄色

④ [多选题] 味美思酒在调配过程中一般加入（　）。

A. 明胶　　　　　　B. 药材　　　　　　C. 酒精　　　　　　D. 芳香植物

⑤ [多选题] 制取芳香抽提物的方法主要有（　）。

A. 静浸法　　　　　B. 动浸法　　　　　C. 渗滤法　　　　　D. 蒸馏法

⑥ [判断题] 在保存葡萄酒的酒池中，采用多次加胶法，以便达到澄清作用。（　）

⑦ ［判断题］味美思酒在老熟过程中经过数个月的静止存放以后，还要经过一系列的稳定处理，如冷处理和热处理。（　　）

思考题

① 写出味美思酒的生产工艺流程，并对主要操作点加以说明。

② 味美思酒与起泡葡萄酒有何区别？

③ 生产味美思酒时主要的配料有哪些？

④ 根据你的实践经验，分析一下如何利用我国丰富的植物资源，发展味美思酒和特色果酒。

项目七

葡萄白兰地酿造技术

7.1　知识准备

7.1.1　概念

白兰地是一种蒸馏酒，主要由葡萄酒或其他果酒经过蒸馏器进行蒸馏而制成。白兰地最初起源于法国，现已在全球范围内得到广泛的生产和消费。白兰地一般有不同的年份和等级，并根据其年龄和特定贮存条件得到分类。白兰地的颜色通常是无色或略带黄色，它具有果香和橡木桶的香味，并且呈现出浓郁而复杂的口感，香味可长时间在嘴里停留。白兰地常作为烈酒饮用，可以纯饮、加冰或调制各种鸡尾酒，也可以作为食物调料，广泛应用于欧洲和其他地区的料理中。

7.1.2　酿造白兰地的葡萄品种

随着我国白兰地生产的逐步发展，近年来白玉霓等适合酿造白兰地的葡萄品种被大量引种。此外，在我国现有的葡萄品种中，白羽、白雅、佳利酿、米斯凯特也比较适合酿造白兰地。而酿造白兰地的辅助品种是白福尔和鸽龙白，这两个品种占葡萄品种的10%。然而，酿造白兰地的葡萄品种并不限于这些，因为白兰地的风格和口感是由多种因素共同作用的结果，而不仅仅取决于酿酒用葡萄品种。相比于葡萄品种，白兰地的酿制过程更加重要，例如葡萄采摘的成熟度、浸汁和蒸馏的方式、贮存的时间和条件等都会影响白兰地的风味。

7.2　实训任务

【实训目的】

①使学生了解和掌握白兰地生产的工艺流程。

②能够进行白兰地的酿造。

【实训要求】

①4～5人为一小组，以小组为单位，从选择、购买原辅料及选用必要的加工机械设备开始，让学生掌握白兰地生产的工艺流程，掌握操作过程中的品质控制点，抓住关键操作步骤，能利用各种原辅材料的特性及加工中的各种反应，使最终的产品质量达到应有的要求。

②学生进入实训室后必须严格遵守实训室的相关规则，详细记录实训过程中的每一步操

作要点，实训结束时上交一份书面的实训报告。

【材料、设备】

酿造白兰地的优良品种，如白羽、白雅、龙眼等。

设备主要有葡萄破碎机、果汁分离机、果汁压榨机、高速离心机、灌酒机等，贮藏容器主要有发酵罐、贮酒罐、蒸馏锅等。

【工艺流程】

白兰地作为一种蒸馏酒，其生产工艺可谓独道而精湛，其流程如图 3-19 所示。

【操作要点】

（1）白兰地原料酒发酵方法

通常用白葡萄酒，其单宁含量低，总酸含量高，杂质少，蒸馏的白兰地醇和柔软。原料酒的发酵工艺与传统法生产白葡萄酒的相同。发酵温度控制在 30 ~ 32℃，发酵 4 ~ 5d。当发酵完全停止时，残糖已达到 0.3g/L 以下，在罐内进行静止澄清，然后将上部清酒与酒脚分开，清酒与酒脚分别单独蒸馏。

① 自流汁发酵　白兰地原料酒常采用自流汁发酵，原酒应含有较高的滴定酸度，以保证发酵能顺利进行，有益微生物能充分繁殖，而有害微生物受到抑制。发酵温度应控制在 30 ~ 32℃，时间为 4 ~ 5d。当发酵完全停止时，残糖已达到 3g/L 以下，挥发酸度 ≤ 0.05%，在罐内静置澄清，然后将上部清酒与脚酒分开，取出清酒即可进行蒸馏，脚酒单独蒸馏。整个葡萄加工以及发酵、贮存期间不得使用二氧化硫、偏重亚硫酸钾等防腐剂，因使用二氧化硫时蒸馏出来的原白兰地带有硫化氢、硫醇类物质臭味，并会腐蚀蒸馏设备。

② 自然发酵　目前国内各葡萄酒厂，白兰地原料酒的发酵多采用自然发酵，国外的情况也是如此。自然发酵的优越性，除表现在大生产条件下工艺操作方便外，其所得产品质量也很优异。成熟的葡萄果实表面栖息着各种各样的微生物。所谓自然发酵是指葡萄破碎以后不经杀菌，也不接种任何菌种，就直接进行发酵。葡萄果粒表面具有各种微生物，随着破碎的葡萄一起转入发酵池或发酵桶内，在嫌气性的环境里，各种好气菌的繁殖受到抑制，而嫌气性的葡萄酒酵母菌的繁殖则占了绝对的优势。此外，葡萄汁低的 pH 值，也阻止了杂菌的繁殖。由于上述原因，在自然发酵的过程中，只有其中的各种酵母菌得以繁殖，在某种意义上讲，这和用纯粹培养的葡萄酒酵母进行人工发酵，

图 3-19　白兰地生产工艺流程

没有多大差别。

野生酵母的种类非常多，它们的性质也相差非常远。有的生香性能强，有的生香性能弱，不同种类的酵母，所产生的香气成分也是不相同的。自然发酵的葡萄酒，是葡萄果粒表面各种野生酵母综合作用的结果。

科涅克白兰地原料酒是自然发酵的产物。有的法国葡萄酒专家说，科涅克原料葡萄酒的发酵，没有专门的酿酒师，任其自然发酵，就符合工艺要求。参与科涅克原料酒发酵的酵母菌，主要是野生的葡萄酒酵母（*Saccharomyces ellipsoideus*），这种酵母酒精发酵力强，有的可产生 14% 的酒精浓度，但只产生很少的酯类。另外还有多种野生酵母参与白兰地原料葡萄酒的发酵，如尖端酵母（*Saccharomyces apiculatus*），这种酵母酒精发酵能力很弱，但发酵能产生很多酯类；再如发酵性毕赤酵母（*Pichia fermentans*）及克鲁斯假丝酵母（*Candida krusei*），这两种酵母能产生多量的某酸乙酯及多量的某酸戊酯。

上述各种野生酵母栖息在葡萄园的土壤中，随着风吹尘土，飘扬在空气中。当野生酵母落到成熟葡萄的果粒表面上时，即可得到它们所需的养分，便大量繁殖起来。

③ 酵母发酵 俄罗斯有的白兰地工厂，发酵白兰地原料酒，采用加酵母发酵的方法。他们的做法是分离的果汁不经杀菌，往其中加入 1%～1.5% 纯粹培养的酵母菌，用人工酵母的优势压倒野生酵母。在国外，用于葡萄酒生产的酵母，已制成酵母干粉，真空包装出售。如法国巴黎洛萨夫雷公司是专门生产酵母的工厂，该公司生产的葡萄酒酵母室温下可放 6～12 个月。这种干酵母用于生产是很方便的。

（2）白兰地的蒸馏方法

蒸馏是将酒精发酵液中存在的不同沸点的各种醇类、酯类、醛类、酸类等通过不同的温度用物理的方法将它们从酒精发酵液中分离出来的过程。白兰地的质量一方面取决于自然条件和葡萄原酒的质量；另一方面取决于所选用的蒸馏设备和方法。白兰地的蒸馏方式主要有非连续性壶式蒸馏和连续性塔式蒸馏。壶式蒸馏包括夏朗德壶式蒸馏法，塔式蒸馏包括雅马邑白兰地蒸馏。

（3）白兰地的储藏

白兰地必须在橡木桶中陈酿，最好使用粗纹橡木，因为这类橡木与细纹橡木相比，氧的穿透力和高分子单宁的浸出率都相对较强。橡木桶的加工工艺也会影响白兰地的特征和质量。

（4）白兰地的调配

我国成品白兰地的酒度为 38%～44%（体积分数）。降低白兰地的酒精度，不能直接加水，否则会影响白兰地的质量，应先加入少量白兰地用蒸馏水稀释，使其酒度达 27%（体积分数），储藏一段时间后再将稀释后的白兰地加进高酒度白兰地中。但不能一下子突然将白兰地的酒度降至需要点，而应逐渐降低，即稀释白兰地的加入应分次进行，使每次降低的酒度为 8%～9%（体积分数）。每次降低酒度后，应进行过滤并储藏一定时间。

（5）冻处理

白兰地在装瓶前应进行冷冻处理，以提高白兰地稳定性，改善白兰地风味。一般控制在 -14℃左右，72h。

（6）过滤

在冷冻处理完成后，需要将白兰地沉淀分离出去，通常采用棉饼过滤机、板框过滤机或是纸板过滤机进行过滤获得澄清酒质。

（7）封装

在装瓶前需要对白兰地进行检验，然后装瓶。

7.3 实训质量标准

白兰地加工质量标准参考见表3-14

表3-14 白兰地加工质量标准参考表

实训程序	工作内容	技能标准	相关知识	单项分值	满分值
1. 准备工作	（1）清洁卫生	能发现并解决卫生问题	操作场所卫生要求	3	10
	（2）准备并检查工器具	①准备本次实训所需所有仪器和容器 ②仪器和容器的清洗和控干 ③检查设备运行是否正常	①本次实训内容整体了解和把握 ②清洗方法 ③不同设备操作常识	7	
2. 原辅料的选择	原料和辅料的选择	①选用合适的葡萄品种和合适的配料 ②按照要求对原辅料进行处理	①葡萄原料质量标准 ②辅料的特点和作用及使用方法	5	5
3. 原料的预处理	破碎除梗	能按照要求除去果梗，将葡萄破碎	除梗破碎的操作要点	5	5
4. 分离	压榨、澄清、葡萄汁成分调整	能按操作规范进行压榨、澄清、葡萄汁成分的调整	压榨、澄清处理、葡萄汁成分调整的方法	10	10
5. 菌种制备	酵母菌活化和发酵剂制备	能选择合适酵母并进行酵母菌活化和发酵剂的制备	酵母菌活化和发酵剂制备的方法和注意事项	10	10
6. 发酵	发酵控制	能合理控制发酵的进程	发酵条件控制的方法和注意事项	10	10
7. 蒸馏	蒸馏操作	能进行蒸馏操作	蒸馏操作的注意事项	10	10
8. 贮酒	贮酒陈酿	在贮存中进行酒的陈酿	贮存的方法和注意事项	10	10
9. 勾兑	加糖、着色、加香等	能进行加糖、着色、加香的操作	各工序注意事项	5	5
10. 冷冻、过滤	冷冻、过滤操作	能进行冷冻、过滤操作	冷冻、过滤的注意事项	5	5
11. 包装	包装	能使用正确的包装方法	包装的注意事项	5	5
12. 实训报告	（1）实训内容	实训完毕能够写出实训具体的工艺操作	—	5	15
	（2）注意事项	能够对操作中主要问题进行分析比较	—	5	
	（3）结果讨论	能够对实训产品做客观的分析评价和探讨	—	5	

7.4 考核评价

【考核内容】

考核内容及参考评分见表 3-15

表 3-15 考核内容及参考评分

考核内容	满分值	水平 / 分值			
		及格	中等	良好	优秀
清洁卫生	3	1	2	2	3
准备并检查工器具	7	4	5	6	7
原辅料的选择准备	5	3	4	4	5
原料的预处理	5	3	4	4	5
分离	10	6	8	9	10
菌种制备	10	6	8	9	10
发酵	10	6	8	9	10
蒸馏	10	6	8	9	10
贮酒	10	6	8	9	10
勾兑	5	3	4	4	5
冷冻、过滤	5	3	4	4	5
包装	5	3	4	4	5
实训内容	5	3	4	4	5
注意事项	5	3	4	4	5
结果讨论	5	3	4	4	5

【考核方式】

实训地现场操作。

7.5 常见问题分析

（1）铁污染

白兰地酒中铁含量超过 1.3 ～ 1.5mg/L 时，会出现不同程度的色泽发灰、发暗，严重的甚至呈褐绿色，这不仅影响酒的外观，而且降低酒体的稳定性。这种情况应单独集中处理，一般用离子交换法、植酸法等方法处理，但效果不是十分理想，因而在酿制过程中一定要注意预防铁污染。

（2）铜污染

铜在白兰地酿造中是酯香产生的催化剂，但含量过多会造成污染。当铜含量超过 6mg/L 时，白兰地会出现棕绿色。铜过量的原白兰地需重新蒸馏。

（3）橡木味过重

新木桶内存放的白兰地由于倒桶不及时往往带有浓重的橡木味，口感苦涩，香气腻人。此时应将白兰地立即倒入旧木桶中，在使用时可按比例添入，作为调香酒用。

（4）杂醇油味或其他不正常味道

有病害的葡萄酒、发酵不正常的原酒蒸馏得到的白兰地会具有腐烂、带硫黄气味等不正常味道。而白兰地原酒蒸馏时如"掐头去尾"不当（尤其是皮渣原白兰地），易产生杂醇油味（主要是异戊醇等高级醇含量偏高）。由于蒸馏不当产生不良味道时，应将原白兰地重新蒸馏；而其他原因造成的异味可以用木炭或石蜡处理，效果较好。

7.6 练习与思考题

练习题

① ［填空题］酿造白兰地应采用的葡萄品种为（   ），要求（   ）度较低，（   ）度较高。

项目七 答案

② ［填空题］国际上白兰地的标准酒精含量是（   ）（体积分数），我国一般为（   ）（体积分数）。

③ ［单选题］下列哪个葡萄酒酿造过程中具有蒸馏工序？（   ）

A. 干红葡萄酒　　　　B. 桃红葡萄酒　　　　C. 白兰地　　　　D. 起泡葡萄酒

④ ［单选题］白兰地的储存容器是（   ）。

A. 玻璃瓶　　　　B. 橡木桶　　　　C. 陶瓷容器　　　　D. 不锈钢罐

⑤ ［多选题］白兰地原料酒发酵方法有（   ）。

A. 自流汁发酵　　　　B. 密封发酵　　　　C. 自然发酵　　　　D. 酵母发酵

⑥ ［多选题］白兰地陈酿过程中的变化包括（   ）。

A. 体积减小　　　　B. 酒精度降低　　　　C. 单宁增加　　　　D. 酸度增加

⑦ ［判断题］白兰地原料酒在发酵过程中可以加入二氧化硫。（   ）

⑧ ［判断题］储藏时间越长，白兰地的质量越好。（   ）

思考题

① 为什么要进行酒的蒸馏？如何蒸馏？

② 如何进行白兰地的生产？

③ 怎样储藏白兰地，有哪些要求？

项目八

贵腐葡萄酒酿造技术

8.1 知识准备

8.1.1 概念

贵腐葡萄酒是一种高档的天然葡萄酒，以发生贵腐的葡萄为原料酿制而成。引起贵腐的真菌为灰霉（*Botrytis cinerea* Pers.），灰霉在生长过程中产生的一些次生代谢物质赋予和丰富了葡萄的风味。

贵腐酒形成原因是能附着于葡萄皮上的霉菌、酵母及细菌等各种微生物的种类很多，而"贵族霉"的特殊之处在于：若附着在尚未成熟的葡萄皮上，则会导致葡萄的腐烂，故果农们很讨厌它；但它若附着于已经成熟的葡萄皮上，则会繁殖而穿透葡萄皮，促使葡萄中的水分得以挥发，从而使葡萄中的糖分、有机酸等有效成分呈高度浓缩的状态。而且这种菌还能进行一定程度有效的自然发酵，使最终酿成的产品在同类的甜型葡萄酒中显示出超群的风采。

贵腐甜酒的颜色金黄，越陈年越会变成琥珀色或橘红色。贵腐葡萄除了甜度非常高之外，还会产生让口感更润的甘油及特殊香气，如水果干、蜂蜜、葡萄干与贵腐霉的浓郁香味。

8.1.2 生产贵腐葡萄酒对葡萄的要求

酿制贵腐甜白葡萄酒，必须使用感染了贵腐霉菌（*Botrytis cinerea*）的健康的成熟白葡萄，需要多次人工采摘。在法国产区包括赛芙蓉、长相思、慕斯卡岱尔这 3 个葡萄品种。贵腐霉菌会使葡萄失去水分，因而糖分增浓。贵腐甜白葡萄酒需有 221g/L 的含糖量，并达到至少 12.5° 的酒精含量。其中最主要的品种赛芙蓉，具有皮薄容易感染霉菌的特性，故为酿造波尔多贵腐甜酒最主要的品种。仅有个别酒庄采用 100% 的赛芙蓉，而一般酒庄约只使用 70%～80% 的赛芙蓉。次要品种长相思，会被酒庄拿来做另外约 20% 的调配，以增添酸度和香气。而长相思葡萄感染贵腐霉菌的条件没有赛芙蓉葡萄好。再次要品种麝香，具有麝香味，有时酒庄也会添加一些麝香葡萄调配。

通常在九月底，葡萄由青黄色变成金黄色。此时葡萄已相当甜，每升含 200g 以上的糖分。葡萄感染贵腐霉菌后，由金黄色变成红褐色。菌丝穿透葡萄皮吸取葡萄内部的水分和糖分，经过这样的脱水过程糖分被浓缩，葡萄干缩成所谓的糖渍（confit）时就能采收，这时糖含量已高达每升 340g 甚至更高。

在德国产区则主要使用雷司令酿造贵腐甜酒，这种葡萄酿出的酒酒香馥郁，口感清爽。以手工采摘因为受到贵腐菌感染而完全萎缩的葡萄干或葡萄，由于一串葡萄当中每一粒果实被贵腐侵蚀的情况均不相同，所以必须由经过专门培训的熟练采收员一粒一粒挑选，只选用符合贵腐精选要求的葡萄。因酿制方法差异，贵腐酒的口感也不尽相同。但是，并非所有受霉菌感染的葡萄所酿制的酒都是高贵的，如果受感染的是未成熟的或受损的葡萄，灰霉会迅速分解葡萄皮。

8.2 实训任务

【实训目的】

①使学生了解贵腐葡萄酒酿造的工艺流程。

②能够进行贵腐葡萄酒的酿造。

【实训要求】

① 4～5 人为一小组，以小组为单位，从选择、购买原辅料及选用必要的加工机械设备开始，让学生掌握贵腐葡萄酒酿造的工艺流程，掌握操作过程中的品质控制点，抓住关键操作步骤，能利用各种原辅材料的特性及加工中的各种反应，使最终的产品质量达到应有的要求。

②学生进入实训室后必须严格遵守实训室的相关规则，详细记录实训过程中的每一步操作要点，实训结束时上交一份书面的实训报告。

【材料、设备】

酿造贵腐甜葡萄酒的优良品种，如赛芙蓉、长相思、雷司令、麝香等。

主要设备有葡萄破碎机、果汁分离机、果汁压榨机、高速离心机、灌酒机等，贮藏容器主要有发酵罐、贮酒罐等。

【工艺流程】

贵腐葡萄酒生产工艺流程如图 3-20 所示。

图 3-20　贵腐葡萄酒生产
工艺流程

流程图文字：
葡萄原料
↓ 分选
感染灰葡萄孢的成熟葡萄
↓ 低温压榨
SO_2 ⟶ 浓葡萄汁
↓ 澄清
清葡萄汁
↓ 发酵
终止发酵 ⟵ SO_2
↓ 低温陈酿
硅藻土过滤
↓ 冷冻、除菌过滤
灌装
↓
贵腐葡萄酒

【操作要点】

（1）采摘、分选

由于葡萄感染贵腐病的程度不同，一般需要进行几次分选采摘，在一些特殊的年份甚至要一粒一粒地挑选。采摘果实含糖量 ≥ 200g/L、总酸 6 ～ 8g/L 的白葡萄，采收后将霉烂果、生青果剔除。由于气候条件不同，每年采摘的葡萄在成熟度、糖分上是不相同的。因此，即使采用同一地区、同一葡萄园、同一品种的葡萄制得的葡萄酒，也能很明显地分辨出来。

（2）低温压榨

采下的葡萄必须尽快压榨，装葡萄的容器不能太深，以免在运输的过程中因为挤压而流汁。如果加工过程中对葡萄的操作过于粗糙，会产生大量的渣滓，而且会使葡萄汁带有很重的生青味，比较理想的方法是重力法。

比较理想的是横式螺旋压榨机，这种机器操作简单而且出汁率很高。最后压榨汁的含糖量最高，但铁和单宁的含量也很高。最后压榨汁可以跟其他汁混合使用，但要注意铁和单宁的含量不要超标。

（3）添加二氧化硫

二氧化硫的添加量是 30 ～ 60mg/L，其在贵腐酒中的主要作用：一是，发酵启动之前抑制酵母的活动，从而有利于葡萄汁的澄清除渣；二是，破坏葡萄汁中的抗菌物质，使酒精发酵变得更容易；三是，对微生物进行筛选，它可以抑制醋酸菌的活动，降低挥发酸的含量，它还可以抑制发酵性能较弱的酵母，因为这些酵母产生很多不希望得到的二次产物，它们的繁殖实际上是在浪费糖分。

（4）发酵前葡萄汁的澄清

由于葡萄汁含糖量太高，再加上细菌产生的胶体，葡萄汁非常黏稠，以及葡萄汁中的悬浮物很难通过简单的重力作用而沉淀，因此发酵前需对葡萄汁进行澄清。采用低温沉降法，即把温度降到 0℃，保存 3 ～ 4d，较大的悬浮物基本上沉降，这时的浑浊度在 500 ～ 600NTU。这个浑浊度对贵腐酒来说，不仅没有危害，反而会增加酒的厚实感。

（5）发酵

贵腐酒的发酵一般在橡木桶中进行，因为橡木桶具有一定的通气性，可以给酵母菌持续而缓慢地供氧，因此贵腐酒在橡木桶中的发酵活力要比在不锈钢罐中的强，这就是为什么同样的葡萄汁在橡木桶中发酵要比在不锈钢罐中发酵产生的酒精多。此外，用橡木桶方便于对不同时间、不同地块和不同质量的葡萄汁进行单独发酵。

维持稳定的发酵需要有完整的养分，可向葡萄汁中添加维生素 B_1、生物素、泛酸、氮源等。原因是霉菌在葡萄上长出菌斑时会消耗一些氨基酸和相当部分的维生素，除此之外，还有与亚硫酸盐能形成化合物的物质，如丙酮、α- 酮戊二酸等。

（6）终止发酵

当酒精发酵进行到一定的程度时，需要加入二氧化硫终止发酵，用量为 20 ～ 30mg/L，过几天后调节到 60mg/L。发酵终止的时间根据原料含糖量而定，一般来讲当残糖的潜在酒精度跟实际酒精度的个位数相等时酒的口感比较好，比如 3+13、4+14 和 5+15。

（7）陈酿

陈酿需用橡木桶，储存温度控制在 5～10℃，陈酿时间一般为数月，通过定期品尝决定出桶时间。通常要在橡木桶中保存 12～18 个月，有的需要两年。经过储存的酒口感更加细腻，而且带有水果罐头和烤杏仁的香气。在储存过程中每周进行一次添桶，添桶时，桶口的卫生非常重要，因为酒中有大量的残糖，如果感染酵母菌酒会再次发酵。储存过程中要定期进行倒桶，第一次倒桶一般在天气刚刚变冷的时候，这次倒桶的作用是除掉粗糙的酒泥，倒桶完毕后要对木桶进行严格的清洗。第一次倒桶后，每 3 个月进行一次倒桶，直到装瓶为止。在装瓶之前，还要对每一桶酒进行品尝。

（8）过滤澄清

与一般葡萄酒相比，贵腐葡萄酒的浸出物含量高且保留有很多的残糖，其澄清是比较困难的。发酵结束后的贵腐葡萄酒，温度控制在 5℃以下。可用硅藻土过滤澄清，过滤后贵腐葡萄酒澄清透明，呈淡金黄色，香味也损失很小。

（9）灌装

将已经澄清处理好的贵腐酒灌入玻璃瓶中，灌装之前确保：所有器具洗刷干净、无菌，灌装室要保持一定的温度，操作人员工作衣帽达卫生要求；装酒的高度不能过高也不能过低；灌装过程中尽可能少接触空气，灌后立即封口，保证无渗漏和漏气。

（10）成品

贵腐葡萄酒呈亮丽的金黄色，第一次闻香会感觉到香气不是很宽阔，但如果细细品味便会感觉到蜂蜜、杏子、桃子、椴花、丁香花、刺槐花、薄荷、烤杏仁、香料和香草的复杂香气，酒的口感非常丰富，酒体圆润丰满，酸味持久而柔和。该酒可以长期保存，久的可以达到百年不衰，在经过长期储存后会带有木瓜、无花果和榛子的特殊香气。

8.3 实训质量标准

贵腐葡萄酒加工质量标准参考见表 3-16。

表 3-16 贵腐葡萄酒加工质量标准参考

实训程序	工作内容	技能标准	相关知识	单项分值	满分值
1. 准备工作	（1）清洁卫生	能发现并解决卫生问题	操作场所卫生要求	3	10
	（2）准备并检查工器具	①准备本次实训所需所有仪器和容器 ②仪器和容器的清洗和控干 ③检查设备运行是否正常	①本次实训内容整体了解和把握 ②清洗方法 ③不同设备操作常识	7	
2. 原辅料的选择	原料和辅料的选择	①选用合适的葡萄品种和合适的配料 ②按照要求对原辅料进行处理	①葡萄原料质量标准 ②辅料的特点和作用及使用方法	5	5
3. 原料的预处理	破碎除梗	能按照要求除去果梗，将葡萄破碎	除梗破碎的操作要点	5	5

实训程序	工作内容	技能标准	相关知识	单项分值	满分值
4. 葡萄汁的预处理	二氧化硫处理、澄清、葡萄汁成分调整	能按操作规范进行二氧化硫处理、澄清、葡萄汁成分的调整	二氧化硫处理、澄清处理、葡萄汁成分调整的方法	10	10
5. 菌种制备	酵母菌活化和发酵剂制备	能选择合适酵母并进行酵母菌活化和发酵剂的制备	酵母菌活化和发酵剂制备的方法和注意事项	10	10
6. 发酵	发酵控制	能合理控制发酵的进程	发酵条件控制的方法和注意事项	10	10
7. 澄清	澄清处理	能选择合适的方法进行澄清处理	澄清处理的方法和注意事项	10	10
8. 换桶	换桶	能进行换桶的操作	换桶操作的方法和注意事项	10	10
9. 贮酒	贮酒陈酿	在贮存中进行酒的陈酿	贮存的方法和注意事项	10	10
10. 包装	包装	能使用正确的包装方法	包装的注意事项	5	5
11. 实训报告	（1）实训内容	实训完毕能够写出实训具体的工艺操作	—	5	15
	（2）注意事项	能够对操作中主要问题进行分析比较	—	5	
	（3）结果讨论	能够对实训产品做客观的分析评价和探讨	—	5	

8.4 考核评价

【考核内容】

考核内容及参考评分见表 3-17。

表 3-17　考核内容及参考评分

考核内容	满分值	水平/分值			
		及格	中等	良好	优秀
清洁卫生	3	1	2	2	3
准备并检查工器具	7	4	5	6	7
原辅料的选择准备	5	3	4	4	5
原料的预处理	5	3	4	4	5
葡萄汁的预处理	10	6	8	9	10
菌种制备	10	6	8	9	10

考核内容	满分值	水平/分值			
		及格	中等	良好	优秀
发酵	10	6	8	9	10
澄清	10	6	8	9	10
换桶	10	6	8	9	10
贮酒	10	6	8	9	10
包装	5	3	4	4	5
实训内容	5	3	4	4	5
注意事项	5	3	4	4	5
结果讨论	5	3	4	4	5

【考核方式】

实训地现场操作。

8.5　常见问题分析

发酵过程中存在两个制约因素，一是葡萄汁的含糖量太高，抑制酵母菌的生长；二是为了满足自身的生长，贵腐霉菌吸收了葡萄汁中的养分，而且产生一种多糖性质的抗生素，这种抗生素影响了发酵的进程。为了改善发酵质量，通常要对酵母菌进行选择，选择时要考虑酵母菌的抗酒精能力和在不良环境中的产挥发酸能力。有的采用葡萄本身的野生酵母菌发酵，但发酵的启动相对比较困难。同时为了弥补被贵腐霉菌吸收掉的养分，需要在发酵过程中加入适量的氮。常用的氮有两种，一种是硫氨，添加量为 $100 \sim 150$ mg/L；另一种是硫胺素（thiamine），添加量为 0.5mg/L。硫胺素的使用比较广泛，因为它不仅可以满足酵母的生长，而且还可以对酮酸进行脱碳，减少了在葡萄酒保存阶段的二氧化硫的结合。

8.6　练习与思考题

练习题

项目八　答案

① ［填空题］引起贵腐的真菌为（　　　）。

② ［填空题］贵腐酒酿造所需的白葡萄要求含糖量高于（　　　）g/L，总酸在（　　　）g/L。

③ ［单选题］贵腐葡萄酒在发酵结束后，温度控制在（　　　）℃以下。

A. −5　　　　　　　　　B. 0　　　　　　　　　C. 5　　　　　　　　　D. 10

④ ［单选题］贵腐葡萄酒的澄清采用（　　　）。

A. 皂土　　　　　　　B. 硅藻土　　　　　　C. 明胶　　　　　　　D. 果胶酶

⑤ ［多选题］贵腐酒在发酵时，可以向葡萄汁中添加（　　　）。

A. 维生素 B_1　　　　　B. 生物素　　　　　　C. 泛酸　　　　　　　D. 氮源

⑥ ［判断题］贵腐葡萄酒呈亮丽的金黄色，可以长期保存。（　　　）

⑦ ［判断题］贵腐酒在橡木桶中的发酵活力要比在不锈钢罐中的强。（　　　）

思考题

① 写出酿制贵腐葡萄酒的工艺流程，并对主要操作点加以说明。

② 如何选择酿造贵腐葡萄酒的葡萄品种?

③ 请查阅文献资料，对比德国产区和法国产区的贵腐葡萄酒。

④ 根据你的实践经验，分析一下如何控制发酵速度。

思政小课堂

　　白兰地（酒精含量高达 60% ～ 70%）、白酒等蒸馏酒的酒度高，当代大学生应该"珍爱生命，远离酒精"。酒虽然是一种饮品，一种文化，可是并非是无害品，过度饮酒会造成严重后果。青少年饮酒可以导致身体不适，会损害脏器功能，使营养和代谢失调，严重危害中枢神经系统；同时也影响他们跟家人、朋友沟通的能力。大学生要认识到饮酒危害，自觉养成良好生活习惯。

　　青年大学生成长中要有吾日三省吾身的精神和态度，从自身角度出发，深刻剖析自我不足的根本原因，通过努力奋斗，酿造出人生的美酒。

　　作为食品专业学生应珍惜时代，不负青春，提高内在素质，练就过硬本领，努力掌握食品专业知识和技能，以真才实学服务人民，以创新创造奉献国家，担负起新时代中国青年的时代责任。

模块四

拓展知识——葡萄酒酿造副产物的综合利用

拓展知识—葡萄酒酿造副产物的综合利用电子教案

能力（技能）目标：

① 能够进行葡萄籽油、葡萄籽中多酚类物质、葡萄皮渣中色素、果胶和膳食纤维、酒石酸及酒石酸盐、白藜芦醇、酒脚及酒糟中精油等成分提取前的一切准备工作；
② 能够进行葡萄酒糟制作饲料的技术操作；
③ 能完成葡萄籽油、多酚类物质、色素、果胶和膳食纤维等成分的提取分离操作。

知识目标：

① 了解葡萄籽油、葡萄籽中多酚类物质、葡萄皮渣中色素、果胶和膳食纤维、白藜芦醇、精油等成分的化学特性和营养价值；
② 掌握葡萄籽油等成分的提取技术、工艺流程和操作要点。

素质目标：

① 培养学生创新思维、创新方法的意识；
② 培养学生团队协作、互相学习的精神；
③ 增强学生自信心；
④ 增强青年学生的资源节约意识；
⑤ 增强食品专业学生的使命感和社会责任感。

WINE

项目一

葡萄籽油的提取技术

1.1 基础知识

1.1.1 葡萄籽的化学成分

　　葡萄籽平均占葡萄质量的 3% ～ 4%，山葡萄籽含量平均在 10%。葡萄籽在酿酒后的果渣中占 20% ～ 26%，葡萄籽含油率为 16% ～ 18%，而葡萄籽仁含油率为 50%。葡萄籽作为酿酒的副产物，如不加以利用，不但危害环境，污染空气，而且也是极大的浪费。葡萄籽一般化学成分、氨基酸含量、矿物质元素含量分别列于表 4-1 ～表 4-3。由表 4-2 可见，葡萄籽中所含的氨基酸种类丰富，含有 16 种氨基酸，其中必需氨基酸有 7 种，且总氨基酸含量较高，为 7.76%。由表 4-3 可见，葡萄籽中的矿物质元素含量也十分丰富，常量元素中 K、Ca、P 含量较高，而 Na 含量低；微量元素中 Fe、Mn、Cu、Zn 等营养元素含量均较高，尤其是 Fe 含量几乎与常量元素相当；而 Pd、Cd 等重金属未检出。这表明葡萄籽中含有多种营养保健成分，具有较高的开发利用价值。

表 4-1　葡萄籽一般化学成分含量　　　　　　单位：%

成分	水分	灰分	粗脂肪	粗蛋白	粗纤维
含量	11.10	11.97	10.15	8.96	23.16

表 4-2　葡萄籽的氨基酸含量　　　　　　单位：mg/100mg

氨基酸	含量	氨基酸	含量	氨基酸	含量	氨基酸	含量
天冬氨酸	0.63	异亮氨酸	0.36	蛋氨酸	0.01	赖氨酸	0.18
苏氨酸	0.26	亮氨酸	0.60	精氨酸	0.53	组氨酸	0.20
丝氨酸	0.40	酪氨酸	0.17	脯氨酸	0.11		
谷氨酸	2.20	苯丙氨酸	0.34	甘氨酸	0.84		
胱氨酸	0.00			丙氨酸	0.42		

表 4-3　葡萄籽的矿物质元素含量　　　　　　单位：mg/g

元素	含量	元素	含量	元素	含量	元素	含量
K	2.769	Cu	8.526	Na	0.200	Mg	0.878
Ca	2.414	Zn	8.126	Fe	0.293	Al	13.290
P	2.199	Li	4.480	Mn	0.033	Si	4.771
Sr	5.584	Cd	未检出	Pd	未检出		

1.1.2　葡萄籽油的化学特性及营养价值

（1）葡萄籽油的化学特性

葡萄籽油色泽为淡黄绿色，色调深浅不一；含非碱化物很少；在空气中易氧化、发黏；相对密度为 0.9202 ~ 0.9350；皂化值最低 174mg KOH/g，最高 208mg KOH/g；含游离脂肪酸 2.3% ~ 2.4%，其中亚油酸 54%，油酸 31%；碘值 94 ~ 96.5g/100g；能溶于苯。

（2）葡萄籽油的营养价值

葡萄籽中含有 16% ~ 18% 的油脂，营养极为丰富，主要含有酯类 48.88%、醛类 20.70%、酸类 19.26% 和醇类 8.11%，占葡萄籽油的 96.95%。葡萄籽油中的 α- 庚烯醛、β- 庚烯醇、2,4- 癸二烯醛、9,12- 十八碳二烯酸和苯乙醇皆具有一定的生理活性，占葡萄籽油已鉴定组分质量的 36.96%。此外葡萄籽油中还含有 20 多种矿物质元素，如 Mg、Ca、K、Na、Cu、Fe、Zn、Mn、Co 等，以及维生素 A、维生素 D、维生素 P、维生素 K 等多种维生素，其中维生素 E 含量达 360μg/g。植物甾醇（无甲基甾醇）含量可达 500mg/100g。生育三烯酚含量丰富，其中 α- 生育三烯酚为 19 ~ 46mg/100g，γ- 生育三烯酚为 22 ~ 36mg/100g。生育酚可以治病、防病及抗衰老，对于增强体质、增黑毛发有效。葡萄籽油不皂化物中含有 6% ~ 32% 的烃类，链长从 C_{14} ~ C_{31}，其中含有角鲨烯和二十碳多不饱和烃。不皂化物中还存在 7% ~ 24% 的萜类和脂肪醇，如 20 ~ 28 个碳的直链脂肪醇、β- 香树素、α- 香树素等。葡萄籽油的脂肪酸组成中不饱和脂肪酸达 90% 以上，其中亚油酸占 76.5%，比核桃油、红花籽油的含量还高。亚油酸是人体必需脂肪酸，在降低低密度脂蛋白胆固醇（LDLC）的同时，还可使高密度脂蛋白胆固醇（HDLC）升高。LDLC 易析出胆固醇沉积于血管壁上，造成血管壁增厚，弹性下降，引起冠心病、中风、动脉瘤等疾病。而 HDLC 不仅不易析出胆固醇，还能清除血管壁上沉积的胆固醇，送回肝脏分解。HDLC 有促进人体制造维生素 D、阻止异物进入人体细胞、制造胆汁酸、增加人体免疫力之功效。不饱和脂肪酸中的亚油酸是合成花生四烯酸的重要原料，而花生四烯酸是人体合成前列腺素的主要物质，具有防止血栓形成、扩张血管和营养脑细胞的作用。

葡萄籽油经动物急性毒性、蓄积毒性、亚急性毒性、致突变、致畸试验，已被证明无毒、无致癌成分，宜长期食用。其具有营养脑神经细胞、调节植物神经、消除血清胆固醇、治疗心血管疾病的功效；还能保护人的皮肤发育和促进皮肤的营养，使皮肤光滑细腻，具有美容功效；与洗净剂和表面活性剂有良好的配伍性，可广泛用于化妆品行业，用于头发护理、造型，赋予头发丝般光泽，并促进毛发生长。还可用于高级烹调油、调和油，提高亚油酸含量，并可作为保健食品和化妆品的基础油等。

在国外，葡萄籽油主要用作婴儿和老年人的高级营养油，有的国家用葡萄籽做精制食品油专供高空作业人员食用，特别是飞行人员食用。据统计，全世界年产葡萄籽 2082 万吨，可产油 291 万吨，生产葡萄酒最多的国家如意大利、法国已有 80% 以上的葡萄籽得到了利用。我国年产葡萄 120 多万吨，其中 80% 以上用于酿酒，仅下脚料每年就可产葡萄籽 42 万吨，若充分加以利用，可得油 5880t。

1.1.3　葡萄籽油的提取

葡萄籽油的制取主要有 3 种工艺：压榨法、溶剂浸出法和超临界 CO_2 萃取法。压榨法制油得率低，超临界 CO_2 萃取法是近几年发展起来的一种新技术，目前多采用溶剂浸出法提取葡萄籽油。

1.1.3.1　压榨法提取葡萄籽油

葡萄籽油的生产工艺流程：葡萄籽→筛选→破碎→软化→炒坯→预制饼→压榨→粗滤→毛油→过滤→水化→静置分离→脱水→碱炼→脱臭→洗涤→干燥→脱色→过滤→脱臭→加抗氧剂→精炼油。

对葡萄籽油的精炼还可采用碱式双氧水法。其方法以市售30%H_2O_2溶液（用NaOH调pH值至8～10）为精炼剂，葡萄籽油中的杂质靠H_2O_2的氧化还原作用变成不溶物而除去，过量的H_2O_2在较高温度下会被加热蒸发和分解而除去，从而避免了引入其他杂质造成污染。

1.1.3.2　溶剂浸出法提取葡萄籽油

（1）工艺流程

葡萄籽→烘干→清理→剥壳分离→破碎→软化→轧坯→烘干→浸出→过滤→脱酸→脱色→脱臭→精制葡萄籽油。

（2）操作条件的确定

① 预处理　葡萄酿酒下脚料挤压去水后，经晒干或烘干，通过分离设备分离出籽。葡萄籽经筛选除去灰尘、磁性金属物等杂质，用剥壳机脱除30%～60%的硬外壳，壳可提取单宁，仁与部分壳用粉碎机破碎。含壳越少，出油率越高。因为含壳量越少，饼粕则少，因而饼粕中带走的油也就越少，出油率就越高。另外，饼粕由于含壳少，纤维素含量大大降低，相应地蛋白质含量提高，饼粕的营养价值也提高。

葡萄籽经清理筛选除杂质后去破碎机破为2～4瓣，去软化锅软化，软化水分控制在18%～20%，加温至85℃，停留时间40～45min，然后进轧坯机轧坯，坯片的厚度保证在0.4mm，然后进平板烘干机去调节水分，使进浸出器的葡萄籽坯水分控制在12%以下，采用平转浸出器进行浸出提油，获得葡萄籽毛油。

② 浸出　采用四号溶剂浸出技术，四号溶剂主要成分为丁烷或丁烷和丙烷按比例组成的混合物。该技术是油脂工业新兴的一项浸出制油技术，其利用丁烷、丙烷沸点低，常温常压下是气态，降压、低温下易与物料和油脂分离的特性，从植物油料中尤其是特种植物油料或香精中萃取、分离油脂。四号溶剂浸出技术与传统的六号溶剂浸出法相比，最大的优点是常温浸出、低温脱溶，克服了传统溶剂浸出法在分离过程中需要蒸馏加热的缺点，对热敏性物质的破坏性小，防止了油脂氧化、酸败，而且粕和油中溶剂残留低。

浸出在常温下进行，粕和混合油脱溶过程基本上也是在常温或不高于40℃的条件下进行的，不会对葡萄籽粕中的低聚原花青素（OPC）和油脂中多种微量元素造成破坏。生产工艺是间歇罐组式逆流浸出，一般采用四浸，即第一、二、三遍浸出用前一罐的二、三、四遍浸出的混合油，最后一遍用新鲜溶剂浸出。第一遍浸出的混合油用泵打到混合油蒸发罐，进行蒸发，二、三、四遍混合油用泵打到下一浸出罐（或者混合油暂存罐）进行一、二、三遍浸出。每遍浸泡30min，在浸泡当中，可以适当进行搅拌，以加速溶剂分子和油脂分子间的对流扩散，提高浸出效率，但不能搅拌太快、太频繁，以免造成料胚过多破碎，粉末度增加，影响浸出的渗透性。浸出压力0.4～0.8MPa，室温，料液比1∶（1.3～1.5），最后粕中残油在1.0%以下，最低达到0.45%。

③ 湿粕脱溶　湿粕脱溶是本工艺技术的关键步骤之一，利用压力降低时四号溶剂由液态变成气态，经压缩机压缩冷凝后变成液态的性质。在溶剂挥发过程中，需吸收潜热，此过程需从外界补充一定热量，维持脱溶温度在40℃左右，保证粕中OPC有效成分不因受热氧化而变性。

④ 混合油脱溶　混合油脱溶温度控制在20～40℃，为了不使油脂中热敏性物质遭到高温破坏，脱溶加热不用蒸汽直接对蒸发设备（一般为蒸发罐）加热，而是用蒸汽加热水，再

用热水通过盘管加热混合油。最终温度控制在 40℃以下。先用压缩机脱溶，随着混合油浓度升高，蒸发罐压力越来越低，待压力降到 0MPa 后，改用真空泵脱出残溶，最终毛油溶剂残留量达到 1mg/kg。

⑤ 精炼 葡萄籽毛油含有色素，颜色呈绿色或黄绿色，并含有脂溶性杂质和其他杂质而略显混油，还含有游离脂肪酸等。上述杂质直接影响油品质量和食用价值，必须对其进行精制加工，才能得到有益于人体健康的营养油。一般采用如下工艺精制葡萄籽油：毛油→过滤→脱酸→水洗→干燥→脱色→脱臭→精炼葡萄籽油。

脱酸方法为：取毛油，测定酸价，按酸价稍过量加质量分数为 4% 的 NaOH 溶液，将毛油打进炼油锅中进行脱酸，电动搅拌，离心，清油用温水洗至 pH 值中性，加热挥发净水分即可达到脱酸的目的。脱酸后的毛油按油重加入 4% 的活性炭与活性白土，80 ~ 90℃进行保温脱色，过滤，滤液高温真空脱臭，即可得到浅黄色精炼葡萄籽油。

1.1.3.3 超临界 CO_2 萃取法提取葡萄籽油

采用压榨法和溶剂浸出法提取葡萄籽油，或多或少地均存在这样或那样的弊端。超临界流体萃取技术是近年来新兴的一门食品工程高新技术，超临界流体以其特有的理化性质、无可比拟的优点受到了各行各业的重视并被不断地加以应用。超临界 CO_2 的特殊性质决定了其在提油、萃取天然成分等非极性物质方面具有独特的优越性——速度快、产率高、油脂色泽浅，脱酸、脱色、脱蜡、脱臭等可在萃取器内一次完成。现在，超临界流体技术的基础性和应用性研究正处于高潮时期，将这一技术用于油脂等非极性天然成分萃取的研究和报道已很多，但将其用于葡萄籽油萃取目前尚未实现产业化，因此，探讨葡萄籽油超临界 CO_2 萃取的最佳原料预处理方式及工艺参数对于葡萄籽油的开发、能源节约、环境保护将具有积极的意义。

图 4-1 超临界 CO_2 萃取装置工艺流程
1—CO_2 钢瓶；2—贮罐；3—第一级分离柱；4—第二级
分离柱；5—冷凝器；6,9,10—换热器；7—萃取釜；8—高压泵

采用超临界 CO_2 萃取葡萄籽油的工艺技术如下：葡萄籽经干燥、粉碎后进入萃取釜，CO_2 由高压泵加压至 28MPa，经过换热器加温至 35℃左右，CO_2 成为既具有气体的扩散性而又有液体密度的超临界流体，该流体通过萃取釜萃取出葡萄籽油后，进入第一级分离柱，经减压至 10MPa，升温至 65℃，由于压力降低，CO_2 流体密度减小，溶解能力降低，葡萄籽油便被分离出来。CO_2 流体在第二级分离柱进一步经减压，葡萄籽中的水分、游离脂肪酸便全部析出，纯 CO_2 由冷凝器冷凝，进入贮罐后，再由高压泵加压，如此循环使用，如图 4-1 所

示。超临界 CO_2 流体技术萃取葡萄籽油的最适条件为：粉碎度 40 目、水分含量 4.52%、湿蒸处理、萃取压力 28MPa、温度 35℃、CO_2 流容比 8 ～ 9、萃取时间 80min。

1.1.4 葡萄籽油的质量指标

目前葡萄籽油还没有国家标准，相应的质量指标可以参考国际标准，见表 4-4。

表 4-4 葡萄籽油的国际标准

指标	标准	指标	标准
颜色	黄绿或黄	月桂酸 /%	< 0.5
气味	无异味	豆蔻酸 /%	< 0.3
相对密度（d_{20}^{20}）	0.923 ～ 0.926	过氧化值 /(mmol/kg)	< 1.0
折射率	1.473 ～ 1.477	不皂化值 /(g/kg)	< 20
酸值 /(mg KOH/g)	0.6	硬脂酸 /%	3.6 ～ 6.0
碘值 /(g/100g)	130 ～ 138	油酸 /%	12 ～ 28
皂化值 /(mg KOH/g)	188 ～ 194	亚油酸 /%	58 ～ 78
棕榈油酸 /%	< 1.2	棕榈酸 /%	5.5 ～ 11
亚麻酸 /%	< 1.0	羰基值 /(meq/kg)	12.3
花生酸 /%	< 1.0	As/(mg/kg)	< 1

1.2 任务 葡萄籽油的提取

1.2.1 目的和要求

① 目的 掌握葡萄籽油的提取技术，正确控制相关技术参数，能进行葡萄籽油的提取。

② 要求 在进入实训室后必须严格遵守实训室的相关规定，实训过程中的每一步都要按要求进行操作和处理，注意观察实验过程中发生的现象，并记录得到的相关数据，在实训结束后完成实训报告。

1.2.2 材料和仪器

材料：葡萄籽，乙醚等。

仪器设备：水浴锅，索氏提取器，旋转蒸发器，粉碎机，电子天平等。

1.2.3 操作方法与步骤

1.2.3.1 工艺流程

葡萄籽→干燥→粉碎→过筛→提取→葡萄籽油粗品→称量、计算出油率。

1.2.3.2 操作要点

① 原料预处理 称取适量从发酵葡萄皮渣中分离出来的葡萄籽，用粉碎机破碎后过 60 目筛，备用。用天平称取 10g 葡萄籽粉碎试样，放入滤纸筒中并用线封口。

② 提取 将滤纸筒放入索氏提取装置内，按料液比 1∶8(质量 / 体积) 加入提取溶剂乙醚，于 85℃水浴提取 4h，提取液经旋转蒸发除去溶剂后，即得到葡萄籽油粗品。

③ 计算出油率 将抽提筒放入干燥器内冷却称重，并计算葡萄籽油的出油率。

项目一 答案

1.2.4 注意事项

① 葡萄籽应晾晒干燥至含水量为 5% 左右时进行粉碎。

② 也可采用将提取液放入 105℃恒温干燥箱中烘 15min 的方法使溶剂挥发除去。

1.3 练习与思考题

练习题

① [填空题] 葡萄籽中所含的氨基酸种类丰富，含有（   ）种氨基酸，其中必需氨基酸有（   ）种。

② [填空题] 葡萄籽油色泽为（   ），色调深浅不一。

③ [单选题] 葡萄籽仁含油率为（   ）。

A.30%　　　　　　　　B.40%　　　　　　　　C.50%　　　　　　　　D.60%

④ 以下不属于精制葡萄籽油工艺的是（   ）。

A. 压榨　　　　　　　　B. 过滤　　　　　　　　C. 脱酸　　　　　　　　D. 干燥

⑤ [多选题] 葡萄籽油的制取方法主要有（   ）。

A. 压榨法　　　　　　　B. 溶剂浸出法　　　　　C. 水酶法　　　　　　　D. 超临界 CO_2 萃取法

⑥ [判断题] 葡萄籽应晾晒干燥至含水量为 5% 左右时再进行粉碎。（   ）

⑦ [判断题] 湿粕脱溶是溶剂浸出法提取葡萄籽油技术的关键步骤之一。（   ）

思考题

① 分析一下葡萄籽油的营养价值。

② 如何从葡萄皮渣中提取葡萄籽油？

项目二
葡萄籽中多酚类物质的提取技术

2.1 基础知识

2.1.1 单宁的提取

2.1.1.1 单宁的特性

单宁又称鞣质，属于酚类化合物，单宁与食品的涩味和色泽的变化有十分密切的关系。在食品中，单宁物质是指具有涩味、能够产生褐变及与金属离子反应导致产生色泽变化的物质。主要有两大类：水解型单宁和缩合型单宁。水解型单宁也称焦性没食子酸单宁，如单宁酸和绿原酸。这类单宁在热、酸、碱或酶的作用下水解成单体。缩合型单宁也叫儿茶酚单宁，如儿茶素。这类单宁在酸或热的作用下不是分解为单体而是进一步缩合，成为高分子的无定形物质——红粉，也称栎鞣红。

2.1.1.2 单宁的提取技术

提取葡萄籽油后的葡萄籽残渣，含有约 10% 的单宁。单宁除供药用外，还是皮革工业很好的鞣料，亦是制造墨水、日用化工和印染工业的原料。单宁的提取过程：将葡萄籽残渣用

50% 的乙醇为溶剂在常温常压下浸提两次，每次 5 ～ 7d，过滤除去的滤渣可作饲料。合并滤液蒸馏，将乙醇蒸出回收利用。母液真空浓缩或直接加热浓缩，沉淀干燥后即为单宁。注意提取时隔氧操作，避免氧化使颜色变黑。

2.1.2 原花青素的提取

2.1.2.1 原花青素的特性

（1）原花青素的化学结构

原花青素（PC）是植物王国中广泛存在的一大类多酚化合物的总称，起初统归于缩合鞣质或黄烷醇类。

随着分离鉴定技术的提高和对此类物质的深入研究与深刻认识，原花青素现已成为独树一帜的一大类物质，其分子结构见图 4-2。原花青素由不同数量的儿茶素或表儿茶素结合而成。最简单的 PC 是儿茶素、表儿茶素或儿茶素与表儿茶素形成的二聚体，此外还有三聚体、四聚体等直至十聚体。按聚合度的大小，通常将二至四聚体称为低聚体（OPC），将五聚体以上的称为高聚体（PPC）。二聚体中，因两个单体的构象或键合位置的不同，可有多种异构体，已分离鉴定的 8 种结构形式分别命名为 $B_1 \sim B_8$，其中，$B_1 \sim B_4$ 由 C4 → C8 键合，$B_5 \sim B_8$ 由 C4 → C6 键合。在各类 PC 中，二聚体分布最广，研究最多，是最重要的一类 PC。三聚体中，也因组成的单体及其相连接碳原子位置的不同形成各种各样的结构并命名为 C_1、C_2 等，其中 C_1 在自然界中分布最丰富。

R^1—氢、糖吡喃苷基
R^2—氢或羟基
R^3，R^4—氢、羟基或甲氧基

图 4-2　PC 分子结构

（2）原花青素的生理活性

20 世纪 80 年代以来，人们对数十种植物的原花青素二聚体、三聚体、四聚体等低聚体和高聚体进行了生化、药理活性的研究。不同聚合度的 PC 其生化、药理活性不尽相同，其中尤以对来自葡萄皮和籽的原花青素的研究最为深入、最广泛、最成功，取得了突破性进展。

① 抗氧化活性　葡萄原花青素具有极强的抗氧化活性，是一种很好的氧自由基清除剂和脂质过氧化抑制剂，原花青素分子中的黄烷 -3,4- 二醇是捕获氧自由基的基本结构。平均分子质量为 1800Da 的葡萄籽原花青素可剂量依赖性地抑制 Fe 催化的卵磷脂脂质体的过氧化，其作用明显强于对照的儿茶素，而且原花青素酰化可使二聚体捕获过氧离子和 OH^- 的能力增强。

② 抗致突变活性　近 10 年来，为预防心血管疾病和有害细胞增殖等慢性变性疾病，人们进行了大量研究，越来越多的证据表明，环境污染，尤其是周围的致突变物质扮演了重要角色。一些学者建议用天然抗致突变物质，如多酚化合物，抵御致突变物质的侵袭。近年来，一些与线粒体和细胞核有关的体外实验表明葡萄籽 PC 在抗致突变方面有着令人振奋的潜力，葡萄籽 PC 抗致突变活性可部分地归因于它的抗氧化活性。

③ 抑制酶活性　在炎症过程中，当白细胞激活时，会发生细胞内去颗粒作用，这种作用将引起溶酶体蛋白酶的分泌，同时产生大量活性氧，导致耗氧量增加。过量蛋白酶和活性氧的存在可分别对血管弹性纤维和内皮细胞膜造成伤害。因此，具有很强清除过氧离子能力和抗氧化剂活性的葡萄籽原花青素可对胶原酶、弹性酶、透明质酸酶和 β- 葡萄糖醛酸苷酶产生强大的抑制作用，这些酶可分别对胶原、弹性蛋白和透明质酸等构成血管内壁的重要组成物质造成破坏。原花青素可通过捕获活性氧及调控上述酶的活性以防止它们对血管物质的破坏，也可通过抑制透明质酸酶和 β- 葡萄糖醛酸苷酶的活性以保护透明质酸的完整，使之维

持高聚体形式的大分子。总之，原花青素可通过各种互补的机理保护血管内皮细胞，使之免遭过氧化作用的损害。

④ 心血管活性　原花青素在体外可抑制血管紧张素I转换酶（ACE），起到治疗自发性高血压的作用。兔静注 PC 可减轻血压对血管紧张素I和II的应答。对有中风倾向的自发高血压大鼠长期给予天然鞣质可延长它们的寿命，所以，长期服用原花青素以影响动脉压调节系统一直是人们最感兴趣的课题。原花青素高聚体还可明显促进脂质和胆固醇经粪便排泄，提示葡萄籽原花青素多聚体具有降低体内胆固醇的潜力。

⑤ 降低毛细血管通透性（抗炎活性）　PC 降低毛细血管通透性作用早已为人们所熟知。研究发现，大鼠预先口服原花青素可完全预防胶原酶等各种方式引起的炎症和水肿。

⑥ 其他药理活性

a. 抗致癌剂作用　在抑制 TPA（12-O-tetradecanoylphor-bol-13-acetate，一种皮肤癌促进剂）诱发的小鼠鸟氨酸脱羧酶的活性上，原花青素低聚体的活性顺序为：三聚体＞二聚体＞单体。10pmol 的二聚体对 TPA 的抑制作用大于 20μmol 的表儿茶素和 10μmol 的薏儿茶素，揭示原花青素二聚体和三聚体均具抗致癌剂 TPA 的作用。

b. 抗病毒与抗真菌活性　原花青素的抗病毒作用已研究了近 30 年，其抑菌活性随分子量增高而增高，抑菌机理可能是 PC 与真菌的大分子共价结合。

c. 抗腹泻活性　原花青素在 0.64 ～ 2.5g/mL 时，对硫酸镁、花生四烯酸、蓖麻油和前列腺素 E2 引起的腹泻效果显著。此外，原花青素还剂量依赖性地抑制离体豚鼠回肠的自主收缩，机理可能与干扰毒蕈碱刺激后引起的反应有关。

d. 抗溃疡活性　原花青素可与 H2 受体拮抗剂西咪替丁形成水溶性复合物，它不仅提高了西咪替丁的溶解度，而且原花青素本身也可预防胃内有害的亚硝胺形成，这可能是由于原花青素阻止了氨基氰形成的缘故。

2.1.2.2　原花青素的提取工艺

我国葡萄资源丰富，葡萄加工过程中产生大量的废弃物（葡萄皮渣），主要用作肥料、饲料或烧材，利用率极低，处理不及时还会造成污染。因此，利用葡萄皮渣生产 PC，具有良好的经济效益、社会效益和环境效益。

（1）葡萄籽 PC 初提方法

1967 年，美国 Joslyn 等从葡萄皮和葡萄籽中提取分离出 4 种多酚类化合物，在酸性介质中加热均产生花青素，故命名为原花青素。据报道，大黄、银杏、山楂、葡萄、小连翘、花旗松、日本罗汉柏、白桦树、甘薯、野草莓等植物中都含有 PC，但以葡萄籽中 PC 的含量最高（约为葡萄籽质量的 4%，因葡萄产地、品种或时间不同含量有所差异），所以用葡萄籽为原料提取 PC 成为理想的选择。

① 直接提取　直接提取是指直接浸提整粒葡萄籽提取 PC 的方法。葡萄籽中 PC 主要存在于葡萄籽壳中，葡萄籽仁中主要含脂肪，约占 14%，目前还没有好的仁壳分离的方法，直接浸提会将葡萄籽中的脂肪一并提出，杂质含量高，并出现恶臭异味，不利于精制处理。因此，一般研究者不把直接提取作为研究重点。

② 脱脂后提取　鉴于直接浸提法存在的弊端，众多研究者开始致力于葡萄籽脱脂后提取 PC 的研究。此工艺不仅可以得到葡萄籽油（具有较高营养价值），提高葡萄籽的附加价值，而且还能减少杂质，简化后处理，得到品质较高的 PC。

葡萄籽脱脂通常采用的方法有压榨法、溶剂法、超临界 CO_2 萃取法。超临界 CO_2 萃取法工艺简单，效率高，脱酸、脱色、脱蜡、脱臭工序能一次完成，应用前景较好。一般工艺流程为：葡萄籽→烘干→粉碎→脱脂→萃取→浓缩→沉淀得到 OPC。

（2）影响葡萄籽 PC 提取率的因素

影响葡萄籽 PC 提取率的因素很多，包括葡萄籽粉碎度、浸提时间、温度、提取剂种类及浓度、料液比等，其中最关键的是提取剂种类和浓度。

① 粉碎度　关于粉碎度影响的研究很多，但没有统一的结论。近年来的报道多以采用 20 目为宜，并认为葡萄籽颗粒过细会使吸附作用增强，影响扩散速率，且还会造成葡萄籽中的蛋白质、多糖类成分溶出，导致提取液黏稠，不利于进一步分离纯化。

② 提取温度　PC 稳定性差，易氧化、聚合。温度过高，PC 的结构会遭到破坏；温度过低，PC 与蛋白质、纤维素等结合物分离较慢。多数研究者采用中温 50℃水浴提取和室温 20℃浸提，也有个别采用沸水提取的。

③ 料液比　一般来说，料液比越大，PC 的提取率越高。但浸提液需要经过浓缩，溶剂量太大会给后工序带来困难，并且造成资源和能源的浪费。几乎所有报道中都有对料液比的探讨，多是在确定了最佳提取剂之后针对某种溶剂进行料液比的研究，所报道的数值大多集中在 1∶6、1∶7、1∶11、1∶20 等。

④ 提取时间　当提取达到一定时间时，葡萄籽内外有效成分浓度达到平衡，提取率最高。提取时间过长，PC 在溶液中长时间受热，导致部分酚结构遭到破坏，提取率有所下降；提取时间过短，PC 从葡萄籽细胞中溶出不完全。提取温度不同，最佳提取时间也不同。

⑤ 提取剂　因为溶剂提取法是利用相似相溶原理进行的，所以溶剂的种类及其浓度是影响 PC 提取率的最关键因素。在提取 PC 时，不仅要求提取剂对 PC 有很好的溶解性，而且须具有氢键断裂的作用。常用的提取剂有水、甲醇、乙醇、丙酮、乙酸乙酯等。水有利于氢键的形成，而有机溶剂能促进氢键的断裂。

PC 分子中存在大量的羟基，有明显的水溶性，但多个苯环和醚键的存在，使 PC 又有较强的油溶性。研究证明，水不是葡萄籽 PC 的最佳提取剂，但在葡萄籽 PC 的提取中水是不可缺少的，含水的有机溶剂与纯有机溶剂相比，提取率和提取纯度均较高。分析认为水的存在能帮助渗透葡萄籽组织，提高通透性，使 PC 易游离。

丙酮兼具水溶性和油溶性，能够与 PC 分子中的羟基和苯环、醚键相匹配，使 PC 溶解度增加，提取率高。研究确定了提取葡萄籽 PC 时丙酮的最佳浓度为 70%～80%。

乙醇溶解性能好，毒性小，价格低，来源方便，回收简单，提取率仅次于丙酮溶液。研究者确定了乙醇的最佳浓度为 60%～70%，浓度低时提取率低，过高则会使葡萄籽中的醇溶性、亲脂性杂质溶出量增加，并与 PC 竞争同乙醇-水分子的结合，从而导致 PC 提取率下降。

研究表明，乙酸乙酯对葡萄籽 PC 提取效率比较低，但乙酸乙酯对低聚 PC 的溶解有较好的选择性。

有机溶剂提取原花青素的提取率较高，但该方法将恶臭的脂溶性成分也同时提取出来，增加了精制工序，且回收溶剂成本很高。因此，目前趋向于采用水、乙醇等溶剂的提取方法。原花青素浓缩液含量达到 4%～5% 时，就可以根据不同的用途制成不同的产品，如作为果汁饮料等的抗氧化剂，既可将该浓缩液制成液体产品，也可将该浓缩液采用简单的再浓缩和干燥方法制成粉末状干燥产品，如果采用进一步再精制方法，可制得更高纯度的原花青素，用于更高层次，如药品等。

⑥ 其他因素　影响葡萄籽 PC 提取率的因素除上述几个方面以外，适度酸化、微波辅助法、超声波辅助法都能有效提高溶剂对 PC 的提取收率。

（3）原花青素的提取技术

① 水、乙醇等溶剂的提取方法　采用水、乙醇等溶剂的提取方法，其工艺流程为：葡萄籽→烘干→清理→剥壳分离→破碎→软化→轧坯→烘干→水、乙醇浸提→过滤→脱酸→脱色

→脱臭→葡萄籽提取物→浓缩→液体原花青素粉末化→固体原花青素。

② 质量指标　葡萄籽提取物及原花青素的质量指标见表 4-5。

表 4-5　葡萄籽提取物及原花青素质量指标

项目	指标	项目	指标
含量（以 PC 计）/%	≥ 95.0	重金属 /（mg/kg）	≤ 10
$E_{1cm}^{1\%}$	≥ 150	Fe/（mg/kg）	≤ 10
pH 值	2.5 ～ 4.5	总菌数 /（个 /g）	≤ 1000
溶解性 /%	≥ 98.0	酵母菌、霉菌 /（个 /g）	≤ 50
干燥失量 /%	≤ 10.0	大肠杆菌	阴性
硫酸盐灰分 /%	≤ 0.5	沙门菌	阴性

2.1.2.3　原花青素的应用

原花青素的血管活性、抗弹性酶活性及抗氧化剂活性使它在药物和化妆品等领域中得到广泛应用。

（1）药物

葡萄籽原花青素对血管疾病的治疗价值在 20 世纪 80 年代初即已被世人所承认。在法国，用葡萄籽原花青素制成的专利产品用于治疗微循环疾病，包括眼睛与外周毛细血管通透性疾病及静脉与淋巴功能不全。法国发明了以原花青素低聚体或单体为活性成分（≥ 1%）治疗牙周病的制剂并获专利保护，他们用葡萄籽原花青素与大豆卵磷脂制成复合物，用作血管保护剂和抗炎剂，每片含复合物 250mg。此外，德国研制了用于治疗酒精中毒的原花青素制剂并获专利保护。在罗马尼亚，一种商品名为 Endotelon 的原花青素制剂已上市，用于治疗毛细血管疾病。

（2）化妆品

原花青素的治疗作用与其清除自由基的能力密切相关，而环境对皮肤、黏膜和毛发的刺激引起的脂质、蛋白质与核酸的衰退过程均与自由基分不开。原花青素具有的特殊抗氧化活性和清除自由基的能力为其在化妆品领域中的应用开辟了广阔前景。法国已开发出用 *Markush structure* 原花青素低聚体制成的脂质体微囊的晚霜、发乳和漱口水。为了使活性成分便于通过皮肤角质层，意大利开发出了以磷脂（天然磷脂或合成磷脂）为载体的功能化妆品，商品名为 Phytosome，此产品含 5% 银杏原花青素二聚体，用于皮肤消炎和改善微循环。

（3）食品添加剂

原花青素是一种强力的抗氧化剂，一种高效的自由基清除剂，可用于食物的抗氧化，并可作为食物的增补剂和健康食品的基础原料。

2.2　任务一　单宁的提取

2.2.1　目的和要求

① 目的　掌握葡萄籽中单宁的提取技术，正确控制相关技术参数，能进行葡萄籽中单宁的提取。

② 要求　在进入实训室后必须严格遵守实训室的相关规定，实训过程中的每一步都要按

要求进行操作和处理，注意观察实验过程中发生的现象，并记录得到的相关数据，在实训结束后完成实训报告。

2.2.2 材料和设备

材料：葡萄籽，丙酮，蒸馏水等。

仪器设备：粉碎机，旋转蒸发器，恒温干燥箱，电子天平等。

2.2.3 操作方法与步骤

2.2.3.1 工艺流程

葡萄籽→烘干→粉碎（10目）→脱脂→浸提→过滤→滤液→浓缩→离心→定量。

2.2.3.2 操作要点

①原料预处理　取适量从发酵葡萄皮渣中分离出来的葡萄籽，烘干后用粉碎机破碎，过10目筛。称取10g葡萄籽粉碎试样，放入滤纸筒中并用线封口。

②浸提　用50%丙酮水溶液作为提取剂，固液比为1∶50，在60℃下恒温回流浸提3h。

2.2.4 注意事项

① 浸提用溶剂应该对单宁有良好的溶解能力，不得与单宁起化学反应，浸出杂质少，易于分离，此外，还应安全、经济、易得。

② 温度过高可能导致单宁部分被氧化，从而降低提取率。

2.3 任务二　原花青素的提取

2.3.1 目的和要求

① 目的　掌握葡萄籽中原花青素的提取技术，正确控制相关技术参数，能进行葡萄籽中原花青素的提取。

② 要求　在进入实训室后必须严格遵守实训室的相关规定，实训过程中的每一步都要按要求进行操作和处理，注意观察实验过程中发生的现象，并记录得到的相关数据，在实训结束后完成实训报告。

2.3.2 材料和设备

材料：葡萄籽，乙醇，蒸馏水等。

仪器设备：粉碎机，电子天平，旋转蒸发器等。

2.3.3 操作方法与步骤

2.3.3.1 工艺流程

葡萄籽→烘干→清理→剥壳分离→破碎→软化→轧坯→烘干→水、乙醇浸提→过滤→脱酸→脱色→脱臭→葡萄籽提取物→浓缩→液体原花青素粉末化→固体原花青素。

2.3.3.2 操作要点

① 烘干　葡萄酿酒下脚料挤压去水后，经晒干或烘干，通过分离设备分离出籽。

② 清理　籽经筛选去杂后待用。

③ 剥壳分离　用剥壳机脱除30%～60%的硬外壳，壳可提取单宁，仁与部分壳用粉碎机破碎。

④ 软化　仁与部分壳用粉碎机破碎后经软化锅软化。

⑤ 轧坯　将软化后的胚压轧。

⑥ 烘干　压轧后的胚蒸烘，调节适当水分。

⑦ 浸提　将坯用水、乙醇浸提，经沉淀、过滤，回收乙醇，即可得到原花青素浓缩液，原花青素浓缩液再经干燥即可得到原花青素粉末。浸出后的饼粕经脱溶、烘干可作饲料，也可制作食用蛋白粉。

2.3.4　注意事项

① 原花青素为多酚类物质，受热酚羟基易被破坏，失去生物活性。因此要选择合适的提取温度和提取时间。

② 葡萄籽粉粒度越小，比表面积越大，与有机溶剂接触也越充分，结合键也就越容易被破坏，提取率也就越大，故要充分粉碎原料。

2.4　练习与思考题

练习题

① [填空题] 单宁主要有两大类：（　　）单宁和（　　）单宁。

② [填空题] 提取葡萄籽 PC 时丙酮的最佳浓度为（　　）。

③ 葡萄原花青素具有极强的（　　）活性。

A. 抗氧化　　　　　B. 心血管　　　　　C. 抑制酶　　　　　D. 抗致突变

④ [单选题] 葡萄籽脱脂工艺中最简单、效率高的是（　　）。

A. 酶解法　　　　　B. 压榨法　　　　　C. 溶剂法　　　　　D. 超临界 CO_2 萃取法

⑤ [多选题] 葡萄籽 PC 提取率的影响因素包括（　　）。

A. 粉碎度　　　　　B. 提取温度　　　　C. 料液比　　　　　D. 提取剂

⑥ [多选题] 原花青素主要应用在（　　）。

A. 药物　　　　　　B. 化妆品　　　　　C. 食品添加剂　　　D. 水处理

⑦ [判断题] 原花青素具有血管活性、抗弹性酶活性及抗氧化活性。（　　）

⑧ [判断题] 原花青素二聚体和三聚体均具抗致癌剂 TPA 的作用。（　　）

项目二　答案

思考题

① 葡萄籽中多酚类物质主要有哪些？各有哪些特性？

② 查阅资料，说说目前原花青素的主要提取方法。

项目三
葡萄皮渣中果胶和色素的提取技术

3.1　基础知识

3.1.1　葡萄皮渣中果胶的提取

3.1.1.1　果胶的特性

果胶是由半乳糖醛酸形成的长链多糖。果蔬中的果胶物质以原果胶、果胶和果胶酸三种形式存在。其中只有果胶具有胶凝特性，而且三种形态之间存在着一种动态平衡。在未成熟的果实中，果胶物质大部分是以原果胶的形式存在。原果胶不溶于水，与纤维素结合成为细胞壁的主要成分，并通过纤维素把细胞与细胞及细胞与皮层紧密地结合在一起，此时果实显得既硬且脆。随着果实的成熟，原果胶在原果胶酶的作用下，渐渐分解成果胶，并与纤维素分离，存在于细胞液中。此时的细胞液黏度增大，细胞间的结合变得松软，果实随之变软且皮层也容易剥离。随着果实的进一步成熟，果胶在果胶酶的作用下水解为果胶酸，此时细胞液失去黏性，原料质地呈软烂状态，原料失去加工或食用价值。根据果胶分子中的羧基被甲醇酯化的程度，可以将其分为高甲氧基果胶和低甲氧基果胶。通常将甲氧基含量为7%以上的果胶称为高甲氧基果胶。

　　果胶溶液具有较高的黏度，故果胶含量高的原料在生产果汁时，取汁困难，要提高出汁率则需将果胶水解。同样由于果胶的高黏度，果胶对于混浊型果汁则具有稳定作用，对于果酱具有增稠作用。低甲氧基果胶在有Ca^{2+}存在的条件下可形成凝胶，据此可以生产低糖果冻或果酱。果胶的用途甚广，除了可制胶脒剂、增稠剂和稳定剂外，在医药上还可用作凝胶剂和细菌培养基等，此外也可作为金属中毒的解毒剂和预防剂。

3.1.1.2　果胶的提取技术

　　果胶的提取方法一般有酸提取法、离子交换法、微生物法和微波萃取法，目前又开发了超临界萃取法提取果胶。酸提取法的原理是利用植物细胞中的非水溶性原果胶，在稀酸溶液中转化成水溶性果胶，从而被分离出来。提取过程原则上既要使原果胶最大限度地转化为可溶性果胶，但又要尽可能减少可溶性果胶的进一步降解。与超临界萃取法和微生物法等方法相比，酸提取法所需要的设备便宜，操作简单，条件容易控制，产品得率较高，性质稳定，故本小节采用酸提取法对葡萄皮渣中的果胶进行联产提取，以达到葡萄皮渣的最大利用。其工艺流程如下：原料预处理→酸液水解→过滤→浓缩→酒精沉析→干燥、粉碎、标准化处理→成品。

　　果胶提取的条件如下。

　　（1）水质

　　普通水一般都含有较多的Ca^{2+}、Mg^{2+}，由于这些离子对原果胶有封闭作用，可使原果胶难以转化为水溶性果胶，因此生产用水均为去离子水。水的软化处理对于果胶的提取十分重要。

　　（2）预处理

　　预处理对成品色泽、产量及质量影响很大。果皮粒度的大小，直接影响提取效果。粒度小，可增加与酸液接触的面积，从而有利于提取，因此，提取前应将果皮破碎至粒度为2～5mm。

　　（3）水解

　　水解提取果胶是生产中的主要环节。目前水解主要有酸提取法、浸泡法、离子交换法和微生物法，笔者推荐采用最为成熟的酸提取法。

　　① 在一定温度下，果胶的得率及凝胶度与酸的种类和酸液的pH值有着直接的关系。pH值过低，水解过于强烈，就会降低果胶的凝胶度；pH值过高，水解时间则会延长，果胶也不稳定，易水解成果胶酸。在其他条件不变的情况下，笔者对不同种类的酸和不同pH值（0.3～3.3）的酸液进行优选，发现使用盐酸、pH值在1.3～3.3之间时效果较好。最佳水解酸是pH值为1.8的盐酸，此时产率为7.9%±1%，产品颜色灰白。

　　② 果胶作为一种高分子化合物，其耐热性较差，萃取温度过高，会引起它自身结构的破坏。在100℃以上的萃取温度下，无法得到良好凝胶度的果胶；但在40℃以下，又需很长的反应时间，易造成果胶的过分脱脂。此外，时间的影响也有类似结果。一般最佳温度为

80℃，最佳时间为 6h。

③ 果皮原料与酸液比要从两个不同角度来考虑：一是所加酸液在数量上应保证能使已经分解出的可溶性果胶转移至液相中去，并使最终果胶萃取物有一定的流度，以利于后面的过滤；二是尽量少用酸液以获得较浓的果胶液，减少以后各工艺过程特别是浓缩的能耗。一般认为果皮原料与酸液之比为 1 : 5 时为最佳配比。

（4）浓缩

过滤后的提取液如不经过浓缩而沉析，则酒精用量过大，成本增高，因此，沉析前必须经过浓缩。但如在常压下进行，受热温度高、时间长，会使果胶发生进一步降解，严重影响产品质量，故必须采用真空浓缩。

（5）干燥

产品可在 55 ～ 60℃的烘箱内烘 5 ～ 8h 后，再置于真空干燥箱中真空干燥。干燥后的产品经粉碎至 60 目大小，并经标准化处理即得纯果胶成品。

3.1.2　葡萄皮渣中色素的提取

3.1.2.1　葡萄皮渣中色素的类别和特性

葡萄就其外观颜色分为红葡萄和白葡萄两种。葡萄在其生产酿制过程中，除损失部分色素外，皮渣中仍存在大量的色素。葡萄色素不同于人工合成色素，由于其无毒性、着色时色调比较自然而颇受人们喜爱。花色素苷是一类分布极为广泛、自然资源极其丰富的水溶性天然食用色素，其色泽鲜艳，可呈红 - 紫色调，是许多食品理想的红色色素。花色素苷的主要来源有葡萄皮、葡萄汁、黑莓、红甘蓝等。

（1）溶解性

葡萄皮色素在水、甲醇、乙醇、甘油、冰乙酸溶液中有良好的溶解性，而且色素溶解后长期放置均无变化，色素非常稳定。这说明这些溶剂对色素有良好的溶解作用，无破坏作用。

（2）pH 值

葡萄皮色素在不同 pH 值体系中具有不同的色调和色度。当 pH 值 < 3.9 时，色素呈现深红色；当 pH 值在 4.1 ～ 4.4 之间时，色调基本保持不变，但色度略有下降；当 pH 值 > 4.8 时，颜色逐渐变为橙黄色直至无色。通过光谱分析发现，葡萄皮色素在不同的 pH 值条件下具有不同的结构。当 pH 值 < 3.9 时，在可见光区有一个最大吸收峰（510nm 处），随着 pH 值的增大，吸收峰逐渐降低直至消失。可见葡萄皮色素作为红色色素适用于酸性或弱酸性食品，如黑莓味饮料、乳酸饮料、酸奶、刨冰等的着色，在这些食品中，葡萄皮色素的颜色深，色素需要量少。

（3）温度

葡萄皮色素受温度的影响程度取决于受热时间和温度高低，温度越高，色素保持稳定的时间越短。葡萄皮色素对巴氏消毒是稳定的，对高温（90℃）、短时间（30min）热处理也是稳定的，颜色均无变化。但长时间处于较高温度下色素会发生褐变。因此，在应用此色素进行食品着色后，使用巴氏消毒法或高温、短时间的热处理方法都可最大限度地保持该色素的色调和色度，即保持色素的稳定。

（4）维生素 C 和 H_2O_2

在维生素 C 浓度较低的体系中，葡萄皮色素能保持其深红色，色素稳定。但若应用体系中的维生素 C 浓度较高，则会引起色素褪色，而且维生素 C 的氧化产物对花色素苷的破坏作用更大。原因在于维生素 C 自然氧化产生脱氢维生素 C 和 H_2O_2，H_2O_2 对葡萄皮色素有强烈的破坏作用，低浓度的 H_2O_2 就能使葡萄皮色素变为无色，因此，葡萄皮色素不宜应用在维生素 C 含量较高的食品中。

（5）苯甲酸钠和蔗糖

苯甲酸钠是目前允许使用的常见的防腐剂，经测定它对葡萄皮色素无任何影响。蔗糖也同样不影响葡萄皮色素的色调和色度。因此，葡萄皮色素可广泛应用于含有食品规范的苯甲酸钠和蔗糖的食品中以及糖浆、糖果制品中。

（6）阳光

经短时间的光照（7d 以下），葡萄皮色素的色调和色度均无变化；但若经长时间（35d 以上）光照，葡萄皮色素的色度会略有下降，色调稍有改变，红色变为粉红色。因此葡萄皮色素适用于不宜见光、货架期一般较短的食品的着色，如酸奶、牛奶等。

（7）空气

长时间向含葡萄皮色素的体系中通入空气，葡萄皮色素的色调和色度均无变化，光谱分析发现只是最大吸收峰略有降低。这说明空气对葡萄皮色素的影响非常弱，所以葡萄皮色素对于非抽真空的食品也适用。

（8）金属离子

Na^+、Mg^{2+}、Ca^{2+}、Al^{3+}、Ba^{2+}、Zn^{2+}、Cu^{2+} 和 Mn^{2+} 这 8 种常见的金属离子对葡萄皮色素没有任何影响，但 Fe^{3+} 对色素却有很强的破坏作用，可使色素很快变为淡橙黄色，并有沉淀生成。光谱分析发现 Fe^{3+} 使色素的结构发生了变化，最大吸收峰消失。因此，含有（加有）葡萄皮色素的食品应避免接触铁器，也不能使用铁质包装材料，可使用玻璃瓶等。

3.1.2.2　葡萄皮渣中色素的提取技术

天然葡萄皮色素属花色素苷类化合物，易溶于水、甲醇、乙醇、正丁醇和丙二醇，不溶于油脂。根据条件的不同，花色素苷可以加液氮用研钵研磨提取、匀浆提取或搅拌摇动提取。葡萄皮色素可呈液态、粉末态和糊状态，色泽鲜艳，性质稳定，是一种非常重要的天然食用色素和理想的食品添加剂。我国葡萄资源相当丰富，葡萄酿酒或进行果汁加工之后的葡萄皮中含有丰富的花色素苷物质可继续利用，极具开发价值。

（1）溶剂提取

溶剂提取法是从植物中提取各类化合物（包括黄酮）最常用的方法。花色素苷是极性分子，所以提取剂通常用水溶性的乙醇、甲醇、丙酮等的混合物。这种方法会将非酚类物质（如糖、有机酸、蛋白质等）一并提取出来，提取液需要进一步纯化。一般采用酸化的甲醇或乙醇作提取剂。水、乙醇、甲醇、丙酮四种提取剂中，甲醇的提取效果最好。在从葡萄皮中提取花色素苷时，使用甲醇时的提取效率比乙醇高 20%，比单纯用水提取高 73%。在用酸化溶剂提取时，应注意避免过酸环境中乙酰基的降解和糖苷键的破坏。除了用酸化的甲醇或乙醇作提取剂外，用含硫化合物作提取剂也被报道过。SO_2 溶于水后形成 HSO_3^-，它可以对花色素苷进行亲核攻击，使花色素苷单体形成无色化合物。浸渍在花色素苷的提取中被广泛应用。在酿酒行业中经常将新鲜的水果捣碎后和皮渣一起装入发酵容器，以便将果皮中的花色素苷提取出来。

以葡萄酒厂的葡萄皮渣为原料，提取葡萄皮色素，其工艺流程为：葡萄皮渣，称量（干重）→预处理→萃取→分离→富集浓缩→分析检测。

工艺要点：称取一定量的干葡萄皮渣装入萃取器，加 2% 的盐酸和 50% 的乙醇提取剂，放入 70℃恒温水浴锅中浸提 30min，离心，过滤，调节滤液 pH 值为 2.5，常压下 45 ～ 50℃蒸发，可得到液态或膏状色素。

（2）酶法提取

酶法一般是利用纤维素酶和果胶酶破坏植物细胞壁，以促进液泡中花色素苷的溶出。

（3）超临界 CO_2 萃取

超临界 CO_2 萃取技术是食品工业中新兴的一项提取和分离技术，它利用超临界 CO_2 作为提取溶剂进行提取，具有时间短、纯度高、萃取量大、安全无残留的特点，有利于热敏性物质的萃取。Mauro Bleve 采用了一种创新的方法，用临界状态下的 CO_2 从花色素苷的粗提取液（水、乙醇、2% 三氟乙酸）中纯化花色素苷，提取率为 85%。

（4）超声波辅助提取

超声波在液体中传播时引起液体某空间交替形成正压和负压，使植物细胞破裂，有利于花色素苷的溶出，在植物活性物质（如色素、中药有效成分）提取中应用广泛。超声波辅助有助于色素提取（20 ～ 50MHz）。

3.2　任务一　果胶的提取

3.2.1　目的和要求

① 目的　掌握葡萄皮渣中果胶的提取技术，正确控制相关技术参数，能进行葡萄皮渣中果胶的提取。

② 要求　在进入实训室后必须严格遵守实训室的相关规定，实训过程中的每一步都要按要求进行操作和处理，注意观察实验过程中发生的现象，并记录得到的相关数据，在实训结束后完成实训报告。

3.2.2　材料和设备

材料：葡萄皮，乙醇，柠檬酸，蔗糖等。

仪器设备：电热恒温水浴锅，抽滤装置，真空浓缩装置，烘箱等。

3.2.3　操作方法与步骤

3.2.3.1　工艺流程

原料预处理→酸液水解→过滤→滤液浓缩→醇沉→抽滤→干燥→标准化处理→果胶成品。

3.2.3.2　操作要点

① 原料预处理　称取一定量经破碎、粒度为 2 ～ 5mm 的干白葡萄皮样品，用 70℃ 左右的热水完全浸泡 20min，以破坏果胶酶。

② 酸液水解、过滤　然后用布袋过滤，用水反复洗涤除去原料中的糖类、有机物等水溶物，按原料与酸液 1∶5 的比例浸提，浸提温度为 80℃，时间为 6h，在此条件下原果胶水解完全。离心过滤后，滤渣留作色素提取用。

③ 滤液浓缩　将滤液真空浓缩，直到有 5% ～ 8% 的固形物析出为止，浓缩温度为 50 ～ 55℃。

④ 醇沉　冷却后，用乙醇沉淀，使此混合液体内的乙醇含量为 55% ～ 60%，此时果胶即以絮状凝结析出。

⑤ 抽滤、干燥　经抽滤，滤液回收处理后再使用，固体物经烘干、称量、标准化处理即得果胶，产率为 7% 以上。

3.2.4　注意事项

① 果胶提取温度对果胶产率影响最大，提取温度不宜过高或过低，故应控制在 80℃ 为宜。

② 果胶酶的存在会使部分果胶在提取过程中分解，从而影响果胶的产量及质量，故在提取前，应用 70℃去离子水进行灭酶处理，以利于果胶产量的提高。

3.3 任务二 色素的提取

3.3.1 目的和要求

① 目的 掌握葡萄皮渣中色素的提取技术，正确控制相关技术参数，能进行葡萄皮渣中色素的提取。

② 要求 在进入实训室后必须严格遵守实训室的相关规定，实训过程中的每一步都要按要求进行操作和处理，注意观察实验过程中发生的现象，并记录得到的相关数据，在实训结束后完成实训报告。

3.3.2 材料和设备

材料：葡萄皮，乙醇，柠檬酸，蔗糖，丙酮等。

仪器设备：电热恒温水浴锅，抽滤装置，真空浓缩装置，烘箱等。

3.3.3 操作方法与步骤

3.3.3.1 工艺流程

原料→破碎及预处理→酸液水解→过滤→残渣→浸取→过滤→滤渣→洗涤→滤液→浓缩→干燥→色素成品。

3.3.3.2 操作要点

① 利用任务一提取过果胶的滤渣继续提取色素。将上述滤渣以 1∶3 的比例与丙酮溶剂混合，在室温下静态浸取 23 ～ 27h。

② 然后滤去滤渣并用丙酮洗涤；两次滤液合并，进行常压浓缩，回收溶剂，直到有固形物产生。

③ 取出浓缩物于 50 ～ 60℃下常压干燥（或喷雾干燥），即得墨绿色色素，产率为 2.7% 左右。

3.3.4 注意事项

① 应选择合适的提取温度。因为提取温度过低，提取速率慢，时间长，且提取不完全；而提取温度过高，则可能引起葡萄皮色素及其他成分的分解，影响提取效果。

② 注意提取时间的控制。因为提取时间太长，可能使色素长时间受热，发生分解；而提取时间太短，会使提取不充分。

3.4 练习与思考题

练习题

① [填空题] 果蔬中果胶物质以（　　）、（　　）和（　　）三种形式存在。

项目三 答案

② [填空题] 果胶的得率及凝胶度与（　　）和（　　）有着直接的关系。

③ [单选题] 低甲氧基果胶在有（　　）存在的条件下可形成凝胶。

A.K$^+$　　　　　　B.Fe^{3+}　　　　　　C.Zn^{2+}　　　　　　D.Ca^{2+}

④ [单选题] 果胶提取温度对果胶产率影响最大，故应控制在（　　）℃为宜。

A.60　　　　　　B.70　　　　　　C.80　　　　　　D.90

⑤［多选题］提取葡萄皮色素时，可以加入的提取剂为（　　）。

A. 甲醇　　　　　　　B. 水　　　　　　　C. 丙酮　　　　　　　D. 乙醇

⑥［多选题］水解提取果胶的方法主要有（　　）。

A. 酸提取法　　　　　B. 微生物法　　　　C. 浸泡法　　　　　　D. 离子交换法

⑦［判断题］天然葡萄皮色素属花色素苷类化合物，易溶于油脂。（　　）

⑧［判断题］葡萄皮色素受温度的影响程度取决于受热时间和温度高低。（　　）

思考题

① 如何从葡萄皮渣中提取果胶？

② 查阅资料，分析一下葡萄皮渣中的色素物质特性和保健功效。

③ 如何从葡萄皮渣中提取色素？要注意哪些问题？

项目四 —— 酒石酸及酒石酸盐的提取技术

4.1　基础知识

4.1.1　酒石酸的提取

酒石酸是一种多羟基有机酸。通常用化学方法合成的酒石酸均属于外消旋型，而利用富含酒石酸氢钾的葡萄皮渣为原料所提取的酒石酸，不仅生产成本低，而且全部为右旋型，所以用葡萄皮渣提取酒石酸具有显著的经济效益。酒石酸大部分用作食品添加剂（酸味剂、膨化剂），在纺织工业用作感光剂，在医药工业也有广泛的用途。

4.1.1.1　工艺流程

酒石酸提取的工艺流程如图 4-3 所示。

残渣（可作饲料）　　　　粗酒精　　　　　　残渣

皮渣→浸提→离心分离→滤液→加糖发酵→酒糟→静置→分离→滤液 —90~92℃, pH7.0→

CaCO₃ 粉或石灰粉

离心分离→沉淀（酒石酸钙）→ 产品

上清液（含酒石酸钾）→ 沉淀（酒石酸钙）→ 产品

CaCl₂

图 4-3　酒石酸提取的工艺流程

4.1.1.2　操作要点

（1）浸提

皮渣与水的比例为 1 :（2.5 ~ 3.0），用 pH4 ~ 5、温度 80 ~ 85℃的热水浸提 4 ~ 5h，最大限度浸提出皮渣中酒石酸、糖和色素。离心分离，滤液待用。

（2）发酵

滤液调好糖度，接入酵母，发酵产酒精。蒸馏出酒精后加入 1.5～2.0 倍 55～60℃温水搅拌稀释，静置过夜澄清。

（3）转化

离心过滤或压滤，滤液加热到 90～92℃，充分搅拌，缓慢加入过 100 目筛的碳酸钙或石灰粉末，中和至 pH7.0。加碳酸钙或石灰粉末的过程中，当料液所产生的二氧化碳气泡开始变得细小时，应用精密试纸测试料液 pH，防止 Ca^{2+} 过量。体系中沉淀为酒石酸钙，溶液中含酒石酸钾。将上清液转移至另一容器，在充分搅拌下加入计量的氯化钙，充分搅拌 15min，放置 4h，将酒石酸钾全部转为酒石酸钙沉淀析出。加入量按前面所加入的碳酸钙或生石灰计算，碳酸钙∶二水氯化钙 =1∶1.1，氧化钙∶二水氯化钙 =1∶1.2。

（4）酸解

合并两次沉淀的酒石酸钙，充分搅拌状态下加入 1～2 倍冷水，搅拌洗涤 10min，放置 30min 后倾去上层清液，如此重复洗涤 3 次，去净清液，80℃烘干，称量。加入 4 倍量清水搅拌，并加入定量硫酸，使其转化为酒石酸。

$$应加 98\% 硫酸（mL）= 酒石酸钙质量（g）×0.521/1.84$$
$$应加 98\% 硫酸（g）= 酒石酸钙质量（g）×0.521/ 硫酸浓度$$

具体操作时，先加入约为计算量 2/3 的硫酸溶液，然后再缓缓加入余量的硫酸溶液，硫酸用量勿过量，否则需要另外补加酒石酸钙。静置 4h 后离心分离，除去硫酸钙沉淀。沉淀再用少量热水充分洗涤回收其中夹含的酒石酸，提高产率。

将过滤所得酒石酸溶液进行脱色、浓缩、冷却、晶析和重结晶等处理，最后将所得的纯白色结晶性粉末在低于 65℃条件下烘干，即得右旋酒石酸成品。

采用离子交换树脂吸附粗滤液中的酒石酸根离子，再用一定浓度的食盐溶液洗脱，最后用 $CaCl_2$ 沉淀出酒石酸，可将收率提高 20%～25%。

4.1.2 酒石酸盐的提取

酒石酸盐虽然可以用发酵法或化学法合成，但生产成本较高，所以酒石酸盐目前还是葡萄酒厂的重要副产品。天然酒石酸盐的来源为葡萄酒糟、沉淀在发酵池底的酒脚、附着在酒桶上的酒石及白兰地酒的蒸馏废液。

红酒糟含酒石酸盐相当于干燥物的 11.5%～16.1%，而同年度的白葡萄酒糟只含 4.2%～11.1%。

4.1.2.1 从废渣和废液中提取粗酒石或酒石酸钙

（1）提取粗酒石或酒石酸钙

① 第一种方法 当葡萄皮渣和葡萄酒糟分别经过处理及蒸馏白兰地以后，都变成蒸馏酒糟，盛入甑锅内，加入热水，水面淹没其糟层。加盖封锅。通入蒸汽，煮 15～20min。

将煮沸溶液放出，盛入另一木槽内，冷却，结晶。木槽大小，应与甑锅放出的浓度量相配合。槽内悬挂很多条麻绳。经过 24～48h 后，放出冷却液，另行存在木桶内。此时，可以在桶壁、桶底、麻绳上看到粗酒石的结晶体，其中含有纯酒石酸 80%～90%。冷却液中只含有一小部分的粗酒石，这是结晶母，可以利用它煮第二锅的葡萄渣、糟。如此重复进行，可得粗酒石结晶及结晶母液。

重复使用 5 次以后的母液，因含蛋白质等杂质太多，溶解酒石的能力已降低，可以用新鲜水交换其中 1/5 的母液；这份母液可加石灰乳中和，以便提取酒石酸钙。粗酒石和酒石酸钙则烘干后备用。

② 第二种方法 煮沸葡萄皮渣或葡萄酒糟的方法，与第一种方法相同。将锅中放出来的煮沸液，盛放于木桶中，直接加石灰粉，使其成为酒石酸钙。加石灰粉时，应逐次添加，逐次搅拌，不断地用蓝色石蕊试纸检查其反应情况，使酸性变为中性或微碱性。当中和液呈微红色时，即停止加石灰，继续搅拌 5min。然后加入氯化钙（含有 2 分子结晶水的化工产品），再继续搅拌 15min，静止 1h，酒石酸钙全部下沉。抽出上层清液，可得湿酒石酸钙沉淀物。用布袋过滤，挤出其残水，然后进行烘干。干燥后的酒石酸钙可作为提炼酒石酸的原料。

由于用石灰中和，所得酒石酸钙含纯酒石酸 20%～30%。

（2）从葡萄酒泥中提取粗酒石

葡萄酒泥是葡萄酒在发酵池内或贮存桶内经澄清分离后得到的泥状沉淀物，俗称酒泥。酒泥不能用来直接提取酒石，应先用布袋将酒滤出。

葡萄酒泥含重酒石酸钾及酒石酸钙平均在 24%，因生产情况、葡萄品种等条件不同而有极大差异。

将酒泥投入甑锅内，每100kg酒泥加水200L，加热煮沸；趁热用压滤机过滤，收取滤液。滤液积盛在结晶木桶中，悬挂麻绳数条，任其冷却结晶，从桶壁、桶底及麻绳上收取结晶的粗酒石。每 100kg 酒泥，可得粗酒石 15～20kg，其中含纯酒石酸 50%。干燥后贮存备用。

（3）从蒸馏白兰地后的废液中回收酒石酸钙

所谓"废液"专指发酵液经过蒸馏回收白兰地以后所残存的母液，其中尚含有酒石酸，应该回收利用。白兰地酒厂所产废液的数量很大，一般多设置沉淀池，以贮存蒸馏后的大量废液。

沉淀池分三格，每一格能容纳 1d 蒸馏的废液。池身底浅面宽，便于废液中固形物下沉。三格中，有两格的池身必须高于另一格池身，以便排放。依次将废液导入沉淀池，任其冷却、沉淀。从第一格到第二格都装满废液，轮流使用，按次调度。

约经 7h，废液已近冷却，并已澄清。此时，将澄清废液引入第三格池中。此格是中和池，池身位置较低、较深，应比前两格池身大 5～6 倍。

当废液流入中和池时，同时要添加石灰乳。用木锨搅拌，使废液与石灰乳混合均匀。当废液呈中性时，即可停止添加石灰乳。

废液在中和池静置 24～30h 后，酒石酸钙都已下沉在池底，放去池身上层的清水，捞出池底积存的结晶酒石酸钙沉淀。因酒石酸钙含水较多，故应立即将其烘干。

前两格池身使用一段时间后，池底也积存许多污泥，应暂停使用，将其捞出，其主要成分为蛋白质、磷酸盐；因酸度高，故应予中和后，或混合在其他肥料中，再作肥料用。

（4）从桶壁采取粗酒石

在葡萄酒的贮存过程中，酒内所含不稳定的酒石酸盐，受到冷处理的影响，有一部分酒石酸盐就时常析出，或沉积于桶底，或附着在桶壁，成为粗酒石。

由于葡萄品种的不同，粗酒石的色泽也有差异，红葡萄酒的酒石为红色，白葡萄酒的酒石为黄色。因为这些酒石在贮存过程中被酒色所污染。

酒石的晶体形状为三角形，在容器的上部大而多，下部则小而少。

倒桶以后，酒桶已空出，必须用木槌将其一一敲下来；贴附得太紧的，则用铁铲刮下来。将其干燥后备用，其含纯酒石 70%～80%。

4.1.2.2 酒石酸氢钾的精制

粗酒石中含有 50%～80% 的酒石酸氢钾，需要进一步精制。

（1）工艺流程

酒石酸氢钾精制工艺流程如图 4-4 所示。

图 4-4　酒石酸氢钾精制工艺流程

（2）操作要点

将粗酒石在夹层锅里以 1∶（15～20）的水量浸泡，并进行搅拌，将浮于液面上的杂质捞出后，把水加热到 100℃，直到酒石充分溶解，然后用布袋过滤，滤液流入结晶槽。

结晶槽可采用大而浅的木槽或浅瓷盆，滤液进入结晶槽后很快出现晶体，随着温度降低结晶增多。静置 24h，结晶全部完成。用虹吸法抽去母液用于第二次溶解粗酒石，将结晶槽内的晶体仔细刮去，尽量避免槽底的泥渣混入。取出的晶体放于细布上，用喷壶在晶体上面喷水洗涤。洗涤液也用于第二次溶解粗酒石。洗涤后的晶体照上法用蒸馏水再溶解结晶一次，并用蒸馏水洗涤二次晶体。二次母液和洗涤液都用于溶解一次晶体。得到的二次晶体经烘干即成精制酒石酸氢钾。

4.1.2.3　用粗酒石制酒石酸钾钠

操作要点：以 1∶（1～2）的加水比把粗酒石和冷水加入夹层锅内，搅拌洗涤，捞出表面上的悬浮杂质，然后一边加热一边搅拌，当温度上升到 80～90℃时，缓慢地加入 16～17kg 的烧碱，控制 pH 值在 7～8，达到中和点时加水调节浓度（冬天为28～29.5°Bé，春、夏、秋为 30～32°Bé）。接着用布袋过滤，滤液流入结晶槽以后被冷却结晶，大约需 24h 结晶完全。把母液抽出用于溶解粗酒石，结晶捞出后用冷水喷洗一下，洗涤液也用于溶解粗酒石。

把晶体重新加入夹层锅并加入 2 倍水溶解，然后加入 0.05%～0.1% 的活性炭，加热到80℃，保温 0.5～1h 后过滤。添加活性炭的数量，以达到一次脱色完全为宜。无色滤液加热浓缩至需要浓度（冬天为 31～32Bé，春、夏、秋为 33～34°Bé）后流入结晶槽，冷却结晶，分离二次母液和洗涤晶体。二次母液和洗涤液用于溶解晶体，本次和下次的洗涤水都要用蒸馏水。把二次晶体按上述温度再用蒸馏水溶解结晶一次，对晶体进行检验，如达不到要求继续溶解结晶的分离操作，直到纯度达到要求为止。每次结晶分离的母液和洗涤液都用于前面的晶体溶解。经检验合乎标准的酒石酸钾钠进行烘干即为成品。

4.2　任务一　酒石酸的提取

4.2.1　目的和要求

① 目的　掌握酒石酸提取的方法，正确控制实验的相关技术参数，能进行酒石酸的提取。

② 要求　在进入实训室后必须严格遵守实训室的相关规定，实训过程中的每一步都要按要求进行操作和处理，注意观察实验过程中发生的现象，并记录得到的相关数据，在实训结束后完成实训报告。

4.2.2　材料和设备

材料：葡萄渣，浓硫酸，碳酸钙，氯化钙等。

设备：旋转蒸发器，布氏漏斗，WX-2 真空泵，台式高速离心机，电子天平，热恒温水浴锅等。

4.2.3　操作方法与步骤

4.2.3.1　工艺流程

葡萄渣处理→浸提→抽滤→$CaCO_3$ 转化→沉淀洗涤、烘干→沉淀、过滤→滤液浓缩→结晶→酒石酸→干燥→称量。

4.2.3.2　操作要点

① 葡萄渣处理　称取葡萄渣粉末 30g，置于 200mL 烧杯中，按比例加入 0.5mol/L 的稀硫酸，将 pH 值调整为 4，搅匀，用塑料薄膜封口。

② 浸提　将烧杯放入 75℃的恒温水浴锅中，浸提 3h。

③ 抽滤　将浸提液趁热用垫有滤纸的布氏漏斗抽滤，得到水溶性酒石酸盐提取液。

④ $CaCO_3$ 转化　弃去残渣，将滤液倒入 100mL 的烧杯中，放入 92℃的恒温水浴锅中，当滤液温度上升至 92℃时，在充分搅拌下加入适量的 $CaCO_3$ 进行转化，观察滤液中的转化反应，待反应平稳后加入适量的氯化钙，静置 30min。

⑤ 沉淀洗涤、烘干　待滤液温度冷却到室温后，弃去上清液，在充分搅拌下将去离子水倒入沉淀中，搅拌洗涤 10min，放置 30min 后分离上清液，如此重复 3 次并过滤后，将沉淀在 80℃下迅速烘干。

⑥ 浓缩、结晶　将烘干后的沉淀加入 4 倍量的去离子水进行搅拌溶解，然后按照公式计算加入硫酸的量。将硫酸缓慢加入溶液中，静置 4h 后进行离心分离。所得上清液即为酒石酸溶液，将酒石酸溶液放入旋转蒸发器中进行减压浓缩后，进行冷却结晶。

计算公式如下：

$$应加硫酸溶液的质量 (g) = \frac{98.10 \times 酒石酸钙的质量}{188.10 \times 硫酸质量分数}$$

式中　98.10——硫酸的物质的量浓度值；

188.10——酒石酸的物质的量浓度值。

⑦ 干燥、称量　将析出的晶体进行称量，计算提取率。

$$提取率 (\%) = \frac{所得酒石酸质量}{30} \times 100\%$$

式中　30——葡萄渣粉末的质量值。

4.2.4　注意事项

① 硫酸用量不可过量，否则需要另行补入酒石酸钙。

② 离心分离需反复进行多次，以提高提取率。

4.3 任务二 酒石酸钙的提取

4.3.1 目的和要求

① 目的 掌握酒石酸钙的提取方法和操作要点，能够进行葡萄渣中酒石酸钙的提取。

② 要求 在进入实训室后必须严格遵守实训室的相关规定，实训过程中的每一步都要按要求进行操作和处理，注意观察实验过程中发生的现象，并记录得到的相关数据，在实训结束后完成实训报告。

4.3.2 材料和设备

材料：葡萄渣，氢氧化钙，氯化钙等。

设备：恒温水浴锅，结晶槽，电炉，pH 计等。

4.3.3 操作方法与步骤

4.3.3.1 工艺流程

如图 4-5 所示。

```
                        皮渣
                         ↑
葡萄渣→浸泡→加热→分离→清液→氢氧化钙中和→加氯化钙→澄清分离→粗酒石酸盐
```

图 4-5 酒石酸钙提取的工艺流程

4.3.3.2 操作要点

① 浸泡 向葡萄渣中加入清水（质量为葡萄渣质量的 2 ～ 3 倍）或母液浸泡 2 ～ 3h。

② 加热 加热至沸腾，时间 15 ～ 20min。

③ 分离 在冷却前澄清分离得到清液和皮渣。

④ 氢氧化钙中和 将清液放入结晶槽中，加入适量氢氧化钙中和，将 pH 值调节为 5.5 ～ 6.0，并充分搅拌 10min。

⑤ 加氯化钙 加入量略少于或等于加入的氢氧化钙量，并搅拌 1min。

⑥ 澄清分离 在低温（15℃以下）下澄清分离，清液可用作母液浸泡皮渣，晶体即为粗酒石酸盐。

4.3.4 注意事项

酒石酸钙的溶解度会随温度的降低而降低，所以澄清分离时温度不宜过高。

项目四 答案

4.4 练习与思考题

练习题

① ［填空题］酒石酸钙的溶解度与（ ）有关。

② ［填空题］提取酒石酸的滤液发酵时要调好（ ），接入（ ），发酵产（ ）。

③ ［单选题］酒石酸钙在（ ）澄清分离。

A.15℃以下　　　　　　B.20℃以下　　　　　　C.25℃以下　　　　　D.30℃以下

④ ［多选题］酒石酸的提取过程中，滤液加热到 90 ～ 92℃，充分搅拌后可以加入的是（ ）。

A. 碳酸钙　　　　　　B. 氯化钙　　　　　　C. 石灰粉　　　　　D. 氧化钙

⑤［多选题］过滤所得酒石酸溶液经（　　），即得右旋酒石酸成品。

A. 脱色　　　　　　　B. 浓缩　　　　　　　C. 冷却　　　　　　　D. 晶析

⑥［判断题］葡萄酒泥是葡萄酒在发酵池内或贮存桶内经澄清分离后得到的泥状沉淀物，俗称酒泥。（　　）

⑦［判断题］酒石酸提取过程中，硫酸用量不可过量，否则需要另行补入酒石酸钙。（　　）

思考题

① 查阅资料，说说葡萄皮渣和葡萄酒糟中酒石酸盐主要有哪些。

② 如何从葡萄皮渣或葡萄酒糟中提取酒石酸?

项目五

葡萄酒酒脚及酒糟中精油（康酿克油）的提取技术

5.1　基础知识

在葡萄酒的酒脚及酒糟中含有香味很浓的精油，国外称为康酿克油，或译作"科涅克油""兰地油"等，是一种很有价值的产品。其香气持久，有很大的扩散力，具有甜蜜的酒香和果香，还有类似鸢尾凝脂的迷人香气和隐约的玫瑰精油的芳郁，可用于调配白兰地，也广泛用于食品工业。1967年张裕葡萄酒公司首先成功地分离出康酿克油。

5.1.1　康酿克油的成分及来源

康酿克油的成分很复杂，主要是高级脂肪酸和乙醇生成的酯类，如月桂酸乙酯、癸酸乙酯、壬酸乙酯、辛酸乙酯、乙酸乙酯、丁酸乙酯等。从这些成分可以看出，康酿克油主要来源于酵母代谢产物，不同的酵母品种及同化的物质不同，蒸出的精油的性质和风味有很大的差别。在较为浓稠的酒脚中可提0.1%左右的康酿克油，而一般酒糟的出油率不足0.01%。

5.1.2　康酿克油的提取与精制

5.1.2.1　康酿克油的提取

康酿克油的提取很简单，一般是在蒸馏酒精的同时，控制合理的蒸馏条件，利用油水分离器，与葡萄酒精同时被分离提取出来。

正确地控制蒸馏的压力和温度，是提高得油率的关键。从康酿克油的主要成分可知，其沸点一般较高，大多数存在于酒尾中。因此可以把蒸馏过程分为蒸酒和蒸油两阶段。

第一阶段是以提出酒精为主，这时尽量控制温度和压力低一点，可减少酯类的蒸出率，一般将锅内的温度控制在95～100℃，压力在0.02MPa以下较为合适。

第二阶段则以提取康酿克油为主。当酒度降到40%以下时，康酿克油就浮在液面上。一般在馏出液的酒度到38%时，把冷却水的流速减小，控制馏出液的温度在30～40℃（提高馏出液的温度可防止康酿克油在冷凝器聚集），通入油水分离器中。注意要先打开放气阀，当馏出液充满油水分离器，达到玻璃集油器的中部时，关闭放气阀，并继续通入馏出液，同时打开出酒阀门，把分离了康酿克油的酒流走。馏出液经进酒管的出口，流入导筒，含有康酿克油的油滴沿导筒上升，当从导筒出来时，由于空间体积的扩大，康酿克油和水酒得到较充分的分离。康酿克油由于密度小，继续上升，集中在玻璃集油器中，水酒则由出酒管流出。油水分离器内所维持的液面高度，可由放气阀控制。当玻璃集油器内的康酿克油积累到一定数量时，可由放油管放出，此时要关闭进酒管，打开放气阀和放油管阀门。

在第二阶段的蒸馏过程中，要适当地提高温度和压力，一般温度控制在 105～100℃，压力在 0.03～0.05MPa，促使康酿克油的蒸出。在酒度为 5%～10% 时出油最多，5% 以下出油越来越少。当水酒的含油甚微时，即可停止蒸馏。在停止之前，可把冷却水流速进一步减慢，使较高温度的馏出液把附着在冷却管路内壁上的油滴完全冲洗出来。

5.1.2.2　精制与贮藏

从油水分离器流出的康酿克油还含有一定量的水酒和杂质，为黑色黏稠液体，需要精制处理。

首先用抽滤法去掉不溶性杂质，再用玻璃分液漏斗把水酒分离掉，然后放入冰箱在 0℃下冷冻，并趁冷把白色絮状物的凝聚物及蜡质等抽滤除去。

水分的存在是康酿克油变质的主要因素，为了完全去掉康酿克油的水分，要在除去蜡质的康酿克油里，加入一定量的无水硫酸铜或无水硫酸钠，充分摇动后静置澄清。吸收了康酿克油里水分的硫酸钠或硫酸铜被沉淀在瓶底，康酿克油就可以长期放置了。

经过精制的康酿克油必须装在有色的玻璃瓶内密封贮存，以防氧化变质。

5.2　任务　酒糟中精油的提取

5.2.1　目的和要求

① 目的　掌握酒糟中精油的提取技术，正确控制相关技术参数，能进行葡萄酒糟中精油的提取。

② 要求　在进入实训室后必须严格遵守实训室的相关规定，实训过程中的每一步都要按要求进行操作和处理，注意观察实验过程中发生的现象，并记录得到的相关数据，在实训结束后完成实训报告。

5.2.2　材料和设备

材料：葡萄酒糟，无水乙醇，石油醚和无水硫酸钠等。

设备：紫外 - 可见分光光度计，恒温水浴锅，电子天平，电热干燥箱，粉碎机等。

5.2.3　操作方法与步骤

5.2.3.1　工艺流程

材料预处理→蒸馏提取→收集→萃取→静置→干燥→蒸馏→成品。

5.2.3.2　操作要点

① 材料预处理　将收集到的酒糟烘干后粉碎。

② 蒸馏、收集　称取适量粉碎后的酒糟，放入 150mL 三颈容量瓶中，加入无水乙醇提取，用水蒸气蒸馏装置蒸馏，收集馏出液。

③ 萃取　用石油醚萃取 3 次（馏出液:石油醚 =5：1）。

④ 干燥　适当振摇后，静置分层，分出醚层，用无水硫酸钠干燥。

⑤ 蒸馏　将干燥后的萃取物在 30 ～ 60℃水浴中蒸馏，回收石油醚，得浅黄色油状液体，即得精油。

5.2.4　注意事项

① 提取时间对精油的提取率影响很大，浸提时间不宜过短。

② 冷凝过程时间不能过长，尽量减少冷凝过程精油的挥发。

③ 操作温度不宜过高，否则会引起精油中热敏性化合物的热分解和易水解成分的水解。

5.3　练习与思考题

练习题

① ［填空题］康酿克油主要来源于（　　）。

② ［填空题］ 操作温度不宜过高，否则会引起精油中热敏性化合物的（　　）和（　　）。

项目五　答案

③ ［单选题］在酒度为（　　）时出油最多。

A.0%　　　　　　　　B.6%　　　　　　　　C.12%　　　　　　　　D.18%

④ ［单选题］萃取过程中，用石油醚萃取 3 次，其中馏出液 : 石油醚 =（　　）。

A.4 : 1　　　　　　　B.1 : 4　　　　　　　C.5 : 1　　　　　　　D.1 : 5

⑤ ［多选题］提高康酿克油得油率的关键是（　　）。

A. 蒸馏压力　　　　　　B. 蒸馏温度　　　　　　C. 蒸馏时间　　　　　　D. 提取剂量

⑥ ［判断题］经过精制的康酿克油装在透明的玻璃瓶内。（　　）

⑦ ［判断题］康酿克油变质的主要因素是杂质的存在。（　　）

思考题

① 试分析康酿克油的成分和特性。

② 如何从葡萄酒酒脚及酒糟中提取精油（康酿克油）？

项目六
葡萄白藜芦醇的提取技术

6.1　基础知识

6.1.1　白藜芦醇的特性

白藜芦醇最早是从秘鲁的豆科植物五角决明根的甲醇提取物中发现的一种化合物，分子式为 $C_{14}H_{12}O_3$（相对分子质量 228.2），其化学名称为 3,4,5- 三羟基 -1,2- 二苯乙烯，有顺式和反式两种异构体，结构见图 4-6。纯白藜芦醇对光不稳定，在完全避光条件下稳定性较好。反式白藜芦醇可在乙醇中稳定存在数月，但在高 pH 值（pH ≥ 10）下稳定性较差；顺式白藜芦醇仅在中性 pH 值下较稳定。反式与顺式白藜芦醇对紫外线（UV）210nm 有强吸收，其第 2 吸收峰分别在 305 ～ 330nm 和 280 ～ 295nm。在乙醇中，反式白藜芦醇在 308nm 的摩尔吸收为 30000，顺式白藜芦醇于 288nm 的摩尔吸收为 12600。

图 4-6 白藜芦醇的结构

当葡萄受紫外线照射或受霉菌（尤其是葡萄科菌）感染时，该受害部位即会产生二苯乙烯合成酶，催化 4- 羟基肉桂酰辅酶 A 和丙二酸单酰辅酶 A 生成反式白藜芦醇。这是葡萄果的保护性响应，因白藜芦醇是植物抗毒素，能抑制霉菌等的进一步伤害，因而，白藜芦醇发现于许多植物的叶子中以及葡萄果的皮部，而果肉和汁中未发现。目前，人们已在 700 多种植物中发现白藜芦醇，包括花生、桑葚、虎杖等，其在葡萄及其制品中的含量也较高。白藜芦醇反式异构体的生物活性强于顺式异构体，在紫外线照射下反式白藜芦醇能够转化为顺式异构体。红葡萄酒中同时含有白藜芦醇的顺式异构体、反式异构体及两者的 β-D- 葡萄糖苷，其中反式白藜芦醇的 3-β- 葡萄糖苷又称云杉新苷，由于人体消化道内具有糖苷酶，因此在消化过程中可使云杉新苷中的反式白藜芦醇单体释放出来，发挥对人体的保健作用。

白藜芦醇是葡萄酒尤其是红葡萄酒中最重要的保健成分，它具有抗菌、抗炎、抗癌、抗血栓、降脂、保肝等多方面的作用。通过饮用葡萄酒摄取白藜芦醇被认为是法国人心血管疾病发病率低的重要原因。研究发现白藜芦醇可使大白鼠皮肤癌细胞最多减少 98%，最少也可减少 68%，它是一种阻碍癌症发展的化合物，能阻止细胞癌变，预防癌症，并能抑制已恶化的细胞扩散。此外，白藜芦醇在降低老鼠肝中脂肪含量的同时还能降低血液中总胆固醇含量，防止低密度脂蛋白（LDL）的氧化；能抗血小板凝集及减少心脏病的突发率。

白藜芦醇也是一种天然抗氧化剂，在葡萄酒中与其他植物酚一起能清除体内的活性氧、抑制低密度脂蛋白氧化、抑制血小板凝集，从而可防止动脉粥样硬化，降低心血管疾病的发病与死亡率。

白藜芦醇是葡萄酒中的一个重要保健功能因子，对很多疾病有预防和治疗作用，引起了科学家们的高度重视。根据澳大利亚科学家的研究，男子最好每天饮红葡萄酒 1～4 杯，女子最好每天饮红葡萄酒 1～2 杯，这些人的心脏病死亡率约为不饮酒者的 30%。

6.1.2　葡萄酒中白藜芦醇的含量及其影响因素

6.1.2.1　葡萄酒中白藜芦醇的含量

白藜芦醇是葡萄适应环境胁迫而产生的一种物质，其合成部位在果皮中，在葡萄酒中含量差异很大，为 0.06～9.21mg/L。葡萄酒中的白藜芦醇及其衍生物主要来源于葡萄果皮，果皮中白藜芦醇的含量可达 100μg/g，以顺式白藜芦醇、反式白藜芦醇、顺式白藜芦醇糖苷和反式白藜芦醇糖苷 4 种形式存在，白藜芦醇和白藜芦醇糖苷之间存在着微弱的负相关关系。不同葡萄酒中顺式白藜芦醇、反式白藜芦醇、顺式白藜芦醇糖苷、反式白藜芦醇糖苷的绝对含量及顺反异构体之间的比例都有明显的差异。红葡萄酒中反式白藜芦醇及其衍生物的含量多于顺式白藜芦醇及其衍生物，有时比例可以高达 20；同时白藜芦醇单体的含量通常高于其糖苷化合物的含量，但也有一些葡萄酒中云杉新苷的含量占优势。红葡萄酒中白藜芦醇的含量显著高于白葡萄酒。白葡萄酒中反式白藜芦醇的含量在 3～80μg/L 范围内，平均值为 27μg/L；红葡萄酒中反式白藜芦醇的含量在 24～244μg/L 之间，平均值为 157μg/L，大约是白葡萄酒的 6 倍。一般认为各种红葡萄酒中白藜芦醇的含量大约为 1mg/L，而白葡萄酒中的含量低于 0.1mg/L。

6.1.2.2　影响葡萄酒中白藜芦醇含量的因素

（1）葡萄品种的影响

不同的葡萄品种，其白藜芦醇的含量有很大差别，就 4 种形态的白藜芦醇绝对含量而言，黑比诺葡萄中反式白藜芦醇的含量平均为 5.13mg/L，梅鹿特其次，平均值为 3.99mg/L，随后的顺序依次是歌海娜 2.43mg/L，赤霞珠 1.42mg/L。葡萄品种对酒体中白藜芦醇的含量影响非常大，底拉洼品种葡萄酒中白藜芦醇的含量只有 1μg/L，而赤霞珠葡萄酒中的含量达到 244μg/L。葡萄品种不同时，果皮中的白藜芦醇渗入发酵汁的速度也不同。赤霞珠和贝利玫瑰 A 两个红色品种在开始浸解后 3 ～ 11d 发酵汁中白藜芦醇的浓度达到最高；白色品种加州从浸解开始后对白藜芦醇的提取持续上升，直到 21d 后仍没有达到最高值，造成这种现象的原因也许与不同品种果皮的解剖结构和化学组成的差异有关。

（2）生产工艺的影响

白葡萄酒和红葡萄酒不同的发酵工艺是造成两种葡萄酒中白藜芦醇含量不同的关键因素。由于红葡萄酒是带皮发酵，果皮与果汁接触的时间长，使果皮中相当数量的白藜芦醇能够进入葡萄酒中；而白葡萄酒是不带皮发酵，进入酒体中的白藜芦醇就少得多。基于同样的原因桃红葡萄酒在酿制过程中，果皮与发酵果汁的接触时间较短，对白藜芦醇的提取效果也在红、白葡萄酒之间。研究表明酿酒过程中是否采用浸渍工艺对酒体中白藜芦醇的含量有明显的影响。由表 4-6 可以看出：进行浸渍后，白葡萄酒中的白藜芦醇含量提高了 10 倍；而经过浸渍的红葡萄酒中白藜芦醇含量要比未经浸渍的多 13 倍。对于不同的葡萄酒，白藜芦醇的含量趋势为红葡萄酒＞桃红葡萄酒＞白葡萄酒＞加强葡萄酒。

通过对葡萄酒苹果酸 - 乳酸发酵 (MLF) 之后白藜芦醇含量变化的研究发现，MLF 后酒中白藜芦醇是发酵结束时的 2 倍，这是因为白藜芦醇很大一部分以糖苷或低聚物的结合态形式存在，在 MLF 过程中，乳酸菌可以释放 $\beta-$ 糖苷酶，催化结合态的白藜芦醇向游离态的形式转变，这也是红葡萄酒中白藜芦醇高于白葡萄酒中含量的一个原因。

表 4-6　浸提对葡萄酒中白藜芦醇含量的影响（ ±SD ）　　　　单位：mg/L

白藜芦	醇浸渍葡萄酒		非浸渍葡萄酒	
	红酒	白酒	红酒	白酒
反式白藜芦醇	1.84±0.35	0.81±0.13	0.17±0.05	0.09±0.03
顺式白藜芦醇	1.20±0.18	0.30±0.05	0.06±0.02	0.03±0.01
总白藜芦醇	3.04±0.53	1.11±0.18	0.23±0.07	0.12±0.04

（3）生态条件的影响

在长期的葡萄栽培和酿酒实践中，世界各地形成了一些著名的葡萄酒产区，如法国的波尔多、勃艮第，美国的加利福尼亚州等。研究表明在不同的葡萄酒产地之间酒体中的白藜芦醇含量具有明显的差别。世界各地红葡萄酒中的总白藜芦醇含量：法国勃艮第的含量最高，为 7.13mg/L；南美洲的平均含量最低，仅为 1.78mg/L。欧洲其他国家生产的葡萄酒中，瑞士样品平均值达 6.94mg/L，意大利、西班牙、葡萄牙和中欧地区生产的葡萄酒中白藜芦醇含量都比较低。美洲生产的各种红葡萄酒中以美国俄勒冈州的平均含量最高，为 6.33mg/L；加拿大安大略生产的红葡萄酒中白藜芦醇平均含量大约为 3.6mg/L；美洲其他地区出产的葡萄酒中白藜芦醇含量都较低。

在法国不同地区生产的红葡萄酒中，白藜芦醇含量由高至低的顺序如表 4-7 所示。

表 4-7　法国不同地区生产的红葡萄酒中白藜芦醇的总含量　　单位：mg/L

地区	白藜芦醇	地区	白藜芦醇
勃艮第	7.13	南部地区	3.81
波尔多	6.18	博若莱	3.66
罗纳河谷	4.53	平均	5.49

（4）环境胁迫的影响

在葡萄浆果生长过程中，白藜芦醇是一种对不良环境适应而产生的植物抗毒素。因此环境因素的恶化（如增加紫外线照射、真菌侵染以及机械损伤等）均会刺激白藜芦醇的合成。白藜芦醇在植物体中属于植物抗毒素，病原的出现是植株和果实大量合成白藜芦醇的前提，所以理论上以受病害危害的果实生产的葡萄酒中应该具有较高的含量。在葡萄的各种病害中，灰霉刺激果实产生白藜芦醇的规律却恰恰相反，总体上看灰霉感染轻的年份，酒中白藜芦醇含量相对较高；而灰霉感染较严重的年份，葡萄酒中的白藜芦醇含量反而较低。如在相同的工艺下使用灰霉感染率为 40% 或 80% 的葡萄酿制的葡萄酒，其白藜芦醇含量低于用健康葡萄或灰霉感染率为 10% 的葡萄酿制的葡萄酒。

6.1.3　白藜芦醇的提取

葡萄各组织中白藜芦醇含量的趋势为：葡萄皮＞葡萄叶、梗＞葡萄籽＞葡萄果肉，且不同葡萄品种间差异很大。常采用 HPLC 与硅胶柱色谱的方法提取分离白藜芦醇，但操作烦琐，得率低。用逆流色谱能够实现比 HPLC 更有效的制备和提纯。目前，工业化制备已经完成年产 1t 白藜芦醇的小批量生产。

除了提取方法外，采用化学合成法也能够获得白藜芦醇，其方法是在过量苯化锂存在条件下，由 3，5- 二羟基苯基甲基三苯磷溴和三甲基硅氧基苯甲醛反应形成中间体盐类化合物，经水解形成白藜芦醇，合成产率约 75%。粗品经乙醇 - 水结晶即可得到纯度为 30% 左右的白藜芦醇。

6.2　任务　葡萄白藜芦醇的提取

6.2.1　目的和要求

① 目的　掌握葡萄白藜芦醇的提取技术，正确控制相关技术参数，能进行葡萄白藜芦醇的提取。

② 要求　在进入实训室后必须严格遵守实训室的相关规定，实训过程中的每一步都要按要求进行操作和处理，注意观察实验过程中发生的现象，并记录得到的相关数据，在实训结束后完成实训报告。

6.2.2　材料和设备

材料：葡萄渣，乙醇，氯仿等。
设备：旋转蒸发器，紫外分光光度计等。

6.2.3　操作方法与步骤

6.2.3.1　工艺流程

葡萄渣→过筛→提取→蒸发浓缩→分离→收集→计算提取率。

6.2.3.2　操作要点

① 葡萄渣过筛　称取一定量预先干燥好的葡萄渣，过 60 ～ 100 目筛。

② 提取　加入适量的乙醇，在一定温度下进行搅拌，加热提取一定时间。

③ 蒸发浓缩　将提取液用旋转蒸发器蒸发掉乙醇，进行浓缩。

④ 分离、收集　用薄层分析法分离，收集白藜芦醇斑点。

⑤ 计算提取率　用一定量的甲醇溶解后，使用紫外分光光度计测其吸光度，由标准曲线计算出样品溶液中的白藜芦醇浓度，进而计算出白藜芦醇的提取率。

白藜芦醇的提取率计算公式：

$$提取率\,(\%) = \frac{样品溶液中白藜芦醇的质量\,(g)}{葡萄渣粗粉的质量\,(g)} \times 100\%$$

6.2.4　注意事项

① 提取温度对白藜芦醇的影响很大，提取过程中温度变化不能过大。

② 乙醇的体积分数和提取时间对提取率的影响也非常大，应选择合适的体积分数与提取时间。

6.3　练习与思考题

练习题

① ［填空题］白藜芦醇的化学名称为（　　）。

② ［填空题］葡萄果皮中的白藜芦醇以（　　）、（　　）、（　　）和（　　）4 种形式存在。

③ ［单选题］下列哪个葡萄品种的白藜芦醇绝对含量最高？（　　）

A. 赤霞珠　　　　　　　B. 歌海娜　　　　　　　C. 梅鹿特　　　　　D. 黑比诺

④ ［单选题］研究表明，女子最好每天饮红葡萄酒（　　）杯。

A.1 ～ 2　　　　　　　B.3 ～ 4　　　　　　　C.5 ～ 6　　　　　D.7 ～ 8

⑤ ［多选题］下列属于白藜芦醇的保健作用的是（　　）。

A. 抗菌　　　　　　　B. 抗癌　　　　　　　C. 抗血栓　　　　　D. 降脂

⑥ ［判断题］红葡萄酒比白葡萄酒的白藜芦醇含量低。（　　）

⑦ ［判断题］顺式白藜芦醇仅能在碱性 pH 值下较稳定。（　　）

项目六　答案

思考题

① 葡萄白藜芦醇有哪些保健功效？

② 影响葡萄酒中白藜芦醇含量的因素有哪些?

③ 如何从葡萄皮渣中提取白藜芦醇？

项目七
葡萄皮渣中膳食纤维的提取技术

7.1 基础知识

7.1.1 膳食纤维的特性与功能

膳食纤维一词在 1970 年以前的营养学中尚不曾出现，当时只有粗纤维之说，粗纤维是指食物经过酸、碱、醇、醚等化学处理后留下的残渣，经这些化学程序处理，有些膳食纤维也被消化掉，所以粗纤维不能反映膳食纤维的真实含量。膳食纤维（或称食物纤维）所包含的内容比粗纤维更广，通常认为，膳食纤维是木质素与不能被人体消化道分泌的消化酶所消化的多糖的总称。包括植物中的纤维素、半纤维素、木质素、戊聚糖、果胶和植物胶质等，也有人主张还应包括动物性的甲壳质、壳聚糖等，甚至包括人工化学修饰的甲基纤维素和羧甲基纤维素等。膳食纤维在体内基本以原形通过消化道到达结肠，其中，50% 以上可被细菌分解为低级脂肪酸、水、二氧化碳、氢气和甲烷。

膳食纤维的含量根据食物种类不同而异，例如，蔬菜中的嫩茎、叶等含量高；含淀粉较高的根茎类则居中。不同食物的膳食纤维组成成分也不相同，如蔬菜、干豆类以纤维素为主，谷类则多以半纤维素为主。木质素在一般的果蔬植物中含量甚少。此外，一般来说，谷物加工越精细，膳食纤维的含量越低（表 4-8）。

表 4-8　食物中膳食纤维的含量　　　　　　　单位：g/100g

食物	总膳食纤维	可溶性膳食纤维	不溶性膳食纤维
大麦	12.14	5.02	7.05
高纤维谷物	33.30	2.78	30.52
燕麦	16.90	7.17	9.73
黄豆麸皮	67.56	6.90	60.53
杏	1.12	0.53	0.59
李	9.37	5.07	4.17
无核葡萄干	3.10	0.73	2.37
胡萝卜	3.92	1.10	2.81
青豆	3.03	1.02	2.01

膳食纤维大体可分为不溶性和可溶性两大类。不溶性膳食纤维包括纤维素、半纤维素和木质素，它们是植物细胞壁的组成成分，存在于禾谷类、豆类种子的外皮以及植物的茎和叶中。可溶性膳食纤维包括果胶、藻胶、豆胶以及树胶等，主要存在于细胞间质，如水果中的果胶、海藻中的藻胶、某些豆类的豆胶等。

近年来大量研究表明，膳食纤维对预防许多疾病都有显著的效果，因此越来越多的人认为膳食纤维在营养上已不再是惰性物质，而是人们膳食中不可缺少的成分。膳食纤维因其重要的生理功能，日渐受到人们的重视。流行病学调查研究结果发现，缺乏膳食纤维的西方国家，一些流行疾病，如结肠癌、高胆固醇血症、便秘、痔疮等疾病都直接或间接与膳食纤维有关，因此膳食纤维的营养学意义越来越受到人们的重视和关注。

7.1.1.1 膳食纤维的种类

（1）纤维素

纤维素是植物细胞壁的主要结构成分，由数千个葡萄糖单位以 β-1,4- 糖苷键连接而成，为不分支的线状均一多糖。因人体内的消化酶只能水解 α-1,4- 糖苷键而不能水解 β-1,4- 糖苷键，故纤维素不能被人体消化酶分解、利用。纤维素有一定的抗机械强度、抗生物降解性、抗酸水解性和低水溶性。纤维素（包括改性纤维素）在食品工业中常被作为增稠剂应用。

（2）半纤维素

半纤维素存在于植物细胞壁中，是由许多分支的、含不同糖基单位组成的杂多糖。其组成的糖基单位包括木糖、阿拉伯糖、半乳糖、甘露糖、葡萄糖、葡萄糖醛酸和半乳糖醛酸。通常主链由木聚糖、半乳聚糖或甘露聚糖组成，支链则带有阿拉伯糖或半乳糖。半纤维素的分子质量比纤维素小得多，由 150～200 个糖基单位组成，以溶解或不溶解的形式存在。

半纤维素也不能被人体消化酶分解，但在到达结肠后可比纤维素更易被细菌发酵、分解。

（3）果胶

果胶的组成与性质可依不同来源而异。通常其主链由半乳糖醛酸通过 α-1,4- 糖苷键连接而成，其支链上可有鼠李糖，主要存在于水果、蔬菜的软组织中。果胶因其分子中所含羧基甲酯化的不同而分高甲氧基果胶和低甲氧基果胶，并具有形成果胶凝胶的能力。果胶在食品工业中作为增稠剂、稳定剂广泛应用。

（4）木质素

木质素是使植物木质化的物质。在化学上它不是多糖而是多聚苯丙烷聚合物，或称苯丙烷聚合物。因其与纤维素、半纤维素同时存在于植物细胞壁中，进食时往往被一并摄入体内，而被认为是膳食纤维的组成部分。通常果蔬植物所含木质素甚少，人和动物均不能消化木质素。

（5）树胶

树胶是植物中的一大类物质，由不同的单糖及其衍生物组成，主要成分是 L- 阿拉伯糖的聚合物，还有 D- 半乳糖、L- 鼠李糖和葡萄糖醛酸。树胶是非淀粉多糖物质，它们都不能被人体消化酶水解，具有形成胨胶的能力。在食品工业中作为增稠剂、稳定剂广泛使用。

（6）甲壳素

甲壳素是一种动物纤维素，存在于虾、蟹和昆虫的外壳内以及蘑菇、真菌等生物体内，尤其是海蟹壳中含量较高。

（7）海藻胶

海藻胶是从天然海藻中提取的一类亲水多糖胶。不同种类的海藻胶，其化学组成和理化特性等亦不相同。如来自红藻的琼脂由琼脂糖和琼脂胶两部分组成。琼脂糖由两个半乳糖基组成，而琼脂胶则是含有硫酸酯的葡萄糖醛酸和丙酮酸醛的复杂多糖。海藻胶因具有增稠、稳定作用而广泛应用于食品加工。

7.1.1.2 膳食纤维的功能

膳食纤维组成成分复杂且各具特点，加之与植物细胞结构及其他化合物（如维生素、植物激素、类黄酮等）紧密相连，很难完全区分其独自的作用。但已有实验表明，膳食纤维的确有许多对人体健康有益的作用。膳食纤维之所以被称为"第七大营养素"，是因为它有特殊的生理功能，可以通过生理和代谢过程直接影响人类健康，降低疾病的危险因素和减少疾病的发病率。

WINE
葡萄酒酿造与检测技术（第二版）

（1）改善大肠的功能

人们很早就知道，食物中的粗纤维有通便的作用。膳食纤维虽不能被人体消化，但在大肠内可吸水膨胀，吸水膨胀后其体积可增加 1.5 ～ 22 倍。一方面可使肠道肌肉保持健康和张力，另一方面吸水膨胀作用可使肠道内容物体积增大，从而刺激肠壁产生便意，促进肠道蠕动，加快粪便从肠道内排出，具有通便作用。容易便秘的人应该多摄入蔬菜、水果等富含膳食纤维的食物。但消化功能较差、腹泻、肠炎患者应该减少膳食纤维的摄入，多吃一些少渣食物。

（2）预防肠道癌症

一般认为肠道癌症是由于某种刺激物或毒物在肠道内停留时间过长或肠道菌群紊乱引起的。膳食纤维的通便作用，能减少粪便在肠道内的停留时间，缩短有毒物和致癌物与肠壁的接触时间，从而减少机体对毒物的吸收，预防肠道癌症的发生。

据有关文献报道，美国结肠癌占癌症死亡率的比例很高，而非洲农村则极少有结肠癌的发生。日本结肠癌的患病率远远低于美国，但日本人移居美国之后，其后代结肠癌的患病率升高。有人推测，结肠癌发病率低的原因之一，在于膳食纤维刺激肠的蠕动，加速粪便从肠腔排出，减少了粪便中致癌因子与肠壁接触的机会。同时膳食纤维吸收水分，增大了粪便的体积，降低了致癌因子的浓度，从而有利于防止结肠癌。1978 年有人进行过如下试验，开始吃普通膳食 3 周，作为对照；以后分别加入 4 种不同来源的膳食纤维（糠麸、卷心菜、苹果、胡萝卜），结果表明，加了膳食纤维后，食物通过肠道的时间显著加快，其中最快的是加糠麸的，原来食物通过肠道的时间是 49 ～ 79h，加食糠麸后，缩短为 35 ～ 51h，排便量也有显著增加。

（3）提高机体免疫力

木质素具有提高机体免疫力，间接地抑制癌细胞的功能。如木质素可与金属相结合，起到抗化学药品及有害食品添加剂的作用。

（4）降低餐后血糖和胰岛素水平

可溶性纤维能减少小肠对糖的吸收，使血糖不因进食而快速升高，可改善末梢神经组织对胰岛素的感受性，降低对胰岛素的要求，使胰岛素的分泌下降，从而对糖尿病的防治有一定效果。

（5）降低血浆胆固醇

膳食纤维可抑制或延缓胆固醇与甘油三酯在淋巴中的吸收，能螯合胆汁酸，促进胆固醇的分解。另外，可溶性纤维在大肠中被肠道细菌代谢分解产生一些短链脂肪酸（如乙酸、丁酸、丙酸等），这些短链脂肪酸可减弱肝中胆固醇的合成，对预防和治疗心血管疾病有一定的作用。

（6）预防胆结石

膳食纤维可增加粪便胆汁酸的排泄，减少胆汁酸的再吸收，改变食物的消化速度和消化液的分泌，预防胆结石。

（7）改善消化道菌群

健康人体肠道中存在相互制约的两大菌群，一类是厌氧的碱性腐败菌，能产生多种毒物；另一类是好氧的酸性菌，很少产生毒物。进入肠道的膳食纤维能被肠道内细菌选择性发酵，产生低级脂肪酸，降低肠道 pH；另外随着膳食纤维进入肠道的微量氧气，促使肠道内酸性有益菌大量繁殖，而碱性腐败菌的繁殖受到抑制。

（8）减少热量摄入，控制体重增加

摄入膳食纤维可减缓食物由胃进入肠道的速度，并在胃中吸水膨胀从而产生饱腹感而减少热量的摄入，而且膳食纤维本身几乎是零能量物质。此外膳食纤维的通便作用还能影响产能物质的消化、吸收，达到控制体重和减肥的作用。

7.1.2　葡萄皮渣中膳食纤维的提取方法

目前国内外提取膳食纤维的方法主要有化学提取法、酶提取法、化学－酶结合提取法、膜分离法和发酵法。

（1）化学提取法

化学分离方法是指将粗产品或原料干燥、磨碎后采用化学试剂提取而制备各种膳食纤维的方法，主要有直接水提法、酸法、碱法和絮凝剂法等。提取可溶性豆渣膳食纤维采用直接水提法最为简便。

（2）酶提取法

酶法是用多种酶逐一除去原料中除膳食纤维外的其他组分（主要是蛋白质、脂肪、还原糖、淀粉等），最后获得膳食纤维的方法。所用酶包括淀粉酶、蛋白酶、半纤维素酶、阿拉伯聚糖酶等。

（3）化学－酶结合提取法

在使用化学试剂处理的同时，用各种酶如（α-淀粉酶、蛋白酶、糖化酶和纤维素酶等）降解膳食纤维中含有的杂质（如脂肪、蛋白质等），再用有机溶剂处理，用清水漂洗过滤，甩干后便可获得纯度较高的膳食纤维。

（4）膜分离法

膜分离法利用膜分离技术，将分子量大小不同的膳食纤维分离提取，是制备可溶性膳食纤维最有前途的方法。该法能通过改变膜的分子截留量来制备不同的分子量的膳食纤维，避免了化学分离法的有机残留。使用此法的缺点是不能制备不溶性膳食纤维，而且此法对设备要求较高。目前，关于膜分离法制备膳食纤维的报道不多。

（5）发酵法

发酵法提取采用保加利亚乳杆菌和嗜热链球菌等对原料进行发酵，然后水洗至中性，干燥即可得到膳食纤维。发酵法生产的膳食纤维色泽、质地、气味和分散程度均优于化学法，比化学提取法得到的膳食纤维有较高的持水力和得率。目前该法在果皮原料制取膳食纤维时使用。

7.2　任务　葡萄皮渣中膳食纤维的酶法提取

7.2.1　目的和要求

① 目的　掌握酶法提取葡萄皮渣中膳食纤维的提取工艺，正确控制相关的技术参数，能进行膳食纤维的提取。

② 要求　在进入实训室后必须严格遵守实训室的相关规定，实训过程中的每一步都要按要求进行操作和处理，注意观察实验过程中发生的现象，并记录得到的相关数据，在实训结束后完成实训报告。

7.2.2　材料和设备

材料：葡萄皮渣，石油醚，HCl 溶液，纤维素酶，无水乙醇等。
仪器设备：水浴锅，旋转蒸发器，粉碎机，电子天平，筛，离心机等。

7.2.3　操作方法与步骤

7.2.3.1　工艺流程

葡萄皮渣→干燥、粉碎→过40目筛→浸泡→低浓度NaOH预处理→调节pH值→纤维素酶处理→高温灭酶→调节pH值→H_2O_2漂白→调节pH值→蒸发浓缩→无水乙醇沉淀→干燥→葡萄皮渣膳食纤维。

7.2.3.2　操作要点

① 干燥、粉碎及过筛　将葡萄皮渣干燥后用粉碎机粉碎，过40目筛，装入1000mL广口瓶和塑料袋中备用。

② 浸泡　称取10.0g过40目筛的葡萄皮渣，按料液比1∶10加蒸馏水浸泡12h。

③ 低浓度NaOH预处理　除去上清液，加0.5%NaOH溶液于50℃水浴箱中搅拌处理2h。

④ 调节pH值　NaOH预处理后调节葡萄皮渣料液pH值为7.0。

⑤ 纤维素酶处理　向经过NaOH预处理的葡萄皮渣料液中加入0.5mL纤维素酶，在pH7.0条件下，于50℃恒温水浴箱中处理6h。

⑥ 高温灭酶　酶解反应结束后，升高水浴箱温度至100℃，灭酶10min。

⑦ H_2O_2漂白　向灭酶后的料液中加1%NaOH调节pH值为12，再加入5%的H_2O_2，在25℃水浴箱中搅拌处理3h。

⑧ 调节pH值　经H_2O_2漂白处理后的料液pH值较高，用1%HCl调节pH值为7.0。

⑨ 蒸发浓缩　调节pH值后的料液在旋转蒸发器上蒸发除去大量水分。

⑩ 无水乙醇沉淀　将浓缩好的溶液转入500mL烧杯中，加入4倍体积的无水乙醇，并静置沉淀24h。

⑪ 干燥　将沉淀和料液中的不溶性纤维经冷冻干燥即得膳食纤维产品。

7.2.4　注意事项

① 蒸发浓缩时应蒸发至原溶液体积的1/3，以除掉多余水分，利于无水乙醇沉淀，节省无水乙醇的用量。

② 也可将静置后的沉淀离心20min（8000r/min），回收上清液，将沉淀烘干，即得可溶性膳食纤维。

7.3　练习与思考题

练习题

① [填空题] 干豆类以（　　）为主，谷类则多以（　　）为主。

② [填空题] 膳食纤维大体可分为（　　）和（　　）两大类。

③ [单选题] 下列属于可溶性膳食纤维的是（　　）。

A. 纤维素　　　　　　　B. 果胶　　　　　　　C. 木质素　　　　　　D. 半纤维素

④ [单选题] 下列哪个甲壳素含量最高？（　　）

A. 虾壳　　　　　　　　B. 海蟹壳　　　　　　C. 昆虫壳　　　　　　D. 蘑菇

⑤ [多选题] 葡萄皮渣中膳食纤维的提取方法有（　　）。

A. 化学提取法　　　　　B. 发酵法　　　　　　C. 膜分离法　　　　　D. 酶提取法

⑥ [判断题] 一般来说，谷物加工越精细，膳食纤维的含量越低。（　　）

⑦ [判断题] 半纤维素不能被人体消化酶分解，但在到达结肠后可比纤维素更易被细菌

项目七　答案

发酵、分解。(　　　)

思考题

① 以葡萄皮渣为原料制备膳食纤维的主要方法有哪些?

② 结合你的实践经验,写出从葡萄皮渣中提取膳食纤维的工艺流程和操作要点。

项目八

葡萄酒糟做饲料

8.1　基础知识

8.1.1　葡萄酒糟加工成饲料的优势

在葡萄酒的生产过程中,将会产生大量的葡萄酒糟等酿造副产物,若不加以处理利用,不但会影响企业的经济效益,而且也会造成严重的环境污染,因此,积极开展葡萄酒酿造副产物综合利用的研究,化废为宝,具有十分重要的意义。

每 1kg 葡萄渣干物质中,含水分 3.2% ～ 9.6%、灰分 5.0% ～ 9.6%、消化能 5.7MJ、可消化蛋白 86g、粗蛋白 13.2%、粗纤维 29.4%、粗脂肪 13.2%、钙 0.67%、磷 0.32%,还含有多种维生素和微量元素。与玉米对比,粗蛋白多 3.7%,可消化蛋白每 1kg 多 38%,赖氨酸多 1.57%,钙多 0.65%,磷多 0.09%。并且葡萄酒糟中含有果胶质,在猪的营养代谢过程中起着有益的作用。试验表明,在猪的基础日粮中用葡萄酒糟取代 10% ～ 15% 的混合料,培养期内日增重比对照组高 5% ～ 7%,每头猪可节约 27.5 ～ 40.0kg 粮食。葡萄渣晒制为干葡萄渣后,经加工粉碎,与有关饲料配合,可取得显著效益。

从葡萄皮渣等副产物中提取色素、香精油、酒石酸等产品后,剩下的 90% 残渣由于含纤维素高,经混合菌种固态发酵,在提高其蛋白质的同时,也降低了纤维素含量,这对缓解我国蛋白质饲料的不足,发展畜牧业、提高人民生活水平、消除环境污染都有着现实的意义,值得葡萄酒生产厂家加以重视。

8.1.2　葡萄酒副产品饲料的生产

葡萄酒生产中能用来生产饲料的主要是皮渣。压榨的葡萄籽渣和发酵后沉淀的酵母及分离出来的较纯的酵母也都是很好的饲料。

8.1.2.1　皮渣饲料的生产

对于产量较小的葡萄酒厂,皮渣可采取人工晾晒的方法干燥,皮渣水分低于 6% 后可收集贮藏。葡萄酒加工量过万吨的生产厂,可采用烘干分离连续处理设备,处理能力过剩的情况下,可收集其他小厂的皮渣。未发酵的皮渣堆积发酵,注意发酵前后的封盖,防止酒精挥发。发酵好的皮渣先进行酒精蒸馏,蒸馏后的皮渣用于提取酒石酸盐,再进行压榨,压榨后进入连续烘干分离装置。该装置为一倾斜式旋转系统,直径达 2m,长度近 20m,皮渣从上部进入,用煤气或重油作为燃料,装置采用风冷,以防止焦化。皮渣从侧面进入粉碎机,同时混入少量糖蜜以防止风味改变并可提高碳水化合物含量。每吨含水 50% 的压榨皮渣可得 478kg 含水 5% 的干燥皮渣,一个年处理葡萄 2 万吨的厂,可得 300t 左右的皮渣用于饲料。皮渣饲料一般不单独使用,因其含有大量的粗纤维及一部分难消化的种子壳,另外皮渣中的类蛋白与单宁结合也降低了其有效成分含量。皮渣可作为辅料使用，用量在 10% ～ 30% 为宜。皮渣饲料的 pH 较低，需用石灰调整至中性。在皮渣饲料中添加 5% 的糖蜜效果最好。

皮渣饲料成分参考：粗蛋白＞ 11%，水分 3.5% ～ 6%，粗纤维＜ 40%，粗脂肪＞ 60%，残糖 0.5% ～ 1.5%，磷 0.4%，粗灰分＜ 8%。

8.1.2.2 核渣饲料

葡萄核压榨取油后的残渣是很好的精饲料，含有 6% 左右的脂肪，30% 左右的蛋白质及矿物质，与甘草、谷物混合是一种很好的牲畜饲料，用量在 5% ～ 15% 为宜。

8.1.2.3 酵母蛋白饲料

葡萄酒发酵结束后，经离心分离得到的酵母，经过滤、烘干，蛋白质含量可达 85% 以上，且质量高，利于牲畜消化吸收，是一种蛋白质含量较高的精饲料。

葡萄发酵后，沉淀于桶底的酵母由于混有大量的杂质沉淀物，其蛋白质含量在 20% 左右，磷含量在 0.5% 左右，钙含量较高。通过牲畜喂养试验证明，葡萄酒酵母可作为精饲料调和使用，是一种营养丰富、价值较高的蛋白饲料填充料。

饲料参考配方见表 4-9。

表 4-9 饲料参考配方

原料	含量	原料	含量
玉米	45% ～ 47%	麦麸	17% ～ 18%
甘薯藤粉	6% ～ 7%	米糠	8% ～ 9%
核渣饼	16% ～ 17%	精酵母蛋白饲料	3.9%
骨粉	0.6% ～ 0.7%	贝壳粉	0.4% ～ 0.7%
食盐	0.5%	添加剂	0.5%

以上配方适用于产蛋鸡、猪的喂养，牛、羊可适当减少精酵母用量，增加麦麸等用量，采用粗酵母饲料可增加用量到 10%。

8.2 任务 葡萄酒糟制备饲料

8.2.1 目的和要求

① 目的 掌握葡萄酒糟制备饲料的工艺，正确控制相关的技术参数，能进行葡萄酒糟饲料的制备。

② 要求 在进入实训室后必须严格遵守实训室的相关规定，实训过程中的每一步都要按要求进行操作和处理，注意观察实验过程中发生的现象，并记录得到的相关数据，在实训结束后完成实训报告。

8.2.2 材料和仪器

材料：葡萄皮渣等。
仪器设备：干燥机，揉搓机，粉碎机，热风发生炉等。

8.2.3 操作方法与步骤

8.2.3.1 工艺流程

葡萄皮渣→干燥→揉搓→粉碎→葡萄皮渣饲料。

8.2.3.2　操作要点

①　干燥　鲜葡萄皮渣经升运装置送入干燥滚筒，随滚筒旋转被抄扬起抛撒，与贯筒而过的热空气多次进行热交换。热空气由热风发生炉产生，经净化后进入干燥滚筒，顺流与酒糟进行热交换。湿酒糟与刚进入滚筒的高热空气接触，表面迅速干燥，避免了受热后的粘壁现象。

②　粉碎　干燥后的酒糟经揉搓机揉搓后筛分，即可得到高品质的葡萄皮渣精饲料。

8.2.4　注意事项

滚筒后段热空气温度逐渐降低，可利用其对酒糟进行充分干燥，且不会影响产品质量。

8.3　练习与思考题

项目八　答案

练习题

①［填空题］防止酒精挥发，发酵好的皮渣先进行（　　）。

②［填空题］葡萄酒发酵结束后，经离心分离可得到（　　），经过滤、烘干，蛋白质含量可达（　　）% 以上。

③［单选题］每千克葡萄渣干物质中，消化能（　　）。

A.5.7MJ　　　　　　　　B.5.8MJ　　　　　　　　C.5.9MJ　　　　　　　　D.6.0MJ

④［单选题］为防止皮渣饲料的风味改变并提高碳水化合物含量，可以加入少量的（　　）。

A. 果胶　　　　　　　　B. 明矾　　　　　　　　C. 维生素　　　　　　　　D. 糖蜜

⑤［多选题］葡萄皮渣工艺流程包括（　　）。

A. 发酵　　　　　　　　B. 干燥　　　　　　　　C. 揉搓　　　　　　　　D. 粉碎

⑥［判断题］滚筒后段热空气温度逐渐降低，可利用其对酒糟进行充分干燥，但是会影响产品质量。（　　）

⑦［判断题］葡萄酒生产中能用来生产饲料的主要是皮渣。（　　）

思考题

① 葡萄酒糟加工成饲料有何意义?

② 如何将葡萄酒糟加工成饲料? 要注意什么问题?

 ———————— 思政小课堂

　　　　从葡萄酒酿造废弃物中提取葡萄籽油和单宁等多酚类物质，变废为宝，对于节约资源、保护环境有重要意义。因此加大葡萄酒酿造副产物中营养功能成分提取开发力度，对于推动农产品综合利用加工协调发展，不断增加营养均衡、养生保健、食药同源的加工食品和质优价廉、物美实用的非食用加工产品的市场供应，同时对于实施乡村振兴战略，保持国民经济平稳较快增长，都具有十分重要的意义。食品类专业学生要增强资源节约意识。

参考文献

［1］李华.葡萄酒品尝学［M］.2版.北京：科学出版社,2022.

［2］中华人民共和国国家质量监督检验检疫总局,中国国家标准化管理委员会.GB/T 15038—2006 葡萄酒、果酒通用分析方法［S］.北京：中国标准出版社,2007.

［3］国家卫生和计划生育委员会,国家食品药品监督管理总局.GB/T 5009.28—2016 食品安全国家标准　食品中苯甲酸、山梨酸和糖精钠的测定［S］.北京：中国标准出版社,2004.

［4］中华人民共和国国家质量监督检验检疫总局,中国国家标准化管理委员会.GB 15037—2006 葡萄酒［S］.北京：中国标准出版社,2007.

［5］中华人民共和国国家质量监督检验检疫总局,中国国家标准化管理委员会.GB/T 23543—2009 葡萄酒企业良好生产规范［S］.北京：中国标准出版社,2009.

［6］中华人民共和国工业和信息化部.BB/T 0018—2021 包装容器　葡萄酒瓶［S］.北京：中国标准出版社,2021.

［7］中华人民共和国国家质量监督检验检疫总局,中国国家标准化管理委员会.GB/T 25393—2010 葡萄栽培和葡萄酒酿制设备　葡萄收获机　试验方法［S］.北京：中国标准出版社,2010.

［8］中华人民共和国国家质量监督检验检疫总局,中国国家标准化管理委员会.GB/T 25394—2010 葡萄栽培和葡萄酒酿制设备　果浆泵　试验方法［S］.北京：中国标准出版社,2010.

［9］国家市场监督管理总局,国家标准化管理委员会.GB/T 40003—2021 感官分析　葡萄酒品评杯使用要求［S］.北京：中国标准出版社,2021.

［10］中华人民共和国国家质量监督检验检疫总局,中国国家标准化管理委员会.GB/T 25504—2010 冰葡萄酒［S］.北京：中国标准出版社,2011.

［11］国家市场监督管理总局,中国国家标准化管理委员会　GB/T 36759—2018 葡萄酒生产追溯实施指南［S］.北京：中国标准出版社,2018.

［12］中华人民共和国国家质量监督检验检疫总局.SN/T 36759—2016 出口葡萄酒中细菌、霉菌及酵母的计数［S］.北京：中国标准出版社,2017.

［13］中国酒业协会.T/CBJ 4103—2021 加香葡萄酒［S］.全国团体标准信息平台.

［14］中国酒业协会.T/CBJ 4101—2019 酿酒葡萄［S］.全国团体标准信息平台.

［15］杜金华,金玉红.果酒生产技术［M］.北京：化学工业出版社,2010.

［16］杨天英,赵金海.果酒生产技术［M］.北京：科学出版社,2010.

［17］李华.葡萄酒工艺学［M］.北京：科学出版社,2006.

［18］温建辉.葡萄酒酿造与品鉴［M］.北京：华中科技大学出版社,2020.

［19］金兰著.酿造优质葡萄酒［M］.马会勤等译.北京：中国农业大学出版社,2008.

［20］高年发.葡萄酒生产技术［M］.北京：化学工业出版社,2010.

［21］王莉.食品营养学［M］.北京：化学工业出版社,2006.

［22］中华人民共和国国家卫生和计划生育委员会.GB 5009.225—2016 食品安全国家标准　酒中乙醇浓度的测定［S］.北京：中国标准出版社,2016.

［23］艾启俊,张德权.果品深加工新技术［M］.北京：化学工业出版社,2003.

［24］严奉伟,吴光旭.水果深加工技术与工艺配方［M］.上海：科学技术文献出版社,2001.

［25］董全.果蔬加工工艺学［M］.重庆：西南师范大学出版社,2007.

［26］顾国贤.酿造酒工艺学［M］.北京：中国轻工业出版社,1996.

［27］杜金华.果酒生产技术［M］.北京：化学工业出版社,2010.

［28］博坦著.葡萄酒酿造学原理及应用［M］.赵光鳌等译.北京：中国轻工业出版社,2001.

［29］李华,王华,袁春龙,等.葡萄酒工艺学［M］.北京：科学出版社,2007.

［30］李华.现代葡萄酒工艺学［M］.西安：陕西人民出版社,2000.

［31］王恭堂.白兰地工艺学［M］.北京：中国轻工业出版社,2002.

［32］朱宝镛,戴仁泽,赵光鳌.葡萄酒工业手册［M］.北京：中国轻工业出版社,1995.

［33］彭德华.葡萄酒酿造技术文集［M］.北京：中国轻工业出版社,2005.

［34］王树生.葡萄酒生产350问［M］.北京：化学工业出版社,2009.

［35］李新榜,张瑛莉,范永峰,等.葡萄酒澄清和稳定工艺理论与实践探讨［J］.中外葡萄与葡萄酒,2011(01):57-62.

［36］陈彦雄,祝霞,潘陆震,等.不同澄清处理对赤霞珠干红葡萄酒澄清度和色度的影响［J］.农产品加工·学刊,2010(1):19-21.

［37］李凤.不同澄清剂澄清红葡萄酒效果比较［J］.广西轻工业,2006(11):5-6.

［38］刘志刚.影响葡萄酒稳定的因素及处理［J］.中外葡萄与葡萄酒,2005(1):44-45.

［39］符琼,林亲录,鲁娜,等.膳食纤维提取的研究进展［J］.中国食物与营养,2010(3):32-35.

［40］王文华,刘娅,江英.酶法提取葡萄皮渣高活性膳食纤维工艺的研究［J］.江苏食品与发酵,2008(2):2-6.

［41］刘丽萍,赵祥颖,刘建军.葡萄籽原花青素的功能及提取工艺［J］.食品与药品,2006,18(12):17-21.

［42］刘世松,卜建华.葡萄酒产业经济学［M］.北京：中国轻工业出版社,2017.

［43］温鹏飞,陈忠军.葡萄酒工艺学［M］.北京：中国农业大学出版社,2020.

［44］曾洁,李颖畅.果酒生产技术［M］.北京：中国轻工业出版社,2011.

［45］王华,张予林.葡萄酒分析检验［M］.2版.北京：中国农业大学出版社,2021.

[46] 朴美子,滕刚,李静媛.葡萄酒工艺学 [M].北京:化学工业出版社,2020.

[47] 陶永胜.葡萄酒工艺学实验 [M].北京:科学出版社,2021.

[48] 马佩选,寇立娟,王晓红.葡萄酒分析与检验 [M].北京:中国轻工业出版社,2017.

[49] 李巍.中国葡萄酒产区划分浅议 [J].中外葡萄与葡萄酒,2010(01):68-72.

[50] 王恭堂.葡萄酒的历史及传说 [J].中国酒,1998(03):8-9.

[51] 苏文生.葡萄酒与中国的历史渊源 [J].农家书屋,2017(12):58-59.

[52] 王华,宁小刚,杨平等.葡萄酒的古文明世界、旧世界与新世界 [J].西北农林科技大学学报 (社会科学版),2016,16(06):150-153.

[53] 唐文龙,阮仕立,刘涛,等.2012—2020 年中国葡萄酒行业回顾与展望 [J].中外葡萄与葡萄酒,2021(05):87-93.

[54] 亓桂梅,李旋,赵艳侠,等.2017 年世界葡萄及葡萄酒生产与流通概况 [J].中外葡萄与葡萄酒,2018(01):68-74.

[55] 张放.2020 年中国进出口葡萄酒变化简析 [J].中国果业信息,2021,38(08):23-35.

[56] 李记明.葡萄酒产业 30 年发展回顾 [J].中外葡萄与葡萄酒,2009(03):61-66

[57] 刘松涛,李茜,吕雯,等.中国葡萄酒产业现状及发展趋势——以宁夏贺兰山东麓产区为例 [J].现代农业科技,2019(09):241-243.

[58] 孙恩普,王悦英.介绍世界驰名的几个酿酒葡萄品种 [J].河北果树,1998(04):18-20.

[59] 王华,田雪林,杨晨露,等.葡萄酒与健康 [J].中国酿造,2022,41(03):1-5.

[60] 钟延平,赵胜利,刘俊,等.我国酿酒葡萄引种及品种选育概况 [J].农业科技通讯,2020(09):214-220.

[61] 中国酒业协会.中国葡萄酒行业分析 [J].酒·饮料技术装备,2021(03):74.

[62] 李振坤.葡萄酒包装演变与发展策略 [J].中外葡萄与葡萄酒,2018(06):108-111.

[63] 胡荣.浅析我国葡萄酒包装设计 [J].创意与设计,2010(03):101-103.

[64] 朱慧,吕宁.葡萄酒包装设计 [J].包装工程,2016,37(12):194.

[65] 段长青.中国葡萄酒产业现状与发展趋势 [C].VINTECH CHINA 会议论文集,2008.

习题

答案